浙江省普通高校"十三五"新形态教材
课书房 新/形/态/教/材 | 高等职业教育**智能建造专业**系列教材

智能建造工程项目管理

ZHINENG JIANZAO GONGCHENG XIANGMU GUANLI

主　编◎刘永胜
副主编◎田明刚　陈　健
主　审◎朱溢镕

重庆大学出版社

内容提要

本书是校企合作开发的教材，按照智能建造工程项目管理工作过程，以教学内容情境化理念构建教材体系，内容上紧密结合职业技能要求，突出实用性，注重实践能力的培养，贴近职业岗位的核心能力。

教材内容分为8大情境：情境1智能建造工程项目组织管理；情境2智能建造工程项目招采管理；情境3智能建造工程项目合同管理；情境4智能建造工程项目成本管理；情境5智能建造工程项目进度管理；情境6智能建造工程项目质量管理；情境7智能建造工程项目工地管理；情境8智能建造工程项目信息管理。

本书可作为高等职业教育智能建造专业的教材，也可作为土建类专业职业资格考试培训的教材，以及智能建造工程项目管理人员、合同管理人员、工程技术人员等从业人员的学习参考书。

图书在版编目(CIP)数据

智能建造工程项目管理 / 刘永胜主编. --重庆：重庆大学出版社，2022.8(2024.11重印)
高等职业教育智能建造专业系列教材
ISBN 978-7-5689-3362-9

Ⅰ.①智… Ⅱ.①刘… Ⅲ.①智能技术—应用—建筑施工—工程项目管理—高等职业教育—教材 Ⅳ.①TU712

中国版本图书馆CIP数据核字(2022)第139764号

高等职业教育智能建造专业系列教材
智能建造工程项目管理
主编 刘永胜
副主编 田明刚 陈 健
主审 朱溢镕
策划编辑：林青山 范春青
责任编辑：陈 力 版式设计：林青山
责任校对：关德强 责任印制：赵 晟
*
重庆大学出版社出版发行
出版人：陈晓阳
社址：重庆市沙坪坝区大学城西路21号
邮编：401331
电话：(023) 88617190 88617185(中小学)
传真：(023) 88617186 88617166
网址：http://www.cqup.com.cn
邮箱：fxk@cqup.com.cn (营销中心)
全国新华书店经销
重庆正文印务有限公司印刷
*
开本：787mm×1092mm 1/16 印张：24 字数：587千
2022年8月第1版 2024年11月第3次印刷
ISBN 978-7-5689-3362-9 定价：59.00元

前言
FOREWORD

为了适应中国特色社会主义市场经济的要求，我国的建筑工程项目管理全面推行建筑师负责制、工程总承包、全过程工程咨询、五方责任主体制度等制度，提出深化建筑业体制机制改革、推动建筑产业现代化、推进绿色建造和智能建造、培养现代建筑工人队伍、深化建筑业“放管服”改革、提高工程质量安全水平、建筑业信息化、积极开拓国际市场等工作任务。《“十四五”建筑业发展规划》明确提出，到2035年，“中国建造”核心竞争力世界领先，迈入智能建造世界强国行列，全面服务社会主义现代化强国建设。

智能建造、全过程工程咨询和EPC工程承包模式等对工程项目管理人员的知识结构和技术技能水平提出了更高的要求，他们不但要懂得项目管理的一般理论，而且还要熟悉智能建造技术的发展趋势，掌握与国际惯例接轨的操作技巧。智能建造工程项目管理是一门正在发展的交叉与综合的新学科，它涉及智能建造工程技术、项目管理、财务金融、合同法律、公共关系等许多领域的专业知识。本书介绍了我国项目管理的新成果、新规范，讲述如何对智能建造工程项目施工全过程实施科学有效的管理。本书内容丰富、广泛、涵盖了智能建造工程项目全寿命周期中各阶段的管理措施。

在编写本教材的过程中，尽量做到理论与实践相结合，重在工程管理应用，并注重做了以下几方面的努力：

(1)力求理论的完整性与方法的系统性

本教材在吸取国内外有关著作及教材的精华并融会贯通的基础上，结合我国智能建造工程项目管理的实际情况，形成了比较完整和系统的理论与方法体系。

(2)强调知识的新颖性与技术的前瞻性

本教材吸收了工程项目管理领域的新理论、新技术、新方法和新规范，以及该领域的最新统计资料、国家最新政策法规。

(3)突出内容的实用性和项目的操作性

本教材紧跟智能建造工程项目管理实际的需要,结合真实项目案例,按照工程项目管理的基本工作流程,组织教材的内容。

教材由杭州科技职业技术学院刘永胜(编写情境1、情境2、情境5)、杭州科技职业技术学院吕正辉(编写情境3)、杭州科技职业技术学院资产经营公司袁燕霞(编写情境4)、杭州科技职业技术学院田明刚(情境6)、耀华建设管理有限公司熊卓亚(编写情境7)编写、杭州之江经营管理集团有限公司陈健(情境8)参与编写。刘永胜担任主编,对教材进行统稿;广联达科技股份有限公司朱溢镕当任主审,对书稿提出诸多改进意见。浙江省建工集团有限责任公司和广联达科技股份有限公司给予了大力支持,在此表示衷心感谢。

由于编者的水平有限,书中难免存在疏漏之处,敬请读者和同行批评指正。

编　者

2021年12月

目录
CONTENTS

情境 1 智能建造工程项目组织管理

近年来,我国的城市发展已经进入从数字化、网络化向更高阶段——“智慧化”发展的新阶段。智慧城市是加强现代科学技术在城市规划、建设、管理和运行中综合应用的体现,它是促进我国实现经济转型升级、促进信息化与城市化、工业化之间的融合,推动新型城镇化、全面建成小康社会的重要举措。然而当前,建筑业依然存在劳动密集、生产率低、施工风险质量问题频发、建筑企业的管理水平低下等问题,粗放型的增长方式仍然没有改变,与国际信息化程度仍有较大差距。如何在城市建设中“推进绿色发展、循环发展、低碳发展”和“建设智慧城市”乃至“美丽中国”都对城市建设提出了新的考验。

智能建造是智慧城市、智慧建筑的延伸。即“智能”延伸到工程项目的建造过程中,就产生了智能建造的概念。智能建造意味着在建造过程中需要充分利用智能技术及其相关技术,通过建立和应用智能化系统,提高建造过程智能化水平,减少对人的依赖,实现安全建造,并实现性能价格比更好、质量更优的建筑。换句话说,智能建造的目的,即是提高建造过程智能化水平,减少对人的依赖,实现更好的建造,这意味着智能建造将带来少人、经济、安全及优质的建造过程。智能建造的手段即充分利用智能技术及其相关技术;而智能建造的表现形式即应用智能化系统。这里提到的“少人”,体现出工程建设行业和制造业的不同。由于工程建造行业的复杂性,很难做到无人建造。

智能建造对传统的项目组织管理提出了新的要求。当前,伴随着我国的信息化、智能化技术的发展与深度应用,大型复杂工程将成为趋势,构建依托信息化、智能化手段的智能建造工程管理模式已迫在眉睫。应用信息化、智能化技术,加强工程的项目管理,特别是加强以“云、大、物、移、智、链”为代表的大型智能建造工程项目管理,能大大节约工程成本,提高工程质量并尽可能地避免风险。粗糙管理不但有较大风险,还会大大增加成本。传统工程管理方法已经不适应智能建造工程项目管理需求,探索新的以信息化和智能化为辅助管理手段的项目管理方法十分迫切。

应用信息化、智能化技术辅助智能工程建设的项目管理,通过适应的工具和自动化手段,可以为工程计划管理、质量管控以及安全管理等工程管理各方面提供必要的信息化手段。以“智能管理模式”实现“智能工程”建设,有利于提高工程质量和管理决策的准确性与正确性。

雄安新区

任务 1.1　认识智能建造项目

1.1.1　认识智能建造

1）智能建造的发展现状

1996 年，美国斯坦福大学 CIFE 实验室首次提出 4D 模型概念和 CIFE4D. CAD 系统，使 4D 模型技术逐渐走向了施工建造管理。美国先后出版了美国国家 BIM 标准（NBIMS）第一版和 BIM 应用手册第二版。NBIMS 第一版主要侧重 BIM 理论体系的建立和 BIM 标准的规范，第二版则着重于 BIM 在各建造阶段的具体应用，为 BIM 技术的发展与应用指明了方向。英国也确定了基于 Autodesk Revit 平台的 BIM 应用标准和规范，它主要是利用 Revit 系列应用软件来实现 BIM 的工程项目的全生命周期管理。

智能建造理论体系研究还处于初级阶段，当前国内外的研究仍处于从数字化、信息化、智能化向智慧化的摸索过程，总体上都是走以“应用为导向”的创新思路。现阶段，智能建造技术的发展主要体现在 BIM 的应用与发展上，同时协同设计、移动通信、无线射频、虚拟现实（虚拟建造 Virtual Construction）、4D 项目管理、项目信息门户、物联网等技术逐步与 BIM 相结合发展，智能建造技术的雏形已经形成。

综上所述，从国内外 BIM 技术的应用研究现状可知，国外无论是在 BIM 的理论体系确立方面，还是在工程实践应用方面都比较成熟。而国内在 BIM 技术方面的研究仍处于起步阶段，尤其是施工建造阶段中的应用，但一些大型项目，如青岛海湾大桥、上海世博会中国馆、上海中心以及杭州东站等都应用了 BIM 技术，这都表现了 BIM 技术在国内逐渐走向成熟。

2）智能建造的概念、特征和内涵

（1）智能建造的概念

智能建造就是充分利用新一代信息技术来改变建设参与各方相互交互的方式，以提高交互的明确性、效率、灵活性和响应速度，让我们对建筑有更透彻的感知，让我们之间有更广泛的互联互通，让建筑有更深入的智能化，实现“绿色、智能、宜居”的智能建筑，来满足整个城市的和谐发展和智能运行，如图 1.1 所示。

智能建造的典型应用场景可以分为 4 个方面：智能监管、智能设计、智能施工和智能运维。智能监管是针对建筑企业和政府部门而言的，包括设计企业和施工企业、运维企业、政府相关部门。智能设计是针对设计阶段而言的。成为智能设计意味着要实现以下主要目标：实现创新设计、优化设计和高效设计。典型的应用场景如基于 BIM 的可视化设计；基于 BIM 的全生命期性能化设计；进行正向 BIM 设计，自动生成图纸。智能施工，针对的是施工阶段。成为智能施工意味着要实现高质量施工、安全施工以及高效施工。典型应用场景如基于 BIM 的虚拟施工；基于 BIM 和室内定位技术的质量管理；基于“互联网+”的工地管理。

智能运维针对运维目标创建数字化镜像，通过数以千计的传感器对运维过程中实际情况进行准实时复制，大量的数据通过数据聚合、分析，识别运维过程中出现的异常情况，通知用户进行排查处理。典型应用场景如视频监控、门禁管理、管线管理、能耗监控、设备管理、环境监控、人员定位等。

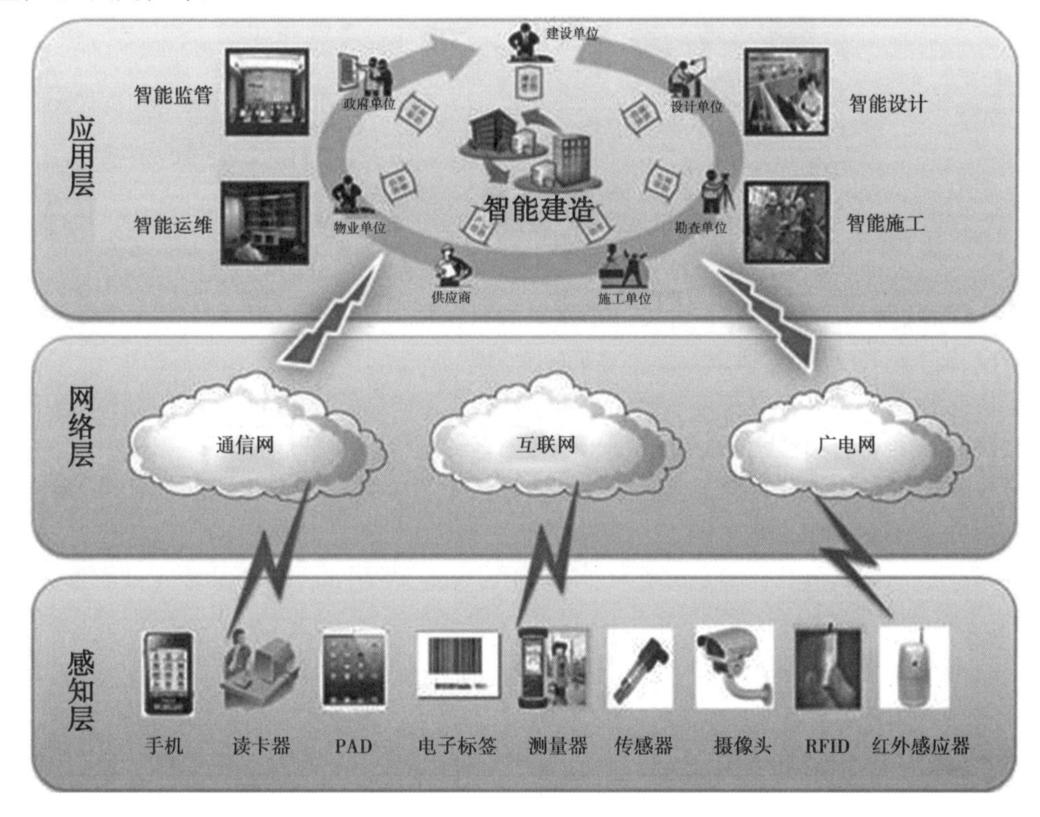

图1.1　智能建造的框架

(2)智能建造的特征

智能建造的6大特征如下所述。

①智能建造是建筑业现代化的重要组成部分，是从智能化的角度诠释建筑产业现代化。

②智能建造是创新的建造形式，不仅创新建筑技术本身，而且创新建造组织形式，甚至整个建筑产业价值链。

③智能建造是一个开放、不断学习的系统，它从实践过程中不断汲取信息、自主学习，形成新的知识。

④智能建造是以人为本的，它不仅把人从繁重的体力劳动中解放出来，而且更多地汲取人类智能，把人从繁重的脑力劳动中解放出来。

⑤智能建造是社会化的，它克服了传统建筑业无法发挥工业化大生产的规模效益的缺点，实现小批量、单件高精度建造、精益建造，而且能够实现“互联网+”在建筑业的叠加效应和网络效应。

⑥智能建造有助于创造一个和谐共生的产业生态环境。智能建造使复杂的建造过程透明化，有助于创造全生命期、多参与方的协同和共享，从而形成合作共赢的关系。

(3)智能建造的内涵

智能建造的内涵可以从4个方面理解,如图1.2所示。

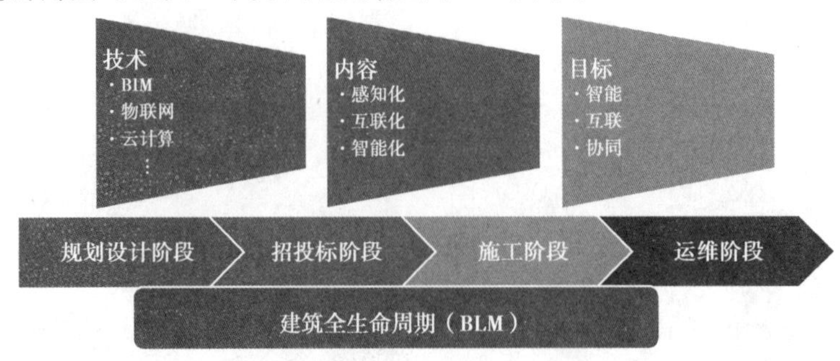

图1.2 智能建造的内涵

从范围上来讲,智能建造包含了一个建筑的全生命周期,即是包含规划设计阶段、招投标阶段、施工阶段、运维阶段以及整个建筑拆除阶段。

从技术上来讲,智能建造是以项目管理(PM)、建筑信息模型(BIM)、大数据管理(DM)、物联网和云计算等为代表的先进技术来支撑建筑全生命周期的智能化。

从内容上来讲,利用传感器感知所有物体和环境的状态,并收集数据,通过互联网和物联网来传递数据,利用BIM、GIS、云计算等信息技术对建筑和建造过程实现智能控制。

从目标上来讲,其目标就是实现一个建筑物在建造过程中以及建成以后形成智能的、互联的、协同的建造过程。

3)智能建造的发展趋势

①以BIM技术为载体,实现建设全过程的信息共享。BIM技术的推广与应用为实现建筑工程数字化建造提供了数据基础。

②信息技术与先进建造技术的融合使建筑工程向"智能建造"迈进。随着BIM、云计算、物联网等信息化技术的日趋成熟,使工程建造向着更加智能、精益、绿色的方向发展,最终实现真正的数字化建造和智能建造。

③由项目部式管理模式向企业总部集约化管理模式转变。以社会化精密化测控、机械化安装、信息化管理等为主要特征分工、工厂化加工的数字化建造,需要集约化的管理模式作为支撑。项目部式的管理模式已无法适应数字化建造的管理需求,总部集约化的管理将成为主流的管理模式。

④基于"互联网思维"的商业模式和产业模式变革。实现真正意义上的数字建造必将带来整个建筑业商业模式与产业模式的变革。我们应该带着更加开放的"互联网思维"去迎接数字建造和智能建造时代的到来。

随着行业的快速发展,随着智慧城市的推进,利用以4MC为核心的信息化先进手段,促进行业向集约化、精益化、现代化转型升级,让人们尽享更加便利的生活,并与环境和谐相处,从而构建智能的城市,促进建筑行业进入智能建造的新时代!

1.1.2　认识智能建造工程项目

1）智能建造工程项目的含义及特征

智能建造工程项目是指为完成依法立项的新建、扩建、改建工程，利用智能建造技术进行的、有起止日期的、达到规定要求的一组相互关联的受控活动，包括策划、勘察、设计、采购、施工、试运行、竣工验收和考核评价等阶段。智能建造工程项目与其他项目一样，作为被管理的对象，具有以下主要特征：

（1）单件性或一次性

单件性或一次性是智能建造工程项目的最主要特征，是指就任务本身和最终成果而言，没有与这项任务完全相同的另一项任务。例如建设一项工程，需要单件报批、单件设计、单件施工和单独地进行工程造价结算，它不同于其他工业产品的批量性，也不同于其他生产过程的重复性。

（2）具有一定的约束条件

凡是工程项目都有一定的约束条件，智能建造工程项目只有满足约束条件才能获得成功。因此，约束条件是项目目标完成的前提。智能建造工程项目的主要约束条件为限定的质量、限定的工期和限定的造价，通常也称这3个约束条件为工程项目管理的三大目标。

（3）具有寿命周期

智能建造工程项目的单件性和项目建造过程的一次性决定了每个智能建造工程项目都具有寿命周期。任何项目都有其产生时间、发展时间和结束时间，在不同的阶段都有特定的任务、程序和工作内容。掌握和了解项目的寿命周期，可以有效地对项目实施科学的管理和控制。智能建造工程项目的寿命周期包括项目建议书、可行性研究、项目决策、设计、招标投标、施工和竣工验收等过程。

（4）投资额巨大、建设周期长

智能建造工程项目不仅实物形体庞大，而且投资数额高昂，消耗资源多，涉及项目参与各方的重大经济利益，对国民经济的影响较大。同时，智能建造工程建设一般周期较长，受到各种外部因素及环境的影响和制约，从而增加了工程项目管理的难度。

2）智能建造工程项目的组成

根据智能建造工程项目的组成内容和层次不同，按照分解管理的需要从大至小依次可分为单项工程、单位工程、分部工程和分项工程。

单项工程是指具有独立的设计文件，建成后能独立发挥生产能力或使用功能的工程项目。单项工程是智能建造工程项目的组成部分，一个智能建造工程项目既可以包括多个单项工程，也可以仅有一个单项工程。工业建筑中一座工厂的各个生产车间、办公大楼、食堂、库房、烟囱、水塔等，非工业建筑中一所学校的教学大楼、图书馆、实验室、学生宿舍等都是具体的单项工程。单项工程是具有独立存在意义的一个完整工程，由多个单位工程所组成。

单位工程是指具有独立的设计文件，能够独立组织施工，但不能独立发挥生产能力或使用功能的工程项目。单位工程是单项工程的组成部分。在工业与民用建筑中,如一幢教学大楼或写字楼,总是可以划分为建筑工程、装饰工程、电气工程、给排水工程等,它们分别是单项工程所包含的不同性质的单位工程。

分部工程是单位工程的组成部分,是按结构部位、路段长度及施工特点或施工任务将单位工程划分为若干个项目单元。土石方工程、地基基础工程、砌筑工程等就是单位工程——房屋建筑工程的分部工程;楼地面工程、墙柱面工程、天棚工程、门窗工程等就是装饰工程的分部工程。

分项工程是分部工程的组成部分,是按不同施工方法、材料、工序及路段长度等将分部工程划分为若干个项目单元。如土石方工程,可以划分为平整场地、挖沟槽土方、挖基坑土方等。一般来说,分项工程没有独立存在的意义,它只是单项工程组成部分中一种基本的构成要素,是为了确定智能建造工程造价和计算人工、材料、机械等消耗量而划分出来的一种基本项目单元,它既是工程质量形成的直接过程,又是智能建造工程项目的基本计价单元。

综上所述,一个智能建造工程项目由一个或几个单项工程组成,一个单项工程由一个或几个单位工程组成,一个单位工程又由若干个分部工程组成,一个分部工程又可划分为若干个分项工程。分项工程是建筑工程计量与计价的最基本部分。了解智能建造工程项目的组成,既是工程施工与建造的基本要求,也是进行计算工程造价的组成单元,作为从事工程技术施工管理人员,分清和掌握智能建造工程项目的组成显得尤为重要。

认识智能建造工程项目

任务 1.2　认识智能建造工程项目管理

由于智能建造工程项目管理的核心任务是项目的目标控制,因此按项目管理学基本理论,没有明确目标的智能建造工程不能成为项目管理的对象。

1.2.1　智能建造工程项目管理的含义

智能建造工程项目管理是指自项目开始至项目完成,运用 BIM 技术、大数据技术、物联网技术、云计算等信息技术进行项目策划和项目控制,以使项目的费用目标、进度目标和质量目标得以实现。

"自项目开始至项目完成"指的是项目的实施期。"BIM 技术、大数据技术、物联网技术、云计算等信息技术"是项目管理的技术手段。"项目策划"指的是项目实施的策划,即项目目标控制前的一系列筹划和准备工作。"费用目标、进度目标和质量目标"是智能建造工程项目管理的三大目标。"费用目标"对业主而言是投资目标,对施工方而言是成本目标。

认识智能建造工程项目管理

项目决策期管理工作的主要任务是确定项目的定义,而项目实施期管理的主要任务是通过管理使项目的目标得以实现。

1.2.2　智能建造工程项目管理的类型

按智能建造工程项目生产组织的特点，一个项目往往由众多参与单位承担不同的建造任务，而各参与单位的工作性质、工作任务和利益不同，因此形成了不同类型的项目管理。由于业主方是智能建造工程项目生产过程人力资源、物质资源和技术资源的总集成者，业主方也是智能建造工程项目生产过程中的组织者，因此对于一个智能建造工程项目而言，虽然有代表不同利益方的项目管理，但是，业主方的项目管理是管理的核心。投资方、开发方和由咨询公司提供的代表业主方利益的项目管理服务都属于业主方的项目管理。施工总承包方和分包方的项目管理属于施工方的项目管理。材料和设备供应方的项目管理属于供货方的项目管理。智能建造工程总承包有多种形式，如设计和施工任务综合的承包，设计、采购和施工任务综合的承包（EPC承包）等，它们的项目管理都属于智能建造工程总承包方的项目管理。按智能建造工程项目不同参与方的工作性质和组织特征划分，项目管理分为下述几种类型。

1）**业主方项目管理**

业主方项目管理服务于业主的利益，其项目管理的目标包括项目的投资目标、进度目标和质量目标。其中，投资目标指的是项目的总投资目标。进度目标指的是项目动用的时间目标，即项目交付使用的时间目标，如工厂建成可以投入生产、道路建成可以通车、办公楼可以启用、旅馆可以开业的时间目标等。项目的质量目标不仅涉及施工的质量，还包括设计质量、材料质量、设备质量和影响项目运行或运营的环境质量等。质量目标包括满足相应的技术规范和技术标准的规定，以及满足业主方相应的质量要求。

项目的投资目标、进度目标和质量目标之间既有矛盾的一面，也有统一的一面，它们之间的关系是对立统一的关系。要加快进度往往需要增加投资，欲提高质量往往也需要增加投资，过度地缩短进度会影响质量目标的实现，这都表现了各目标之间关系矛盾的一面。但通过有效的管理，在不增加投资的前提下，也可缩短工期和提高工程质量，这反映了关系统一的一面。

智能建造工程项目的全寿命周期包括项目的决策阶段、实施阶段和使用阶段。项目的实施阶段包括设计前的准备阶段、设计阶段、施工阶段、动用前准备阶段和保修期，如图1.3所示。招标投标工作分散在设计前的准备阶段、设计阶段和施工阶段中进行，因此可以不单独列为招标投标阶段。

业主方的项目管理工作涉及项目实施阶段的全过程，即在设计前的准备阶段、设计阶段、施工阶段、动用前准备阶段和保修期分别进行如下工作，具体见表1.1。

表1.1　业主方项目管理的任务

阶段任务	设计前的准备阶段	设计阶段	施工阶段	动用前准备阶段	保修期
现场管理					
投资控制					
进度控制					

续表

阶段任务	设计前的准备阶段	设计阶段	施工阶段	动用前准备阶段	保修期
质量控制					
合同管理					
信息管理					
组织和协调					

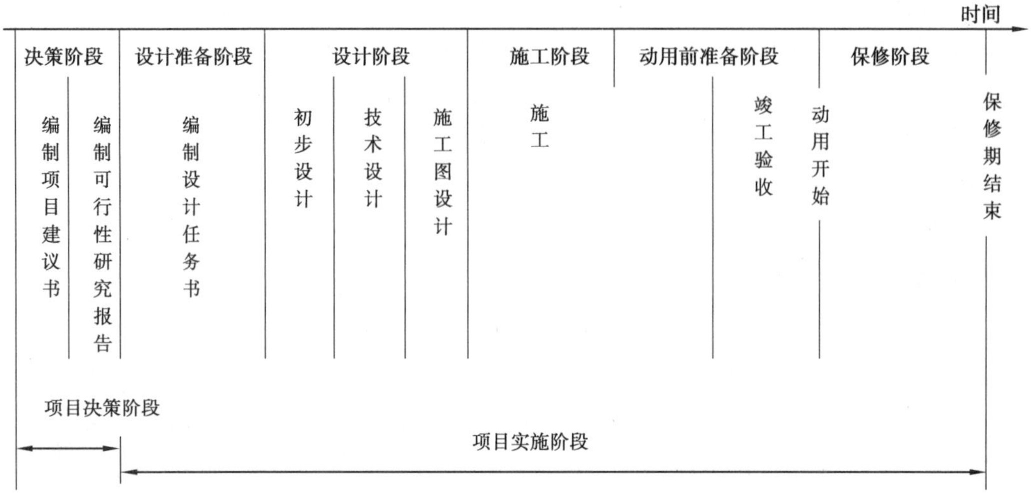

时间
决策阶段
设计准备阶段
设计阶段
施工阶段
动用前准备阶段
保修阶段
编制项目建议书
编制可行性研究报告
编制设计任务书
初步设计
技术设计
施工图设计
施工
竣工验收
动用开始
保修期结束
项目决策阶段
项目实施阶段

图 1.3　智能建造工程项目的决策阶段和实施阶段

表 1.1 有 7 行和 5 列，构成业主方 35 分块项目管理的任务。其中现场管理的安全管理是项目管理中最重要的任务，因为安全管理关系到人的健康与安全，而投资控制、进度控制、质量控制和合同管理等主要涉及物质利益。

2）**设计方项目管理**

设计方作为项目建设的一个参与方，其项目管理主要服务于项目的整体利益和设计方本身的利益。其项目管理的目标包括设计的成本目标、设计的进度目标和设计的质量目标，以及项目的投资目标。项目的投资目标能否实现与设计工作密切相关。

设计方的项目管理工作主要在设计阶段进行，但其也涉及设计前的准备阶段、施工阶段、动用前准备阶段和保修期。设计方项目管理的任务包括与设计工作有关的安全管理；设计成本控制和与设计工作有关的工程造价控制；设计进度控制；设计质量控制；设计合同管理；设计信息管理；与设计工作有关的组织和协调。

3）**供货方项目管理**

供货方作为项目建设的一个参与方，其项目管理主要服务于项目的整体利益和供货方本身的利益。其项目管理的目标包括供货方的成本目标、供货的进度目标和供货的质量目标。

供货方的项目管理工作主要在施工阶段进行，但其也涉及设计准备阶段、设计阶段、动用前准备阶段和保修期。供货方项目管理的主要任务包括供货的安全管理；供货方的成本控制;供货方的进度控制;供货的质量控制;供货的合同管理;供货的信息管理;与供货有关的组织与协调。

4)智能建造工程总承包方项目管理

智能建造工程总承包方作为项目建设的一个参与方,其项目管理主要服务于项目的利益和智能建造工程总承包方本身的利益。其项目管理的目标包括项目的总投资目标和总承包方的成本目标、项目的进度目标和项目的质量目标。

智能建造工程总承包方项目管理工作涉及项目实施阶段的全过程,即设计前的准备阶段、设计阶段、施工阶段、动用前准备阶段和保修期。参考《建设项目工程总承包管理规范》(GB/T 50358—2021)的规定,智能建造工程总承包方的管理工作涉及项目设计管理;项目采购管理;项目施工管理;项目试运行管理和项目收尾等。其中,属于项目总承包方项目管理的任务有项目风险管理;项目进度管理;项目质量管理;项目费用管理;项目安全、职业健康与环境管理;项目资源管理;项目沟通与信息管理;项目合同管理等。

5)施工方项目管理

施工方作为项目建设的一个参与方,其项目管理主要服务于项目的整体利益和施工方本身的利益。其项目管理的目标包括施工的成本目标、施工的进度目标和施工的质量目标。

施工方的项目管理工作主要在施工阶段进行,但其也涉及设计准备阶段、设计阶段、动用前准备阶段和保修期。在工程实践中,设计阶段和施工阶段往往是交叉的,因此施工方的项目管理工作也涉及设计阶段。

(1)施工方项目管理任务

施工方项目管理任务包括施工安全管理;施工成本控制;施工进度控制;施工质量控制;施工合同管理;施工信息管理以及与施工有关的组织与协调。

施工方是承担施工任务的单位的总称,它可能是施工总承包方、施工总承包管理方、分包施工方、智能建造工程总承包的施工任务执行方或仅仅提供施工劳务的参与方。施工方担任的角色不同,其项目管理的任务和工作重点也会有差异。

(2)施工总承包方管理任务

施工总承包方对所承包的智能建造工程承担施工任务的执行和组织的总责任,其主要管理任务如下:

①负责整个工程的施工安全、施工总进度控制、施工质量控制和施工的组织与协调等。

②控制施工的成本(施工总承包方内部的管理任务)。

③施工总承包方是工程施工的总执行者和总组织者,它除了要完成自己承担的施工任务以外,还要负责组织和指挥它自行分包的分包施工单位和业主指定的分包施工单位的施工(业主指定的分包施工单位有可能与业主单独签订合同,也可能与施工总承包方签约,不论采用何种合同模式,施工总承包方应负责组织和管理业主指定的分包施工单位的施工,这也是国际惯例),并为分包施工单位提供和创造必要的施工条件。

④负责施工资源的供应组织。

⑤代表施工方与业主方、设计方、工程监理方等外部单位进行必要的联系和协调等。

分包施工方承担合同所规定的分包施工任务,以及相应的项目管理任务。若采用施工总承包或施工总承包管理模式,分包方(不论是一般的分包方,或是由业主指定的分包方)必须接受施工总承包方或施工总承包管理方的工作指令,服从其总体的项目管理。

(3)施工总承包管理方的主要特征

施工总承包管理方对所承包的智能建造工程承担施工任务组织的总责任,其主要特征如下:

①一般情况下,施工总承包管理方不承担施工任务,它主要进行施工的总体管理和协调。如果施工总承包管理方通过投标(在平等条件下竞标)获得一部分施工任务,则它也可参与施工。

②一般情况下,施工总承包管理方不与分包方和供货方直接签订施工合同,这些合同都由业主方直接签订。但若施工总承包管理方应业主方的要求,协助业主参与施工的招标和发包工作,其参与的工作深度由业主方决定。业主方也可要求施工总承包管理方负责整个施工的招标和发包工作。

③不论是业主方选定的分包方,还是经业主方授权由施工总承包管理方选定的分包方,施工总承包管理方都承担对其的组织和管理责任。

④施工总承包管理方和施工总承包方承担相同的管理任务和责任,即负责整个工程的施工安全控制、施工总进度控制、施工质量控制和施工的组织与协调等。因此,由业主方选定的分包方应经施工总承包管理方的认可,否则施工总承包管理方难以承担对工程管理的总责任。

⑤负责组织和指挥分包施工单位的施工,并为分包施工单位提供和创造必要的施工条件。

⑥与业主方、设计方、工程监理方等外部单位进行必要的联系和协调等。

1.2.3 智能建造工程总承包的形式和特点

1)智能建造工程总承包的形式

(1)设计—采购—施工/交钥匙总承包

设计—采购—施工(EPC)总承包是指工程总承包企业按照合同约定,承担工程项目的设计、采购、施工、试运行服务等工作,并对承包工程的质量、安全、工期、造价全面负责。

交钥匙总承包是设计采购施工总承包业务和责任的延伸,最终是向业主提交一个满足使用功能、具备使用条件的工程项目。

(2)设计—采购—施工管理总承包

设计—采购—施工管理总承包(E+P+CM)是承包商通过业主委托或招标而确定的,承包商与业主直接签订合同,对工程的设计、材料设备供应、施工管理全面负责,并根据业主提出的投资意图和要求,通过招标为业主选择、推荐最合适的分包商来完成设计、采购、施工任务。

(3)设计—施工总承包

设计—施工总承包(D-B)是指工程总承包企业按照合同约定,承担工程项目设计和施工,并对承包工程的质量、安全、工期、造价全面负责。

(4)设计—采购总承包

设计—采购总承包(E-P)是指工程总承包企业按照合同约定,承担工程项目设计和采购,并对承包工程的设计和采购的质量进度等负责。

(5)采购—施工总承包

采购—施工总承包(P-C)是指工程总承包企业按照合同约定,承担工程项目的采购和施工,并对承包工程的采购和施工的质量、安全、工期、造价负责。

2)智能建造总承包的特点

智能建造工程总承包的基本出发点是借鉴工业生产组织的经验,实现建设生产过程的组织集成化,以克服由于设计与施工的分离致使投资增加,以及克服由于设计和施工的不协调而影响建设进度等弊病。

智能建造工程总承包的主要意义并不在于总价包干,也不是“交钥匙”,其核心是通过设计与施工过程的组织集成,促进设计与施工的紧密结合,以达到为项目建设增值的目的。即使采用总价包干的方式,稍大一些的项目也难以用固定总价包干,而多数采用变动总价合同。

积极推行智能建造工程项目管理模式创新,是深化我国工程智能建造组织实施方式改革,提高工程建设管理水平,保证工程质量和投资效益,规范建筑市场秩序的重要措施;是勘察、设计、施工、监理企业调整经营结构,增强综合实力,加快与国际工程承包和管理方式接轨,适应社会主义市场经济发展的必然要求;是积极开拓国际承包市场,带动我国技术、机电设备及工程材料的出口,促进劳务输出,提高我国企业国际竞争力的有效途径。

任务1.3　智能建造项目施工管理组织设计

1.3.1　前期准备

当一个智能建造工程项目进行项目管理的组织设计时,应充分考虑智能建造工程项目作为一个系统,它与一般的系统相比有其明显的特征,如:

①智能建造工程项目都是一次性的,没有两个完全相同的项目。

②智能建造工程项目全寿命周期一般由决策阶段、实施阶段和运营阶段组成,各阶段的工作任务和工作目标不同,其参与或涉及的单位也不相同,其全寿命周期持续时间长。

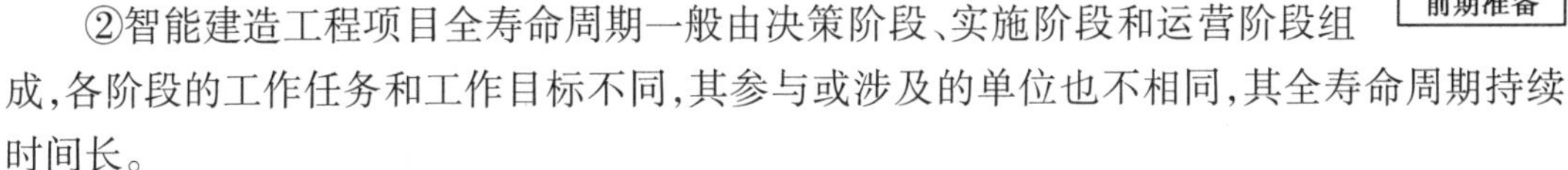

③一个智能建造的任务往往由多个,甚至许多个单位共同完成,它们的合作关系多数不是固定的,并且一些参与单位的利益不尽相同,甚至相对立。

影响一个智能建造工程项目系统目标实现的主要因素有组织、人、方法与工具等因素，如图 1.4 所示。

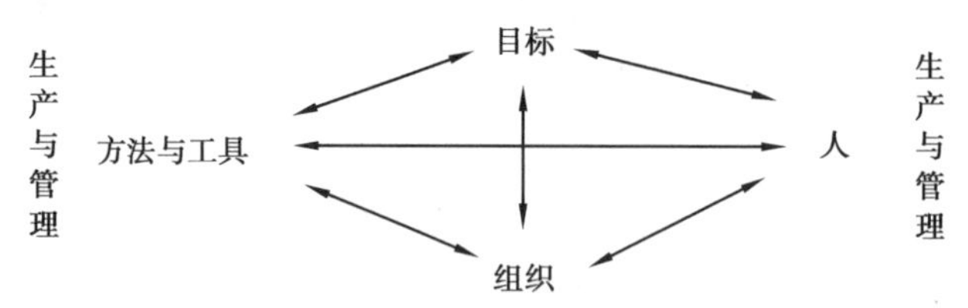

图 1.4　影响一个系统目标实现的主要因素

①人的因素，包括建设单位和该项目所有参与单位（设计、工程监理、施工、供货单位等）的管理人员与生产人员的数量和质量。

②方法与工具，包括建设单位和该项目所有参与单位管理的方法与工具，以及设计与施工等方法与工具。

③组织的因素，系统的目标决定了系统的组织，而组织是目标能否实现的决定性因素，这是组织论的一个重要结论。如果把一个智能建造的项目管理视作一个系统，其目标决定了项目管理的组织，而项目管理的组织是项目管理的目标能否实现的决定性因素，由此可见项目管理的组织的重要性。

控制智能建造工程项目目标的主要措施包括组织措施、管理措施、经济措施和技术措施，其中组织措施是最重要的措施。如果对一个智能建造工程的项目管理进行诊断，首先应分析其组织方面存在的问题。

1.3.2　组织工具

组织是人类在不断适应自然环境中进化形成的团体，组织集合了个人的能力，比如从人类进化中的部落、氏族，再到家族、封建王朝。而组织论则是研究这些团体内部之间的相互关系的理论学科。组织论广泛运用于项目管理、公司、团体、国家等组织机构。

组织论是一门学科，主要研究系统的组织结构模式、组织分工和工作流程组织（图 1.5）。组织结构模式和组织分工都是一种相对静止的组织关系，工作流程是一种动态的组织关系。它是与项目管理学相关的一门非常重要的基础理论。其中：

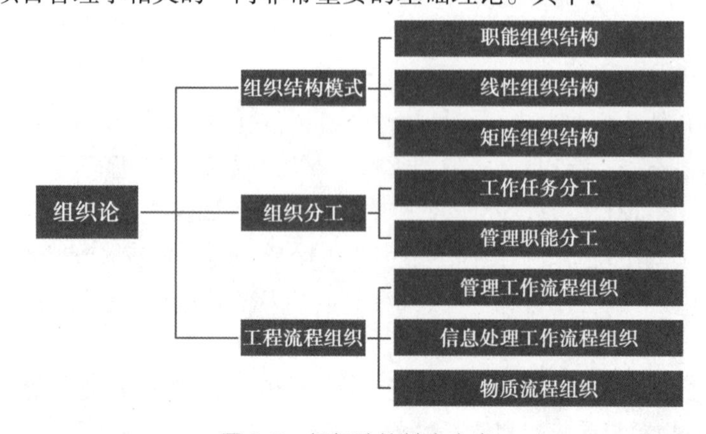

图 1.5　组织论的基本内容

①组织结构模式分为职能组织结构、线性组织结构和矩阵组织结构。组织结构模式反映一个组织系统中各子系统之间或各元素（各工作部门或各管理部门人员）之间的指令关系。指令关系指的是哪一个工作部门或哪一位管理人员可以对哪一个工作部门或哪一位管理人员下达工作指令。

②组织分工分为工作任务分工和管理职能分工。组织分工反映一个组织系统中各子系统或各元素的工作任务分工和管理职能分工。

③工作流程组织分为管理工作流程组织、信息处理工作流程组织和物质流程组织。工作流程组织反映一个组织系统中各工作之间的逻辑关系，是一种动态关系。物质流程组织对于智能建造工程项目而言，指的是项目实施任务的工作流程组织。如设计流程组织可以是方案设计、初步设计、技术设计、施工图设计，也可以是方案设计、初步设计、施工图设计；施工作业也有多个可能的工作流程。

组织工具是组织论的应用手段，用图或表等形式表示各种组织关系，包括：

①项目结构图。

②组织结构图。

③工作任务分工表。

④管理职能分工表。

⑤工作流程图等。

⑥合同结构图。

1.3.3 组织结构设计

1）基本组织结构模式

组织结构模式可用组织结构图来描述，如图1.6所示，组织结构图也是一个重要的组织工具，反映一个组织系统中各组成部门（组成元素）之间的组织关系（指令关系）。在组织结构图中，矩形框表示工作部门，上级工作部门对其直接下属工作部门的指令关系用单向箭线表示。

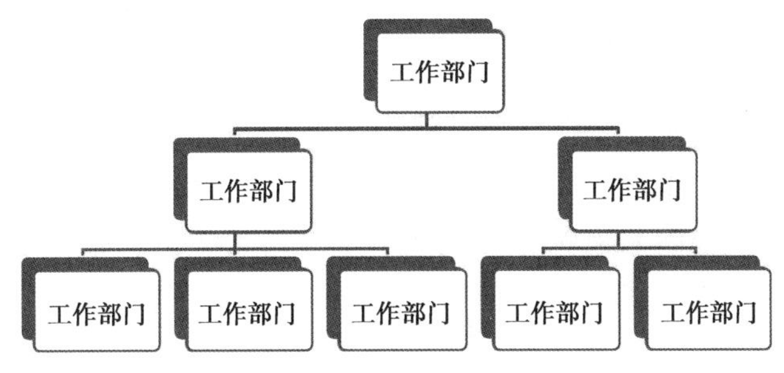

图1.6 组织结构图

常用的组织结构模式包括职能型组织结构、直线型组织结构、矩阵型组织结构等。这几种常用的组织结构模式既可以在企业管理中运用，也可在智能建造管理中运用。

（1）职能型组织结构的特点及其应用

在人类历史发展过程中，当手工业作坊发展到一定的规模时，一个企业内需要设置对

人、财、物和产、供、销管理的职能部门,这样就产生了初级的职能组织结构。因此,职能型组织结构是一种传统的组织结构模式。在职能型组织结构中,每一个职能部门可根据它的管理职能对其直接和非直接的下属工作部门下达工作指令。因此,每一个工作部门可能得到其直接和非直接的上级工作部门下达的工作指令,它就会有多个矛盾指令源。一个工作部门的多个矛盾的指令源会影响企业管理机制的运行。

在一般的工业企业中,设有人、财、物和产、供、销管理的职能部门,另有生产车间和后勤保障机构等。虽然生产车间和后勤保障机构并不一定是职能部门的直接下属部门,但是,职能管理部门可以在其管理的职能范围内对生产车间和后勤保障机构下达工作指令,这是典型的职能型组织结构。

在高等院校中,设有人事、财务、教学、科研和基本建设等管理的职能部门(处室),另有学院(系)和研究中心等教学和科研机构,其组织结构模式也是职能型组织结构,人事处和教务处等都可对学院或系下达其分管范围内的工作指令。我国多数的企业、学校、事业单位目前还在沿用这种传统的组织结构模式。

许多智能建造工程项目也还使用这种传统的组织结构模式,在工作中常出现交叉和矛盾的工作指令关系,严重影响了项目管理机制的运行和项目目标的实现。在职能组织结构中(图1.7),A、B1、B2、B3、C5和C6都是工作部门,A可以对B1、B2、B3下达指令,B1、B2、B3对C5和C6下达指令,因此C5和C6有多个指令源,其中有些指令可能是矛盾的。

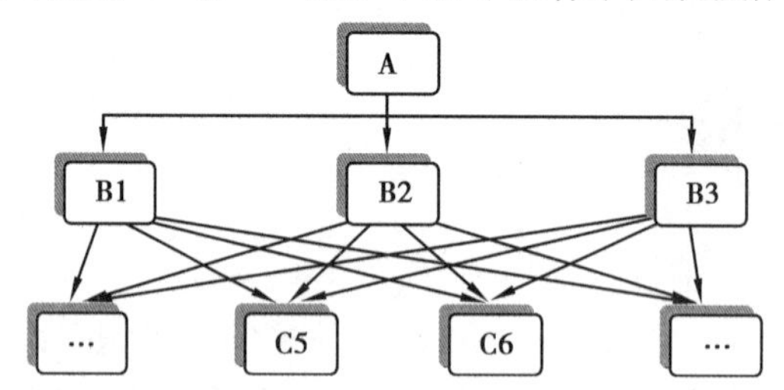

图1.7　职能型组织结构

(2)直线型组织结构的特点及其应用

在军事组织系统中,组织纪律非常严谨,军、师、旅、团、营、连、排和班的组织关系是按指令逐级下达,一级指挥一级和一级对一级负责。直线型组织结构就是来自这种十分严谨的军事组织系统。在直线型组织结构中,每一个工作部门只能对其直接的下属部门下达工作指令,每一个工作部门也只有一个直接的上级部门,因此,每一个工作部门只有唯一指令源,避免了因矛盾的指令而影响组织系统的运行。

在国际上,直线型组织结构模式是智能建造管理组织系统的一种常用模式,因为一个智能建造的参与单位很多,少则数十,多则数百,大型项目的参与单位将数以千计,在项目实施过程中矛盾的指令会给工程项目目标的实现造成很大的影响,而直线型组织结构模式可确保工作指令的唯一性。但在一个特大的组织系统中,由于直线型组织结构模式的指令路径过长,有可能会造成组织系统在一定程度上运行的困难。

在如图1.8所示的直线型组织结构中：

①A可以对其直接的下属部门B1、B2、B3下达指令。

②B2可以对其直接的下属部门C21、C22、C23下达指令。

③虽然B1和B3比C21、C22、C23高一个组织层次，但是，B1和B3并不是C21、C22、C23的直接上级部门，它们不允许对C21、C22、C23下达指令。

在该组织结构中，每一个工作部门的指令源是唯一的。

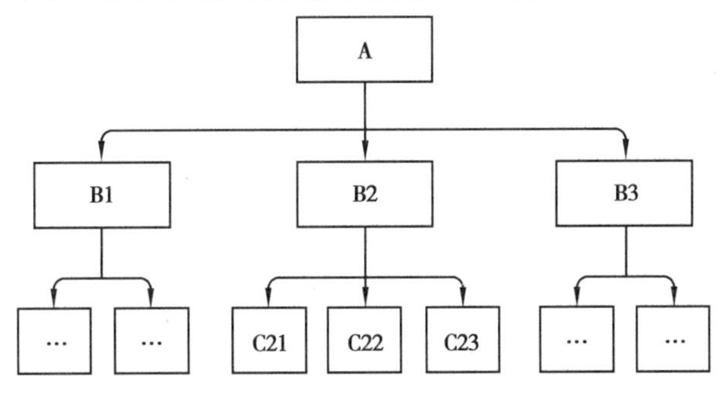

图1.8　直线型组织结构

(3)矩阵型组织结构的特点及其应用

矩阵型组织结构是一种较新型的组织结构模式。在矩阵型组织结构最高指挥者(部门)，如图1.9(a)所示的下设纵向C1、C2、C3和横向B1、B2、B3两种不同类型的工作部门。纵向工作部门如人、财、物、产、供、销的职能管理部门，横向工作部门如生产车间等。一个施工企业，如采用矩阵型组织结构模式，则纵向工作部门可以是计划管理、技术管理、合同管理、财务管理和人事管理部门等，而横向工作部门可以是项目部，如图1.10所示。

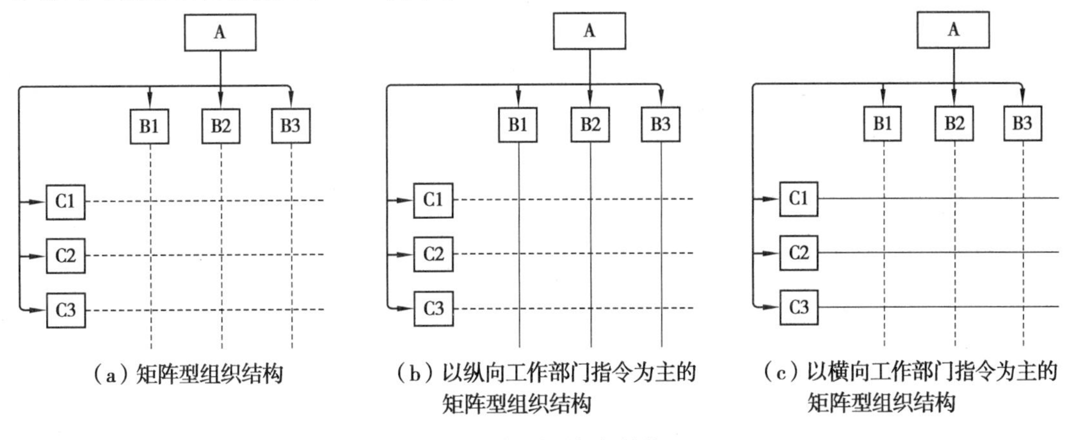

图1.9　矩阵型组织结构

在矩阵型组织结构中为避免纵向和横向工作部门指令矛盾对工作的影响，可以采用以纵向工作部门指令为主，如图1.9(b)所示；或以横向工作部门指令为主，如图1.9(c)所示的矩阵型组织结构模式，这样也可减轻该组织系统的最高指挥者(部门)，即如图1.9(b)和图1.9(c)所示A的协调工作量。

一个大型智能建造工程项目如采用矩阵型组织结构模式，则纵向工作部门可以是投资控制、进度控制、质量控制、合同管理、信息管理、人事管理、财务管理和物资管理等部门,而横向工作部门可以是各子项目的项目管理部,如图 1.11 所示。矩阵型组织结构适宜用于大的组织系统,在地铁建设时一般都采用了矩阵型组织结构模式。

在矩阵型组织结构中,每一项纵向和横向交汇的工作,如图 1.11 所示的项目管理部 1 涉及投资问题,指令来自纵向和横向两个工作部门,因此其指令源为两个。当纵向和横向工作部门的指令发生矛盾时,由该组织系统的最高指挥者(部门),即如图 1.9(a)所示的 A 进行协调或决策。

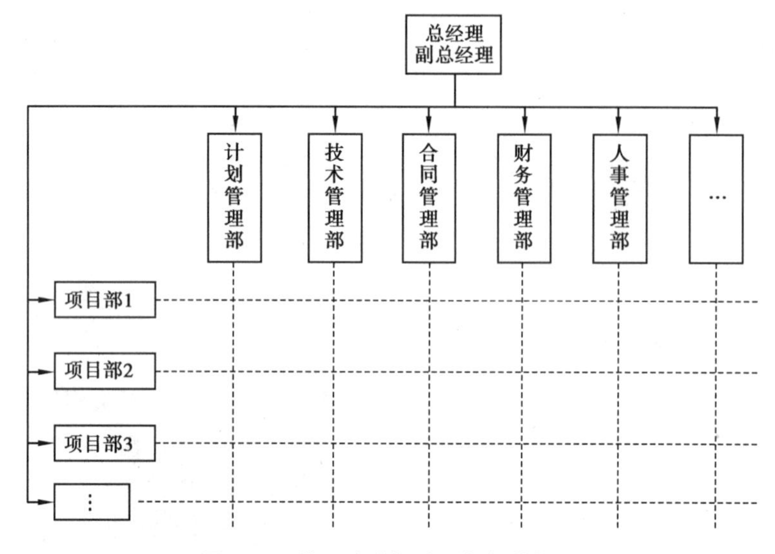

图 1.10　施工企业矩阵型组织结构图

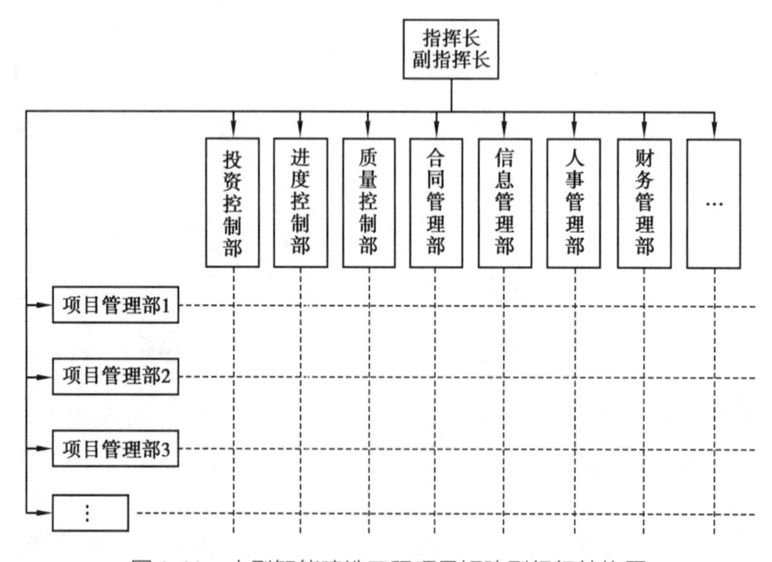

图 1.11　大型智能建造工程项目矩阵型组织结构图

2)**项目管理组织结构图设计**

对一个项目的组织结构进行分解,并用图的方式表示,就形成了项目组织结构图,或称项目管理组织结构图。项目组织结构图反映一个组织系统(如项目管理班子)中各子系统之间和各元素(如各工作部门)之间的组织关系,反映的是各工作单位、各工作部门和各工作人员之间的组织关系。而项目结构图描述的是工作对象之间的关系。对一个稍大一些的项目组织结构应进行编码,它不同于项目结构编码,但两者之间也会有一定的联系。

一个智能建造工程项目的实施除了业主方外,还有许多其他单位参加,如设计单位、施工单位、供货单位和工程管理咨询单位以及有关的政府行政管理部门等,项目组织结构图应注意表达业主方以及项目参与单位有关的各工作部门之间的组织关系。

业主方、设计方、施工方、供货方和工程管理咨询方的项目管理组织结构都可用各自的项目组织结构图予以描述。项目组织结构图应反映项目经理和费用(投资或成本)控制、进度控制、质量控制、合同管理、信息管理及组织与协调等主管工作部门或主管人员之间的组织关系。

图1.12所示是一个直线型组织结构的项目组织结构图示例。在直线型组织结构中,每一个工作部门只有唯一的上级工作部门,其指令来源是唯一的。在图1.12所示中表示了总经理不允许对项目经理、设计方直接下达指令,总经理必须通过业主代表下达指令。而业主代表也不允许对设计方等直接下达指令,其必须通过项目经理下达指令,否则就会出现矛盾的指令。项目的实施方(图1.12所示的设计方、施工方和甲供物资方)的唯一指令来源是业主方的项目经理,这有利于项目的顺利进行。

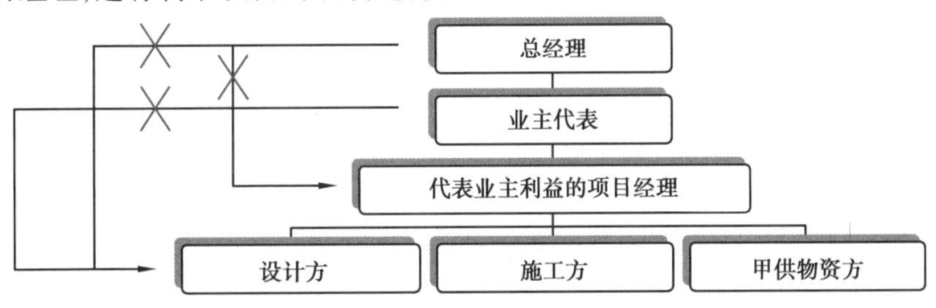

图1.12　直线型组织结构图

任务1.4　组建智能建造施工项目管理团队

效率一词,在现代人的生活中随处可见。大家都喜欢高效率、高质量的服务。对于智能建造施工单位来说,项目施工往往采用项目经理负责制,项目经理部一般为一次性的组织机构,按照管理制度和项目的特点设立并随着项目的发生和终止产生和解体,这一特点使得智能建造工程的施工管理往往具有一次性和多变性的特点。因此,工程施工的顺利进行不仅依赖于人员的素质和能力,还必须形成一个高效的项目团队来保证施工的有效完成。

组建智能施工项目管理团队

1.4.1　组建智能建造施工管理团队准备

智能施工项目部的管理团队一般是以项目经理为核心,配有项目技术负责人,也可以由项目经理兼任;由 BIM 建模员、施工员、质量员、资料员、造价员、安全员等组成的一个项目团队。那么,一个高效的建筑施工团队是怎么样的呢?

首先,一个高效的项目团队必须具有明确的目标与共同的价值观,项目经理及团队成员对于实施什么样的项目,为什么要实施这样的项目,团队的工作范围有哪些等问题有着共同的认识与一致的理解,对于如何实现项目的目标,包括采取的步骤,以及应遵循的价值观和行为准则达成共识。

其次,必须具有清晰的分工与精诚的协作,团队成员分工清晰、权责对等,每个人都清楚自己在项目中的角色、职责及汇报关系,队员强烈意识到个人和团队的力量,充分了解团队合作的重要性。

最后,必须具有融洽的关系及通畅的沟通,团队成员之间高度信任、相互尊重,团队致力于进行开放性的信息交流与沟通,鼓励不同的意见,并允许自由地表达出来。此外,还必须有高昂的士气与高效的生产力,团队成员对项目工作有满腔的热情和高度的信心,团队能够认同和利用个人的特长,依靠集体的力量和智慧去制订项目计划、优化项目决策、平衡项目冲突、解决项目问题。

1.4.2 选聘施工项目经理

在全面实施建造师执业资格制度后,仍然要坚持落实项目经理岗位责任制。项目经理岗位是保证工程项目建设质量、安全、工期的重要岗位。建筑施工企业项目经理(以下简称“项目经理”),是指受企业法定代表人委托对工程项目施工过程全面负责的项目管理者,是建筑施工企业法定代表人在工程项目上的代表人。

根据规定,目前大、中型工程项目施工的项目经理必须由取得建造师注册证书的人员担任;但取得建造师注册证书的人员是否担任工程项目施工的项目经理,由企业自主决定。建造师是一类专业人士的名称,而项目经理是一个工作岗位的名称,应注意这两个概念的区别和关系。取得建造师执业资格的人员表示其知识和能力符合建造师执业的要求,但其在企业中的工作岗位则由企业视工作需要和安排而定,如图 1.13 所示。

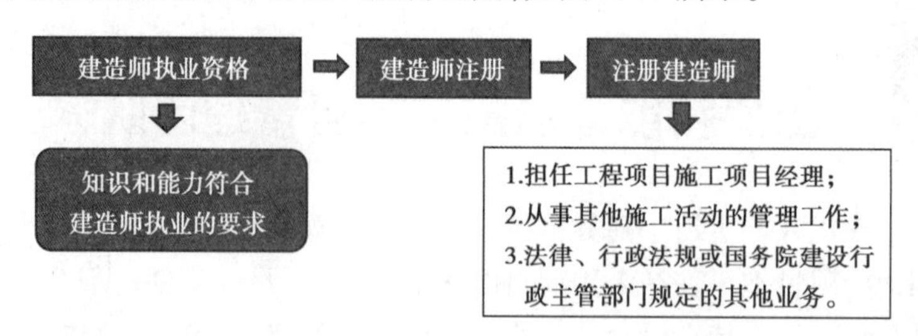

图 1.13　建造师的执业资格与注册建造师

1)施工项目经理的任务

在一般的施工企业中设工程计划、合同管理、工程管理、工程成本、技术管理、物资采购、设备管理、人事管理、财务管理等职能管理部门(虽各企业所设职能部门的名称不同,其主管的工作内容是类似的),项目经理可能在工程管理部,或项目管理部下设的项目经理部主持工作。施工企业项目经理往往是一个施工项目施工方的总组织者、总协调者和总指挥者,他所承担的管理任务不仅依靠所在的项目经理部的管理人员来完成,还要依靠整个企业各职能管理部门的指导、协作、配合和支持。项目经理不仅要考虑项目的利益,还应服从企业的整体利益。企业是工程管理的一个大系统,项目经理部则是其中的一个子系统。过分地强调子系统的独立性是不合理的,对企业的整体经营也是不利的。项目经理的任务包括项目的行政管理和项目管理两个方面,其在项目管理方面的主要任务是:

①施工安全管理。

②施工成本控制。

③施工进度控制。

④施工质量控制。

⑤工程合同管理。

⑥工程信息管理。

⑦工程组织与协调等。

2)**施工项目经理的责任**

(1)项目管理目标责任书

项目管理目标责任书[参考《建设工程项目管理规范》(GB/T 50326—2017)]应在项目实施之前,由法定代表人或其授权人与项目经理协商制订。编制项目管理目标责任书应依据下列资料(在该规范中“项目管理组织是指实施或参与项目管理,且有明确的职责、权限和相互关系的人员及设施的集合,包括发包人、承包人、分包人和其他有关单位为完成项目管理目标而建立的管理组织,简称为组织”):

①项目合同文件。

②组织管理制度。

③项目管理规划大纲。

④组织经营方针和目标。

⑤项目特点和实施条件与环境。

项目管理目标责任书宜包括下列内容:

①项目管理实施目标。

②组织和项目管理机构职责、权限和利益的划分。

③项目现场质量、安全、环保、文明、职业健康和社会责任目标。

④项目设计、采购、施工、试运行管理的内容和要求。

⑤项目所需资源的获取和核算办法。

⑥法定代表人向项目管理机构负责人委托的相关事项。

⑦项目管理机构负责人和项目管理机构应承担的风险。

⑧项目应急事项和突发事件处理的原则和方法。

⑨项目管理效果和目标实现的评价原则、内容和方法。

⑩项目实施过程中相关责任和问题的认定和处理原则。

⑪项目完成后对项目管理机构负责人的奖惩依据、标准和办法。

⑫项目管理机构负责人解职和项目管理机构解体的条件及办法。

⑬缺陷责任制、质量保修期及之后对项目管理机构负责人的相关要求。

(2)项目机构负责人的职责

项目经理应履行下列职责[参考《建设工程项目管理规范》(GB/T 50326—2017)]:

①项目管理目标责任书中规定的职责。

②工程质量安全责任承诺书中应履行的职责。

③组织或参与编制项目管理规划大纲、项目管理实施规划,对项目目标进行系统管理。

④主持制订并落实质量、安全技术措施和专项方案,负责相关的组织协调工作。

⑤对各类资源进行质量管控和动态管理。

⑥对进场的机械,设备、工器具的安全、质量使用进行监控。

⑦建立各类专业管理制度并组织实施。

⑧制订有效的安全、文明和环境保护措施并组织实施。

⑨组织或参与评价项目管理绩效。

⑩进行授权范围内的任务分解和利益分配。

⑪按规定完善工程资料,规范工程档案文件,准备工程结算和竣工资料,参与工程竣工验收。

⑫接受审计,处理项目管理机构解体的善后工作。

⑬协助和配合组织进行项目检查、鉴定和评奖申报。

⑭配合组织完善缺陷责任期的相关工作。

(3)项目经理的权限

项目经理应具有下列权限[参考《建设工程项目管理规范》(GB/T 50326—2017)]:

①参与项目招标、投标和合同签订。

②参与组建项目管理机构。

③参与组织对项目各阶段的重大决策。

④主持项目管理机构工作。

⑤决定授权范围内的项目资源使用。

⑥在组织制度的框架下制订项目管理机构管理制度。

⑦参与选择并直接管理具有相应资质的分包人。

⑧参与选择大宗资源的供应单位。

⑨在授权范围内与项目相关方进行直接沟通。

⑩法定代表人和组织授予的其他权利。

项目经理应接受法定代表人和组织机构的业务管理,组织有权对项目经理给予奖励和处罚。

3)施工项目经理的责任

项目经理应承担施工安全和质量的责任,要加强对建筑业企业项目经理市场行为的监督管理,对发生重大工程质量安全事故或市场违法违规行为的项目经理,必须依法予以严肃处理。

项目经理对施工承担全面管理的责任。工程项目施工应建立以项目经理为首的生产经营管理系统,实行项目经理负责制。项目经理在工程项目施工中处于中心地位,对工程项目施工负有全面管理的责任。

项目经理由于主观原因,或由于工作失误有可能承担法律责任和经济责任。政府主管部门将追究的主要是其法律责任,企业将追究的主要是其经济责任。但是,如果由于项目经理的违法行为而导致企业的损失,企业也有可能追究其法律责任。

在国际上,由于项目经理是施工企业内的一个工作岗位,项目经理的责任则由企业领导根据企业管理的体制和机制,以及根据项目的具体情况而定。企业针对每个项目有十分明确的管理职能分工表,在该表中明确项目经理对哪些任务承担策划、决策、执行、检查等职能,其将承担的则是相应的策划、决策、执行、检查的责任。

1.4.3　组建智能建造施工项目团队

如何建立一个高效的施工团队,可从3个方面入手,具体如下所述。

(1)加强项目团队领导

组建一支基础广泛的团队是建立高效项目团队的前提,在组建项目团队时,确保团队队员优势互补、人尽其才。项目经理要为个人和团队设定明确而有感召力的目标,让每个成员明确理解其工作职责、角色、应完成的工作及其质量标准。设立实施项目的行为规范及共同遵守的价值观,引导团队行为,鼓励与支持参与,营造以信任为基础的工作环境,尊重与关怀团队成员,视个人为团队的财富,强化个人服从组织、少数服从多数的团队精神。

(2)鼓舞项目团队士气

项目团队的士气依赖队员对项目工作的热情及意愿,为此,项目经理必须采取有效措施激发成员的工作热情与进一步发展的愿望,创造出信任、和谐而健康的工作氛围,让每个成员都知道,如果项目成功,每个人都是赢家,提倡与支持不断学习的气氛,使团队成员有成长和学习新技术的机会。灵活多样而丰富多彩的团队建设活动,如组织项目队员周末聚会、室外拓展、团队旅游等,是培养和发展个人友谊、鼓舞团队士气的有效方式。

(3)提高项目团队效率

建设高效项目团队的最终目的是提高团队的工作效率,项目团队的工作效率依赖于团队的士气和合作共事的关系,依赖于成员的专业知识和掌握的技术,依赖于团队的业务目标和交付成果,依赖于依靠团队解决问题和制定决策的程度。加强团队领导,鼓舞团队士气,支持队员学习专业知识与技术,鼓励队员依照共同的价值观去达成目标,依靠团队的聪明才智和力量去制订项目计划、指导项目决策、平衡项目冲突、解决项目问题,是取得高效项目成果的必由之路。

练习题1

一、单项选择题(每题1分,每题的备选项中只有一个最符合题意)

1. 对于一个智能建造工程项目而言,有代表不同利益方的项目管理,其中(　　)的项目管理是管理的核心。

   A. 业主方　　B. 施工方　　C. 供货方　　D. 设计方

2. 业主方的项目管理工作涉及项目实施阶段的全过程，竣工验收属于智能建造工程项目的（　　）阶段。

A. 决策　　B. 设计准备　　C. 施工　　D. 动用前准备

3. 某职业院校拟新建一栋智能建造实训中心，经设计招标，由乙设计院承担该项目的设计任务。下列目标中，不属于乙设计院项目管理目标的是（　　）。

A. 项目投资目标　B. 设计进度目标　　C. 施工质量目标　　D. 设计成本目标

4. 智能建造工程项目的全寿命周期不包括（　　）。

A. 决策阶段　　B. 实施阶段　　C. 控制阶段　　D. 使用阶段

5. 设计、采购和施工任务综合承包，即 EPC 承包，它们的项目管理属于（　　）的项目管理。

A. 设计方　　B. 业主方

C. 施工方　　D. 智能建造工程总承包

6. 某智能建造工程项目施工采用施工总承包管理模式，其中的二次装饰装修工程由建设单位发包给乙单位。在施工中，乙单位应该直接接受（　　）的工作指令。

A. 建设单位　　B. 设计单位

C. 施工总承包管理企业　　D. 施工承包企业

7. 某公司准备实施一个大型智能建造工程项目的管理任务。为了提高项目组织系统的运行效率，决定设置纵向和横向工作部门以减少项目组织结构的层次。该项目所选用的组织结构模式是（　　）。

A. 直线型组织结构 B. 矩阵型组织结构　C. 职能型组织结构　D. 项目组织结构

8. 智能建造工程施工管理中的组织结构图反映的是（　　）。

A. 一个项目管理班子中各组成部门之间的逻辑关系

B. 一个项目中各组成部分之间的组织关系

C. 一个项目管理班子中各组成部门之间的组织关系

D. 一个项目中各组成部分之间的逻辑关系

9. 通过树状图对项目的结构进行逐层分解，明确了组成该项目的所有工作任务，对项目结构进行逐层分解所采用的组织工具应是（　　）。

A. 项目组织结构图B. 项目结构图　　C. 工作流程图　　D. 合同结构图

10. 编制施工管理任务分工表，涉及的事项有：①确定工作部门或个人的工作任务；②项目管理任务分解；③编制任务分工表。正确的编制程序是（　　）。

A. ①②③　　B. ②①③　　C. ③①②　　D. ⑧③①

11. 项目管理目标责任书应在项目实施之前，由（　　）或其授权人与项目经理协商制订。

A. 企业董事长　　B. 企业法定代表人

C. 企业总经理　　D. 主管生产经营的副总经理

12. 在国际上，施工企业项目经理是企业任命的一个项目的项目管理班子的负责人，其主要任务是（　　）。

A. 负责整个项目人员配置和物资采购

B. 负责整个项目的技术管理工作

C. 代表企业法定代表人在项目上行使法律责任

D. 项目目标的控制和组织协调

13. 在《建设工程项目管理规范》中，施工方项目经理在工程实施中具有的权限有（　　）。

A. 组建项目经理部　　B. 制订内部计酬办法

C. 签订合同　　D. 选择分包方

14. 在下列各项管理权力中，属于施工项目经理管理权力的是（　　）。

A. 自行决定是否分包及选择分包企业

B. 编制和确定需政府监管的招标方案，评选和确定投标、中标单位

C. 指挥智能建造工程项目建设的生产经营活动，调配并管理进入工程项目的生产要素

D. 代表企业法人参加民事活动，行使企业法人的一切权力

二、多项选择题（每题2分。每题的备选项中，有2个或2个以上符合题意，至少有1个错项。错选，本题不得分；少选，所选的每个选项得0.5分）

1. 施工方是承担任务的单位的总称谓，它包括（　　）。

A. 施工总承包方　　B. 施工总承包管理方

C. 分包施工方　　D. 提供劳务的参与方

E. 供应建筑材料的供货方

2. 下列选项中，关于施工总承包管理方的主要特征的说法正确的是（　　）。

A. 一般情况下，施工总承包管理方不承担施工任务

B. 一般情况下，由施工总承包管理方与分包方和供货方直接签订施工合同

C. 施工总承包管理方承担对分包方的组织和管理责任

D. 施工总承包管理方和施工总承包方承担的管理任务和责任相同

E. 由业主选定的分包方应经施工总承包管理方的认可

3. 施工项目经理在承担工程项目施工管理过程中，应履行的职责有（　　）。

A. 确保项目建设资金的落实到位　　B. 建立技术管理体系

C. 主持工程竣工验收　　D. 主持编制项目管理实施规划

E. 接受审计

4. 施工企业法定代表人与项目经理协商制订项目管理目标责任书的依据是（　　）。

A. 项目设计文件　　B. 项目合同文件

C. 组织的管理制度　　D. 组织的经营方针和目标

E. 项目管理规划大纲

5. 施工企业项目经理在承担项目施工管理过程中，在企业法定代表人授权范围内，行使的管理权限主要有（　　）。

A. 参与选择物资供应单位　　B. 选择监理单位

C. 制订内部计酬办法　　D. 参与项目招标、投标和合同签订

E. 参与组建项目经理部

情境 2　智能建造工程项目招采管理

从 20 世纪 80 年代开始我国率先在建设工程领域引进了招投标制度,《中华人民共和国招标投标法》(以下简称《招标投标法》)的颁布实施标志着我国正式确立了招标投标的法律制度,并逐步在各个领域由不同部门陆续颁布了一系列的法律法规和规范性文件,为规范建筑市场提供了法律依据,招投标人员应积极主动地维护法律尊严。工程招标投标制度在维护国家利益和社会公共利益、规范建筑市场行为、提高投资效益、促进廉政建设等方面发挥了重要作用。但是,在当前工程招标投标活动中,招标人主体责任缺失,串通投标、弄虚作假等违法违规问题依然突出。为深入贯彻落实《国务院办公厅关于促进建筑业持续健康发展的意见》(国办发〔2017〕19 号)、《国务院办公厅转发住房城乡建设部关于完善质量保障体系提升建筑工程品质指导意见的通知》(国办函〔2019〕92 号),积极推进房屋建筑和市政基础设施工程招标投标制度改革,加强相关工程招标投标活动监管,严厉打击招标投标环节违法违规问题,维护建筑市场秩序,2019 年 12 月 24 日住房和城乡建设部发布了《住房和城乡建设部关于进一步加强房屋建筑和市政基础设施工程招标投标监管的指导意见》。招投标人员必须增强政治意识,做到立党为公、服务为民、廉洁自律、办事公正,真正构建公开、公平、公正、廉洁、高效、务实的招投标监管和服务平台,更好地为国家建设服务。在市场经济的新形势下,增强责任意识显得尤为重要。招投标人不但要做到爱岗敬业、吃苦奉献,而且要敢于承担责任。智能建造工程项目招投标是对专业和技术要求非常高的工作,面对新的历史机遇和挑战,新的建造技术、新的国际法则、新的招标对象和投标主体,都对我国的招标从业主体提出了更高、更专业的要求。从业人员的业务水平和业务素质必须提高,以顺应市场发展的要求。

任务 2.1　确定智能建造工程项目招标方式

招标投标是在市场经济条件下进行的大宗货物的买卖、工程建设项目的发包与承包,以及服务项目的采购与提供时所采用的一种交易方式。在这种交易方式下,通常是由项目采购(包括货物的购买、工程的发包和服务的采购)的采购方作为招标方。招标投标是市场经济发展的产物。那什么是工程招标投标？哪些建设工程项目必须招标？采用哪种方式进行招标？

2.1.1 认识工程项目招标投标

1）建设工程项目招标投标的概念

建设工程项目招标投标是在市场经济条件下，国内外的工程承包市场上为买卖特殊商品而进行的由一系列特定环节组成的特殊交易活动。“特殊商品”是指建设工程，既包括建设工程实施又包括建设工程实体形成过程中的建设工程技术咨询活动；“特殊交易活动”的特殊性表现在两个方面：一是欲买卖的商品是未来的，并且还未开价；二是这种买卖活动是由一系列特定环节组成的，即招标、投标、开标、评标、定标及签约和履约等环节。

什么是工程项目招标？

2）建设工程项目招标投标的目的

将工程项目建设任务委托纳入市场管理，通过竞争择优选定项目的勘察、设计、设备、安装、施工、装饰装修、材料设备供应、监理和工程总承包等单位，达到保证工程质量、缩短建设周期、控制工程造价、提高投资效益的目的。

3）建设工程项目招标投标的特点

①通过竞争机制，实行交易公开。

②鼓励竞争、防止垄断、优胜劣汰，可较好地实现投资效益。

③通过科学合理和规范化的监管制度与运作程序，可有效杜绝不正之风，保证交易的公平和公正。

4）建设工程项目招标投标活动的原则

（1）公开原则

公开原则是指招标投标活动应有较高的透明度，招标人应当将招标信息公布于众，以招引投标人做出积极反应。在招标采购制度中，公开原则要贯穿于整个招标投标程序中，具体表现在建设工程招标投标信息公开、条件公开、程序公开和结果公开。公开原则的意义在于使每一个投标人都获得同等的信息，知悉招标的一切条件和要求，避免“暗箱操作”。

（2）公平原则

公平原则要求招标人平等地对待每一个投标竞争者，使其享有同等的权利并履行相应的义务，不得对不同的投标竞争者采用不同的标准。按照这个原则，招标人不得在招标文件中要求或者标明含有倾向或排斥潜在投标人的内容，不得以不合理的条件限制或者排斥潜在投标人，不得对潜在投标人实行歧视待遇。

（3）公正原则

公正原则即程序规范，标准统一，要求所有招投标活动必须按照招标文件中的统一标准进行，做到程序合法、标准公正。根据这个原则，招标人必须按照招标文件事先确定的招标、投标、开标的程序和法定时限进行，评标委员会必须按照招标文件确定的评标标准和方法进行评审，招标文件中没有规定的标准和方法不得作为评标和中标的依据。

(4)诚实信用原则

诚实信用原则是指招标投标当事人应以诚实、守信的态度行使权利，履行义务，以保护双方的利益。诚实是指真实合法，不可用歪曲或隐瞒真实情况的手段去欺骗对方。违反诚实原则的行为是无效的，且应承担由此带来的损失。信用是指遵守承诺，履行合同，不弄虚作假，不损害他人、国家和集体的利益。

2.1.2 合理确定项目招标范围

1)**法律法规规定必须招标的建设工程项目**

2017年12月经修改后公布的《中华人民共和国招标投标法》规定，在中华人民共和国境内进行下列工程建设项目包括项目的勘察、设计、施工、监理以及与工程建设有关的重要设备、材料等的采购，必须进行招标：

哪些建设项目需要招标?

①大型基础设施、公用事业等关系社会公共利益、公众安全的项目。

②全部或者部分使用国有资金投资或者国家融资的项目。

③使用国际组织或者外国政府贷款、援助资金的项目。

2018年3月经修改后公布的《中华人民共和国招标投标法实施条例》(以下简称《招标投标法实施条例》)指出，工程建设项目是指工程以及与工程建设有关的货物、服务。工程是指建设工程，包括建筑物和构筑物的新建、改建、扩建及其相关的装修、拆除、修缮等；与工程建设有关的货物，是指构成工程不可分割的组成部分，且为实现工程基本功能所必需的设备、材料等；与工程建设有关的服务，是指为完成工程所需的勘察、设计、监理等服务。

经国务院批准，2018年3月，国家发展和改革委员会发布的《必须招标的工程项目规定》规定，全部或者部分使用国有资金投资或者国家融资的项目包括：

①使用预算资金200万元人民币以上，并且该资金占投资额10%以上的项目。

②使用国有企业事业单位资金，并且该资金占控股或者主导地位的项目。

使用国际组织或者外国政府贷款、援助资金的项目包括：

①使用世界银行、亚洲开发银行等国际组织贷款、援助资金的项目。

②使用外国政府及其机构贷款、援助资金的项目。

不属于以上规定情形的大型基础设施、公用事业等关系社会公共利益、公众安全的项目，必须招标的具体范围由国务院发展改革部门会同国务院有关部门按照确有必要、严格限定的原则制订，并报国务院批准。

不属于本规定情形的大型基础设施、公用事业等关系社会公共利益、公众安全的项目，必须招标的具体范围包括以下内容：

①煤炭、石油、天然气、电力、新能源等能源基础设施项目。

②铁路、公路、管道、水运，以及公共航空和A1级通用机场等交通运输基础设施项目。

③电信枢纽、通信信息网络等通信基础设施项目。

④防洪、灌溉、排涝、引(供)水等水利基础设施项目。

⑤城市轨道交通等城建项目。

本规定范围内的项目，其勘察、设计、施工、监理以及与工程建设有关的重要设备、材料等的采购达到下列标准之一的，必须招标：

①施工单项合同估算价在400万元人民币以上。

②重要设备、材料等货物的采购，单项合同估算价在200万元人民币以上。

③勘察、设计、监理等服务的采购，单项合同估算价在100万元人民币以上。同一项目中可以合并进行的勘察、设计、施工、监理以及与工程建设有关的重要设备、材料等的采购，合同估算价合计达到前款规定标准的，必须招标。

《招标投标法》还规定，依法必须进行招标的项目，其招标投标活动不受地区或者部门的限制。任何单位和个人不得违法限制或者排斥本地区、本系统以外的法人或者其他组织参加投标，不得以任何方式非法干涉招标投标活动。

2）**法律法规规定可以不进行招标的建设工程项目**

《招标投标法》规定，涉及国家安全、国家秘密、抢险救灾或者属于利用扶贫资金实行以工代赈、需要使用农民工等特殊情况，不适宜进行招标的项目，按照国家有关规定可以不进行招标。《招标投标法实施条例》还规定，除《招标投标法》规定可以不进行招标的特殊情况外，有下列情形之一的，可以不进行招标：

①需要采用不可替代的专利或者专有技术。

②采购人依法能够自行建设、生产或者提供。

③已通过招标方式选定的特许经营项目投资人依法能够自行建设、生产或者提供。

④需要向原中标人采购工程、货物或者服务，否则将影响施工或者功能配套要求。

⑤国家规定的其他特殊情形。

为此，国务院有关部委在规定必须招标项目的范围和规模标准的同时，对可以不招标的情况分别做出了如下规定：

（1）可以不进行招标的建设项目

按照《建设项目可行性研究报告增加招标内容以及核准招标事项暂行规定》中第五条规定，属于下列情况之一的建设项目可以不进行招标，但必须在报送可行性研究报告中提出不招标申请，并说明不招标原因。

①涉及国家安全或者有特殊保密要求的。

②建设项目的勘察、设计，采用特定专利或者专有技术的，或者其建筑艺术造型有特殊要求的。

③承包商、供应商或者服务提供者少于三家，不能形成有效竞争的。

④其他原因不适宜招标的。

（2）可以不进行招标的施工项目

按《工程建设项目施工招标投标办法》第十二条规定，需要审批的工程建设项目有下列情形之一的，经审批部门批准，可以不进行施工招标。

①涉及国家安全、国家秘密或者抢险救灾而不适宜招标的。

②利用扶贫资金实行以工代赈，需要使用农民工等特殊情况。

③施工企业自建自用的工程，且该施工企业资质等级符合工程要求的。

④在建工程追加的附属小型工程或者主体加层工程，且承包人未发生变更的。

⑤施工主要技术采用特定的专利或者专有技术的。

⑥法律、法规、规章规定的其他情形。

2013 年 12 月，财政部颁发的《政府采购非招标采购方式管理办法》进一步规定，竞争性谈判是指谈判小组与符合资格条件的供应商就采购货物、工程和服务事宜进行谈判，供应商按照谈判文件的要求提交响应文件和最后报价，采购人从谈判小组提出的成交候选人中确定成交供应商的采购方式。单一来源采购是指采购人从某一特定供应商处采购货物、工程和服务的采购方式。2014 年 8 月经修改后颁布的《中华人民共和国政府采购法》规定，政府采购工程进行招标投标的，适用招标投标法。2015 年 1 月颁布的《中华人民共和国政府采购法实施条例》进一步规定，政府采购工程依法不进行招标的，应当依照政府采购法和本条例规定的竞争性谈判或者单一来源采购方式采购。

《国务院办公厅关于促进建筑业持续健康发展的意见》(国办发〔2017〕19 号)中规定，在民间投资的房屋建筑工程中，探索由建设单位自主决定发包方式。对依法通过竞争性谈判或单一来源方式确定供应商的政府采购工程建设项目，符合相应条件的应当颁发施工许可证。任何单位和个人不得将依法必须进行招标的项目化整为零或者以其他任何方式规避招标。招标投标活动应当遵循公开、公平、公正和诚实信用的原则。

2.1.3 合理选择项目招标方式

招标是一项复杂的系统化工作，有完整的程序，环节多，专业性强，组织工作繁杂，招标代理机构由于其专门从事招标投标活动，在人员力量和招标经验方面有得天独厚的条件，因此一些大型招标项目的招标工作通常由专业招标代理机构代为进行。近年来，我国的招标代理业务有了长足的发展，这些机构的出色工作对保证招标质量，提高招标效益起到了有益的作用，但也存在一些问题。为夯实招标投标活动中各方主体责任，严禁党员干部利用职权或者职务上的影响干预招标投标活动，工程招标投标活动依法应由招标人负责，招标人自主决定发起招标，自主选择工程建设项目招标代理机构、资格审查方式、招标人代表和评标方法。

1) 招标组织

招标组织形式分为自行招标和委托招标。具备自行招标的能力，按规定向主管部门备案同意后，可以自行组织招标；依法必须招标的项目经过批准后，招标人根据项目的实际情况需要和自身条件，可以自主选择招标代理机构进行委托招标。

(1) 自行组织招标

招标人自行办理招标事宜，应当具有编制招标文件和组织评标的能力，具体包括以下几个方面的要求：

①具有项目法人资格(或者法人资格)。

②具有与招标项目规模和复杂程度相适应的工程技术、概预算、财务和工程管理方面的专业技术力量。

③有从事同类工程建设项目招标的经验。

④拥有3名以上取得招标职业资格的专职招标业务人员。

⑤熟悉和掌握《招标投标法》及有关法规规章。

不具备上述条件②—⑤的，须委托具有相应资质的咨询、监理等单位代理招标。如建设单位具备自行招标的条件，也可以委托招标代理机构组织招标。

(2)委托招标代理机构组织招标

①招标代理机构的性质。招标代理一般是指具备相关资质的招标代理机构(公司)按照相关法律规定，受招标人的委托或授权办理招标事宜的行为。招标代理机构是帮助不具有编制招标文件和组织评标能力的招标人选择能力强和资信好的投标人，以保证工程项目的顺利实施和建设目标的实现。招标代理机构属于社会中介组织，与行政机关和其他国家机关不得存在隶属关系或其他利益关系，否则就会形成政企不分，会对其他代理机构造成不公平待遇。

什么是招标代理？

②招标代理机构的特征。招标代理机构是从我国《中华人民共和国招标投标法》颁布以后才开始产生的。招标代理自其产生之日开始，就在我国工程招标中发挥着重要作用。招标代理机构从无到有，业务从小到大，累计完成了成千上万项招标项目。这些机构经过长期的招标实践，总结和积累了丰富的招标经验。在编制招标文件、审查投标人资格、评估最佳投标方能力等操作方面，形成了较系统的规程和技巧，在代理招标活动中发挥着重要作用。招标代理机构具有以下几个特征：

a. 代理人必须以被代理人的名义办理招标事务。

b. 招标代理人应具有独立意思表示的职能，应独立开展工作，这样才能使招标投标正常进行，因为招标代理人是以其专业知识和经验为被代理人提供高智力的服务，不独立意思表示的行为或不以他人名义进行的行为，如代人保管物品、举证、抵押权人依法处理抵押物等都不是代理行为。

c. 招标代理机构的行为必须符合代理委托授权范围，超出委托授权范围和未经被代理人委托授权的代理行为都属于无权代理。被代理人对代理人的无权代理行为有拒绝权和追认权。如被代理人知道中介机构以其名义做了无权代理行为而不做否认表示时，则视为被代理人同意，在被代理人不追认和不视为同意的情况下，无权代理行为即成为无效代理行为，且代理人应承担民事法律责任，并赔偿损失。

d. 招标代理机构行为的法律效果由被代理人承担。

e. 招标代理是一种自愿行为招标代理。招标人有权自行选择招标代理机构，委托其办理招标事宜。任何单位和个人不得以任何方式为招标人指定招标代理机构。

(3)招标代理机构工作程序

①获得招标人或采购人合法授权。由于招标代理机构是受招标人或采购人委托，以招标人或采购人名义组织招标，因此，在开展招标活动之前，必须获得招标人或采购人的正式授权，这是招标代理机构开展招标业务的法律依据。授权的范围由招标人或采购人确定，招标代理机构也应根据工作的需要提出相应的要求。经招标人或采购人和招标代理机构协商一致后，双方签订委托招标合同(或协议)。其主要内容包括招标人或采购人和招标代理机

构各自的责权利、委托招标采购的标的和要求、周期、定标的程序和招标代理机构收费办法等。

②为招标人或采购人编制招标文件。招标文件是整个招标过程所遵循的法律性文件,是投标和评标的依据,而且是构成合同的重要组成部分。一般情况下,招标人和投标人之间不进行或仅进行有限的面对面交流。投标人只能根据招标文件的要求,编写投标文件。因此,招标文件是联系、沟通招标人与投标人的桥梁。能否编制出完整、严谨的招标文件,直接影响招标的质量,也是招标成败的关键。甚至有人把招标文件比作各方遵循的"宪法",由此可见招标文件的重要性。由于招标代理机构专门从事招标业务,他们拥有较丰富的经验和大量的投标商信息,可以编制更加完善的招标文件。

③严格按程序组织开标、评标、定标。一般情况下,招标人或采购人与一些供应商和承包商有各种业务往来,难以超脱者的身份组织评标,且容易被投标者误会。专职招标代理机构比较超脱,可以较好地避免问题的发生,并严格按招标文件要求和评标标准组织评标,以维护招标的公正性,保证招标的效果。

做好招标人或采购人与中标人签订合同的协调工作。由于招标人或采购人处于主动的地位,容易将招标以外的一些条件强加给中标人,产生不平等的协议,使招标流于形式。有时中标者也找各种理由拒绝或拖延签订合同。上述问题如果没有一个中间人从中协调是很难解决的。由于招标代理机构是招标的组织者,承担此角色最为适宜。

④监督合同的执行协调执行过程中的矛盾。有些招标合同执行需要较长的时间,在执行合同过程中,当事人双方难免遇到一些纠纷,不愿意诉诸法律,希望有一个中间人从中协调解决。在实际工作中,招标代理机构组织签订合同后,可以说已完成了招标代理工作,但在执行合同过程中当双方出现矛盾时,往往需要求助于招标代理机构来解决。招标代理机构处于对双方负责和提高自身信誉的目的,会尽最大努力使矛盾得到解决。

虽然招标代理资格取消后招标市场不需要门槛了,但是随着市场的放开,竞争也会越来越激烈。招标代理机构只有通过提升自身业绩、实力和专业能力,才能在未来的竞争中占领一席之地。

(4)对工程招标代理机构的管理

为深入推进工程建设领域"放管服"改革,住房和城乡建设部于 2018 年 3 月 22 日取消了对于工程建设项目招标代理机构的资格认定,改为加强工程建设项目招标代理机构事中事后监管,规范工程招标代理行为,维护建筑市场秩序,促进招投标活动有序开展,不断完善监督机制,创新监管手段,加强工程建设项目招标投标活动监管。

①建立信息报送和公开制度。招标代理机构可按照自愿原则向工商注册所在地省级建筑市场监管一体化工作平台报送基本信息。信息内容包括营业执照相关信息、注册执业人员、具有工程建设类职称的专职人员、近 3 年代表性业绩、联系方式。上述信息统一在住建部全国建筑市场监管公共服务平台(以下简称"公共服务平台")对外公开,供招标人根据工程项目实际情况选择参考。

②规范工程招标代理行为。招标代理机构应当与招标人签订工程招标代理书面委托合同,并在合同约定的范围内依法开展工程招标代理活动。招标代理机构及其从业人员应当

严格按照《中华人民共和国招标投标法》《中华人民共和国招标投标法实施条例》等相关法律法规开展工程招标代理活动，并对工程招标代理业务承担相应责任。

③强化工程招标投标活动监管。各级建设主管部门要加大房屋建筑和市政基础设施招标投标活动监管力度，推进电子招投标，加强招标代理机构行为监管，严格依法查处招标代理机构违法违规行为，及时归集相关处罚信息并向社会公开，切实维护建筑市场秩序。

④加强信用体系建设。加快推进省级建筑市场监管一体化工作平台建设，规范招标代理机构信用信息采集、报送机制，加大信息公开力度，强化信用信息应用，推进部门之间信用信息共享共用。加快建立失信联合惩戒机制，强化信用对招标代理机构的约束作用，构建“一处失信，处处受制”的市场环境。

⑤加大投诉举报查处力度，各级建设主管部门要建立健全公平、高效的投诉举报处理机制，严格按照《工程建设项目招标投标活动投诉处理办法》，及时受理并依法处理房屋建筑和市政基础设施领域的招投标投诉举报，保护招标投标活动当事人的合法权益，维护招标投标活动的正常市场秩序。

⑥推进行业自律。充分发挥行业协会对促进工程建设项目招标代理行业规范发展的重要作用。支持行业协会研究制定从业机构和从业人员行为规范，发布行业自律公约，加强对招标代理机构和从业人员行为的约束和管理。鼓励行业协会开展招标代理机构资信评价和从业人员培训工作，提升招标代理服务能力。

2）**确定招标方式**

目前国内外建筑市场上使用的建设工程招标形式主要有公开招标、邀请招标和议标。

如何确定工程项目招标方式?

（1）公开招标

公开招标是指招标人通过报纸、期刊、广播、电视、网络或其他媒介，公开发布招标公告，招揽不特定的法人或其他组织参加投标的招标方式。公开招标形式一般对投标人的数量不做限制，故也被称为“无限竞争性招标”。

国内依法必须进行公开招标的项目，依据我国《招标投标法》相关规定，应当通过国家指定的报纸、信息网络或者其他媒介发布。依法必须招标项目的招标公告应当在“中国招标投标公共服务平台”或者项目所在地省级电子招标投标公共服务平台（以下统一简称为“发布媒介”）发布。省级电子招标投标公共服务平台应当与“中国招标投标公共服务平台”对接，按规定同步交互招标公告和公示信息。对依法必须招标项目的招标公告，发布媒介应当与相应的公共资源交易平台实现信息共享。发布媒介应当免费提供依法必须招标项目的招标公告发布服务，并允许社会公众和市场主体免费、及时查阅前述招标公告公示的完整信息，依法必须招标项目的招标公告和公示信息除在发布媒介发布外，招标人或其招标代理机构也可以同步在其他媒介公开，并确保内容一致。其他媒介可以依法全文转载依法必须招标项目的招标公告和公示信息，但不得改变其内容，同时必须注明信息来源。任何单位和个人不得违法指定或者限制招标公告的发布和发布范围。对非法干预招标公告发布活动的，依法追究领导和直接责任人的责任。在指定媒介发布必须招标项目的招标公告，不得收取费用。

招标公告应当载明招标人的名称和地址，招标项目的性质、数量、实施地点和时间，获取招标文件的办法及招标人的能力要求等事项。

(2)邀请招标

邀请招标是指招标人以投标邀请书的方式直接邀请特定的法人或者其他组织参加投标的招标方式。由于投标人的数量是由招标人确定的,所以又被称为“有限竞争招标”,被邀请的投标人通常考虑以下几个因素:

①该单位有与该项目相应的资质,并且有足够的力量承担招标工程的任务。

②该单位近期内成功地承包过与招标工程类似的项目,有较丰富的经验。

③该单位的技术装备、劳动者素质、管理水平等均符合招标工程的要求。

④该单位当前和过去财务状况良好。

⑤该单位有较好的信誉。

总之,被邀请的投标人必须在资金、能力、信誉等方面都能胜任该招标工程。

《招标投标法》第十一条规定:国务院发展计划部门确定的国家重点项目和省、自治区、直辖市人民政府确定的地方重点项目不适宜公开招标的,经国务院发展计划部门或者省、自治区、直辖市人民政府批准,可以进行邀请招标,这条规定表明:重点项目都应当公开招标;不适宜公开招标的,经批准也可以采用邀请招标。为此国家有关部门根据项目的特点对邀请招标的条件和审批做出了具体规定。

《中华人民共和国招标投标法实施条例》中有如下规定:

第八条　国有资金占控股或者主导地位的依法必须进行招标的项目,应当公开招标;但有下列情形之一的,可以邀请招标。

①技术复杂、有特殊要求或者受自然环境限制,只有少量潜在投标人可供选择;

②采用公开招标方式的费用占项目合同金额的比例过大。

有前款第二项所列情形,属于本条例第七条规定的项目,由项目审批、核准部门在审批、核准项目时做出认定;其他项目由招标人申请有关行政监督部门做出认定。

(3)议标

《招标投标法》明确规定,招标方式分为公开招标和邀请招标。但由于工程项目的实际特点,在工程项目发包过程中,还常常运用议标的形式。议标是指招标人直接选定工程承包人,通过谈判,达成一致意见后直接签约。由于工程承包人在谈判之前一般已经明确,不存在投标竞争对手,因此也被称为“非竞争性招标”。由于议标没有体现出招标投标“竞争性”这一本质特征,其实质是一种谈判。因此在《招标投标法》中,没有将议标作为招标方式。

对不宜公开招标和邀请招标的特殊工程,应报主管机构,经批准后才可议标。参加议标的单位一般不得少于两家。议标也必须经过报价、比较和评定阶段,业主通常采用多家议标,“货比三家”的原则,择优录取。

据国际惯例和我国现行法律法规,议标的招标方式通常限定在紧急工程、有保密性要求的工程、价格很低的小型工程、零星的维修工程和潜在投标人很少的特殊工程。

3)项目总承包招标

《招标投标法实施条例》规定,招标人可以依法对工程以及与工程建设有关的货物、服务全部或者部分实行总承包招标。以暂估价形式包括在总承包范围内的工程、货物、服务属于依法必须进行招标的项目范围且达到国家规定规模标准的,应当依法进行招标。以上所称暂估价,是指总承包招标时不能确定价格而由招标人在招标文件中暂时估定的工程、货物、服务的金额。

什么情况下可以实施两阶段招标?对技术复杂或者无法精确拟定技术规格的项目,招标人可以分两个阶段进行招标。第一阶段,投标人按照招标公告或者投标邀请书的要求提交不带报价的技术建议,招标人根据投标人提交的技术建议确定技术标准和要求,编制招标文件。第二阶段,招标人向在第一阶段提交技术建议的投标人提供招标文件,投标人按照招标文件的要求提交包括最终技术方案和投标报价的投标文件。

通过以上分析,我们可以根据建设工程的具体情况和施工承发包方式确定建设工程项目的招标方式。只有正确确定了招标方式,才能更好地开展招标工作。

【知识链接】

政府采购

随着我国政府"放管服"改革的深入推进,市场经济体制的逐步完善,政府采购的货物、工程和服务越来越多。政府采购是指各级政府为了开展日常政务活动或为公众提供服务,在财政的监督下,以法定的方式、方法和程序,通过公开招标、公平竞争,由财政部门以直接向供应商付款的方式,从国内、外市场上为政府部门或所属团体购买货物、工程和劳务的行为。其实质是市场竞争机制与财政支出管理的有机结合,其主要特点就是对政府采购行为进行法制化的管理。

在我国,政府采购的法定概念,一是《中华人民共和国政府采购法》中第一章第二条所规定的政府采购,主体是各级国家机关、事业单位或团体组织,采购对象必须属于采购目录或达到限额标准;二是《政府和社会资本合作项目政府采购管理办法》所规定的政府和社会资本合作项目的政府采购(即PPP项目采购)。

我国政府采购一般有3种模式:集中采购模式,即由一个专门的政府采购机构负责本级政府的全部采购任务;分散采购模式,即由各支出采购单位自行采购;半集中半分散采购模式,即由专门的政府采购机构负责部分项目的采购,而其他的则由各单位自行采购。我国政府采购中集中采购占了很大的比重,列入集中采购目录和达到一定采购金额以上的项目必须进行集中采购。政府采购有两种途径:即委托采购和自行采购。其中,委托采购是指采购人通过集中采购机构或其他政府采购代理机构进行采购。属于集中采购目录或达到采购限额的,通过委托采购途径。

政府委托采购的招标程序一般为:

①采购人编制计划,报财政厅政府采购办审核。

②采购办与招标代理机构办理委托手续,确定招标方式。

③进行市场调查,与采购人确认采购项目后,编制招标文件。

④发布招标公告或发出招标邀请函。

⑤出售招标文件,对潜在投标人资格预审。

⑥接受投标人标书。

⑦在公告或邀请函中规定的时间、地点公开开标。

⑧由评标委员对投标文件评标。

⑨依据评标原则及程序确定中标人。

⑩向中标人发送中标通知书。

⑪组织中标人与采购单位签订合同。

⑫进行合同履行的监督管理,解决中标人与采购单位的纠纷。

我国政府采购的方式包括公开招标、邀请招标、竞争性谈判、单一来源采购、询价、国务院政府采购监督管理部门认定的其他采购方式。公开招标是政府采购主要采购方式,公开招标与其他采购方式不是并行的关系。这里主要给大家介绍一下竞争性谈判、单一来源采购、询价3种方式。

(一)竞争性谈判

竞争性谈判指采购人或代理机构通过与多家供应商(不少于3家)进行谈判,最后从中确定中标供应商。

符合以下条件之一的:

①招标后没有供应商投标或者没有合格标的或者重新招标未能成立的。

②技术复杂或者性质特殊,不能确定详细规格或者具体要求的。

③采用招标所需时间不能满足用户紧急需要的。

④不能事先计算出价格总额的。

(二)单一来源采购

单一来源采购也称直接采购,是指达到了限额标准和公开招标数额标准,但所购商品的来源渠道单一,或属专利、首次制造、合同追加、原有采购项目的后续扩充和发生了不可预见紧急情况不能从其他供应商处采购等情况。该采购方式的最主要特点是没有竞争性。

符合以下条件之一的:

①只能从唯一供应商处采购的。

②发生了不可预见的紧急情况不能从其他供应商处采购的。

③必须保证原有采购项目一致性或者服务配套的要求,需要继续从原供应商处添购,且添购资金总额不超过原合同采购金额百分之十的。

(三)询价

询价是指采购人向有关供应商发出询价单让其报价,在报价基础上进行比较并确定最优供应商一种采购方式。

采购的货物规格、标准统一、现货货源充足且价格变化幅度小的政府采购项目,可以采用询价方式采购。

什么是政府采购?

应用案例

【案例概况】

某学校自筹资金进行教学楼施工,该工程由A建筑公司建设。为进一步发挥该教学楼功能,该高校在距离工程竣工3个月时,拟在教学楼东侧加建一幢二层小楼,建筑面积205 m^2,将教学楼的一些配套设施移至该二层小楼内。该附属工程已经得到计划、规划、建设等管理部门的批准,设计单位也已经按照消防的要求完成了该附属工程的设计工作,资金能够满足工程发包的需要。

【问题讨论】

(1)《招标投标法》中规定的招标方式有哪几种?其招标方式适用的条件有哪些?该工程是否具备进行施工招标的条件?为什么?

(2)该附属工程是否可以不招标而直接发包?为什么?

(3)如该附属工程采用招标方式确定施工单位?应注意哪些问题?

任务2.2 智能建造工程项目招标

2.2.1 编制资格审查文件

招标人利用资格审查程序可以较全面地了解投标申请人各方面的情况,并将不合格或竞争能力较差的投标人淘汰,以节省评标时间。一般情况下,招标人只通过资格预审文件了解投标申请人各方面的情况,不向投标人当面了解,所以资格预审文件的编制水平直接影响后期招标工作,在编制资格预审文件时应结合招标工程的特点,突出对投标人实施能力要求所关注的问题,不能遗漏任何一方面的内容。

资格审查文件是告知申请人资格条件、标准和方法,对申请人的经营资格、履约能力进行评审,确定合格投标人的依据。依法必须招标的工程招标项目,应按照国家发展和改革委员会会同相关部门制订的《标准施工招标资格预审文件》,结合招标项目的技术管理特点和需求,编制招标资格审查文件。《标准施工招标资格预审文件》包括资格预审公告、申请人须知、资格审查办法、资格预审申请文件格式和建设项目概况等内容。

1)编写资格预审公告

资格预审公告包括招标条件、项目概况与招标范围、申请人资格要求、资格预审方法、资格预审文件的获取、资格预审申请文件的递交、发布公告的媒介、联系方式等信息。

2)编写申请人须知

(1)编写申请人须知前附表

前附表编写内容及要求如下:

①招标人及招标代理机构的名称、地址、联系人与电话。

②工程建设项目基本情况，包括项目名称、建设地点、资金来源、出资比例、资金落实情况、招标范围、标段划分、计划工期、质量要求。

③申请人资格条件。告知申请人必须具备的工程施工资质、近年类似业绩、财务状况、拟投入人员、设备的技术力量等资格能力要素条件和近年发生诉讼、仲裁等履约信誉情况及是否接受联合体投标等要求。

④时间安排。明确申请人提出澄清资格预审文件要求的截止时间，招标人澄清、修改资格预审文件的截止时间，申请人确认收到资格预审文件澄清和修改的时间，使申请人知悉资格预审活动的时间安排。

⑤申请文件的编写要求。明确申请文件的签字和盖章要求、申请文件的装订及文件份数，使申请人知悉资格预审申请文件的编写格式。

⑥申请文件的递交规定。明确申请文件的密封和标识要求、申请文件递交的截止时间及地点、资格审查结束后资格预审申请文件是否退还，以使投标人能够正确递交申请文件。

⑦简要写明资格审查采用的方法，以及资格预审结果的通知时间及确认时间。

(2)编写总则

总则编写要把招标工程建设项目概况、资金来源和落实情况，招标范围和计划工期及质量要求叙述清楚，声明申请人资格要求，明确申请文件编写所用的语言，以及参加资格预审过程的费用承担。

(3)编写资格预审文件

编写内容包括资格预审文件的组成、澄清及修改等。

①资格预审文件的组成。资格预审文件由资格预审公告、申请人须知、资格审查办法、资格预审申请文件格式、项目建设概况及对资格预审文件的澄清和修改构成。

②资格预审文件的澄清。要明确申请人提出澄清的时间、澄清问题的表达形式，招标人的回复时间和回复方式，以及申请人对收到答复的确认方式及时间。

③资格预审文件的修改。明确招标人对资格预审文件进行修改、通知的方式及时间，以及申请人确认的方式及时间。

④资格预审申请文件的编制。招标人应在本处明确告知申请人，资格预审申请文件的组成内容、编制要求、装订及签字盖章要求。

⑤资格预审申请文件的递交。招标人一般在这部分明确资格预审申请文件应按统一的规定要求进行密封和标识，并在规定的时间和地点递交。对于没有在规定地点、截止时间前递交的申请文件，应拒绝接收。

⑥资格审查。国有资金占控股或者主导地位的依法必须进行招标的项目，由招标人依法组建的资格审查委员会进行资格审查；其他招标项目可由招标人自行进行资格审查。

⑦通知和确认。明确审查结果的通知时间及方式，以及合格申请人的回复方式及时间。

⑧纪律与监督。对资格预审期间的纪律、保密、投诉及对违纪的处置方式进行规定。

3)编写资格审查办法

①选择资格审查办法。资格预审方法有合格制和有限数量制两种。

②审查标准。审查标准包括初步审查和详细审查的标准，采用有限数量制时的评分标准。

③审查程序。审查程序包括资格预审申请文件的初步审查、详细审查、申请文件的澄清及有限数量制的评分等内容和规则。

④审查结果。资格审查委员会完成资格预审申请文件的审查，确定通过资格预审的申请人名单，向招标人提交书面审查报告。

4）编写资格预审申请文件格式

具体包括以下格式内容：

①资格预审申请函。

②法定代表人身份证明或其授权委托书。

③联合体协议书。

④申请人基本情况。

⑤近年财务状况。

⑥近年完成的类似项目情况。

⑦拟投入技术和管理人员状况。

⑧未完成和新承接项目情况。

⑨年发生的诉讼及仲裁情况。

⑩其他材料。

5）编写智能建造工程项目概况

编写内容应包括项目说明、建设条件、建设要求和其他需要说明的情况。

2.2.2　编制招标文件

编制依法必须进行招标的项目的招标文件，应当使用国务院发展改革部门会同有关行政监督部门制订的标准文本。招标人编制的招标文件的内容违反法律、行政法规的强制性规定，违反公开、公平、公正和诚实信用原则，影响潜在投标人投标的，依法必须进行招标的项目的招标人应当在修改招标文件后重新招标。

为了规范招标文件编制活动，提高招标文件编制质量，促进招标投标活动的公开、公平和公正，由国家发展和改革委员会等九部委在原 2002 年版招标文件范本的基础上，联合编制了《标准施工招标资格预审文件》（2007 年版）、《标准施工招标文件》（2007 年版），并于 2008 年 5 月 1 日试行。2010 年 6 月，住房和城乡建设部根据《标准施工招标文件》（2007 年版）试行情况发布了《房屋建筑和市政工程标准施工招标资格预审文件》和《房屋建筑和市政工程标准施工招标文件》（2010 年版）（建市〔2010〕88 号）。该文件适用于一定规模以上，且设计和施工不是由同一承包人承担的房屋建筑和市政工程施工招标的资格预审和施工招标。

为落实中央关于建立工程建设领域突出问题专项治理长效机制的要求，进一步完善招标文件编制规则，提高招标文件编制质量，促进招标投标活动的公开、公平和公正，国家发展和改革委员会会同其他相关部委编制了《简明标准施工招标文件》和《标准设计施工总承包招标文件》,并于2012年5月1日起实施。通知中规定,依法必须进行招标的工程建设项目工期不超过12个月、技术相对简单,且设计和施工不是由同一承包人承担的小型项目,其施工招标文件应当根据《简明标准施工招标文件》编制。设计施工一体化的总承包项目,其招标文件应当根据《标准设计施工总承包招标文件》编制。

2017年9月,国家发展和改革委员会等九部委编制了《标准设备采购招标文件》《标准材料采购招标文件》《标准勘察招标文件》《标准设计招标文件》《标准监理招标文件》(统一简称为"标准文件")。《标准文件》适用于依法必须招标的与工程建设有关的设备、材料等货物项目和勘察、设计、监理等服务项目,《标准文件》中的"投标人须知"(投标人须知前附表和其他附表除外)、"评标办法"(评标办法前附表除外)和"通用合同条款",应当不加修改地引用。以上《标准文件》自2018年1月1日起实施。

一般情况下,各类工程施工招标文件的大致相同,但组卷方式可能有所区别。我们以《标准施工招标文件》为范本介绍智能建造工程项目施工招标文件的内容和编制要求。

1)**编制施工招标文件应注意的问题**

(1)招标文件应体现智能建造工程项目的特点和要求

招标文件涉及的专业内容比较广泛,具有明显的多样性和差异性,编制一套适用于具体工程建设项目的招标文件,需要具有较强的专业知识和一定的实践经验,还要准确把握项目专业特点。

编制招标文件时必须认真阅读研究有关设计与技术文件,了解招标项目的特点和需求,包括项目概况、性质、审批或核准情况、标段划分计划、资格审查方式、评标方法、承包模式、合同计价类型、进度时间节点要求等,并充分反映在招标文件中。

招标文件应该内容完整,格式规范,按规定使用标准招标文件,结合招标项目特点和需求,参考以往同类项目的招标文件进行调整、完善。

(2)招标文件必须明确投标人实质性响应的内容

投标人必须完全按照招标文件的要求编制投标文件,如果投标人没有对招标文件的实质性要求和条件做出响应,或者响应不完全,都可能导致投标人投标失败。所以,招标文件中需要投标人做出实质性响应的所有内容,如招标范围、工期、投标有效期、质量要求、技术标准和要求等应具体、清晰、无争议,避免使用原则性的、模糊的或者容易引起歧义的词句。

(3)防范招标文件中的违法、歧视性条款

编制招标文件必须熟悉和遵守招标投标的法律法规,并及时掌握最新规定和有关技术标准,坚持公平、公正、遵纪守法的要求。严格防范招标文件中出现违法、歧视、倾向条款限制、排斥或保护潜在投标人,并要公平合理地划分招标人和投标人的风险责任。只有招标文件客观与公正才能保证整个招投标活动的客观与公正。

(4)保证招标文件格式、合同条款的规范一致

编制招标文件应保证格式文件、合同条款规范一致,从而保证招标文件逻辑清晰、表达准确,避免产生歧义和争议。

招标文件合同条款部分如采用通用合同条款和专用合同条款形式编写的,正确的合同

条款编写方式为:“通用合同条款”应全文引用,不得删改;“专用合同条款”则应按其条款编号和内容,根据工程实际情况进行修改和补充。

(5)招标文件语言要规范、简练

编制、审核招标文件应一丝不苟、认真细致。招标文件语言文字要规范、严谨、准确、精练、通顺,要认真推敲,避免使用含义模糊或容易产生歧义的词语。

招标文件的商务部分与技术部分一般由不同人员编制,应注意两者之间及各专业之间的相互结合与一致性,应交叉校核,检查各部分是否有不协调、重复和矛盾的内容,确保招标文件的质量。

2)编制招标公告或投标邀请书

招标公告或投标邀请书的具体格式可以自定。《工程建设项目施工招标投标办法》(七部委 30 号令,2013 年九部委 23 号令修改)规定,招标公告或者投标邀请书应当至少载明下列内容:

①招标人的名称和地址。

②招标项目的内容、规模、资金来源。

③招标项目的实施地点和工期。

④获取招标文件或者资格预审文件的地点和时间。

⑤对招标文件或者资格预审文件收取的费用。

⑥对投标人的资质等级的要求。

《房屋建筑与市政工程标准施工招标文件》中的招标公告

《房屋建筑与市政工程标准施工招标文件》中的投标邀请书

招标公告或投标邀请书的目的是让潜在的投标人了解工程项目或项目标段的相关情况,为他们投标提供依据。编制招标公告或投标邀请书时要注意以下要求:

(1)招标条件

要求写清楚项目名称(按照项目审批、核准或备案为准),签发单位,项目批文名称,项目业主(即投资人,投标人可以根据该单位的一些以往信誉选择是否投标),建设资金来源及比例(自有资金:其他资金),招标单位名称等。

(2)项目概况与招标范围

说明本次招标项目的地点、规模、计划工期、招标范围、标段划分等具体事宜。说明该项目基本情况包括法律依据,招标人详细情况,投资人的主要事迹、拟建项目的面积,施工要求,质量要求,拟建地点等。资金的主要来源,让投标人了解投资人的经济实力,以防后期的工程款结算不及时等问题。资金来源可以是自有资金,也可以是银行贷款。要说明资金的落实情况。这些都是投标人选择是否进行投标的依据。

招标范围、工期要求等也是应在招标公告上说明清楚的。第一是可以让投标人选择性地进行投标,第二可以初步筛选一部分工期要求不符合的投标人,从而提高招标效率。质量要求是在达到国家质量标准要求的前提下满足业主的要求。为达到质量要求所采取的作业技术和活动称为质量控制。这是为了更好地管理本次招标的实现,初步筛选投标人。使资质或者工程质量达不到要求的承包商不用浪费时间。

标段划分要科学合理。在确定标段划分时,在投标人可以独立投标的前提下,应尽量增加标段的工作内容,以便提高投标人参加投标的兴趣。对于一般工业和民用建筑工程施工项目,各项工程内容的技术关联性较强,可以采用施工总承包的方式进行招标,将施工项目交给一家总承包单位承担,有利于工程的整个协调和管理;对于公路、铁路、民航飞行区施工项目,由于不同路段技术相对独立,为了缩短工期,可以将公路、铁路、跑道或停机坪施工划分为若干标段,由不同的施工单位承担。

(3)投标人的资质要求

投标人应该具备承担本标段施工资质的条件、能力和信誉。同时应该注意这些条件的落实,资质条件、财务要求、业绩要求、信誉要求、项目资质要求、其他要求。以上要求一般会附加到投标人须知附表上面。如果是投标邀请书,要求投标人应该是收到招标人发出投标邀请书的单位。资质要求和上面的要求同样是为了初步筛选合格的承包商,为评标定标节约时间。

(4)投标报名和招标文件的获取

投标报名和招标文件的获取方式要求有意愿的投标人于××××年××月××日至××××年××月××日(一般节假日除外),每天上午××时至××时,下午××时至××时,在×××(详细地址)单位持单位介绍信报名和购买招标文件。

在招标公告中还会规定每套招标文件的定价、图纸抵押金等。一般情况下,招标文件一经售出概不退回,这些内容会在招标公告中有详细的说明和要求,由于招标文件涉及的定价比较高,所以在招标公告中应该明确其中的细则和要求,以免引起经济纠纷。招标公告还会在一定的媒体渠道上发布以达到广纳贤才的目的。

(5)投标文件的递交

招标文件递交要规定明确具体的时间和地点,时间要求具体到分秒。理论要求逾期不予受理。如果是投标邀请书,要求投标人在收到投标邀请书后,在××××年××月××日前以传真或者快递方式予以确认。

(6)联系方式

在招标公告的最后要说明本次招标单位的各种信息,以方便投标单位能和招标单位取得联系。其中包括招标单位名称、地址、联系电话、邮编、传真、网址、开户银行、账户等。若有招标代理机构还应该说明招标代理机构的以上分类信息。

3)编制投标人须知

投标人须知就是投标的具体事项,包括工程项目的具体情况,开标的时间地点的通知,评标办法,以及后期质量保证金的具体事宜。编制投标人须知时需要就发布招标公告时间、发放招标文件时间、现场踏勘(一般情况下自行前去)、投标人质疑时间、招标文件澄清或修改时间、招标人发布紧急公告时间和相关媒介、缴纳投标保证金的时间和方式、报名确定和补报名时间、投标截止日、开标时间、预中标公告方式和时间、发中标通知书时间、工程量清单核对时间和方式、签订合同、合同备案、投标保证金退还时间和方式等事宜进行明确。这样就是为整个招投标以及后来的承包商施工提供具体的做事流程，让复杂的建筑施工变得有规可循，让杂乱的过程有秩序化，不让后期技术工作有所遗漏。

4）编制评标办法

评标办法是招标活动过程中的“关键一环”。评标办法质量高低直接影响本次招标活动能否评选出理想中标人即招标结果。其评标方法在国家七部委12号令中第二十九条中明确规定：“评标办法包括经评审的最低投标价法、综合评估法或者法律、法规允许的其他评标方法。”《标准文件》中规定了两种评标办法：经评审的最低投标价法和综合评估法。其实有这两种方法已足够，其他方法也只是这两种方法在程序上的演变，大同小异。评审的因素和标准在《标准文件》中已经载明，而量化标准和评分标准还需根据施工工程的情况进行协商和编制，并填写在评标办法“前附表”里。

（1）经评审的最低投标价法

经评审的最低投标价法是指对符合招标文件规定的技术标准，满足招标文件实质性要求的投标，根据招标文件规定的量化因素及量化标准进行价格折算，按照经评审的投标价由低到高的顺序推荐中标候选人，或根据招标人授权直接确定中标人，但投标报价低于其成本的除外，经评审的投标价相等时，投标报价低的优先；投标报价相等的，由招标人自行确定。

①适用情况。一般适用于具有通用技术、性能标准，或者招标人对其技术、性能没有特殊要求的招标项目。

②评标程序及原则：

a.评标委员会根据招标文件中评标办法的规定对投标人的投标文件进行初步评审。有一项不符合评审标准的，作废标处理。最低投标价法初步评审内容和标准可参考《标准招标文件》（2010年版）的评标办法。

b.评标委员会应当根据招标文件中规定的评标价格调整方法，对所有投标人的投标报价及投标文件的商务部分做必要的价格调整。但评标委员会无须对投标文件的技术部分进行价格折算。

评标委员会发现投标人的报价明显低于其他投标报价，或者在设有标底时明显低于标底，使其投标报价可能低于其成本的，应当要求该投标人做出书面说明并提供相应的证明材料，投标人不能合理说明或者不能提供相应证明材料的，由评标委员会认定该投标人以低于成本报价竞标，其投标作废标处理。

c.根据经评审的最低投标价法完成详细评审后，评标委员会应当拟定一份“标价比较表”，连同书面评标报告提交给招标人。“标价比较表”应当注明投标人的投标报价、对商务偏差的价格调整和说明，以及经评审的最终投标价。

d.除招标文件中授权评标委员会直接确定中标人外，评标委员会应按照经评审价格由低到高的顺序推荐中标候选人。

应用案例

【案例概况】

某市地铁6号线某标段计划投资12亿元，经咨询公司测算的标底为12亿元，计划工期为300天。现有甲、乙、丙3家企业的报价、工期及质量目标见表2.1。招标文件规定，该项目采用经评审的最低投标价法进行评标，评标时应考虑如下评标因素：①工期每提前1天将为业主带来250万元的预期效益；②工程竣工验收时质量达到优良的将为业主带来2 000万元的收益。请计算经评审的评标价，并确定排名第一的中标候选人。

表2.1 评审报价

企业名称	报价/亿元	工期/天	质量目标
甲	10	260	优良
乙	11	200	合格
丙	8	310	优良

计算各家的评标价：

甲：100 000+(260−300)×250−2 000＝88 000(万元)

乙：110 000+(200−300)×250+0＝85 000(万元)

丙：80 000+(310−300)×250−2 000＝80 500(万元)

综合考虑报价、工期和质量目标评审因素后，以经评审的评标价作为选定中标候选人的依据，因此，选定乙企业为排名第一的中标候选人。

上述3家企业中丙企业报价最低，但工期已经超过了标底的工期，属于重大偏差，因此不予考虑，甲企业报价虽比乙企业低，但综合评审各因素后，乙企业比甲企业的评标价格低，因此，最后选定乙企业为中标候选人。

【分析】

本案例说明，工程报价最低并不是工程评审综合价格最低。在评审时要将所有实质性要求，如工期、质量等因素综合考虑到评审价格中。如工期提前可能为投资者节约各种利息，项目及时投入使用后可及早回收建设资金，创造经济效益。又如，可能因为工程质量不合格、合格而未达到优良，给业主带来销售困难、给投资者带来不良社会影响等问题。因此，招标人要合理确定利用最低评审价格法的具体操作步骤和价格因素，这样才可能使评标更加科学、合理。

(2)综合评估法

综合评估法，是对价格、施工组织设计(或施工方案)、项目经理的资历和业绩、质量、工期、信誉和业绩等各方面因素进行综合评价，从而确定中标人的评标方法。它是适用最广泛的评标方法。

综合评估法按其具体分析方式的不同，可分为定性综合评估法和定量综合评估法。

①定性综合评估法(评估法)。定性综合评估法又称评估法。通常的做法是：由评标组织对工程报价、工期、质量、施工组织设计、主要材料消耗、安全保障措施、业绩、信誉等评审

指标，分项进行定性比较分析，综合考虑，经评估后选出其中被大多数评标组织成员认为各项条件都比较优良的投标人为中标人，也可用记名或无记名投票表决的方式确定中标人。定性评估法的特点是不量化各项评审指标，它是一种定性的优选法，采用定性综合评估法，一般要按从优到劣的顺序，对各投标人排列名次，排序第一的即为中标人。

采用定性综合评估法有利于评标组织成员之间的直接对话和交流，能充分反映不同意见，在广泛深入地开展讨论、分析的基础上，集中大多数人的意见，一般也比较简单易行。但这种方法评估标准弹性较大，衡量的尺度不具体，各人的理解可能会相去甚远，造成评标意见差距过大，会使评标决策左右为难，不能让人信服。

②定量综合评估法（打分法、百分制计分评估法）。定量综合评估法又称打分法、百分制计分评估法（百分法）。通常的做法是：事先在招标文件或评标定标办法中对评标的内容进行分类，形成若干评价因素，并确定各项评价因素在百分之内所占的比例和评分标准，开标后由评标组织中的每位成员按照评分规则采用无记名方式打分，最后统计投标人的得分，得分最高者（排序第一名）或次高者（排序第二名）为中标人。

定量综合评估法的主要特点是要量化各评审因素。对各评审因素的量化是一个比较复杂的问题，各地的做法不尽相同。从理论上讲，评标因素指标的设置和评分标准分值的分配，应充分体现企业的整体素质和综合实力，准确反映公开、公平、公正的竞标法则，使质量好、信誉高、价格合理、技术强、方案优的企业能中标。

应用案例

【案例概况】

1. 以最低报价为标准值的综合评分法

某综合楼项目经有关部门批准由业主自行进行工程施工公开招标。该工程有A、B、C、D、E共5家企业经资格审查合格后参加投标。评标采用四项综合评分法。四项指标及权重为：投标报价0.5，施工组织设计合理性0.1，工期0.3，投标单位的业绩与信誉0.1，各项指标均以100分为满分。报价以所有投标书中报价最低者为标准（该项满分），在此基础上，其他各家的报价比标准值每上升1%扣5分；工期比计划工期（600天）提前15%为满分，在此基础上，每延后10天扣3分。5家投标单位的报价及有关评分情况见表2.2。

表2.2　报价及评分表

投标单位	报价/万元	施工组织设计/分	工期/天	业绩与信誉/分
A企业	4 080	100	580	95
B企业	4 120	95	530	100
C企业	4 040	100	550	95
D企业	4 160	90	570	95
E企业	4 000	90	600	90

根据表2.2，计算各投标单位综合得分，并据此确定中标单位。

【解】　(1)计算5家企业的投标报价得分

根据评标标准,5家企业中,E企业报价4 000万元,报价最低,E企业投标报价得分100分。

A企业报价为4 080万元,A企业投标报价得分:(4 080/4 000-1)×100%=2%;100-2×5=90(分)

B企业报价为4 120万元,B企业投标报价得分:(4 120/4 000-1)×100%=3%;100-3×5=85(分)

C企业报价为4 040万元,C企业投标报价得分:(4 040/4 000-1)×100%=1%;100-1×5=95(分)

D企业报价为4 160万元,D企业投标报价得分:(4 160/4 000-1)×100%=4%;100-4×5=80(分)

(2)计算5家企业的工期得分

根据评标标准,工期比计划工期(600天)提前15%为满分,即600×(1-15%)=510天为满分。

A企业工期所报工期为580天,A企业工期得分:100-(580-510)/10×3=79(分)

B企业工期所报工期为530天,B企业工期得分:100-(530-510)/10×3=94(分)

C企业工期所报工期为550天,C企业工期得分:100-(550-510)/10×3=88(分)

D企业工期所报工期为570天,D企业工期得分:100-(570-510)/10×3=82(分)

E企业工期所报工期为600天,E企业工期得分:100-(600-510)/10×3=73(分)

(3)计算5家企业的综合得分

A企业:90×0.5+79×0.3+100×0.1+95×0.1=88.2(分)

B企业:85×0.5+94×0.3+95×0.1+100×0.1=90.2(分)

C企业:95×0.5+88×0.3+100×0.1+95×0.1=93.4(分)

D企业:80×0.5+82×0.3+90×0.1+95×0.1=83.1(分)

E企业:100×0.5+73×0.3+90×0.1+90×0.1=89.9(分)

根据得分情况,C企业为中标单位。

2.以标底作为标准值计算报价得分的综合评分法

某工程由于技术难度大,对施工单位的施工设备和同类工程施工经验要求高,工期也十分紧迫。因此,根据相关规定,业主采用邀请招标的方式邀请了国内3家施工企业参加投标。招标文件规定该项目采用钢筋混凝土框架结构,采用支模现浇施工方案施工。业主要求投标单位将技术标和商务标分别装订报送。

评分原则如下:

①技术标共40分,其中施工方案10分(因已确定施工方案,故该项投标单位均得分10分);施工总工期15分,工程质量15分。满足业主总工期要求(32个月)者得5分,每提前1个月加1分,工程质量自报合格者得5分,报优良者得8分(若实际工程质量未达到优良将扣罚合同价的2%),近3年内获得鲁班工程奖(或等同于)者每项加2分,获得部优工程奖者每项加1分。

②商务标共 60 分。标底为 42 354 万元，报价为标底的 98%者为满分 60 分；报价比标底的 98%每下降 1%扣 1 分，每上升 1%扣 2 分（计分按四舍五入取整）。各单位投标报价资料见表 2.3。

表 2.3　各单位投标报价资料

投标单位	报价/万元	总工期/月	自报工程质量	鲁班工程奖	部优工程奖
甲企业	40 748	28	优良	2	1
乙企业	42 162	30	优良	1	2
丙企业	42 266	30	优良	1	1

根据上述资料运用综合评标法确定中标单位。

①计算各投标单位的技术标得分，见表 2.4。

表 2.4　技术标得分

投标单位	施工方案得分	总工期得分	工程质量得分	合计
甲企业	10	5+(32−28)×1=9	8+2×2+1=13	32
乙企业	10	5+(32−30)×1=7	8+2+2=12	29
丙企业	10	5+(32−30)×1=7	8+2+1=11	28

②计算各投标单位的商务标得分，见表 2.5。

表 2.5　商务标得分

投标单位	报价/万元	报价占标底的比例/%	扣分/分	得分/分
甲企业	40 748	(40 748/42 354)×100=96.2	(98−96.2)×1≈2	60−2=58
乙企业	42 162	(42 162/42 354)×100=99.5	(99.5−98)×2≈3	60−3=57
丙企业	42 266	(42 266/42 354)×100=99.8	(99.8−98)×2≈4	60−4=56

③计算各投标单位的综合得分，见表 2.6。

表 2.6　综合得分

投标单位	技术得分/分	商务得分/分	综合得分/分
甲企业	32	58	90
乙企业	29	57	86
丙企业	28	56	84

因此，根据综合得分情况，甲企业为中标单位。

3. 以修正标底值计算报价的评分法

标底作为报价评定标准时，有可能因为编制的标底没能反映出较先进的施工技术水平和管理能力，导致最终报价评分不合理。因此，在制订评标依据时，既不全部以标底价作为评标依据,也不全部以投标价作为评标依据,而是将这两方面的因素结合起来,形成一个标底的修正值作为衡量标准,此方法也被称为“A+B”法。A 值反映投标人报价的平均水平,可采用简单算术平均值,也可以是加权平均值;B 值为标底价。

某项工程施工招标,报价项评分采用“A+B”法,报价项满分为 60 分。标底价格为 5 000 万元。报价项每比修正的标底值高 1%扣 3 分,比修正的标底值低 1%扣 2 分。试求各入围企业报价项得分。

(1)确定投标报价入围的企业

入围的 5 家企业报价如下:C 企业为 5 250 万元,D 企业为 5 050 万元,E 企业为 4 850 万元,F 企业为 4 800 万元,G 企业为 4 750 万元。

(2)计算 A 值(本例采用加权平均值方法计算 A 值)

$$A=aX+bY$$

低于标底入围报价的平均值为 X,加权系数 $a=0.7$

高于标底入围报价的平均值为 Y,加权系数 $b=0.3$

$X=(4\ 850+4\ 800+4\ 750)/3=4\ 800$(万元)

$Y=(5\ 250+5\ 050)/2=5\ 150$(万元)

$A=4\ 800\times0.7+5\ 150\times0.3=4\ 905$(万元)

(3)$B=5\ 000$(万元)

(4)修正后的标准值

$$\frac{A+B}{2}=\frac{4\ 905+5\ 000}{2}=4\ 952.5\text{(万元)}$$

(5)计算各投标书报价得分

C 企业:$60-3\times(5\ 250-4\ 952.5)/4\ 952.5\times100=41.98$(分)

D 企业:$60-3\times(5\ 050-4\ 952.5)/4\ 952.5\times100=54.09$(分)

E 企业:$60-2\times(4\ 952.5-4\ 850)/4\ 952.5\times100=55.86$(分)

F 企业:$60-2\times(4\ 952.5-4\ 800)/4\ 952.5\times100=53.84$(分)

G 企业:$60-2\times(4\ 952.5-4\ 750)/4\ 952.5\times100=51.82$(分)

根据得分情况,E 企业为中标单位。

【分析】

采用修正标底的评标办法,能够在一定程度上避免预先制订的标底不够准确,对具有竞争性报价的投标人受到不公正待遇的缺点。采用这种评标方法计算时,为鼓励投标的竞争性,如果所有投标报价均高于标底,则通常仍以标底作为标准值。

由于每个建设项目的具体设计、标准、技术的复杂程度等都会有所不同,不可能会有要求完全一样的项目,这就决定了评标标准不可能千篇一律,必须根据具体项目的要求及实际情况进行编制。

①评标办法的选择必须体现项目的特点。具有通用技术、性能标准或者招标人对其技术、标准没有特殊要求、工期较短,质量、工期、成本受不同施工方案影响较小,工程管理要求一般的施工招标项目,可以选择最低评标价法。建设规模较大,履约工期较长,

技术复杂，质量、工期和成本受不同施工方案影响较大，工程管理要求较高的施工招标项目，应当选择综合评估法。

②技术评分因素必须根据工程特点设置。简单单一的施工项目，技术评分因素可以简化，如室内装修工程，施工时不会有大型机械，技术标中也就不宜有大型机械、临时用地、施工总平面布置图的评审内容，因为这些与项目的特征相去甚远。复杂、大型的建筑项目，评分因素的设置必须进行综合考虑，以便能选出经验丰富的施工单位。

5）**编制合同条款及格式**

合同条款包括协议书、通用条款、专用条款等内容。合同条款内容要求分析建设工程具体事项以及可能出现的一切可能因素。约定词语定义，专用条款的说明。合同条款中还要说明各个合同单位的义务和责任。

6）**编制工程量清单**

工程量清单编制质量的好坏，直接关系到工程变更和结算时争议解决的难易程度。一份好的工程量清单，要求做到项目不重不漏，项目特征描述清晰准确，工程量计算基本准确。

①准确描述清单项目的特征。工程量清单编制的重点及难点之一在于项目特征的描述，由于工程量清单的编制受时间及设计图纸质量的制约，因此与业主、设计院进行沟通就十分必要。不仅要认真分析图纸，根据图纸编写项目特征，还要充分了解设计意图，及时提出存疑问题。以便于减少工程变更，方便套用类似项目单价。

②认真复核清单的数量、单位。在工程量清单编制过程中，认真审核各清单项目的单位必不可少。在工程实践中，经常出现因单位错误而造成各投标单位报价差异显著的现象。比如屋面防水层、屋面保温层等就属于较易出错的项目。

③要求投标单位提供足够的报价资料。由于清单编制软件推行不久，加之预算编制人员的软件操作水平参差不齐。因此，明确要求提供详细的与报价相关的表格就十分必要了，其有利于解决工程实施过程中的工程变更单价的确定及工程结算的审核。

7）**编制技术标准和要求**

国家对招标项目的技术标准有规定的，招标人应当按照其规定在招标文件中提出相应要求。招标人可以在招标文件中合理设置支持智能建造技术创新、节能环保等方面的要求和条件。

8）**编制投标文件格式**

投标文件格式基本参照《标准文件》的格式，结合招标项目的具体特点进行编写。

9）**编制标底或招标控制价**

招标人可以自行决定是否编制标底。标底是招标工程的预期价格，是招标人对拟建工程的心理价格。反映了拟建工程的资金额度，以明确招标人在财务上应承担的义务。按规定，我国施工招标的标底，应在批准的工程概算或修正概算内。标底只能作为评标的参考，不能作为评标的唯一依据，即不得以投标报价是否接近标底作为中标条件，也不得以投标报价超过标底浮动范围作为否决投标的条件。如果招标人需要编制标底，则一个招标项目只能有一个标底而且在开标前标底必须保密。标底编制完后必须送招标投标管理部门办理备案。

招标控制价是指在工程发包的过程中,由招标人根据国家或省级、行业建设主管部门颁发的有关计价依据和办法,以及拟定的招标文件和招标工程工程量清单,结合工程具体情况编制的招标工程的最高投标限价。有的地方也称为拦标价、预算控制价。

《招标投标法实施条例》第二十七条规定,招标人设有最高投标限价的,应当在招标文件中明确最高投标限价或者最高投标限价的计算方法。招标人不得规定最低投标限价。此处的“投标限价”即招标控制价。

总之,招标文件是一份招标单位用来阐述工程项目基本概况以及约定招标过程细节,合同签订程序的综合性文件。它的发售具有一定的法律效力,所以其上面的内容应有所依据,不能凭空想象。要和具体的工程项目联系起来。招标文件是投标人编制投标文件和参加投标的依据,同时也是评标的重要依据,因为评标是按照招标文件规定的评标标准和方法进行的。此外,招标文件是签订合同所遵循的依据,招标文件的大部分内容要列入合同之中。因此,编制招标文件是非常关键的环节,它直接影响到招标的质量和进度。

2.2.3 发布招标公告(或资格预审公告)或投标邀请书

公开招标的项目,招标文件、资格预审文件等经过当地招标投标管理部门审查并通过后,发布招标公告或资格预审公告。根据中华人民共和国国家发展和改革委员会令第10号《招标公告和公示信息发布管理办法》第八条:依法必须招标项目的招标公告和公示信息应当在“中国招标投标公共服务平台”或者项目所在地省级电子招标投标公共服务平台(以下统一简称“发布媒介”)发布。省级电子招标投标公共服务平台应当与“中国招标投标公共服务平台”对接,按规定同步交互招标公告和公示信息,对依法必须招标项目的招标公告和公示信息,发布媒介应当与相应的公共资源交易平台实现信息共享。信息发布的媒介应与潜在投标人的分布范围相适应。例如面向国际公开招标的,就应该在国际性媒介上发布信息;面向全国公开招标的,就应该在全国性媒介上发布招标信息。一般来讲,招标人可以自行选择信息发布的媒介,但是依法必须进行招标项目的资格预审公告和招标公告,应当在国务院发展改革部门依法指定的媒介发布。

在不同媒介发布的同一招标项目的资格预审公告或者招标公告的内容应当一致。指定媒介发布依法必须进行招标的项目境内资格预审公告、招标公告,不得收取费用。此外,在指定媒介发布招标公告的同时,招标人应根据项目的性质和需要,也可在其他媒介发布招标公告,其公告内容应与在指定媒介发布的招标公告相同。

招标人或其招标代理机构应当对其提供的招标公告和公示信息的真实性、准确性、合法性负责。发布媒介和电子招标投标交易平台应当对所发布的招标公告和公示信息的及时性、完整性负责。发布媒介应当按照规定采取有效措施,确保发布招标公告和公示信息的数据电文不被篡改、不遗漏和至少10年内可追溯。

实行邀请招标的工程项目,招标应当向3个以上具备承担招标项目能力、资信良好的特定法人或其他组织发出投标邀请书。

2.2.4　发售、递交、澄清或修改资格预审文件

1）**资格预审文件的发售**

招标人应当按照资格预审公告规定的时间、地点发售资格预审文件。资格预审文件发售期不得少于 5 日，招标人发售资格预审文件的费用应当限于补偿印刷、邮寄的成本支出，不得以营利为目的。

2）**资格预审文件的递交**

招标人应当合理确定提交资格预审申请文件的时间。依法必须进行招标的项目提交资格预审申请文件的时间，自资格预审文件停止发售之日起不得少于 5 日。

3）**资格预审文件的澄清或修改**

招标人可以对已发出的资格预审文件进行必要的澄清或者修改。澄清或者修改的内容可能影响资格预审申请文件编制的，招标人应当在提交资格预审申请文件截止时间至少 3 日前，或者投标截止时间至少 15 日前以书面形式通知所有获取资格预审文件或者招标文件的潜在投标人；不足 3 日或者 15 日的，招标人应当顺延提交资格预审申请文件或者投标文件的截止时间。

潜在投标人或者其他利害关系人对资格预审文件有异议的，应当在提交资格预审申请文件截止时间 2 日前提出。招标人应当自收到异议之日起 3 日内做出答复；做出答复前应当暂停招标投标活动。

2.2.5　资格审查

1）**资格审查的方式**

资格审查分为资格预审和资格后审。

（1）资格预审

资格预审是指在投标前对潜在投标人进行的资格审查。资格预审是在招标阶段对投标申请人的第一次筛选，目的是审查投标人的企业总体能力是否符合招标工程的需要。只有在公开招标时才设置此程序。资格预审应当按照资格预审文件载明的标准和方法进行。国有资金占控股或者主导地位的依法必须进行招标的项目，招标人应当组建资格审查委员会审查资格预审申请文件。资格审查委员会及其成员应当遵守有关评标委员会及其成员的规定。

（2）资格后审

资格后审是指在开标后对投标人进行的资格审查。进行资格预审的，一般不进行资格后审，但招标文件另有规定的除外。资格后审适用于那些工期紧迫，工程较为简单的建设项目，审查的内容与资格预审基本相同。

2）**资格审查的主要内容**

资格审查应主要审查潜在投标人或者投标人是否符合下列条件。

①具有独立订立合同的权利。

②具有履行合同的能力，包括专业、技术资格和能力，资金、设备和其他物质设施状况，管理能力，经验、信誉和相应的从业人员。

③没有处于被责令停业，投标资格被取消，财产被接管、冻结，破产状态。

④在最近 3 年内没有骗取中标和严重违约及重大工程质量问题。

⑤法律、行政法规规定的其他资格条件。

对于大型复杂项目，尤其是需要有专门技术、设备或经验的投标人才能完成时，则应设置更加严格的条件，如针对工程的特别措施或工艺专长，专业工程施工经历和资质及安全文明施工要求等内容，但标准应适当，标准过高会使合格投标人过少而影响竞争，过低则会使不具备能力的投标人获得合同而导致不能按预期目标完成建设项目。

具体审查指标可参考《标准施工招标资格预审文件》(2007 年版)第三章内容。有一项因素不符合审查标准的，不能通过资格预审。

3)资格审查的办法与程序

(1)资格审查的办法

资格审查的办法一般分为合格制和有限数量制两种。合格制即不限定资格审查合格者数量，凡通过各项资格审查设置的考核因素和标准者均可参加投标。有限数量制则预先限定通过资格预审的人数，依据资格审查标准和程序，将审查的各项指标量化，最后按得分由高到低的顺序确定通过资格预审的申请人。通过资格预审的申请人不得超过限定的数量。

(2)资格审查的程序

①初步审查。初步审查是一般符合性审查。

②详细审查。通过第一阶段的初步审查后，即可进入详细审查阶段，审查的重点在于投标人财务能力、技术能力和施工经验等内容。

③资格预审申请文件的澄清。在审查过程中，审查委员会可以书面形式要求申请人对所提交的资格预审申请文件中不明确的内容进行必要的澄清或说明。申请人的澄清或说明应采用书面形式，并不得改变资格预审申请文件的实质性内容。申请人的澄清或说明内容属于资格预审申请文件的组成部分。招标人和审查委员会不接受申请人主动提出的澄清或说明。

通过资格预审的申请人除应满足初步审查和详细审查的标准外，还不得存在下列任何一种情形：

A. 不按审查委员会要求澄清或说明的。

B. 在资格预审过程中弄虚作假、行贿或有其他违法违规行为的。

C. 申请人存在下列情形之一：

a. 为招标人不具有独立法人资格的附属机构(单位)。

b. 为本标段前期准备提供设计或咨询服务的，但设计施工总承包的除外。

c. 为本标段的监理人。

d. 为本标段的代建人。

e. 为本标段提供招标代理服务的。

f. 与本标段的监理人或代建人或招标代理机构同为一个法定代表人的。

g. 与本标段的监理人或代建人或招标代理机构相互控股或参股的。

h. 与本标段的监理人或代建人或招标代理机构相互任职或工作的。

i. 被责令停业的。

j. 被暂停或取消投标资格的。

k. 财产被接管或冻结的。

l. 在最近 3 年内有骗取中标或严重违约或重大工程质量问题的。

D. 提交审查报告。按照规定的程序对资格预审的申请文件完成审查后，确定通过资格预审的申请人名单，并向招标人提交书面审查报告。

通过资格预审的申请人的数量不足 3 个的，招标人重新组织资格预审或不再组织预审而直接招标。

资格预审评审报告一般包括工程项目概述、资格预审工作简介、资格评审结果和资格评审表等附件内容。

E. 发出资格预审结果通知书。资格预审结束后，招标人应当及时向资格预审申请人发出资格预审结果通知书，未通过资格预审的申请人不具有投标资格。通过资格预审的申请人少于 3 个的，应当重新招标。招标人采用资格后审办法对投标人进行资格审查的，应当在开标后由评标委员会按照招标文件规定的标准和方法对投标人的资格进行审查。

2.2.6　发售、澄清或修改招标文件

1）发售招标文件

招标人应按照招标公告规定的时间、地点发售招标文件，发售期不得少于 5 日。招标人向合格投标人发放招标文件，招标人对所发出的招标文件可以酌情收取工本费，但不得以此谋利，对于其中的设计文件，招标人可以酌情收取押金，在确定中标人后，对于退回设计文件的，招标人应当同时将其押金退还。

2）澄清或修改招标文件

投标人收到招标文件、图纸和有关资料后，若有疑问或不清楚的问题需要解答、解释的，应当在招标文件中相应规定的时间内以书面形式向招标人提出，招标人应以书面形式或在投标预备会上予以解答。

招标人对招标文件所做的任何澄清和修改，须报建设行政主管部门备案，并在投标截止日期 15 日前发给获得招标文件的所有投标人，投标人收到招标文件的澄清或修改内容后应以书面形式确认。不足 15 日的，招标人应当顺延提交资格预审申请文件或者投标文件的截止时间，潜在投标人或者其他利害关系人对招标文件有异议的，应当在投标截止时间 10 日前提出。招标人应当自收到异议之日起 3 日内做出答复；做出答复前，应当暂停招标投标活动。

招标文件的澄清或修改内容作为招标文件的组成部分，对招标人和投标人起约束作用。

2.2.7 踏勘现场

招标人在投标须知规定的时间内组织投标人自费进行现场考察。设置此程序的目的，一方面是使投标人了解工程项目的现场条件、自然条件、施工条件及周围环境条件，以便编制投标文件；另一方面也是要求投标人通过自己实地考察确定投标策略，避免在履行合同过程中以不了解现场情况推卸应承担的责任。潜在投标人依据招标人介绍的情况做出的判断和决策，由投标人自行负责；现场考察的费用由投标人自行承担。

投标人在踏勘现场中如有疑问，应在标前会议前以书面形式向招标人提出，便于招标人对投标人的疑问予以解答，投标人在踏勘现场中的疑问，招标人可以书面形式答复，也可在标前会议上答复。

招标人不得组织单个或者部分潜在投标人踏勘项目现场。

2.2.8 标前会议

在招标文件中规定的时间和地点，由招标人主持召开标前会议，也称投标预备会或者答疑会，标前会议由招标人组织并主持召开，目的在于解答投标人提出的关于招标文件和踏勘现场的疑问。在标前会议上，投标人可以书面提问，也可以即席提问，招标人有针对性地回答。答疑会结束后，由招标人以书面形式将所有问题及问题的解答向获得招标文件的投标人发放，会议记录作为招标文件的组成部分，内容与已发放的招标文件不一致之处，以会议记录的解答为准，问题及解答纪要须同时向建设行政主管部门备案。

为便于投标人在编制投标文件时，将答疑会上对招标文件的澄清和相关问题及解答内容考虑进去，招标人可根据需要延长投标截止时间。

任务 2.3 智能建造工程项目投标

智能建造工程项目投标是指经过特定审查而获得投标资格的智能建造工程项目承包单位，按照招标文件的要求，在规定的时间内向招标单位填报投标书，争取中标的法律行为。随着我国市场经济体制的逐步完善，智能建造施工企业作为建筑市场竞争的主体之一，积极参与招投标活动是其生存与发展的重要途径，是智能建造施工企业在激烈的竞争中，凭借本企业的实力和优势、经验和信誉，以及投标水平和技巧获得工程项目承包任务的过程。因此，掌握投标工作内容，做好投标工作准备，运用恰当的投标技巧，编制科学、合理、具有竞争力的投标文件是施工企业投标成功的关键因素。

2.3.1 投标准备

投标人应当具备承担投标项目的能力及资格条件。投标人是响应招标、参加投标竞争的法人或者其他组织。招标人的任何不具有独立法人资格的附属机构(单位)，或者为招标项目的前期准备或者监理工作提供设计、咨询服务的任何法人及其任何附属机构(单位),都没有资格参加该招标项目的投标。正式投标前积极做好各项投标准备工作,有助于投标成功。投标前期准备工作主要包括获取投标信息、调查分析研究、投标决策等内容。

1)获取投标信息

及时获取准确的投标信息是投标工作的首要任务。随着信息技术的不断进步,获取投标信息的渠道也越来越多。而大多数公开招标项目要在国家指定的媒体刊登招标公告。但是经验告诉我们,如果等到看到招标公告再开始进行投标准备工作,往往时间仓促,投标也处于被动。因此,投标人要注意提前进行资料积累和项目跟踪,根据我国国民经济建设的规划和投资方向、近期国家财政金融政策所确定的中央和地方重点建设项目和企业技术改造项目计划搜集项目信息,可从如下几方面获取投标信息:

①对项目的了解,可从投资主管部门、金融机构获得具体项目规划信息。

②跟踪大型企业新建、扩建和改建项目计划信息。

③搜集同行业其他投标人了解到的项目信息。

④注意从报纸、杂志、网络获取招标信息。

2)调查分析研究

投标人要认真研究获取的投标信息,对建设工程项目是否具备招标条件及项目业主的资信情况、偿付能力进行必要的调查研究,确认其信息的可靠性。可以通过与招标单位直接面谈、电话沟通,查阅招标项目的立项批准文件、招标审批文件等方法来查询招标信息的可靠性。

另外,投标人还需对该项目的一些外部情况和项目内部情况进行调查,以便为后期投标决策做准备,具体可从以下几方面着手调查分析。

(1)投标项目的外部环境因素

①政治环境。国际项目要调查所在地的政治、社会制度;政局状况,发生政变、内乱的风险概率;项目所在国的风俗习惯、与周边国家的关系等。国内工程主要分析地区经济政策宽松度和稳定程度;当地基本建设的宏观政策,是否属于经济开发区、特区等。

②经济环境,项目所在地的经济发展状况、科学技术发展水平、自然资源状况,交通、运输、通信等基础设施条件。

③市场环境。投标人调查市场情况是一项重要的工作任务,包含很多内容,如建筑材料、施工机械、燃料、动力等供应情况,价格水平,劳务市场情况,金融市场情况,工程发承包市场状况等。

④法律环境。对于国内工程承包,自然适合本国的法律、法规。我国的法律、法规具有统一或基本统一的特点,但投标所涉及的地方性法规在具体内容上仍有所不同。因对外地项目的投标决策,除研究国家颁布的相关法律、法规外,还应研究地方性法规,进行国际工程承包时,则必须考虑法律适用的原则。

⑤自然环境。自然环境包括项目所在地的环境;项目所在地的交通。地质、地貌、水文,

气象情况部分决定了项目实施的难度，从而会影响项目建设成本。而交通状况不但对项目实施方案有影响，而且对项目的建设成本也有一定影响。因此，自然环境也是投标决策的影响因素。

(2)投标项目的内部环境因素

①建设单位情况。主要包括建设单位的合法地位；支付能力和履约信誉等。建设单位的支付能力差，履约信誉不好都将损害承包商的利益，因此是投标决策时应予以重视的因素。

②竞争对手情况。主要包括竞争对手的数量；竞争对手的实力；竞争对手的优势等情况。因为这些情况直接决定了竞争的激烈程度。竞争越激烈，中标的概率越小，投标的费用风险越大，一般来说中标价也越低，对承包商的经济效益影响越大。因此，竞争对手情况是对投标决策影响最大的因素之一。

③项目自身情况。项目自身特征决定了项目的建设难度，也部分决定了项目获利的丰厚程度，因此是投标决策的影响因素。主要包括项目规模、标段划分、发包范围；工程技术难度；施工场地地形、地质、地下水位；工程项目资金来源、工程价款支付方式；监理方的工作业绩、工作作风等。

3)投标决策

承包商通过投标获得工程项目是市场经济的必然要求。对于承包商而言，经过前期的调查研究后，应针对实际情况做出决策。首先，要针对项目基本情况确定是否投标。其次，如果确定投标，投什么性质的标，是要选择赢利，还是保本。最后，要根据确定的投标策略选择恰当的投标报价方法。

(1)投标决策需要考虑的内部因素

投标人在投标准备阶段已经对投标项目的外在因素和内部因素做了充分的调查和研究。因此，在投标决策阶段还要对投标决策的主观因素做进一步分析研究，以便做出更科学合理的决策。投标人应当具备与投标项目相适应的技术力量、机械设备、人员、资金等方面的能力，具有承担该招标项目的能力。参加投标项目是投标人的营业执照中的经营范围所允许的，并且投标人要具备相应的资质等级。投标人自身的条件，是投标决策的决定性因素，主要从技术、经济、管理、企业信誉等方面去衡量，是否达到招标文件的要求，能否在竞争中取胜。

①技术实力。投标人的技术实力主要应考虑下列因素：

a. 拥有精通业务的各种专业人才的情况。

b. 拥有的设计、施工及解决技术难题的能力。

c. 拥有的与招标工程相类似工程的施工经验。

d. 拥有的固定资产和机具设备的情况。

e. 拥有一定技术实力的合作伙伴的情况。

技术实力不但决定了承包商能承揽工程的技术难度和规模，而且是实现较低的成本、较短的工期、优良的工程质量的保证，直接关系到承包商在投标中的竞争能力。

②经济实力。投标人的经济实力主要应考虑下列因素：

a. 是否具有融资的实力。

b. 自有资金是否能满足生产需要。

c. 是否具有办理各种担保和承担不可抗力风险的实力。

经济实力决定了承包商承揽工程规模的大小，因此在投标决策时应充分考虑这一因素。

③管理实力。投标人的管理实力主要应考虑下列因素：

a. 成本管理、质量管理、进度控制的水平。

b. 材料资源及供应情况。

c. 合同管理及施工索赔的水平。

④信誉实力。投标人的信誉实力主要应考虑下列因素：

a. 企业的履约情况。

b. 获奖情况。

c. 资信情况和经营作风。

承包商的信誉是其无形资产，这是企业竞争力的一项重要内容。因此，在投标决策时应正确评价自身的信誉实力。

⑤其他。在最近3年没有骗取合同以及其他经济方面的严重违法行为；近几年有较好的安全记录，投标当年内没有发生重大质量和特大安全事故；与招标人存在利害关系可能影响招标公正性的法人、其他组织或者个人，不得参加投标；单位负责人为同一人或者存在控股、管理关系的不同单位，不得参加同一标段投标或者未划分标段的同一招标项目投标。

(2)投资决策

投标人在对投标项目内外因素充分分析和考虑该项目的风险后，基于对风险的不同程度可以选择保险标、风险标，并根据企业情况作出决策：

①企业投标是为了取得业务，满足企业生存的需要。这是经营不景气或者各方面都没有优势的企业的投标目标。在这种情况下，企业往往选择有把握的项目投标，采取低利或保本策略争取中标。

②企业投标是为了创立和提高企业的信誉。能够创立和提高企业信誉的项目，是大多数企业志在必得的项目，竞争必定激烈，投标人必定采取各种有效的策略和技巧去争取中标。

③企业经营业务饱满，为了扩大影响或取得丰厚的利润而投标。这类企业通常采用高利润策略，即采取赢利标的策略。

④企业投标是为了实现企业的长期利润目标。建筑业企业为了实现利润目标，承揽经营业务就成为头等大事。特别是在竞争十分激烈的情况下，都将投标作为企业的经常性业务工作，采取薄利多销策略以积累利润，必要时甚至采用保本策略占领市场，为今后积累利润创造条件。

【案例分析】

投标决策优化

某承包商拥有的资源有限，只能在A和B两项工程项目中选择一项参加投标，或者对两项工程都不参加投标。根据承包商的投标经验资料，对A和B两项工程有两种投标策略：一种是投标赢利，即高报价，则中标机会为3/10；另一种是投标保本，即低报价，则中标机会为5/10。这样共有$A_{高}$、$A_{低}$、$B_{高}$、$B_{低}$、不投5种方案。投标不中时，则对A项目损失5万元（投标所花费用），对B项目损失10万元（投标所花费用）。该承包商根据以往类似工程统计资料，得出各方案的利润和出现的概率，具体见表2.7。

表2.7　各方案的利润和出现的概率

方案	效果	可能的利润/万元	概率
$A_{高}$	优	5 000	0.3
	一般	1 000	0.5
	赔	-3 000	0.2
$A_{低}$	优	4 000	0.2
	一般	500	0.6
	赔	-4 000	0.2
不投	—	0	1.0
$B_{高}$	优	7 000	0.3
	一般	2 000	0.5
	赔	-3 000	0.2
$B_{低}$	优	6 000	0.3
	一般	1 000	0.6
	赔	-1 000	0.1

问题：从损益期望值的角度分析该承包商的投标决策方案。

2.3.2　确定投标

1）**成立工作专班或委托投标代理人**

投标人确定投标后就要精心组建投标工作专班，投标工作专班通常由下述人员组成。

（1）决策人

决策人的主要职责是做出项目报价策略，一般由总经济师、部门经理担任。

（2）经营管理类人员

经营管理类人员一般是从事工程承包经营管理工作的公司经营部门管理人员和拟定的项目经理。经营部门管理人员应具备一定的法律、法规知识，掌握调查和统计资料，具有较强的社会活动能力和公共关系能力，项目经理应熟悉项目运行的内在规律，具有丰富的实践经验和大量的市场信息。他们在投标班子中起核心作用，负责工作的全面筹划和安排。

(3)专业技术类人员

专业技术类人员主要指工程施工中的各类专业技术人员，如土木工程师、水暖电工程师、专业设备工程师等。他们有较强的实际操作能力和专业技能，在投标时能从公司的实际技术水平出发，并结合自己的专业能力确定各项专业施工方案。

(4)商务金融类人员

商务金融类人员指从事有关金融、贸易、财税、保险、会计、采购、合同、索赔等工作的人员。投标报价的工作主要由这部分人员具体负责。

当然，投标项目工作专班成员在投标工作中还需要企业内部其他各部门的大力配合才能有效完成投标工作，增加中标概率。

投标人也可以委托投标代理人代理投标业务。

2)寻找合作

为了能够顺利投标，投标人一般在遇到下列情况时需要选择合作伙伴。

①招标项目要求"总包"。即建设方要求承包人从项目的勘察设计到施工完工的全过程进行承包，这就使得一家公司一般难以胜任，必须寻找合作伙伴，组成联合体进行投标。

②招标项目为世界银行贷款项目。世界银行一般会在评标时给予借款国人均收入低于一定水平的承包商、制造商评标优惠，所以，如果是世界银行贷款项目则最好在借款国寻找合作伙伴，这样在评标时可以享受一定的优惠。

③招标项目所在国为保护本国的企业，将外国公司与本国公司联合作为投标条件。

④实力不强。投标人如果认为自己实力不强或竞争优势不明显，可以采取寻找合作伙伴，以联合体投标的方式弥补不足，优势互补。

选择好合作伙伴后，应与其签订相关协议，在协议中明确各方的权利、责任和义务。

【知识链接】

联合体投标

两个以上法人或者其他组织可以组成一个联合体，以一个投标人的身份共同投标。联合体各方均应具备承担招标项目的相应能力；国家有关规定或招标文件对投标人资格条件有规定的，联合体各方均应具备规定的相应资格条件。由同一专业单位组成的联合体，按照资质等级较低的单位确定资质等级。联合体各方应当签订共同投标协议，明确约定各方拟承担的工作和责任，并将共同投标协议连同投标文件一并提交招标人。联合体中标的，联合体各方应当共同与招标人签订合同，就中标项目向招标人承担连带责任。

1.联合体各方的资质要求

《招标投标法》第三十一条规定："两个以上法人或者其他组织可以组成一个联合体，以一个投标人的身份共同投标。联合体各方均应具备承担招标项目的相应能力；国家有关规定或者招标文件对投标人资格条件有规定的，联合体各方均应当具备规定的相应资格条件。由同一专业的单位组成的联合体，按照资质等级较低的单位确定资质等级。"

根据《房屋建筑和市政工程施工招标资格预审文件》(2010 年版)联合体申请人的资质认定如下：

①两个以上资质类别相同但资质等级不同的成员组成的联合体申请人，以联合体成员中资质等级最低者的资质等级作为联合体申请人的资质等级。

②两个以上资质类别不同的成员组成的联合体，按照联合体协议中约定的内部分工分别认定联合体申请人的资质类别和等级，不承担联合体协议约定由其他成员承担的专业工程的成员，其相应的专业资质和等级不参与联合体申请人的资质和等级的认定。

2. 联合体各方如何承担责任

《招标投标法》第三十一条规定："联合体各方应当签订共同投标协议，明确约定各方拟承担的工作和责任，并将共同投标协议连同投标文件一并提交招标人。联合体中标的，联合体各方应当共同与招标人签订合同，就中标项目向招标人承担连带责任。"

《工程建设项目施工招标投标办法》规定："联合体各方应当指定牵头人，授权其代表所有联合体成员负责投标和合同实施阶段的主办、协调工作，并应当向招标人提交由所有联合体成员法定代表人签署的授权书。""联合体投标的，应当以联合体各方或者联合体中牵头人的名义提交投标保证金。以联合体中牵头人名义提交的投标保证金，对联合体各成员具有约束力。"

3）**办理注册手续**

如果是去外地承揽工程项目，投标人还需在工程所在地建设行政主管部门办理注册登记手续后才可以参加投标。

如果是国际工程项目，投标人必须按照工程所在国的相关规定办理注册登记手续，取得合法地位才能从事工程项目的投标工作。

4）**向招标人申报资格审查**

投标人在获悉招标公告或投标邀请后，应当按照招标公告或投标邀请书中所提出的资格审查要求，向招标人申报资格审查。

5）**购买招标文件，缴纳投标保证金**

投标人经资格审查合格后，便可向招标人申购招标文件和有关资料，同时缴纳投标保证金。投标保证金是为防止投标人对其投标活动不负责任而设定的一种担保形式，是招标文件要求投标人向招标人缴纳的一定数额的金钱以保证招标人的利益。缴纳办法按招标文件的要求进行。

6）**参加现场踏勘和投标预备会**

投标人拿到招标文件后，应进行全面细致的调查研究，特别是投标须知前附表、评标方法、专用条款、技术标准和要求、图纸、工程量清单等部分。若有疑问或不清楚的问题需要招标人予以澄清和解答的，应及时向招标人以书面形式提出，招标人以书面形式或召开标前会议的方式解答，同时将解答以书面方式通知所有购买招标文件的潜在投标人。该解答的内容作为招标文件的组成部分。

投标人在进行现场踏勘之前，应有针对性地拟订出踏勘提纲，确定重点，需要澄清和解答的问题，做到心中有数。投标人参加现场踏勘的费用，由投标人自己承担。

投标人进行现场踏勘时，需要了解以下信息：

①工程的范围、性质以及与其他工程之间的关系。

②投标人参与投标的工程与其他承包商或分包商工程之间的关系。

③现场地貌、地质、水文、气候、交通、电力水源等情况，有无障碍物等。

④进出现场的方式，现场附近有无食宿条件、材料供应条件、其他加工条件、设备维修条件等。

⑤现场附近治安情况。

2.3.3　编制和递交投标文件

经过现场踏勘和标前会议后，投标人可着手编制投标文件。投标文件是投标人参与竞争的经济技术性文件，其编制质量的好坏决定了投标人是否中标。

1）投标文件的组成

投标文件的组成内容在招标文件中做出了明确规定，根据《中华人民共和国简明标准施工招标文件》（2012 年版）规定，投标文件由以下几部分组成：投标函及投标函附录、法定代表人身份证明、授权委托书、投标保证金、已标价工程量清单、施工组织设计、项目管理机构、资格审查资料等。

上述资料在装订时往往分开装订，分开装订的要求在招标文件的投标须知前附表中已做出详细规定。通常上述资料可分为三大部分：资信部分、商务标、技术标。

资信部分包括投标人基本情况表、近 3 个年度的财务状况表、正在施工的和新承接的项目情况表及其他资料，如投标文件真实性和不存在限制投标情形的声明，近 3 年向招标投标行政监督部门提起的投诉情况，完全响应招标文件的承诺，无拖欠施工人员和民工工资承诺，关于限制投标情形的声明，关于信誉要求的声明，严禁转包和违法分包的承诺，压证施工承诺。

商务标的组成包括投标函及投标函附录、授权委托书、投标保证金、法定代表人身份证明、已标价工程量清单。

技术标的组成包括施工组织设计、项目组织机构（包括项目管理机构组成表以及主要人员简历表）。

2）编制投标文件

投标文件是投标人参与竞争的、反映投标人综合实力的经济技术性文件，其编制质量直接影响投标人能否中标。投标文件的编制步骤如下所述。

（1）结合现场踏勘和投标预备会的结果，进一步分析招标文件

招标文件是编制投标文件的主要依据，因此，投标人必须结合已获取的有关信息认真细致地加以分析研究，特别要重点研究其中的投标须知、专用条款、设计图纸、工程范围以及工

程量表等,要弄清到底有没有特殊要求或有哪些特殊要求。

在投标实践中,报价偏差较大甚至造成投标被否决的情况主要有两个:一是没有弄清招标文件中关于报价的规定;二是造价估算误差太大,因此,编制标书前,认真研究招标文件是非常必要的。

(2)根据工程类型编制施工规划或施工组织设计

施工规划或施工组织设计是用于指导具体施工的技术性文件,在投标文件中属于技术标。施工规划或施工组织设计一般包括施工方案、施工方法、施工进度计划、施工机械、材料、设备的选定和临时生产、生活设施的安排,劳动力计划以及施工现场平面和空间的布置。

施工组织设计的编制水平反映的是投标人的技术实力,不但是决定投标人能否中标的关键因素,而且施工进度安排是否合理,施工方案选择是否合理,对工程成本和工程报价具有直接影响。一个合理的施工组织设计可以降低报价。工程技术人员应认真编制施工组织设计,为准确估算工程造价提供依据。

(3)计算或校核招标文件中的工程量

在这一阶段,如果招标人只提供图纸与设计说明,投标人就需要自己计算工程量,如果招标人提供了工程量清单,投标人应复核招标人工程量清单的工程量是否准确。投标人是否校核招标文件中的工程量清单或校核得是否准确,将直接影响投标报价和中标机会,因此,投标人应认真对待。在校核中发现相差较大时,投标人不能随意变更工程量,而应致函或直接找业主澄清,尤其是总价合同,如果业主在投标前未进行更正,而且该工程量对投标人不利,投标人在投标时应附说明。投标人在核算工程量时,应结合招标文件中的技术规范弄清工程量中每一细目的具体内容,以避免在计算报价时出错。

(4)根据工程价格构成进行工程估价,确定利润方针,计算和确定报价

投标报价是投标的核心环节,投标人要根据工程价格构成对工程进行合理估价,确定切实可行的利润方针,正确计算和确定投标报价。投标人不得以低于成本的报价竞标。其中,投标人在已标价工程量清单中填写的工程量清单的项目编码、项目名称、项目特征、计量单位、工程数量必须与招标人招标文件中提供的一致。综合单价中要考虑招标人规定的风险内容、范围和风险费用。在施工过程中,当出现的风险内容及其范围在合同约定的范围内,合同价款不作调整。投标人的优惠必须体现在清单的综合单价或相关的费用中,不得以总价下浮方式进行报价,否则以废标处理。

《建筑工程施工发包与承包计价管理办法》中规定,投标报价不得低于工程成本,不得高于最高投标限价。投标报价应当依据工程量清单、工程计价有关规定、企业定额和市场价格信息等编制。

措施项目费由投标人自主确定,投标人的安全防护、文明施工措施费的报价,不得低于依据工程所在地工程造价主管部门公布计价标准所计算得出总费用的90%。

(5)装订,密封投标文件

投标文件编制完成后,应按照招标文件的要求进行装订和密封,并按要求在包封上进行准确标注,通常包封上应写明招标项目名称、招标人的名称和在投标截止时间前不得启封等

字样。正本、副本的份数也要符合招标文件的要求。

3)递交投标文件

递交投标文件是指投标人在招标文件要求提交投标文件的截止时间前,将所有准备好的投标文件密封送达投标地点。招标人或招标代理中介机构收到投标文件后,应当签收保存,不得开启。招标人或者招标代理中介机构对在提交投标文件截止日期后收到的投标文件,应不予开启并退还。招标人或者招标代理中介机构应当对收到的投标文件签收备案,不得开启。投标人有权要求招标人或者招标代理中介机构提供签收证明。

投标人在递交投标文件以后、投标截止时间之前,可以撤回、补充或者修改已提交的投标文件,并书面通知招标人或者招标代理中介机构。但所递交的补充、修改或撤回通知必须按招标文件的规定编制、密封和标志。补充、修改的内容为投标文件的组成部分。招标人已收取投标保证金的,应当自收到投标人书面撤回通知之日起5日内退还。投标截止后投标人撤销投标文件的,招标人可以不退还投标保证金。

作为投标人,要想顺利成功竞标,首先要正确掌握《招标投标法》法律法规等规范性文件,其次要认真对照招标文件,积极响应其实质性要求,最后要不断地积累和总结投标工作的经验,认真编制出高质量的投标文件,从而提高投标的中标率。

4)编制、递交施工投标文件的基本要求

①投标文件应按招标文件的“投标文件格式”进行编写,如有必要,可以增加附页,作为投标文件的组成部分。其中,投标函附录在满足招标文件实质性要求的基础上,可以提出比招标文件要求更有利于招标人的承诺。

②投标文件应当对招标文件有关工期、投标有效期、质量要求、技术标准和要求范围等实质性内容做出响应。

③投标文件应用不褪色的材料书写或打印,并由投标人的法定代表人或其委托的代理人签字或盖单位章。委托代理人签字的,投标文件应附法定代表人签署的授权委托书。投标文件应尽量避免涂改、行间插字或删除。如果出现上述情况,改动之处应加盖单位章或由投标人的法定代表人或其授权的代理人签字确认。签字或盖章的具体要求见投标人须知前附表。

④投标文件正本一份,副本份数见投标人须知前附表。正本和副本的封面上应清楚标记“正本”或“副本”的字样。当副本和正本不一致时,以正本为准。

⑤投标文件的正本与副本应分别装订成册,并编制目录,具体装订要求见投标人须知前附表的规定。

⑥投标人应当在招标文件要求提交投标文件的截止时间前,将投标文件送达投标地点,在招标文件要求提交投标文件的截止时间后送达的投标文件,招标人应当拒收。

⑦投标人在招标文件要求提交投标文件的截止时间前,可以补充、修改或者撤回已提交的投标文件,并书面通知招标人。补充、修改的内容为投标文件的组成部分。

【知识链接】

在招标实践中，投标文件有下述情形之一的，属于重大偏差，因为未能对招标文件做出实质性响应，会被作为无效标处理。

①没有按照招标文件要求提供投标担保或者所提供的投标担保存在瑕疵。

②投标文件没有投标人授权代表签字和加盖公章。

③投标文件载明的招标项目完成期限超过招标文件规定的期限。

④明显不符合技术规格、技术标准的要求。

⑤投标文件载明的货物包装方式、检验标准和方法等不符合招标文件的要求。

⑥投标文件附有招标人不能接受的条件。

⑦不符合招标文件中规定的其他实质性要求。

有下列情形之一的，将被视为投标人相互串通投标：

①不同投标人的投标文件由同一单位或者个人编制。

②不同投标人委托同一单位或者个人办理投标事宜。

③不同投标人的投标文件载明的项目管理成员为同一人。

④不同投标人的投标文件异常一致或者投标报价呈规律性差异。

⑤不同投标人的投标文件相互混装。

⑥不同投标人的投标保证金从同一单位或者个人的账户转出。

2.3.4 出席开标会议，参加评标期间的澄清会

投标人在编制、递交了投标文件后，要积极准备出席开标会议。参加开标会议对投标人来说，既是权利也是义务，投标人参加开标会议，要注意其投标文件是否被正确启封、宣读，对于被错误地认定为无效的投标文件或唱标出现的错误，应当场提出异议。

在评标期间，评标委员会要求澄清投标文件中不清楚问题的，投标人应积极予以说明、解释、澄清。澄清投标文件一般可以采用向投标人发出书面询问，由投标人书面做出说明或澄清的方式，也可以采用召开澄清会的方式。在澄清会上，评标委员会有权对投标文件中不清楚的问题向投标人提出询问。有关澄清的要求和答复，最后均应以书面形式进行。所有说明、澄清和确认的问题，经招标人和投标人双方签字后，作为投标书的组成部分，在澄清会谈中，投标人不得更改投标报价、工期等实质性内容，开标后和定标前提出的任何修改声明或附加优惠条件，一律不得作为评标的依据，但评标委员会按照投标须知规定，对确定为实质上响应招标文件要求的投标文件进行校核时发现的计算上或累计上的错误，可以进行修改。

2.3.5 接受中标通知书，签订合同，提供履约担保，分送合同副本

经评标，投标人被确定为中标人后，应接受招标人发出的中标通知书。招标人和中标人应当在投标有效期内并在自中标通知书发出之日起 30 日内，按照招标文件和中标人的投标文件订立书面合同。招标人和中标人不得再行订立背离合同实质性内容的其他协议。

同时，招标文件要求中标人提交履约保证金或其他形式履约保函的，中标人应该提交；拒绝提交的，视为放弃中标项目。招标人报请招标投标管理机构批准同意后取消其中标资格，并按规定不退还其投标保证金，并考虑在其余中标候选人中重新确定中标人，与之签订合同，或重新招标。中标人与招标人正式签订合同后，应按要求将合同副本分送有关主管部门备案。

招标人不得擅自提高履约保证金，不得强制要求中标人垫付中标项目建设资金。

应用案例

【案例概况】

某省际高速公路项目，由7人组成的评标委员会于12月16日开始了封闭式评标。评标开始前，招标人把参加评标人员的移动电话统一封存保管，关闭了市内电话。评标委员会按照评标程序（符合性检查、商务评议、技术评议、评比打分）对投标文件进行评议。

评标委员会对8家公司所投投标文件的投标书、投标保证金、法人授权书、资格证明文件、技术文件、投标分项报价表等各方面进行符合性检查时，发现A公司的投标文件未经法人代表签署，也未能提供法人授权书。

评标委员会依照招标文件的要求，对通过符合性检查的投标文件进行商务评议。发现投标人B公司投标文件的竣工工期为"合同签订后150天"（招标文件规定"竣工工期为合同签订后3个月"）。

【问题】

评标委员会对A公司、B公司的投标文件应如何处理？

【案例评析】

对A公司、B公司的投标文件，评标委员会应认定为无效标书。

评标的目的之一是审查投标文件是否对招标文件提出的所有实质性要求和条件做出响应。投标文件应当对招标文件提出的实质性要求和条件做出响应，这是确认投标文件是否有效的最基本要求。

任务2.4　智能建造工程项目开标、评标

2.4.1　智能建造工程项目开标

公开招标和邀请招标均应举行开标会议，以体现招标的公开、公平和公正原则。开标应在招标文件确定的投标截止同一时间公开进行。开标地点应是招标文件规定的地点，已经建立公共资源交易中心的地方，开标应当在当地公共资源交易中心举行。

如何组织开标和评标？

开标会议由招标单位主持，并邀请所有投标单位的法定代表人或其代理人

参加。建设行政主管部门及其工程招标投标监督管理机构依法实施监督。

①宣布开标纪律。

②公布在投标截止时间前递交投标文件的投标人名称,并点名确认投标人是否派人到场。

③宣布开标人、唱标人、记录人、监标人等有关人员姓名。

④按照投标人须知前附表的规定检查投标文件的密封情况。

⑤按照投标人须知前附表的规定确定并宣布投标文件开标顺序。

⑥设有标底的,公布标底。

⑦按照宣布的开标顺序当众开标,公布投标人名称、标段名称、投标保证金的递交情况、投标报价、质量目标、工期及其他内容,并记录在案。

⑧投标人代表、招标人代表、监标人、记录人等有关人员在开标记录上签字确认。

⑨开标结束。

投标人对开标有异议的,应当在开标现场提出,招标人应当当场做出答复,并制作记录。招标项目设有标底的,招标人应当在开标时公布。标底只能作为评标的参考,不得以投标报价是否接近标底作为中标条件,也不得以投标报价超过标底上下浮动范围作为否决投标的条件。

2.4.2 智能建造工程项目评标

1)遵循评标原则

评标人员应当按照招标文件确定的评标标准和方法,对投标文件进行评审和比较,要本着实事求是的原则,不得带有任何主观意愿和偏见,高质量、高效率地完成评标工作,并应遵循以下原则:

①认真阅读招标文件,严格按照招标文件规定的要求和条件对投标文件进行评审。

②公平、公正、科学、合理。

③质量好、信誉高、价格合理、工期适当、施工方案先进可行。

④规范性与灵活性相结合。

2)组建评标委员会

评标由招标人依法组建的评标委员会负责,其评标委员会由招标人的代表和有关技术、经济等方面的专家组成,成员人数为5人以上单数,其中招标人、招标代理机构以外的技术、经济等方面的专家不得少于成员总数的2/3。评标委员会的专家成员,应当由招标人从建设行政主管部门及其他有关政府部门确定的专家名册或者工程招标代理机构的专家库内相关专业的专家名单中确定。确定专家成员一般应当采取随机抽取的方式。

与投标人有利害关系的人不得进入相关项目的评标委员会,已经进入的应当更换。评标委员会成员的名单在中标结果确定前应当保密。

评标委员会成员有下列情形之一的,应当回避:

①招标或投标主要负责人的近亲属。

②项目主管部门或者行政监督部门的人员。

③投标人有经济利益关系,可能影响对投标公正评审的。

④曾因在招标、评标及其他与招标投标有关活动中从事违法行为而受过行政处罚或刑事处罚的。

评标委员会成员不得收受他人的财物或者其他好处,不得向他人透露对投标文件的评审和比较、中标候选人的推荐情况及评标有关的其他情况。在评标活动中,评标委员会成员不得擅离职守,影响评标程序正常进行,不得使用“评标办法”没有规定的评审因素和标准进行评标。

3)**符合性评审**

①投标人资格评审。核对投标人是否未通过资格预审;或对未进行资格预审提交的资格材料进行审查,该项工作的内容和步骤与资格预审大致相同。

②投标文件有效性评审。主要核对投标保证的格式、内容、金额、有效期、开具单位是否符合招标文件要求。

③投标文件完整性评审。主要核对投标文件是否提交了招标文件规定应提交的全部文件,有无遗漏。

④与招标文件一致性评审。主要是核对投标文件是否实质上响应了招标文件的要求,具体是指与招标文件的所有条款、条件和规定相符,对招标文件的任何条款、数据或说明是否有任何修改、保留和附加条件。

【知识链接】

通常符合性评审是评审的第一步,如果投标文件实质上不响应招标文件的要求,招标单位将予以拒绝,并不允许投标单位通过修正或撤销其不符合要求的差异或保留,使之成为具有响应性的投标。

投标文件对招标文件实质性要求和条件响应的偏差分为重大偏差和细微偏差。所有存在重大偏差的投标文件都属于在初评阶段应淘汰的投标书。细微偏差是指投标文件在实质上响应招标文件要求,但在个别地方存在漏项或者提供了不完整的技术信息和数据等情况,并且补正这些遗漏或者不完整不会对其他投标人造成不公平的结果。细微偏差不影响投标文件的有效性。评标委员会应当书面要求存在细微偏差的投标人在评标结束前予以补正。拒不补正的,在详细评审时可以对细微偏差做不利于该投标人的量化,量化标准应在招标文件中规定。

4)**技术性评审**

投标文件的技术性评审包括施工方案、工程进度与技术措施、质量管理体系与措施、安全保证措施、环境保护管理体系与措施、资源(劳务、材料、机械设备)、技术负责人等方面是否与国家相应规定及招标项目符合。

5)**商务性评审**

投标文件的商务性评审主要是指投标报价的审核,审查全部报价数据计算的准确性。

如投标书中存在计算或统计的错误,由招标委员会予以修正后请投标人签字确认。修正后的投标报价对投标人起约束作用。如投标人拒绝确认,则没收其投标保证金。

【知识链接】

投标文件中的大写金额和小写金额不一致的,以大写金额为准;总价金额与单价金额不一致的,以单价金额为准,但单价金额小数点有明显错误的除外;对不同文字文本投标文件的解释发生异议的,以中文文本为准。

6)询标

为了有助于对投标文件的审查、评价和比较,评标委员会可以书面方式要求投标人对投标文件中含义不明确、对同类问题表述不一致或者有明显文字和计算错误的内容做必要的澄清、说明或补正。对于大型复杂工程项目,评标委员会可以分别召集投标人对某些内容进行澄清或说明。在澄清会上对投标人进行质询,先以口头形式询问并解答,随后在规定的时间内投标人以书面形式予以确认并做出正式答复。但澄清或说明的问题不允许更改投标价格或投标书的实质内容。

7)撰写评标报告

评标委员会在完成评审后,应向招标人提出书面评标结论性报告,并抄送有关行政监督部门。

评标报告应当如实记载以下内容:

①本招标项目情况和数据表。

②评标委员会成员名单。

③开标记录。

④符合要求的投标一览表。

⑤废标情况说明。

⑥评标标准、评标方法或者评标因素一览表。

⑦经评审的价格或者评分比较一览表。

⑧经评审的投标人排序。

⑨推荐的中标候选人名单与签订合同前要处理的事宜。

⑩澄清、说明、补正事项纪要。

评标报告由评标委员会全体成员签字。对评标结论持有异议的评标委员会成员可以书面方式阐述其不同意见和理由,评标委员会成员拒绝在评标报告上签字且不陈述其不同意见和理由的,视为同意评标结论。评标委员会应当对此做出书面说明并记录在案。评标委员会推荐的中标候选人应当限定在1~3人,并标明排列顺序。

招标人提交书面评标报告后,评标委员会即告解散,评标过程中使用的文件、表格及其他资料应当即时归还招标人。

依法必须进行招标的项目,招标人应当自收到评标报告之日起3日内公示中标候选人,且公示期不得少于3日。

【知识链接】

《招标投标法实施条例》中规定,有下列情形之一的,评标委员会应当否决其投标:

①投标文件未经投标单位盖章和单位负责人签字。

②投标联合体没有提交共同投标协议。

③投标人不符合国家或者招标文件规定的资格条件。

④同一投标人提交两个以上不同的投标文件或者投标报价,但招标文件要求提交备选投标的除外。

⑤投标报价低于成本或者高于招标文件设定的最高限价。

⑥投标文件没有对招标文件的实质性要求和条件做出响应。

⑦投标人有串通投标、弄虚作假、行贿等违法行为。

8)**废标、否决所有投标和重新招标**

在评标过程中,评标委员会如果发现法定的废标情况和问题,可以决定对个别或所有的投标文件作废标处理;或者因有效投标不足,使投标明显缺乏竞争不能达到招标目的的,评标委员会则可以依法否决所有投标,投标人不足 3 个或所有投标被否决的,招标人应依法重新组织招标。

①废标一般是评标委员会在履行评标职责过程中,对投标文件依法做出的取消中标资格,不再予以评审的处理决定。废标时应注意几个问题:第一,废标一般是由评标委员会依法做出的处理决定,其他相关主体,如招标人或招标代理机构,无权对投标做废标处理。第二,废标应符合法定条件。评标委员会不得任意废标,只能根据法律规定及招标文件的明确要求对投标文件进行审查,决定是否予以废标。第三,被作废标处理的投标,不再参加投标文件的评审,也完全丧失中标的机会。

②《评标委员会和评标方法暂行规定》规定了 4 类废标情况。

a. 在评标过程中,评标委员会发现投标人以他人的名义投标、串通投标、以行贿手段谋取中标或者以其他弄虚作假方式投标的,该投标人的投标应作废标处理。

b. 在评标过程中,评标委员会发现投标人的报价明显低于其他投标人的报价或者在设有标底时明显低于标底,使得其投标报价可能低于其个别成本的,应当要求该投标人做书面说明并提供相关证明材料,投标人不能合理说明或者不能提供相关证明材料的,由评标委员会认定该投标人以低于成本报价竞争,其投标应作废标处理。

c. 投标人的资格不符合国家有关规定和招标文件要求的,或者拒不按照要求对投标文件进行澄清、说明或者补正的,评标委员会可以否决其投标。

d. 未能在实质上响应招标文件的要求的,应作废标处理。投标文件有下列情形之一的,属于未能对招标文件做出实质上响应。

第一,没有按照招标文件要求提供投标担保或者所提供的投标担保有瑕疵。

第二,投标文件没有投标人授权代表签字和加盖公章。

第三,投标文件载明的招标项目完成期限超过招标文件规定的期限。

第四,明显不符合技术规格、技术标准的要求。

第五，投标文件载明的货物包装方式、检验标准和方法等不符合招标文件的要求。

第六，投标文件附有招标人不能接受的条件。

第七，不符合招标文件中规定的其他实质性要求。

③《工程建设项目施工招标投标办法》规定的废标处理情况，投标文件有下列情形之一的，由评标委员会初审后按废标处理：

a. 无单位盖章并无法定代表人或法定代表人授权的代理人签字或盖章的。

b. 未按规定的格式填写，内容不全或关键字迹模糊、无法辨认的。

c. 投标人递交两份或多份内容不同的投标文件，或在一份投标文件中对同一招标项目报有两个或多个报价，且未声明哪一个有效，按招标文件规定提交备选投标方案的除外。

d. 投标人名称或组织结构与资格预审时不一致的。

e. 未按招标文件要求提交投标保证金的。

f. 联合体投标未附联合体各方共同投标协议的。

④否决所有投标和重新招标。《招标投标法》第四十二条规定："评标委员会经评审，认为所有投标都不符合招标文件要求的，可以否决所有投标。"第二十八条规定："投标人少于三个的，招标人应当依照本法重新招标。"第四十二条规定："依法必须进行招标的项目的所有投标被否决的，招标人应当依照本法重新招标。"

招标人可以终止招标程序的情形主要有以下 6 种：

a. 发现招标文件有重大错误、或发现招标原则出现不公平和不公正的情况，必须终止后重新招标。

b. 因为国家法律法规或政策有变化调整，原招标项目需要调整相关招标采购内容或技术要求才能重新招标。

c. 企业发生重大经营困难，难以维持经营，因此需要取消招标项目的。

d. 招标人的经营方向改变或生产任务需要调整的。

e. 由于重大设计变更，需要重新划分招标项目标段的。

f. 资格预审合格的潜在投标人不足 3 个的/在投标截止时间前提交投标文件的投标人少于 3 个的/所有投标均被废标处理或被否决的/评标委员会界定为不合格标或废标后，因有效投标不足 3 个使得投标明显缺乏竞争，评标委员会决定否决全部投标的/同意延长投标有效期的投标人少于 3 个的。

无论是哪一种情形，根据《招标投标法》相关处理办法，招标人在发布招标公告、发出投标邀请书或者售出招标文件或资格预审文件后终止招标，无正当理由的给予警告，需要视其情节轻重依法赔偿相关者的损失。

《招标投标法实施条例》规定，招标人终止招标的，应当及时发布公告，或者以书面形式通知被邀请的或者已经获取资格预审文件、招标文件的潜在投标人。已经发售资格预审文件、招标文件或者已经收取投标保证金的，招标人应当及时退还所收取的资格预审文件、招标文件的费用，以及所收取的投标保证金及银行同期存款利息。

《工程建设项目施工招标投标办法》第十五条规定："招标文件或者资格预审文件售出后，不予退还。除不可抗力原因外，招标人在发布招标公告、发出投标邀请书后或者售出招标文件或资格预审文件后不得终止招标。”这与《招标投标法实施条例》相关规定并不矛盾，而是对允许招标人终止招标的情形做了补充和完善。

任务2.5　智能建造工程项目定标与签订合同

2.5.1　定标

定标也称决标，是指招标人最终确定中标的单位。除特殊情况外，评标和定标应当在投标有效期结束日后30个工作日前完成。招标文件应当载明投标有效期。投标有效期从提交投标文件截止日起计算。

如何组织定标和签订合同?

招标人可以根据评标委员会提出的书面评标报告和推荐的中标候选人确定中标人，也可以授权评标委员会直接确定中标人，国有资金占控股或者主导地位的依法必须进行招标的项目，招标人应当确定排名第一的中标候选人为中标人。排名第一的中标候选人放弃中标、因不可抗力不能履行合同、不按照招标文件要求提交履约保证金，或者被查实存在影响中标结果的违法行为等情形，不符合中标条件的，招标人可以按照评标委员会提出的中标候选人名单排序依次确定其他中标候选人为中标人，也可以重新招标。

依法必须进行招标的项目，招标人应当自收到评标报告之日起3日内公示中标候选人，公示期不得少于3日。

在确定中标人之前，招标人不得与投标人就投标价格、投标方案等实质性内容进行谈判，中标人的投标应当符合下列条件之一：

①能够最大限度地满足招标文件中规定的各项综合评价标准。

②能够满足招标文件的实质性要求，并且经评审的投标价格最低；但是投标价格低于成本的除外。

③招标人在评标委员会依法推荐的中标候选人以外确定中标人的，依法必须进行招标的项目在所有投标被评标委员会否决后自行确定中标人的：a. 中标无效；b. 责令改正，可以处中标项目金额0.5%以上1%以下的罚款；c. 对单位直接负责的主管人员和其他直接责任人员依法给予处分。

2.5.2　发出中标通知书

中标通知书是招标人在确定中标人后，向中标人发出通知，通知其中标的书面凭证。中标通知书的内容应当简明扼要，只要告知招标项目已经由谁中标，并确定签订合同的时间、地点即可。中标通知书主要内容应包括中标工程名称、中标价格、工程范围、工期、开工及竣工日期、质量等级等。

中标人确定后，招标人应当向中标人发出中标通知书，同时通知未中标人，并与中标人在30日之内签订合同。中标通知书对招标人和中标人具有法律效力。中标通知书发出后,招标人改变中标结果或者中标人放弃中标的,应当承担法律责任。对所有未中标的投标人也应当同时给予通知。投标人提交投标保证金的,招标人还应退还这些投标人的投标保证金。

招标人迟迟不确定中标人或者无正当理由不与中标人签订合同的,给予警告,根据情节可处1万元以下的罚款;造成中标人损失的,招标人应当赔偿损失。

应用案例

【案例概况】

2021年3月,甲公司准备对其将要完工的大厦工程进行装饰装修,经研究决定,采取公开招标方式向社会公开招标施工单位。乙公司参与了竞标,并于5月1日收到甲公司发出的《中标通知书》。按甲公司要求,乙公司于5月10日进场施工,并同时建样板间,在此前后,双方对样板间的验收标准未做约定。

6月20日,甲公司以样板间不合格为由通知乙公司,要求乙公司在3日内撤离施工现场。乙公司认为,甲公司擅自毁约,不符合《招标投标法》的规定,遂诉至人民法院,要求甲公司继续履约,并签订装修合同。

【案例评析】

本案是一起在招标投标过程中引起的纠纷。根据《招标投标法》的相关规定,投标人中标即在招标与中标单位之间形成了相应的权利和义务关系,中标文件即是招标单位与中标单位之间已形成的相应的权利义务关系的证明,招标单位有义务、中标单位有权利要求自"中标通知书"发出之日起30日内,按照招标文件和中标者的投标文件与中标人签订书面合同,招标人和中标人都不得再行订立背离合同实质性内容的其他协议。

本案中甲公司有义务于5月31日以前与中标人乙公司签订正式合同,并不得要求乙公司撤离施工现场,如果因甲公司的违约行为给乙公司造成损失,甲公司还应赔偿乙公司的损失。

2.5.3 合同谈判

1)确认工程内容和范围

招标人和中标人可就招标文件中的某些具体工作内容进行讨论,修改、明确或细化,从而确定工程承包的具体内容和范围。在谈判中双方达成一致的内容,包括在谈判讨论中经双方确认的工程内容和范围方面的修改或调整,应以文字方式确定下来,并以"合同补遗"或"会议纪要"方式作为合同附件,并明确其是构成合同的一部分。

对于为监理工程师提供的建筑物、家具、车辆以及各项服务,也应逐项详细地予以明确。

2)确认技术要求、技术规范和施工技术方案

双方尚可对技术要求、技术规范和施工技术方案等进行进一步讨论和确认,必要情况下甚至可以变更技术要求和施工方案。

3）确认合同价格

根据计价方式的不同，建设工程施工合同可以分为总价合同、单价合同和成本加酬金合同。一般在招标文件中就会明确规定合同将采用什么计价方式，在合同谈判阶段往往没有讨论的余地。但在可能的情况下，中标人在谈判过程中仍然可以提出降低风险的改进方案。

4）确认价格调整

对于工期较长的建设工程，容易受货币贬值或通货膨胀等因素的影响，可能给承包人造成较大损失。价格调整条款可以比较公正地解决这一承包人无法控制的风险损失。

无论是单价合同还是总价合同，都可以确定价格调整条款，即是否调整以及如何调整等。可以说，合同计价方式以及价格调整方式共同确定了工程承包合同的实际价格，直接影响着承包人的经济利益。在建设工程实践中，各种原因导致费用增加的概率远远大于费用减少的概率，有时最终的合同价格调整金额会很大，远远超过原定的合同总价，因此承包人在投标过程中，尤其是在合同谈判阶段务必对合同的价格调整条款予以充分的重视。

5）确认合同款支付方式

建设工程施工合同的付款分 4 个阶段进行，即预付款、工程进度款、最终付款和退还质量保证金。关于支付时间、支付方式、支付条件和支付审批程序等有很多种可能的选择，并且可能对承包人的成本、进度等产生比较大的影响，因此，合同支付方式的有关条款是谈判的重要方面。

6）确认工期和维修期

中标人与招标人可根据招标文件中要求的工期，或者根据投标人在投标文件中承诺的工期，并考虑工程范围和工程量的变动而产生的影响来商定一个确定的工期。同时，还要明确开工日期、竣工日期等。双方可根据各自的项目准备情况、季节和施工环境因素等条件洽商适当的开工时间。

对于具有较多单项工程的建设工程项目，可在合同中明确允许分部位或分批提交业主验收（例如成批的房屋建筑工程应允许分栋验收；分多段的公路维修工程应允许分段验收；分多片的大型灌溉工程应允许分片验收等），并从该批验收时起开始计算该部分的维修期，以缩短承包人的责任期限，最大限度地保障自己的利益。

双方应通过谈判明确，由于工程变更（业主在工程实施中增减工程或改变设计等）、恶劣的气候影响，以及种种“作为一个有经验的承包人无法预料的工程施工条件的变化”等原因对工期产生不利影响时的解决办法，通常在上述情况下应该给予承包人要求合理延长工期的权利。

合同文本中应当对维修工程的范围、维修责任及维修期的开始和结束时间有明确的规定，承包人应该只承担由于材料和施工方法及操作工艺等不符合合同规定而产生的缺陷。

承包人应力争以维修保函来代替业主扣留的质量保证金。与质量保证金相比，维修保函对承包人有利，主要是因为可提前取回被扣留的现金，而且保函是有时效的，期满将自动作废。同时，它对业主并无风险，真正发生维修费用，业主可凭保函向银行索回款项。因此，这一做法是比较公平的。维修期满后，承包人应及时从业主处撤回保函。

7）完善合同条件中其他特殊条款

其他特殊条款主要包括：关于合同图纸；关于违约罚金和工期提前奖金；工程量验收以及衔接工序和隐蔽工程施工的验收程序；关于施工占地；关于向承包人移交施工现场和基础资料；关于工程交付；预付款保函的自动减额条款等。

8）确定建设工程施工承包合同最后文本

（1）合同风险评估

在签订合同之前，承包人应对合同的合法性、完备性、合同双方的责任、权益以及合同风险进行评审、认定和评价。

（2）合同文件内容

建设工程施工承包合同文件构成：合同协议书；工程量及价格；合同条件，包括合同一般条件和合同特殊条件；投标文件；合同技术条件（含图纸）；中标通知书；双方代表共同签署的合同补遗（有时也为合同谈判会议纪要形式）；招标文件；其他双方认为应该作为合同组成部分的文件，如投标阶段业主要求投标人澄清问题的函件和承包人所做的文字答复，双方往来函件等。

对所有在招标投标及谈判前后各方发出的文件、文字说明、解释性资料进行清理。对凡是与上述合同构成内容有矛盾的文件，应宣布作废。可以在双方签署的《合同补遗》中对此作出排除性质的声明。

（3）关于合同协议的补遗

在合同谈判阶段双方谈判的结果一般以合同补遗的形式，有时也以合同谈判纪要形式，形成书面文件。同时应注意的是，建设工程施工承包合同必须遵守法律。对于违反法律的条款，即使合同双方达成协议并签了字，也不受法律保障。

2.5.4 签订合同

1）签订合同

双方在合同谈判结束后，应按上述内容和形式形成一个完整的合同文本草案，经双方代表认可后形成正式文件。双方核对无误后，由双方代表草签，至此合同谈判阶段即告结束。此时，承包人应及时准备和递交履约保函，准备正式签署施工承包合同。

招标人和中标人应当在“中标通知书”发出30日内，按照招标文件和中标人的投标文件订立书面合同。招标人与中标人不得再行订立背离合同实质性内容的其他协议。《招标投标法实施条例》进一步规定，招标人和中标人应当依照《招标投标法》和本条例的规定签订书面合同，合同的标的、价款、质量、履行期限等主要条款应当与招标文件和中标人的投标文件的内容一致。

如果投标书内提出某些非实质性偏离的意见而发包人也同意接受时，双方应就这些内容谈判达成书面协议，而不改动招标文件中专用条款和通用条款条件。双方将对某些条款协商一致后，改动的部分在合同协议书附录中予以明确。合同协议书附录经双方签字后作为合同的组成部分。

《最高人民法院关于审理建设工程施工合同纠纷案件适用法律问题的解释(一)》(法释〔2020〕25号)第二条规定:“招标人和中标人另行签订的建设工程施工合同约定的工程范围、建设工期、工程质量、工程价款等实质性内容,与中标合同不一致,一方当事人请求按照中标合同确定权利义务的,人民法院应予支持。”“招标人和中标人在中标合同之外就明显高于市场价格购买承建房产、无偿建设住房配套设施、让利、向建设单位捐赠财物等另行签订合同,变相降低工程价款,一方当事人以该合同背离中标合同实质性内容为由请求确认无效的,人民法院应予支持。”

《最高人民法院关于审理建设工程施工合同纠纷案件适用法律问题的解释(一)》(法释〔2020〕25号)第二十二条规定:“当事人签订的建设工程施工合同与招标文件、投标文件、中标通知书载明的工程范围、建设工期、工程质量、工程价款不一致,一方当事人请求将招标文件、投标文件、中标通知书作为结算工程价款的依据的,人民法院应予支持。”

2)退还投标保证金

招标人与中标人签订合同后5个工作日内,应当向中标人和未中标的投标人退还投标保证金及银行同期存款利息。中标人不与招标人订立合同的,投标保证金不予退还并取消其中标资格,给招标人造成的损失超过投标保证金数额的,应当对超过部分予以赔偿;没有提交投标保证金的,应当对招标人的损失承担赔偿责任。

3)提交履约保证金

招标文件要求中标人提交履约保证金的,中标人应当提交。若中标人不能按时提供履约保证金,可以视为投标人违约,可以没收其投标保证金,招标人再与下一位候选中标人签订合同,当招标文件要求中标人提供履约保证金时,招标人也应当向中标人提供工程款支付担保。

应用案例

【案例概况】

某办公楼的招标人于2021年3月20日向具备承担该项目能力的甲、乙、丙3家承包商发出投标邀请书,其中说明,3月25日在该招标人总工程师室领取招标文件,4月5日14时为投标截止时间。该3家承包商均接受邀请,并按规定时间提交了投标文件。

开标时,由招标人检查投标文件的密封情况,确认无误后,由工作人员当众拆封,并宣读了这3家承包商的名称、投标价格、工期和其他主要内容。

评标委员会委员由招标人直接确定,共4人组成,其中招标人代表2人,经济专家1人,技术专家1人。

招标人预先与咨询单位和被邀请的3家承包商共同研究确定了施工方案,经招标工作小组确定的评标指标及评分方法如下:

1. 报价不超过标底(35 500万元)的±5%者为有效标,超过者为废标。报价为标底的98%者得满分,在此基础上,每下降1%扣1分,每上升1%扣2分(计分按四舍五入取整)。

2. 定额工期为500天,评分方法是工期提前10%为100分,在此基础上推迟5天扣2分。

3. 企业信誉和施工经验得分在资格审查时评定。

上述4项评标指标的权重分别为投标报价45%，投标工期25%，企业信誉和施工经验均为15%，各承包商具体情况见表2.8。

表2.8　各承包商具体情况

投标单位	报价/万元	施工期/天	企业信誉得分	施工经验得分
甲承包商	35 642	460	95	100
乙承包商	34 364	450	95	100
丙承包商	33 867	460	100	95

【问题】

1. 从所介绍的背景资料来看，该项目在招标投标过程中有哪些方面不符合《招标投标法》的规定？

2. 请按综合得分最高者中标的原则确定中标单位。

【案例评析】

1. 从所介绍的背景资料来看，该项目的招标投标过程中存在以下问题：

①从3月25日发放招标文件到4月5日提交投标文件截止招标，时间太短。根据《招标投标法》第二十四条规定："依法必须进行招标的项目，自招标文件开始发出之日起至投标人提交投标文件截止之日止，最短不得少于二十日。"

②开标时，不应由招标人检查投标文件的密封情况。根据《招标投标法》第三十六条规定："开标时，由投标人或者其推选的代表检查投标文件的密封情况，也可以由招标人委托的公证机构检查并公证。"

③评标委员会委员不应全部由招标人直接确定，而且评标委员会成员组成也不符合规定。根据《招标投标法》第三十七条规定："评标由招标人依法组建的评标委员会负责。依法必须进行招标的项目，其评标委员会由招标人的代表和有关技术、经济等方面的专家组成，成员人数为五人以上单数，其中技术、经济等方面的专家不得少于成员总数的三分之二。"评标委员会中的技术、经济专家，一般招标项目应采取（从专家库中）随机抽取的方式，特殊招标项目可以由招标人直接确定。本项目是办公楼项目，显然属于一般招标项目。

2. 各承包商的各项指标得分见表2.9、表2.10及总得分见表2.11。

表2.9　各承包商报价得分

投标单位	报价/万元	报价与标底的比例/%	扣分/分	得分/分
甲承包商	35 642	35 642/35 500 = 100.4	(100.4−98)×2≈5	100−5=95
乙承包商	34 364	34 364/35 500 = 96.8	(98−96.8)×1≈1	100−1=99
丙承包商	33 867	33 867/35 500 = 95.4	(98−95.4)×1≈3	100−3=97

表2.10　各承包商施工期得分

投标单位	施工期/天	工期与定额工期的比较	扣分/分	得分/分
甲承包商	460	460-500(1-10%)=10	10/5×2=4	100-4=96
乙承包商	450	450-500(1-10%)=0	0	100-0=100
丙承包商	460	460-500(1-10%)=10	10/5×2=4	100-4=96

表2.11　综合评定

投标单位	报价得分	施工期得分	企业信誉得分	施工经验得分	合计得分
甲承包商	95	96	95	100	96
乙承包商	99	100	95	100	98.8
丙承包商	97	96	100	95	96.9
权重/%	45	25	15	15	100

根据得分情况，乙承包商为中标单位。

练习题2

一、单项选择题（每题1分，每题的备选项中只有一个最符合题意）

1. 关于评标规则的说法，正确的是（　　）。

A. 评标委员会成员的名单可在开标前公布

B. 投标文件未经投标单位盖章和负责人签字的，评标委员会应当否决其投标

C. 招标项目的标底应当在中标结果确定前公布

D. 评标委员会确定的中标候选人至少为3个，并确定排序

2. 关于评标的说法，正确的是（　　）。

A. 招标委员会可以向招标人征询确定中标人的意向

B. 招标项目设有标底的，可以投标报价是否接近标底作为中标条件

C. 评标委员会成员拒绝在评标报告上签字的，视为不同意评标结果

D. 投标文件中有含义不明确的内容、明显文字或计算错误的，评标委员会可以要求投标人作出必要澄清、说明

3. 根据《招标投标法实施条例》，下列情形中，属于不同投标人之间相互串通投标情形的是（　　）。

A. 约定部分投标人放弃投标或者中标　B. 投标文件相互混装

C. 投标文件载明的项目经理为同一人　D. 委托同一单位或个人办理投标事宜

4. 关于确定中标人的说法，正确的是（　　）。

A. 招标人不得授权评标委员会直接确定中标人

B. 排名第一的中标候选人放弃中标的，招标人必须重新招标

C. 确定中标人选，招标人可以就投标价格与投标人进行谈判

D. 国有资金占控股地位的依法必须进行招标的项目,招标人应当确定排名第一的中标候选人为中标人

5. 根据《中华人民共和国文物保护法》,下列文物中不属于国家所有文物的是(　　)。

A. 遗存于中国领海起源于外国的文物　B. 古文化遗址、古墓

C. 某公民收藏的古玩字画　D. 国有企业收藏的文物

6. 关于履约保证金的说法,正确的是(　　)。

A. 中标人必须缴纳履约保证金

B. 履约保证金不得超过中标合同金额的 20%

C. 履约保证金是投标保证金的另一种表达

D. 中标人违反招标文件的要求拒绝提交履约保证金的,视为放弃中标项目

7. 投标人或者其他利害关系人对依法必须进行招标的项目的评标结果有异议的,应当在(　　)提出。

A. 中标候选人公示期间　B. 中标通知书发出之后

C. 合同谈判期间　D. 评标报告提交之前

8. 发售招标文件收取的费用应当限于补偿(　　)的成本支出。

A. 编制招标文件　B. 印刷、邮寄招标文件

C. 招标人办公　D. 招标活动

9. 下列情形中,招标人应当拒收的投标文件有(　　)。

A. 投标人未提交投标保证金的　B. 投标人的法定代表人未到场的

C. 未按招标文件要求密封的　D. 投标人对招标文件有异议的

10. 下列关于投标保证金的表述中,正确的是(　　)。

A. 投标保证金一般不得低于投标报价的 2%

B. 招标人在投标有效期内可挪用投标保证金

C. 投标保证金的有效期与投标有效期相同

D. 实行两阶段招标的,投标保证金应在第一阶段提供

11. 关于投标文件的补充、修改和撤回的说法,正确的是(　　)。

A. 撤回已提交的投标文件,应当经过招标人的同意

B. 补充、修改已提交的投标文件,应当在提交投标保证金之前进行

C. 撤回已提交的投标文件,应当在投标截止时间前进行

D. 撤回已提交的投标文件,应当以书面形式通知其他投标人

二、多项选择题(每题 2 分。每题的备选项中,有 2 个或 2 个以上符合题意,至少有 1 个错项。错选,本题不得分;少选,所选的每个选项得 0.5 分)

1. 下列关于分包的说法中,正确的有(　　　)。

A. 招标人可以直接指定分包人

B. 经招标人同意,中标人将中标项目的非关键性工作分包给他人完成

C. 中标人和招标人可以在合同中约定将中标项目的部分非主体工作分包给他人完成

D. 中标人为节约成本可以自行决定将中标项目的部分非关键性工作分包给他人完成

E. 经招标人同意,接受分包的人可将项目再次分包他人

2. 根据《必须招标的工程项目规定》,必须招标范围内的各类工程建设项目,达到下列标准之一必须进行招标的有(　　　　)。

A. 重要设备采购的单项合同估算价为人民币 150 万元

B. 材料采购的单项合同估算值为人民币 250 万元

C. 施工单项合同估算价为人民币 300 万元

D. 项目总投资额为人民币 3 500 万元

E. 监理服务采购的单项合同估算价为人民币 100 万元,设备采购 100 万元

3. 投标人在招标文件要求提交投标文件的截止时间前,可以(　　　　)。

A. 补充　　B. 修改　　C. 查阅

D. 转让　　E. 撤回

4. 下面所列,其中(　　　　)几项属于招标书应有的内容。

A. 招标货物数量　　B. 评标、定标原则　　C. 对投标文件的要求

D. 开标日期、地点　　E. 招标单位名称

5. 下面所列,其中(　　　　)几项属于投标书应有的基本内容。

A. 银行出具的资信证明　　B. 投标设备,材料数量及价目表

C. 对招标文件的某些要求有不同意见的说法　　D. 法人代表授权书

E. 营业执照原件

6. 下面所列,属于材料、设备采购评标方法的是(　　　　)。

A. 打分法　　B. 低投标价法　　C. 寿命周期成本法

D. 专家意见法　　E. 合理低价法

情境 3　智能建造工程项目合同管理

合同管理是智能建造工程项目管理的重要内容之一。施工合同管理是对工程施工合同的签订、履行、变更和解除等进行筹划和控制的过程，其主要内容有：根据项目特点和要求确定工程施工发承包模式（也称任务委托模式）和合同结构、选择合同文本、确定合同计价和支付方法、合同履行过程的管理与控制、合同索赔和反索赔，以及施工合同风险管理等。

任务 3.1　合理确定施工发承包模式

智能建造工程施工发承包的模式决定了智能建造工程项目发包方和施工任务承包方之间、承包方与分包方等相互之间的合同关系。大量智能建造工程的项目管理实践证明一个项目的建设能否成功，能否进行有效的投资控制、进度控制、质量控制、合同管理及组织协调，很大程度上取决于发承包模式的选择，因此应该慎重考虑和选择。

合理确定施工发承包模式

3.1.1　施工发承包模式

施工发承包模式的选择权在业主，业主根据工程的特点和对工程的要求，并考虑各种发承包模式的特点来进行选择。以下分析主要施工发承包的模式，以及从业主的角度分析各种施工发承包模式的特点，而从施工方的角度看，其利弊可能正好相反。

1）施工平行发承包模式

（1）施工平行发承包的含义

施工平行发承包，又称为分别发承包，是指发包方根据智能建造工程项目的特点、项目进展情况和控制目标的要求等因素，将智能建造工程项目按照一定的原则分解，将其施工任务分别发包给不同的施工单位，各个施工单位分别与发包方签订施工承包合同。

施工平行发承包模式

施工平行发承包的一般工作程序为：施工图设计完成→施工招标投标→施工→完工验收。一般情况下，发包人在选择施工承包单位时通常根据施工图设计进行施工招标，即施工图设计已经完成，每个施工承包合同都可以实行总价合同。

(2)施工平行发承包的特点

实行施工平行发承包对建设工程项目的费用、进度、质量等目标控制以及合同管理和城组织与协调等的影响如下所述。

①费用控制。

a. 对每一部分工程施工任务的发包，都以施工图设计为基础，投标人进行投标报价较有依据，工程的不确定性程度降低了，对合同双方的风险也相对降低。

b. 每一部分工程的施工，发包人都可以通过招标选择最满意的施工单位承包(如价格低、进度快、信誉好、关系好等)，对降低工程造价有利。

c. 对业主来说，要等最后一份合同签订后才知道整个工程的总造价，对投资的早期控制不利。

②进度控制。

a. 某一部分施工图完成后，即可开始这部分工程的招标，开工日期提前，可以边设计边施工，缩短建设周期。

b. 由于要进行多次招标，业主用于招标的时间较多。

c. 施工总进度计划的编制和控制由业主负责。由不同单位承包的各部分工程之间的进度计划及其实施的协调由业主负责(业主直接抓各个施工单位似乎控制力度大，但矛盾集中，业主的管理风险大)。

③质量控制。

a. 对某些工作而言，符合质量控制上的"他人控制"原则，不同分包单位之间能够形成一定的控制和制约机制，对业主的质量控制有利。

b. 合同交互界面比较多，应非常重视各合同之间界面的定义，否则对项目的质量控制不利。

④合同管理

a. 业主要负责所有施工承包合同的招标、谈判、签约，招标工作量大，对业主不利。

b. 业主在每个合同中都会有相应的责任和义务，签订的合同越多，业主的责任和义务就越多。

c. 业主要负责对多个施工承包合同的跟踪管理，合同管理工作量较大。

⑤组织与协调。

a. 业主直接控制所有工程的发包，可决定所有工程承包商的选择。

b. 业主要负责对所有承包商的组织与协调，承担类似于施工总承包管理的角色工作量大，对业主不利(业主的对立面多，各个合同之间的界面多，关系复杂，矛盾集中，业主的管理风险大)。

c. 业主方可能需要配备较多的人力和精力进行管理，管理成本高。

(3)施工平行发承包的应用

为什么要选择施工平行发承包模式？或者在什么情况下可以考虑施工平行发承包模式呢？

①当项目规模很大，不可能选择一个施工单位进行施工总承包或施工总承包管理，也没有一个施工单位能够进行施工总承包或施工总承包管理。

②由于项目建设的时间要求紧迫，业主急于开工，来不及等所有的施工图全部出齐，只有边设计、边施工。

③业主有足够的经验和能力应对多家施工单位。

④将工程分解发包，业主可以尽可能多地照顾各种关系等。

对施工任务的平行发包，发包方可以根据建设项目的结构进行分解发包，也可以根据建设项目施工的不同专业系统进行分解发包。

例如，在某办公楼建设项目中，业主将打桩工程发包给甲施工单位，将主体土建工程发包给乙施工单位，将机电安装工程发包给丙施工单位，将精装修工程发包给丁施工单位等。

而在某地铁工程施工中，业主将 14 座车站的土建工程分别发包给 14 个土建施工单位，14 座车站的机电安装工程分别发包给 14 个机电安装单位，就是典型的施工平行发包模式。

2）**施工总承包模式**

（1）施工总承包的含义

施工总承包模式

施工总承包，是指发包人将全部施工任务发包给一个施工单位或由多个施工单位组成的施工联合体或施工合作体，施工总承包单位主要依靠自己的力量完成施工任务。当然，经发包人同意，施工总承包单位可以根据需要将施工任务的一部分分包给其他具有相应资质的分包人。

与施工平行发承包相似，采用施工总承包模式发包的一般工作程序为：施工图设计完成→施工总承包的招标投标→施工→竣工验收。一般情况下，招标人在通过招标选择承包人时通常以施工图设计为依据，即施工图设计已经完成，不确定性因素减少了，有利于实行总价承包。施工总承包合同一般采用总价合同。

（2）施工总承包的特点

①费用控制。

a. 在通过招标选择施工总承包单位时，一般都以施工图设计为投标报价的基础投标人的投标报价较有依据。

b. 在开工前就有较明确的合同价，有利于业主对总造价的早期控制。

c. 若在施工过程中发生设计变更，则可能发生索赔。

②进度控制。

a. 一般要等施工图设计全部结束后，才能进行施工总承包的招标，开工日期较迟，建设周期势必较长，对项目总进度控制不利。

b. 施工总进度计划的编制、控制和协调由施工总承包单位负责，而项目总进度计划的编制、控制和协调，以及设计、施工、供货之间的进度计划协调由业主负责。

③质量控制。项目质量的好坏很大程度上取决于施工总承包单位的选择，取决于施工总承包单位的管理水平和技术水平。业主对施工总承包单位的依赖较大。

④合同管理。业主只需要进行一次招标，与一个施工总承包单位签约，招标及合同管理

工作量大大减小,对业主有利。

在国内的很多工程实践中,业主为了早日开工,在未完成施工图设计的情况下就选择施工总承包单位,采用所谓的“费率招标”,实际上是开口合同,对业主方的合同管理和投资控制十分不利。

⑤组织与协调。业主只负责对施工总承包单位的管理及组织协调,工作量大大减小,对业主比较有利。

总之,与平行发承包模式相比,采用施工总承包模式,业主的合同管理工作量大大减小了,组织和协调工作量也大大减小,协调比较容易。但建设周期可能比较长,对项目总进度控制不利。

3)施工总承包管理模式

(1)施工总承包管理的含义

施工总承包管理模式

施工总承包管理模式的英文名是“Managing Contractor”,简称MC,意为“管理型承包”。它不同于施工总承包模式。采用该模式时,业主与某个具有丰富施工管理经验的单位或者由多个单位组成的联合体或合作体签订施工总承包管理协议,由其负责整个项目的施工组织与管理。

一般情况下,施工总承包管理单位不参与实体工程的施工,实体工程的施工需要再进行分包单位的招标与发包,把实体工程的施工任务分包给分包商来完成。但有时也存在另一种情况,即施工总承包管理单位也想承担部分实体工程的施工,这时它也可以参加这一部分工程施工的投标,通过竞争取得任务。

(2)施工总承包管理模式的特点

①费用控制。

a.某一部分工程的施工图完成后,由业主单独或与施工总承包管理单位共同进行该部分工程的施工招标,分包合同的投标报价较有依据。

b.每一部分工程的施工,发包人都可以通过招标选择最好的施工单位承包,获得最低的报价,对降低工程造价有利。

c.在进行施工总承包管理单位的招标时,只确定施工总承包管理费,没有合同总造价,是业主承担的风险之一。

d.在大多数情况下,由业主方与分包人直接签约,加大了业主方的风险。

②进度控制。对施工总承包管理单位的招标不依赖于完整的施工图设计,可以提前到初步设计阶段进行。而对分包单位的招标依据该部分工程的施工图,与施工总承包模式相比也可以提前,从而可以提前开工,缩短建设周期。施工总进度计划的编制、控制和协调由施工总承包管理单位负责,而项目总进度计划的编制、控制和协调,以及设计、施工、供货之间的进度计划协调由业主负责。

③质量控制。

a.对分包单位的质量控制主要由施工总承包管理单位进行。

b.对分包单位来说,也有来自其他分包单位的横向控制,符合质量控制上的“他人控制”

原则,对质量控制有利。

c. 各分包合同交界面的定义由施工总承包管理单位负责,减轻了业主方的工作。

④合同管理。一般情况下,所有分包合同的招标、谈判、签约工作由业主负责,业主方的招标及合管理工作量大,对业主不利。

对分包单位工程款的支付又可分为总承包管理单位支付和业主直接支付两种形式,前者有利于总承包管理单位加大对分包单位管理的力度。

⑤组织与协调。由施工总承包管理单位负责对所有分包单位的管理及组织协调,大大减轻了业主的工作。这是施工总承包管理模式的基本出发点。

与分包单位的合同一般由业主签订,在一定程度上削弱了施工总承包管理单位对分包单位管理的力度。

(3)施工总承包管理模式与施工总承包模式的比较

施工总承包管理模式与施工总承包模式不同,其差异主要表现在以下几个方面:

施工总承包管理模式与施工总承包模式的比较

①工作开展程序不同。施工总承包管理模式与施工总承包模式的工作开展程序不同。施工总承包模式的一般工作程序是:先完成工程项目的设计,即待施工图设计结束后再进行施工总承包的招标投标,然后再进行工程施工,如图3.1(a)所示。从图中可以看出,对许多大型工程项目来说,要等到设计图纸全部出齐后再进行工程招标,显然是很困难的。

而施工总承包管理模式,对施工总承包管理单位的招标可以不依赖完整的施工图,换句话说,施工总承包管理模式的招标投标可以提前到项目尚处于设计阶段进行。另外,工程实体可以化整为零,分别进行分包单位的招标,即每完成一部分工程的施工图就招标一部分,从而使该部分工程的施工提前到整个项目设计阶段尚未完全结束之前进行,如图3.1(b)所示。

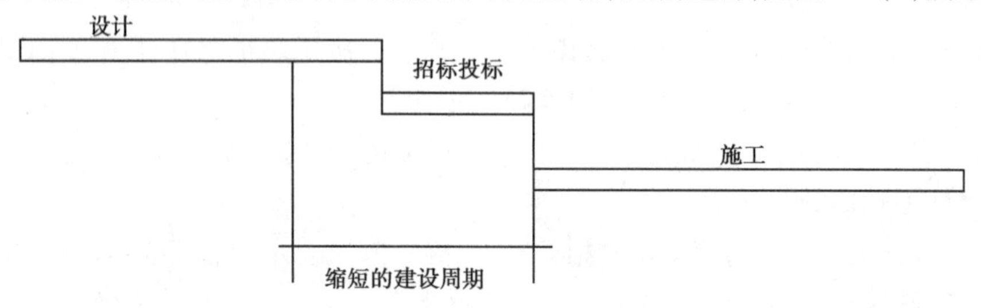

(a)施工总承包模式下的项目开展顺序

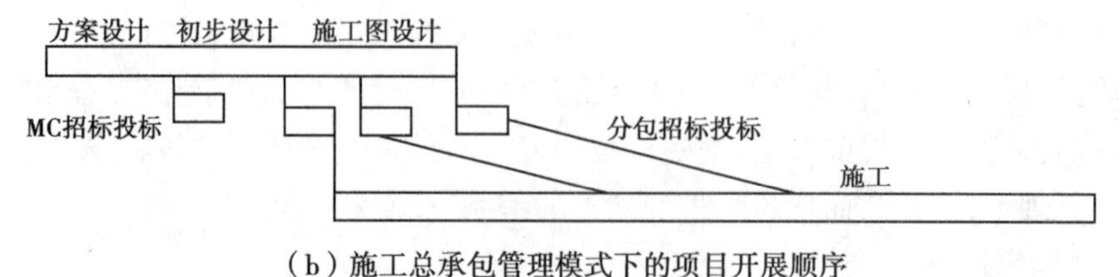

(b)施工总承包管理模式下的项目开展顺序

图3.1　施工总承包模式与施工总承包管理模式下工作开展顺序的比较

为了更好地说明施工总承包管理模式与施工总承包模式在工作程序和对进度影响等方面的不同,将施工总承包模式的一般工作程序也同时表示在图3.1中。从图中可以看出,施工总承包管理模式可以在较大程度上缩短建设周期。

②合同关系不同。施工总承包管理模式的合同关系有两种可能，即业主与分包单位直接签订合同或者由施工总承包管理单位与分包单位签订合同。在国内的工程实践中，也有采用业主、施工总承包管理单位和分包单位三方共同签订的形式。

③对分包单位的选择和认可。在施工总承包模式中，如果业主同意将某几个部分的工程进行分包，施工分包单位往往由施工总承包单位选择，由业主认可。而在施工总承包管理模式中，所有分包单位的选择都是由业主决策的。

业主通常通过招标选择分包单位。一般情况下，分包合同由业主与分包单位直接签订，但每一个分包人的选择和每一个分包合同的签订都要经过施工总承包管理单位的认可，因为施工总承包管理单位要承担施工总体管理和目标控制的任务和责任。如果施工总承包管理单位认为业主选定的某个分包人确实没有能力完成分包任务，而业主执意不肯更换该分包人，施工总承包管理单位也可以拒绝认可该分包合同，并且不承担该分包人所负责工程的管理责任。

有时，在业主要求下并且在施工总承包管理单位同意的情况下，分包合同也可以由施工总承包管理单位与分包单位签订。

④对分包单位的付款。对各分包单位的各种款项可以通过施工总承包管理单位支付，也可以由业主直接支付。

⑤施工总承包管理的合同价格。施工总承包管理合同中一般只确定总承包管理费（通常是按工程建安造价的一定百分比计取，也可以确定一个总价），而不需要事先确定建安工程总造价，这也是施工总承包管理模式的招标可以不依赖于施工图设计图纸出齐的原因之一。

分包合同价，由于在该部分施工图出齐后再进行分包的招标，因此应采用实价（即单价或总价合同）。由此可以看出，施工总承包管理模式与施工总承包模式相比具有以下优点：

a. 合同总价不是一次确定，某一部分施工图设计完成以后，再进行该部分工程的施工招标，确定该部分工程的合同价，因此整个项目的合同总额的确定较有依据。

b. 所有分包合同和分供货合同的发包，都通过招标获得有竞争力的投标报价，对业主方节约投资有利。

c. 施工总承包管理单位只收取总包管理费，不赚总包与分包之间的差价。

d. 业主对分包单位的选择具有控制权。

e. 每完成一部分施工图设计，就可以进行该部分工程的施工招标，可以边设计边施工，可以提前开工，缩短建设周期，有利于进度控制。

以上的比较分析说明，施工总承包管理模式与施工总承包模式有很多的不同，但两者也存在一些相同的方面，比如，总包单位承担的责任和义务，以及对分包单位的管理和服务。两者都要承担相同的管理责任，对施工管理目标负责，负责对现场施工的总体管理和协调，负责向分包人提供相应的服务。在国内，普遍对施工总承包管理模式存在误解，认为总包单位仅做管理与协调工作，而对项目目标控制不承担责任，实际上，每一个分包合同都要经过施工总承包管理单位的确认，施工总承包管理单位有责任对分包人的质量、进度进行控制，并负责审核和控制分包合同的费用支付,负责协调各个分包的关系,负责各个分包合同的管理。因此,在组织结构和人员配备上,施工总承包管理单位仍然要有费用控制、进度控制、质量控制、合同管理、信息管理、组织与协调的组织和人员。

3.1.2 施工总包与分包

1)**施工总包**

“施工总包”只是一种习惯称呼,在有关的法规和文件中并没有明确的定义。根据本教材的有关内容,施工总承包单位和施工总承包管理单位都可以简称为“施工总包”。

施工总包与分包

在一个智能建造工程中,只能有一个“施工总包”(无论是施工总承包还是施工总承包管理),目前国内有些业主把全部土建工程发包给一个施工单位,全部安装工程发包给另外一个安装单位,该土建施工单位就称为“土建总包”,该安装单位称为“安装总包”,这都是不严谨的。还有的认为,总包和分包是相对的概念,如果 A 承包商把某部分工程分包给 B 承包单位,B 再把其中的某项专业工程分包给 C 承包单位,则 A 是 B 的总包,B 是 C 的总包。B 称呼 A 为总包,C 称呼 A、B 都是总包,这也是不严谨的。

在市场经济发达的国家,传统的合同结构是业主委托一个设计单位负责所有设计工作,如果有必要,该设计单位再委托其他专业设计单位作为顾问,参与或负责某些专业设计,其合同一般都与该设计单位签订。同样,业主委托一个施工单位(承包商)负责所有施工安装任务,如有必要,该施工单位(承包商)再把某些专业施工或安装任务分包出去,业主也可以直接指定一些分包单位或供货单位(这种情况所占比例比较少),分包单位一般都与该施工单位(承包商)签订合同,很少与业主签订合同。该施工单位一般称为承包商或总承包商,也就是我们所说的施工总包。

2)**施工分包**

在建设工程领域,专业化分工的趋势日益显著。如今的总承包商往往不再亲自承担所有工程甚至是主要工程施工,只是亲自完成某些特定的有限的工作,大多数工程由分包商完成。分包商与总承包商签订合同,而所有的工程由总承包商对业主负责。分包商为总包商工作,并接受总承包商的领导。与施工总包单位签订合同的分包商就是“施工分包”。

随着专业化的持续发展,又产生了另一种分包商,即分包商的分包商,可以称为“再分包商”,甚至还存在再分包商的分包商。这种工程发包与施工合作形式目前十分普遍,是十分正常的施工组织形式,也是施工专业化发展的必然趋势。由于各种原因,业主需要指定一些分包工作,这些分包工作的施工单位一般需要与施工总包单位签订合同,业主和分包之间一般没有合同关系。如果业主以指定分包的名义过多地介入工程分解和发包,并与这些分包单位签订合同,就应该理解为是平行发包,而不是施工总承包模式。

上述的再分包商、业主指定分包商都是施工分包。

从分包的内容来看,施工分包包括专业分包和劳务分包。业主指定分包一般都是专业分包,施工总包则可能将工程发包给专业分包或劳务分包。国内目前普遍实行的两层分离模式决定了劳务分包的普遍性。

任务3.2 选择施工合同文本

3.2.1 建设工程施工合同管理的含义

建设工程施工合同管理作为工程项目管理的重要组成部分,已经成为与质量管理、进度管理、成本管理并列的管理职能,也是最复杂的合同,具有持续时间长、标的物复杂、价格高的特点。建设工程施工合同管理贯穿于合同订立、履行、变更、违约索赔、争议处理、终止或结束的全部活动的管理,为项目总目标和企业总目标服务,保证项目总目标和企业总目标的实现。所以建设工程施工合同管理不仅是工程项目管理的一部分,而且又是企业管理的一部分。从合同管理程序来讲,工程总包合同管理工作包括合同订立、合同备案、合同交底、合同履行、合同变更、争议与诉讼、合同分析与总结。

3.2.2 建设工程施工合同管理的原则

(1)依法履约原则

合同的签订及履行应当遵守法律法规,尊重社会公德,不得扰乱社会经济秩序,不得损害社会公共利益。严格履行合同会审、审批、授权管理制度和程序。

(2)诚实信用原则

当事人在履行合同义务时,应诚实、守信、善意、不滥用权利、不规避义务。

(3)全面履行原则

包括实际履行和适当履行(按照合同约定的品种、数量、质量、价款或报酬等的履行)。

(4)协调合作原则

要求当事人本着团结协作和互相帮助的精神去完成合同任务,履行各自应尽的责任和义务。

(5)维护权益原则

合同当事人有权依法维护合同约定的自身所有的权利或风险利益。同时还应注意维护对方的合法权益不受侵害,重视和维护企业合法权益及信用。

(6)动态管理原则

在合同履行过程中,进行实时监控和跟踪管理。

(7)合同归口管理原则

合同签订集中在法人公司层面,签约主体法人单位负责人签约审批和履行监控等方面的管理。严格落实法人管项目。施工企业在企业层面应加强合同制度建设和合同体系建设,设立专职的合同管理部门,明确其他部门合同管理的岗位职责。由合同管理部门牵头,组织其他相关部门依据国家的法律、法规以及企业自身的相关制度,负责工程项目合同的谈判、订立和对履行的监督,负责合同的补充、修改和(或)更改、终止或结束等有关事宜的协调和处理。

(8)全过程合同风险管理原则

按合同生命周期进行全面、持续、动态的风险管理。

效益管理与风险管理结合,合同盈利点、亏损点、风险点管理结合,在过程中化解风险、提升效益。

(9)统一标准化原则

构建企业统一的合同管理业务标准体系。

3.2.3 建设工程施工合同的组成

(1)《建设工程施工合同(示范文本)》简介

为了指导建设工程施工合同当事人的签约行为,维护合同当事人的合法权益,依据《中华人民共和国民法典》《中华人民共和国建筑法》《中华人民共和国招标投标法》以及相关法律法规,中华人民共和国住房和城乡建设部与国家工商行政管理总局于 2017 年 9 月 22 日颁发了修改的《建设工程施工合同(示范文本)》(GF—2017—0201)。该文本适用于各类公用建筑、民用住宅、工业厂房、交通设施及线路、管道的施工和设备安装等工程。

(2)施工合同文件的组成与解释顺序

《建设工程施工合同(示范文本)》由"协议书""通用合同条款""专用合同条款"3 部分组成,并附有 11 个附件。

施工合同文件的组成及解释顺序:

①中标通知书。

②投标函及其附录。

③专用合同条款及其附件。

④通用合同条款。

⑤技术标准和要求。

⑥图纸。

⑦已标价工程量清单或预算书。

⑧其他合同文件。

在合同订立及履行过程中形成的与合同有关的文件均构成合同文件组成部分。

上述各项合同文件包括合同当事人就该项合同文件所作出的补充和修改,属于同一类内容的文件,应以最新签署的为准。专用合同条款及其附件须经合同当事人签字或盖章。

3.2.4 施工承包合同的主要内容

住房和城乡建设部、国家工商行政管理总局对《建设工程施工合同(示范文本)》(GF—2013—0201)进行了修订,制定了《建设工程施工合同(示范文本)》(GF—2017—0201)(以下简称《示范文本》)。

《示范文本》中“通用合同条款”的主要内容如下：

1）**发包人的责任与义务**

（1）许可或批准

发包人应遵守法律，并办理法律规定由其办理的许可、批准或备案，包括但不限于建设用地规划许可证、建设工程规划许可证、建设工程施工许可证、施工所需临时用水、临时用电、中断道路交通、临时占用土地等许可和批准。发包人应协助承包人办理法律规定的有关施工证件和批件。

因发包人原因未能及时办理完毕前述许可、批准或备案，由发包人承担由此增加的费用和（或）延误的工期，并支付承包人合理的利润。

（2）发包人代表

发包人应在专用合同条款中明确其派驻施工现场的发包人代表的姓名、职务、联系方式及授权范围等事项。发包人代表在发包人的授权范围内，负责处理合同履行过程中与发包人有关的具体事宜。发包人代表在授权范围内的行为由发包人承担法律责任。发包人更换发包人代表的，应提前7天书面通知承包人。

发包人代表不能按照合同约定履行其职责及义务，并导致合同无法继续正常履行的，承包人可以要求发包人撤换发包人代表。

不属于法定必须监理的工程，监理人的职权可以由发包人代表或发包人指定的其他人员行使。

（3）发包人人员

发包人应要求在施工现场的发包人人员遵守法律及有关安全、质量、环境保护、文明施工等规定，并保障承包人免于承受因发包人人员未遵守上述要求给承包人造成的损失和责任。

发包人人员包括发包人代表及其他由发包人派驻施工现场的人员。

（4）施工现场、施工条件和基础资料的提供

①提供施工现场。除专用合同条款另有约定外，发包人应最迟于开工日期7天前向承包人移交施工现场。

②提供施工条件。除专用合同条款另有约定外，发包人应负责提供施工所需要的条件，包括：

a. 将施工用水、电力、通信线路等施工所必需的条件接至施工现场内。

b. 保证向承包人提供正常施工所需要的进入施工现场的交通条件。

c. 协调处理施工现场周围地下管线和邻近建筑物、构筑物、古树名木的保护工作，并承担相关费用。

d. 按照专用合同条款约定应提供的其他设施和条件。

③提供基础资料。发包人应当在移交施工现场前向承包人提供施工现场及工程施工所必需的毗邻区域内供水、排水、供电、供气、供热、通信、广播电视等地下管线资料，气象和水文观测资料，地质勘察资料，相邻建筑物、构筑物和地下工程等有关基础资料，并对所提供资

料的真实性、准确性和完整性负责。

按照法律规定确需在开工后方能提供的基础资料，发包人应尽其努力及时地在相应工程施工前的合理期限内提供，合理期限应以不影响承包人的正常施工为限。

④逾期提供的责任。因发包人原因未能按合同约定及时向承包人提供施工现场、施工条件、基础资料的，由发包人承担由此增加的费用和（或）延误的工期。

(5) 资金来源证明及支付担保

除专用合同条款另有约定外，发包人应在收到承包人要求提供资金来源证明的书面通知后 28 天内，向承包人提供能够按照合同约定支付合同价款的相应资金来源证明。

除专用合同条款另有约定外，发包人要求承包人提供履约担保的，发包人应当向承包人提供支付担保。支付担保可以采用银行保函或担保公司担保等形式，具体由合同当事人在专用合同条款中约定。

(6) 支付合同价款

发包人应按合同约定向承包人及时支付合同价款。

(7) 组织竣工验收

发包人应按合同约定及时组织竣工验收。

(8) 现场统一管理协议

发包人应与承包人、由发包人直接发包的专业工程的承包人签订施工现场统一管理协议，明确各方的权利义务。施工现场统一管理协议作为专用合同条款的附件。

2) **承包人的责任与义务**

(1) 承包人的一般义务

承包人在履行合同过程中应遵守法律和工程建设标准规范，并履行以下义务：

施工承包人的责任与义务

①办理法律规定应由承包人办理的许可和批准，并将办理结果书面报送发包人留存。

②按法律规定和合同约定完成工程，并在保修期内承担保修义务。

③按法律规定和合同约定采取施工安全和环境保护措施，办理工伤保险，确保工程及人员、材料、设备和设施的安全。

④按合同约定的工作内容和施工进度要求，编制施工组织设计和施工措施计划，并对所有施工作业和施工方法的完备性和安全可靠性负责。

⑤在进行合同约定的各项工作时，不得侵害发包人与他人使用公用道路、水源、市政管网等公共设施的权利，避免对邻近的公共设施产生干扰。承包人占用或使用他人的施工场地，影响他人作业或生活的，应承担相应责任。

⑥按照环境保护的相关约定负责施工场地及其周边环境与生态的保护工作。

⑦按安全文明施工的相关约定采取施工安全措施，确保工程及其人员、材料、设备和设施的安全，防止因工程施工造成的人身伤害和财产损失。

⑧将发包人按合同约定支付的各项价款专用于合同工程，且应及时支付其雇用人员工资，并及时向分包人支付合同价款。

⑨按照法律规定和合同约定编制竣工资料，完成竣工资料立卷及归档，并按专用合同条款约定的竣工资料的套数、内容、时间等要求移交发包人。

⑩应履行的其他义务。

(2)项目经理

①项目经理应为合同当事人所确认的人选，并在专用合同条款中明确项目经理的姓名、职称、注册执业证书编号、联系方式及授权范围等事项，项目经理经承包人授权后代表承包人负责履行合同。项目经理应是承包人正式聘用的员工，承包人应向发包人提交项目经理与承包人之间的劳动合同，以及承包人为项目经理缴纳社会保险的有效证明。承包人不提交上述文件的，项目经理无权履行职责，发包人有权要求更换项目经理，由此增加的费用和(或)延误的工期由承包人承担。

项目经理应常驻施工现场，且每月在施工现场时间不得少于专用合同条款约定的天数。项目经理不得同时担任其他项目的项目经理。项目经理确需离开施工现场时，应事先通知监理人，并取得发包人的书面同意。项目经理的通知中应当载明临时代行其职责人员的注册执业资格、管理经验等资料，该人员应具备履行相应职责的能力。

承包人违反上述约定的，应按照专用合同条款的约定，承担违约责任。

②项目经理按合同约定组织工程实施。在紧急情况下为确保施工安全和人员安全，在无法与发包人代表和总监理工程师及时取得联系时，项目经理有权采取必要的措施保证与工程有关的人身、财产和工程的安全，但应在48小时内向发包人代表和总监理工程师提交书面报告。

③承包人需要更换项目经理的，应提前14天书面通知发包人和监理人，并征得发包人书面同意。通知中应当载明继任项目经理的注册执业资格、管理经验等资料，继任项目经理继续履行第①项约定的职责。未经发包人书面同意，承包人不得擅自更换项目经理。承包人擅自更换项目经理的，应按照专用合同条款的约定承担违约责任。

④发包人有权书面通知承包人更换其认为不称职的项目经理，通知中应当载明要求更换的理由。承包人应在接到更换通知后14天内向发包人提出书面的改进报告。发包人收到改进报告后仍要求更换的，承包人应在接到第二次更换通知的28天内进行更换，并将新任命的项目经理的注册执业资格、管理经验等资料书面通知发包人。继任项目经理继续履行第①项约定的职责。承包人无正当理由拒绝更换项目经理的，应按照专用合同条款的约定承担违约责任。

⑤项目经理因特殊情况授权其下属人员履行其某项工作职责的，该下属人员应具备履行相应职责的能力，并应提前7天将上述人员的姓名和授权范围书面通知监理人，并征得发包人书面同意。

(3)承包人人员

①除专用合同条款另有约定外，承包人应在接到开工通知后7天内，向监理人提交承包人项目管理机构及施工现场人员安排的报告，其内容应包括合同管理、施工、技术、材料、质

量、安全、财务等主要施工管理人员名单及其岗位、注册执业资格等,以及各工种技术工人的安排情况,并同时提交主要施工管理人员与承包人之间的劳动关系证明和缴纳社会保险的有效证明。

②承包人派驻到施工现场的主要施工管理人员应相对稳定。施工过程中如有变动,承包人应及时向监理人提交施工现场人员变动情况的报告。承包人更换主要施工管理人员时,应提前7天书面通知监理人,并征得发包人书面同意。通知中应当载明继任人员的注册执业资格、管理经验等资料。

特殊工种作业人员均应持有相应的资格证明,监理人可以随时检查。

③发包人对于承包人主要施工管理人员的资格或能力有异议的,承包人应提供资料证明被质疑人员有能力完成其岗位工作或不存在发包人所质疑的情形。发包人要求撤换不能按照合同约定履行职责及义务的主要施工管理人员的,承包人应当撤换。承包人无正当理由拒绝撤换的,应按照专用合同条款的约定承担违约责任。

④除专用合同条款另有约定外,承包人的主要施工管理人员离开施工现场每月累计不超过5天的,应报监理人同意;离开施工现场每月累计超过5天的,应通知监理人,并征得发包人书面同意。主要施工管理人员离开施工现场前应指定一名有经验的人员临时代行其职责,该人员应具备履行相应职责的资格和能力,且应征得监理人或发包人的同意。

⑤承包人擅自更换主要施工管理人员,或前述人员未经监理人或发包人同意擅自离开施工现场的,应按照专用合同条款约定承担违约责任。

(4)承包人现场查勘

承包人应对基于发包人按照提供基础资料的相关约定提交的基础资料所做出的解释和推断负责,但因基础资料存在错误、遗漏导致承包人解释或推断失实的,由发包人承担责任。

承包人应对施工现场和施工条件进行查勘,并充分了解工程所在地的气象条件、交通条件、风俗习惯以及其他与完成合同工作有关的资料。因承包人未能充分查勘、了解前述情况或未能充分估计前述情况所可能产生后果的,承包人承担由此增加的费用和(或)延误的工期。

(5)分包

①分包的一般约定。承包人不得将其承包的全部工程转包给第三人,或将其承包的全部工程肢解后以分包的名义转包给第三人。承包人不得将工程主体结构、关键性工作及专用合同条款中禁止分包的专业工程分包给第三人,主体结构、关键性工作的范围由合同当事人按照法律规定在专用合同条款中予以明确。

承包人不得以劳务分包的名义转包或违法分包工程。

②分包的确定。承包人应按专用合同条款的约定进行分包,确定分包人。已标价工程量清单或预算书中给定暂估价的专业工程,按照暂估价相关条款确定分包人。按照合同约定进行分包的,承包人应确保分包人具有相应的资质和能力。工程分包不减轻或免除承包人的责任和义务,承包人和分包人就分包工程向发包人承担连带责任。除合同另有约定外,承包人应在分包合同签订后7天内向发包人和监理人提交分包合同副本。

③分包管理。承包人应向监理人提交分包人的主要施工管理人员表,并对分包人的施

工人员进行实名制管理，包括但不限于进出场管理、登记造册以及各种证照的办理。

④分包合同价款。

a. 除生效法律文书要求的情况或专用合同条款另有约定外，分包合同价款由承包人与分包人结算，未经承包人同意，发包人不得向分包人支付分包工程价款。

b. 生效法律文书要求发包人向分包人支付分包合同价款的，发包人有权从应付承包人工程款中扣除该部分款项。

⑤分包合同权益的转让。分包人在分包合同项下的义务持续到缺陷责任期届满以后的，发包人有权在缺陷责任期届满前，要求承包人将其在分包合同项下的权益转让给发包人，承包人应当转让。除转让合同另有约定外，转让合同生效后，由分包人向发包人履行义务。

(6) 工程照管与成品、半成品保护

①除专用合同条款另有约定外，自发包人向承包人移交施工现场之日起，承包人应负责照管工程及工程相关的材料、工程设备，直到颁发工程接收证书之日止。

②在承包人负责照管期间，因承包人原因造成工程、材料、工程设备损坏的，由承包人负责修复或更换，并承担由此增加的费用和(或)延误的工期。

③对合同内分期完成的成品和半成品，在工程接收证书颁发前，由承包人承担保护责任。因承包人原因造成成品或半成品损坏的，由承包人负责修复或更换，并承担由此增加的费用和(或)延误的工期。

(7) 履约担保

发包人需要承包人提供履约担保的，由合同当事人在专用合同条款中约定履约担保的方式、金额及期限等。履约担保可以采用银行保函或担保公司担保等形式，具体由合同当事人在专用合同条款中约定。

因承包人原因导致工期延长的，继续提供履约担保所增加的费用由承包人承担；非因承包人原因导致工期延长的，继续提供履约担保所增加的费用由发包人承担。

(8) 联合体

①联合体各方应共同与发包人签订合同协议书。联合体各方应为履行合同向发包人承担连带责任。

②联合体协议经发包人确认后作为合同附件。在履行合同过程中，未经发包人同意，不得修改联合体协议。

③联合体牵头人负责与发包人和监理人联系，并接受指示，负责组织联合体各成员全面履行合同。

3) 监理人

(1) 监理人的一般规定

监理人

工程实行监理的，发包人和承包人应在专用合同条款中明确监理人的监理内容及监理权限等事项。监理人应当根据发包人授权及法律规定，代表发包人对工程施工相关事项进行检查、查验、审核、验收，并签发相关指示，但监理人无权修改合同,且无权减轻或免除合同约定的承包人的任何责任与义务。

除专用合同条款另有约定外,监理人在施工现场的办公场所、生活场所由承包人提供,所发生的费用由发包人承担。

(2)监理人员

发包人授予监理人对工程实施监理的权利由监理人派驻施工现场的监理人员行使,监理人员包括总监理工程师及监理工程师。监理人应将授权的总监理工程师和监理工程师的姓名及授权范围以书面形式提前通知承包人。更换总监理工程师的,监理人应提前7天书面通知承包人;更换其他监理人员,监理人应提前48小时书面通知承包人。

(3)监理人的指示

监理人应按照发包人的授权发出监理指示。监理人的指示应采用书面形式,并经其授权的监理人员签字。紧急情况下,为了保证施工人员的安全或避免工程受损,监理人员可以口头形式发出指示,该指示与书面形式的指示具有同等法律效力,但必须在发出口头指示后24小时内补发书面监理指示,补发的书面监理指示应与口头指示一致。

监理人发出的指示应送达承包人项目经理或经项目经理授权接收的人员。因监理人未能按合同约定发出指示、指示延误或发出了错误指示而导致承包人费用增加和(或)工期延误的,由发包人承担相应责任。除专用合同条款另有约定外,总监理工程师不应将约定应由总监理工程师作出确定的权力授权或委托给其他监理人员。

承包人对监理人发出的指示有疑问的,应向监理人提出书面异议,监理人应在48小时内对该指示予以确认、更改或撤销,监理人逾期未回复的,承包人有权拒绝执行上述指示。

监理人对承包人的任何工作、工程或其采用的材料和工程设备未在约定的或合理期限内提出意见的,视为批准,但不免除或减轻承包人对该工作、工程、材料、工程设备等应承担的责任和义务。

(4)商定或确定

合同当事人进行商定或确定时,总监理工程师应当会同合同当事人尽量通过协商达成一致,不能达成一致的,由总监理工程师按照合同约定审慎做出公正的确定。

总监理工程师应将确定以书面形式通知发包人和承包人,并附详细依据。合同当事人对总监理工程师的确定没有异议的,按照总监理工程师的确定执行。任何一方合同当事人有异议,按照争议解决的约定处理。争议解决前,合同当事人暂按总监理工程师的确定执行;争议解决后,争议解决的结果与总监理工程师的确定不一致的,按照争议解决的结果执行,由此造成的损失由责任人承担。

4)进度控制的主要条款内容

(1)施工进度计划

①施工进度计划的编制。承包人应按照施工组织设计相关约定提交详细的施工进度计划,施工进度计划的编制应当符合国家法律规定和一般工程实践惯例,施工进度计划经发包人批准后实施。施工进度计划是控制工程进度的依据,发包人和监理人有权按照施工进度计划检查工程进度情况。

②施工进度计划的修订。施工进度计划不符合合同要求或与工程的实际进度不一致的,承包人应向监理人提交修订的施工进度计划,并附具有关措施和相关资料,由监理人报送发包人。除专用合同条款另有约定外,发包人和监理人应在收到修订的施工进度计划后7天内完成审核和批准或提出修改意见。发包人和监理人对承包人提交的施工进度计划的确认,不能减轻或免除承包人根据法律规定和合同约定应承担的任何责任或义务。

(2)开工

①开工准备。除专用合同条款另有约定外,承包人应按照施工组织设计相关约定的期限,向监理人提交工程开工报审表,经监理人报发包人批准后执行。开工报审表应详细说明按施工进度计划正常施工所需的施工道路、临时设施、材料、工程设备、施工设备、施工人员等落实情况以及工程的进度安排。

除专用合同条款另有约定外,合同当事人应按约定完成开工准备工作。

②开工通知。发包人应按照法律规定获得工程施工所需的许可。经发包人同意后,监理人发出的开工通知应符合法律规定。监理人应在计划开工日期7天前向承包人发出开工通知,工期自开工通知中载明的开工日期起算。

除专用合同条款另有约定外,因发包人原因造成监理人未能在计划开工日期之日起90天内发出开工通知的,承包人有权提出价格调整要求,或者解除合同。发包人应当承担由此增加的费用和(或)延误的工期,并向承包人支付合理利润。

(3)工期延误

①因发包人原因导致工期延误。在合同履行过程中,因下列情况导致工期延误和(或)费用增加的,由发包人承担由此延误的工期和(或)增加的费用,且发包人应支付承包人合理的利润:

a. 发包人未能按合同约定提供图纸或所提供图纸不符合合同约定的。

b. 发包人未能按合同约定提供施工现场、施工条件、基础资料、许可、批准等开工条件的。

c. 发包人提供的测量基准点、基准线和水准点及其书面资料存在错误或疏漏的。

d. 发包人未能在计划开工日期之日起7天内同意下达开工通知的。

e. 发包人未能按合同约定日期支付工程预付款、进度款或竣工结算款的。

f. 监理人未按合同约定发出指示、批准等文件的。

g. 专用合同条款中约定的其他情形。

因发包人原因未按计划开工日期开工的,发包人应按实际开工日期顺延竣工日期,确保实际工期不低于合同约定的工期总日历天数。因发包人原因导致工期延误需要修订施工进度计划的,按照施工进度计划的修订执行。

②因承包人原因导致工期延误。因承包人原因造成工期延误的,可以在专用合同条款中约定逾期竣工违约金的计算方法和逾期竣工违约金的上限。承包人支付逾期竣工违约金后,不免除承包人继续完成工程及修补缺陷的义务。

(4)不利物质条件

不利物质条件是指有经验的承包人在施工现场遇到的不可预见的自然物质条件、非自然的物质障碍和污染物，包括地表以下物质条件和水文条件以及专用合同条款约定的其他情形，但不包括气候条件。

承包人遇到不利物质条件时，应采取克服不利物质条件的合理措施继续施工，并及时通知发包人和监理人。通知应载明不利物质条件的内容以及承包人认为不可预见的理由。监理人经发包人同意后应当及时发出指示，指示构成变更的，按照变更的相关约定执行。承包人因采取合理措施而增加的费用和(或)延误的工期由发包人承担。

(5)异常恶劣的气候条件

异常恶劣的气候条件是指在施工过程中遇到的，有经验的承包人在签订合同时不可预见的，对合同履行造成实质性影响的，但尚未构成不可抗力事件的恶劣气候条件。合同当事人可以在专用合同条款中约定异常恶劣气候条件的具体情形。

承包人应采取克服异常恶劣的气候条件的合理措施继续施工，并及时通知发包人和监理人。监理人经发包人同意后应当及时发出指示，指示构成变更的，按变更的相关约定办理。承包人因采取合理措施而增加的费用和(或)延误的工期由发包人承担。

(6)暂停施工

①发包人原因引起的暂停施工。因发包人原因引起暂停施工的，监理人经发包人同意后，应及时下达暂停施工指示。情况紧急且监理人未及时下达暂停施工指示的，按照紧急情况下的暂停施工的相关约定执行。

因发包人原因引起的暂停施工，发包人应承担由此增加的费用和(或)延误的工期，并支付承包人合理的利润。

②承包人原因引起的暂停施工。因承包人原因引起的暂停施工，承包人应承担由此增加的费用和(或)延误的工期，且承包人在收到监理人复工指示后 84 天内仍未复工的，视为“承包人明确表示或者以其行为表明不履行合同主要义务的”的承包人违约的情形，约定承包人无法继续履行合同的情形。

③指示暂停施工。监理人认为有必要时，并经发包人批准后，可向承包人作出暂停施工的指示，承包人应按监理人指示暂停施工。

④紧急情况下的暂停施工。因紧急情况需暂停施工，且监理人未及时下达暂停施工指示的，承包人可先暂停施工，并及时通知监理人。监理人应在接到通知后 24 小时内发出指示，逾期未发出指示的，视为同意承包人暂停施工。监理人不同意承包人暂停施工的，应说明理由，承包人对监理人的答复有异议，按照争议解决的约定处理。

⑤暂停施工后的复工。暂停施工后，发包人和承包人应采取有效措施积极消除暂停施工的影响。在工程复工前，监理人会同发包人和承包人确定因暂停施工造成的损失，并确定工程复工条件。当工程具备复工条件时，监理人应经发包人批准后向承包人发出复工通知，承包人应按照复工通知要求复工。

承包人无故拖延和拒绝复工的，承包人承担由此增加的费用和(或)延误的工期；因发包人原因无法按时复工的，按照因发包人原因导致工期延误的相关约定办理。

⑥暂停施工持续 56 天以上。监理人发出暂停施工指示后 56 天内未向承包人发出复工通知，除该项停工属于承包人原因引起的暂停施工及不可抗力的相关约定的情形外，承包人

可向发包人提交书面通知,要求发包人在收到书面通知后28天内准许已暂停施工的部分或全部工程继续施工。发包人逾期不予批准的,则承包人可以通知发包人,将工程受影响的部分视为按变更的范围约定的可取消工作。

暂停施工持续84天以上不复工的,且不属于承包人原因引起的暂停施工及不可抗力的约定的情形,并影响到整个工程以及合同目的实现的,承包人有权提出价格调整要求,或者解除合同。解除合同的,按照因发包人违约解除合同的约定执行。

⑦暂停施工期间的工程照管。暂停施工期间,承包人应负责妥善照管工程并提供安全保障,由此增加的费用由责任方承担。

⑧暂停施工的措施。暂停施工期间,发包人和承包人均应采取必要的措施确保工程质量及安全,防止因暂停施工扩大损失。

(7)提前竣工

①发包人要求承包人提前竣工的,发包人应通过监理人向承包人下达提前竣工指示,承包人应向发包人和监理人提交提前竣工建议书,提前竣工建议书应包括实施的方案、缩短的时间、增加的合同价格等内容。发包人接受该提前竣工建议书的,监理人应与发包人和承包人协商采取加快工程进度的措施,并修订施工进度计划,由此增加的费用由发包人承担。承包人认为提前竣工指示无法执行的,应向监理人和发包人提出书面异议,发包人和监理人应在收到异议后7天内予以答复。任何情况下,发包人不得压缩合理工期。

②发包人要求承包人提前竣工,或承包人提出提前竣工的建议能够给发包人带来效益的,合同当事人可以在专用合同条款中约定提前竣工的奖励。

5)质量控制的主要条款内容

(1)质量要求

①工程质量标准必须符合现行国家有关工程施工质量验收规范和标准的要求。有关工程质量的特殊标准或要求由合同当事人在专用合同条款中约定。

质量控制

②因发包人原因造成工程质量未达到合同约定标准的,由发包人承担由此增加的费用和(或)延误的工期,并支付承包人合理的利润。

③因承包人原因造成工程质量未达到合同约定标准的,发包人有权要求承包人返工直至工程质量达到合同约定的标准为止,并由承包人承担由此增加的费用和(或)延误的工期。

(2)质量保证措施

①发包人的质量管理。发包人应按照法律规定及合同约定完成与工程质量有关的各项工作。

②承包人的质量管理。承包人按照施工组织设计的相关约定向发包人和监理人提交工程质量保证体系及措施文件,建立完善的质量检查制度,并提交相应的工程质量文件。对于发包人和监理人违反法律规定和合同约定的错误指示,承包人有权拒绝实施。承包人应对施工人员进行质量教育和技术培训,定期考核施工人员的劳动技能,严格执行施工规范和操作规程。承包人应按照法律规定和发包人的要求,对材料、工程设备以及工程的所有部位及其施工工艺进行全过程的质量检查和检验,并作详细记录,编制工程质量报表,报送监理人

审查。此外,承包人还应按照法律规定和发包人的要求,进行施工现场取样试验、工程复核测量和设备性能检测,提供试验样品、提交试验报告和测量成果以及其他工作。

③监理人的质量检查和检验。监理人按照法律规定和发包人授权对工程的所有部位及其施工工艺、材料和工程设备进行检查和检验。承包人应为监理人的检查和检验提供方便,包括监理人到施工现场,或制造、加工地点,或合同约定的其他地方进行察看和查阅施工原始记录。监理人为此进行的检查和检验,不免除或减轻承包人按照合同约定应当承担的责任。

监理人的检查和检验不应影响施工正常进行。监理人的检查和检验影响施工正常进行的,且经检查检验不合格的,影响正常施工的费用由承包人承担,工期不予顺延;经检查检验合格的,由此增加的费用和(或)延误的工期由发包人承担。

(3)隐蔽工程检查

①承包人自检。承包人应当对工程隐蔽部位进行自检,并经自检确认是否具备覆盖条件。

②检查程序。除专用合同条款另有约定外,工程隐蔽部位经承包人自检确认具备覆盖条件的,承包人应在共同检查前 48 小时书面通知监理人检查,通知中应载明隐蔽检查的内容、时间和地点,并应附有自检记录和必要的检查资料。

监理人应按时到场并对隐蔽工程及其施工工艺、材料和工程设备进行检查。经监理人检查确认质量符合隐蔽要求,并在验收记录上签字后,承包人才能进行覆盖。经监理人检查质量不合格的,承包人应在监理人指示的时间内完成修复,并由监理人重新检查,由此增加的费用和(或)延误的工期由承包人承担。

除专用合同条款另有约定外,监理人不能按时进行检查的,应在检查前 24 小时向承包人提交书面延期要求,但延期不能超过 48 小时,由此导致工期延误的,工期应予以顺延。监理人未按时进行检查,也未提出延期要求的,视为隐蔽工程检查合格,承包人可自行完成覆盖工作,并作相应记录报送监理人,监理人应签字确认。监理人事后对检查记录有疑问的,可按重新检查的相关约定重新检查。

③重新检查。承包人覆盖工程隐蔽部位后,发包人或监理人对质量有疑问的,可要求承包人对已覆盖的部位进行钻孔探测或揭开重新检查,承包人应遵照执行,并在检查后重新覆盖恢复原状。经检查证明工程质量符合合同要求的,由发包人承担由此增加的费用和(或)延误的工期,并支付承包人合理的利润;经检查证明工程质量不符合合同要求的,由此增加的费用和(或)延误的工期由承包人承担。

④承包人私自覆盖。承包人未通知监理人到场检查,私自将工程隐蔽部位覆盖的,监理人有权指示承包人钻孔探测或揭开检查,无论工程隐蔽部位质量是否合格,由此增加的费用和(或)延误的工期均由承包人承担。

(4)不合格工程的处理

①因承包人原因造成工程不合格的,发包人有权随时要求承包人采取补救措施,直至达到合同要求的质量标准,由此增加的费用和(或)延误的工期由承包人承担。无法补救的,按照拒绝接收全部或部分工程的相关约定执行。

②因发包人原因造成工程不合格的，由此增加的费用和（或）延误的工期由发包人承担，并支付承包人合理的利润。

(5)质量争议检测

合同当事人对工程质量有争议的，由双方协商确定的工程质量检测机构鉴定，由此产生的费用及因此造成的损失，由责任方承担。

合同当事人均有责任的，由双方根据其责任分别承担。合同当事人无法达成一致的，按照商定或确定的相关约定执行。

6)费用控制的主要条款内容

(1)预付款

①预付款的支付。预付款的支付按照专用合同条款约定执行，但至迟应在开工通知载明的开工日期7天前支付。预付款应当用于材料、工程设备、施工设备的采购及修建临时工程、组织施工队伍进场等。

费用控制(一)

除专用合同条款另有约定外，预付款在进度付款中同比例扣回。在颁发工程接收证书前，提前解除合同的，尚未扣完的预付款应与合同价款一并结算。

发包人逾期支付预付款超过7天的，承包人有权向发包人发出要求预付的催告通知，发包人收到通知后7天内仍未支付的，承包人有权暂停施工，并按发包人违约的情形执行。

②预付款担保。发包人要求承包人提供预付款担保的，承包人应在发包人支付预付款7天前提供预付款担保，专用合同条款另有约定除外。预付款担保可采用银行保函、担保公司担保等形式，具体由合同当事人在专用合同条款中约定。在预付款完全扣回之前，承包人应保证预付款担保持续有效。

发包人在工程款中逐期扣回预付款后，预付款担保额度应相应减少，但剩余的预付款担保金额不得低于未被扣回的预付款金额。

(2)工程进度付款

①付款周期。除专用合同条款另有约定外，付款周期应按照计量周期的相关约定与计量周期保持一致。

②进度付款申请单的编制。除专用合同条款另有约定外，进度付款申请单应包括下列内容：

a. 截至本次付款周期已完成工作对应的金额。

b. 根据变更的条款约定应增加和扣减的变更金额。

c. 根据预付款的相关约定应支付的预付款和扣减的返还预付款。

d. 根据质量保证金的相关约定应扣减的质量保证金。

e. 根据索赔的相关约定应增加和扣减的索赔金额。

f. 对已签发的进度款支付证书中出现错误的修正，应在本次进度付款中支付或扣除的金额。

g. 根据合同约定应增加和扣减的其他金额。

③进度付款申请单的提交：

a. 单价合同进度付款申请单的提交。单价合同的进度付款申请单，按照单价合同的计量的相关约定的时间按月向监理人提交，并附上已完成工程量报表和有关资料。单价合同中的总价项目按月进行支付分解，并汇总列入当期进度付款申请单。

b. 总价合同进度付款申请单的提交。总价合同按月计量支付的，承包人按照总价合同计量的相关约定时间按月向监理人提交进度付款申请单，并附上已完成工程量报表和有关资料。

总价合同按支付分解表支付的，承包人应按照支付分解表及进度付款申请单编制的相关约定向监理人提交进度付款申请单。

c. 其他价格形式合同的进度付款申请单的提交。合同当事人可在专用合同条款中约定其他价格形式合同的进度付款申请单的编制和提交程序。

④进度款审核和支付：

a. 除专用合同条款另有约定外，监理人应在收到承包人进度付款申请单以及相关资料后 7 天内完成审查并报送发包人，发包人应在收到后 7 天内完成审批并签发进度款支付证书。发包人逾期未完成审批且未提出异议的，视为已签发进度款支付证书。

发包人和监理人对承包人的进度付款申请单有异议的，有权要求承包人修正和提供补充资料，承包人应提交修正后的进度付款申请单。监理人应在收到承包人修正后的进度付款申请单及相关资料后 7 天内完成审查并报送发包人，发包人应在收到监理人报送的进度付款申请单及相关资料后 7 天内，向承包人签发无异议部分的临时进度款支付证书。存在争议的部分，按照争议解决的约定处理。

b. 除专用合同条款另有约定外，发包人应在进度款支付证书或临时进度款支付证书签发后 14 天内完成支付，发包人逾期支付进度款的，应按照中国人民银行发布的同期同类贷款市场报价利率(LPR)支付违约金。

c. 发包人签发进度款支付证书或临时进度款支付证书，不表明发包人已同意、批准或接受了承包人完成的相应部分的工作。

⑤进度付款的修正。在对已签发的进度款支付证书进行阶段汇总和复核中发现错误、遗漏或重复的，发包人和承包人均有权提出修正申请。经发包人和承包人同意的修正，应在下期进度付款中支付或扣除。

⑥支付分解表

A. 支付分解表的编制要求：

a. 支付分解表中所列的每期付款金额，应为“截至本次付款周期已完成工作对应的金额”的估算金额。

b. 实际进度与施工进度计划不一致的，合同当事人可按照商定或确定的约定修改支付分解表。

c. 不采用支付分解表的，承包人应向发包人和监理人提交按季度编制的支付估算分解表，用于支付参考。

B. 总价合同支付分解表的编制与审批：

a.除专用合同条款另有约定外,承包人应根据施工进度计划相关约定的施工进度计划、签约合同价和工程量等因素对总价合同按月进行分解,编制支付分解表。承包人应当在收到监理人和发包人批准的施工进度计划后7天内,将支付分解表及编制支付分解表的支持性资料报送监理人。

b.监理人应在收到支付分解表后7天内完成审核并报送发包人。发包人应在收到经监理人审核的支付分解表后7天内完成审批,经发包人批准的支付分解表为有约束力的支付分解表。

c.发包人逾期未完成支付分解表审批的,也未及时要求承包人进行修正和提供补充资料的,则承包人提交的支付分解表视为已获得发包人批准。

C.单价合同的总价项目支付分解表的编制与审批。除专用合同条款另有约定外,单价合同的总价项目,由承包人根据施工进度计划和总价项目的总价构成、费用性质、计划发生时间和相应工程量等因素按月进行分解,形成支付分解表,其编制与审批参照总价合同支付分解表的编制与审批执行。

(3)质量保证金

经合同当事人协商一致扣留质量保证金的,应在专用合同条款中予以明确。

费用控制(二)

在工程项目竣工前,承包人已经提供履约担保的,发包人不得同时预留工程质量保证金。

①承包人提供质量保证金的方式。承包人提供质量保证金有以下3种方式:

a.质量保证金保函。

b.相应比例的工程款。

c.双方约定的其他方式。

除专用合同条款另有约定外,质量保证金原则上采用上述第a种方式。

②质量保证金的扣留。质量保证金的扣留有以下3种方式:

a.在支付工程进度款时逐次扣留,在此情形下,质量保证金的计算基数不包括预付款的支付、扣回以及价格调整的金额。

b.工程竣工结算时一次性扣留质量保证金;

c.双方约定的其他扣留方式。

除专用合同条款另有约定外,质量保证金的扣留原则上采用上述第a种方式。

发包人累计扣留的质量保证金不得超过工程价款结算总额的3%。如承包人在发包人签发竣工付款证书后28天内提交质量保证金保函,发包人应同时退还扣留的作为质量保证金的工程价款;保函金额不得超过工程价款结算总额的3%。

发包人在退还质量保证金的同时按照中国人民银行发布的同期同类贷款市场报价利率(LPR)支付利息。

③质量保证金的退还。缺陷责任期内,承包人认真履行合同约定的责任,到期后,承包人可向发包人申请返还保证金。

发包人在接到承包人返还保证金申请后,应于14天内会同承包人按照合同约定的内容进行核实。如无异议,发包人应当按照约定将保证金返还给承包人。对返还期限没有约定或者约定不明确的,发包人应当在核实后14天内将保证金返还承包人,逾期未返还的,依法承担违约责任。发包人在接到承包人返还保证金申请后14天内不予答复,经催告后14天内仍不予答复,视同认可承包人的返还保证金申请。

发包人和承包人对保证金预留、返还以及工程维修质量、费用有争议的,按合同约定的争议和纠纷解决程序处理。

(4)竣工结算

①竣工结算申请。除专用合同条款另有约定外,承包人应在工程竣工验收合格后28天内向发包人和监理人提交竣工结算申请单,并提交完整的结算资料,有关竣工结算申请单的资料清单和份数等要求由合同当事人在专用合同条款中约定。

除专用合同条款另有约定外,竣工结算申请单应包括以下内容:

a.竣工结算合同价格。

b.发包人已支付承包人的款项。

c.应扣留的质量保证金。已缴纳履约保证金的或提供其他工程质量担保方式的除外。

d.发包人应支付承包人的合同价款。

②竣工结算审核:

a.除专用合同条款另有约定外,监理人应在收到竣工结算申请单后14天内完成核查并报送发包人。发包人应在收到监理人提交的经审核的竣工结算申请单后14天内完成审批,并由监理人向承包人签发经发包人签认的竣工付款证书。监理人或发包人对竣工结算申请单有异议的,有权要求承包人进行修正和提供补充资料,承包人应提交修正后的竣工结算申请单。

发包人在收到承包人提交竣工结算申请书后28天内未完成审批且未提出异议的,视为发包人认可承包人提交的竣工结算申请单,并自发包人收到承包人提交的竣工结算申请单后第29天起视为已签发竣工付款证书。

b.除专用合同条款另有约定外,发包人应在签发竣工付款证书后的14天内,完成对承包人的竣工付款。发包人逾期支付的,按照中国人民银行发布的同期同类贷款基准利率支付违约金;逾期支付超过56天的,按照中国人民银行发布的同期同类贷款基准利率的两倍支付违约金。

c.承包人对发包人签认的竣工付款证书有异议的,对于有异议部分应在收到发包人签认的竣工付款证书后7天内提出异议,并由合同当事人按照专用合同条款约定的方式和程序进行复核,或按照争议解决的约定处理。对于无异议部分,发包人应签发临时竣工付款证书,并按上述第b项完成付款。承包人逾期未提出异议的,视为认可发包人的审批结果。

③甩项竣工协议。发包人要求甩项竣工的,合同当事人应签订甩项竣工协议。在甩项竣工协议中应明确,合同当事人按照竣工结算申请及竣工结算审核的约定,对已完合格工程进行结算,并支付相应合同价款。

(5)最终结清

①最终结清申请单:

a.除专用合同条款另有约定外,承包人应在缺陷责任期终止证书颁发后7天内,按专用合同条款约定的份数向发包人提交最终结清申请单,并提供相关证明材料。

除专用合同条款另有约定外,最终结清申请单应列明质量保证金、应扣除的质量保证金、缺陷责任期内发生的增减费用。

b. 发包人对最终结清申请单内容有异议的,有权要求承包人进行修正和提供补充资料,承包人应向发包人提交修正后的最终结清申请单。

②最终结清证书和支付:

a. 除专用合同条款另有约定外,发包人应在收到承包人提交的最终结清申请单后 14 天内完成审批并向承包人颁发最终结清证书。发包人逾期未完成审批,又未提出修改意见的,视为发包人同意承包人提交的最终结清申请单,且自发包人收到承包人提交的最终结清申请单后 15 天起视为已颁发最终结清证书。

b. 除专用合同条款另有约定外,发包人应在颁发最终结清证书后 7 天内完成支付。发包人逾期支付的,按照中国人民银行发布的同期同类贷款基准利率支付违约金;逾期支付超过 56 天的,按照中国人民银行发布的同期同类贷款基准利率的两倍支付违约金。

c. 承包人对发包人颁发的最终结清证书有异议的,按争议解决的约定办理。

7)验收和工程试车

(1)分部分项工程验收

①分部分项工程质量应符合国家有关工程施工验收规范、标准及合同约定,承包人应按照施工组织设计的要求完成分部分项工程施工。

②除专用合同条款另有约定外,分部分项工程经承包人自检合格并具备验收条件的,承包人应提前 48 小时通知监理人进行验收。监理人不能按时进行验收的,应在验收前 24 小时向承包人提交书面延期要求,但延期不能超过 48 小时。监理人未按时进行验收,也未提出延期要求的,承包人有权自行验收,监理人应认可验收结果。分部分项工程未经验收的,不得进入下一道工序施工。

分部分项工程的验收资料应当作为竣工资料的组成部分。

(2)竣工验收

①竣工验收条件。工程具备以下条件的,承包人可以申请竣工验收:

a. 除发包人同意的甩项工作和缺陷修补工作外,合同范围内的全部工程以及有关工作,包括合同要求的试验、试运行以及检验均已完成,并符合合同要求。

b. 已按合同约定编制了甩项工作和缺陷修补工作清单以及相应的施工计划。

c. 已按合同约定的内容和份数备齐竣工资料。

②竣工验收程序。除专用合同条款另有约定外,承包人申请竣工验收的,应按照以下程序进行:

a. 承包人向监理人报送竣工验收申请报告,监理人应在收到竣工验收申请报告后 14 天内完成审查并报送发包人。监理人审查后认为尚不具备验收条件的,应通知承包人在竣工验收前承包人还需完成的工作内容,承包人应在完成监理人通知的全部工作内容后,再次提交竣工验收申请报告。

b. 监理人审查后认为已具备竣工验收条件的，应将竣工验收申请报告提交发包人，发包人应在收到经监理人审核的竣工验收申请报告后28天内审批完毕并组织监理人、承包人、设计人等相关单位完成竣工验收。

c. 竣工验收合格的，发包人应在验收合格后14天内向承包人签发工程接收证书。发包人无正当理由逾期不颁发工程接收证书的，自验收合格后第15天起视为已颁发工程接收证书。

d. 竣工验收不合格的，监理人应按照验收意见发出指示，要求承包人对不合格工程返工、修复或采取其他补救措施，由此增加的费用和(或)延误的工期由承包人承担。承包人在完成不合格工程的返工、修复或采取其他补救措施后，应重新提交竣工验收申请报告，并按本项约定的程序重新进行验收。

e. 工程未经验收或验收不合格，发包人擅自使用的，应在转移占有工程后7天内向承包人颁发工程接收证书；发包人无正当理由逾期不颁发工程接收证书的，自转移占有后第15天起视为已颁发工程接收证书。

除专用合同条款另有约定外，发包人不按照本项约定组织竣工验收、颁发工程接收证书的，每逾期一天，应以签约合同价为基数，按照中国人民银行发布的同期同类贷款市场报价利率(LPR)支付违约金。

③竣工日期。工程经竣工验收合格的，以承包人提交竣工验收申请报告之日为实际竣工日期，并在工程接收证书中载明；因发包人原因，未在监理人收到承包人提交的竣工验收申请报告42天内完成竣工验收，或完成竣工验收不予签发工程接收证书的，以提交竣工验收申请报告的日期为实际竣工日期；工程未经竣工验收，发包人擅自使用的，以转移占有工程之日为实际竣工日期。

④拒绝接收全部或部分工程。对于竣工验收不合格的工程，承包人完成整改后，应当重新进行竣工验收，经重新组织验收仍不合格的且无法采取措施补救的，则发包人可以拒绝接收不合格工程，因不合格工程导致其他工程不能正常使用的，承包人应采取措施确保相关工程的正常使用，由此增加的费用和(或)延误的工期由承包人承担。

⑤移交、接收全部与部分工程。除专用合同条款另有约定外，合同当事人应当在颁发工程接收证书后7天内完成工程的移交。

发包人无正当理由不接收工程的，发包人自应当接收工程之日起，承担工程照管、成品保护、保管等与工程有关的各项费用，合同当事人可以在专用合同条款中另行约定发包人逾期接收工程的违约责任。

承包人无正当理由不移交工程的，承包人应承担工程照管、成品保护、保管等与工程有关的各项费用，合同当事人可在专用合同条款中另行约定承包人无正当理由不移交工程的违约责任。

(3)工程试车

①试车程序。工程需要试车的，除专用合同条款另有约定外，试车内容应与承包人承包范围相一致，试车费用由承包人承担。工程试车应按如下程序进行：

a. 具备单机无负荷试车条件，承包人组织试车，并在试车前48小时书面通知监理人，通知中应载明试车内容、时间、地点。承包人准备试车记录，发包人根据承包人要求为试车提供必要条件。试车合格的，监理人在试车记录上签字。监理人在试车合格后不在试车记录上签字，自试车结束满 24 小时后视为监理人已经认可试车记录，承包人可继续施工或办理竣工验收手续。

监理人不能按时参加试车，应在试车前 24 小时以书面形式向承包人提出延期要求，但延期不能超过 48 小时，由此导致工期延误的，工期应予以顺延。监理人未能在前述期限内提出延期要求，又不参加试车的，视为认可试车记录。

b. 具备无负荷联动试车条件，发包人组织试车，并在试车前 48 小时以书面形式通知承包人。通知中应载明试车内容、时间、地点和对承包人的要求，承包人按要求做好准备工作。试车合格，合同当事人在试车记录上签字。承包人无正当理由不参加试车的，视为认可试车记录。

②试车中的责任。因设计原因导致试车达不到验收要求，发包人应要求设计人修改设计，承包人按修改后的设计重新安装。发包人承担修改设计、拆除及重新安装的全部费用，工期相应顺延。因承包人原因导致试车达不到验收要求，承包人按监理人要求重新安装和试车，并承担重新安装和试车的费用，工期不予顺延。

因工程设备制造原因导致试车达不到验收要求的，由采购该工程设备的合同当事人负责重新购置或修理，承包人负责拆除和重新安装，由此增加的修理、重新购置、拆除及重新安装的费用及延误的工期由采购该工程设备的合同当事人承担。

③投料试车。如需进行投料试车的，发包人应在工程竣工验收后组织投料试车。发包人要求在工程竣工验收前进行或需要承包人配合时，应征得承包人同意，并在专用合同条款中约定有关事项。

投料试车合格的，费用由发包人承担；因承包人原因造成投料试车不合格的，承包人应按照发包人要求进行整改，由此产生的整改费用由承包人承担；非因承包人原因导致投料试车不合格的，如发包人要求承包人进行整改的，由此产生的费用由发包人承担。

(4) 提前交付单位工程的验收

①发包人需要在工程竣工前使用单位工程的，或承包人提出提前交付已经竣工的单位工程且经发包人同意的，可进行单位工程验收，验收的程序按照约定进行。

验收合格后，由监理人向承包人出具经发包人签认的单位工程接收证书。已签发单位工程接收证书的单位工程由发包人负责照管。单位工程的验收成果和结论作为整体工程竣工验收申请报告的附件。

②发包人要求在工程竣工前交付单位工程，由此导致承包人费用增加和(或)工期延误的，由发包人承担由此增加的费用和(或)延误的工期，并支付承包人合理的利润。

(5) 施工期运行

①施工期运行是指合同工程尚未全部竣工，其中某项或某几项单位工程或工程设备安装已竣工，根据专用合同条款约定，需要投入施工期运行的，经发包人按提前交付单位工程的验收的相关约定验收合格，证明能确保安全后，才能在施工期投入运行。

②在施工期运行中发现工程或工程设备损坏或存在缺陷的，由承包人按缺陷责任期的相关约定进行修复。

(6)竣工退场

①竣工退场。颁发工程接收证书后，承包人应按以下要求对施工现场进行清理：

a. 施工现场内残留的垃圾已全部清除出场。

b. 临时工程已拆除，场地已进行清理、平整或复原。

c. 按合同约定应撤离的人员、承包人施工设备和剩余的材料，包括废弃的施工设备和材料，已按计划撤离施工现场。

d. 施工现场周边及其附近道路、河道的施工堆积物，已全部清理。

e. 施工现场其他场地清理工作已全部完成。

施工现场的竣工退场费用由承包人承担。承包人应在专用合同条款约定的期限内完成竣工退场，逾期未完成的，发包人有权出售或另行处理承包人遗留的物品，由此支出的费用由承包人承担，发包人出售承包人遗留物品所得款项在扣除必要费用后应返还承包人。

②地表还原。承包人应按发包人要求恢复临时占地及清理场地，承包人未按发包人的要求恢复临时占地，或者场地清理未达到合同约定要求的，发包人有权委托其他人恢复或清理，所发生的费用由承包人承担。

8)缺陷责任与保修

(1)工程保修的原则

在工程移交发包人后，因承包人原因产生的质量缺陷，承包人应承担质量缺陷责任和保修义务。缺陷责任期届满，承包人仍应按合同约定的工程各部位保修年限承担保修义务。

缺陷责任与保修

(2)缺陷责任期

①缺陷责任期从工程通过竣工验收之日起计算，合同当事人应在专用合同条款约定缺陷责任期的具体期限，但该期限最长不超过 24 个月。

单位工程先于全部工程进行验收，经验收合格并交付使用的，该单位工程缺陷责任期自单位工程验收合格之日起算。因承包人原因导致工程无法按合同约定期限进行竣工验收的，缺陷责任期从实际通过竣工验收之日起计算。因发包人原因导致工程无法按合同约定期限进行竣工验收的，在承包人提交竣工验收报告 90 天后，工程自动进入缺陷责任期；发包人未经竣工验收擅自使用工程的，缺陷责任期自工程转移占有之日起开始计算。

②在缺陷责任期内，由承包人原因造成的缺陷，承包人应负责维修，并承担鉴定及维修费用。如承包人不维修也不承担费用，发包人可按合同约定从保证金或银行保函中扣除，费用超出保证金额的，发包人可按合同约定向承包人进行索赔。承包人维修并承担相应费用后，不免除对工程的损失赔偿责任。发包人有权要求承包人延长缺陷责任期，并应在原缺陷责任期届满前发出延长通知。但缺陷责任期(含延长部分)最长不能超过 24 个月。

由他人原因造成的缺陷，发包人负责组织维修，承包人不承担费用，且发包人不得从保证金中扣除费用。

③任何一项缺陷或损坏修复后，经检查证明其影响了工程或工程设备的使用性能，承包人应重新进行合同约定的试验和试运行，试验和试运行的全部费用应由责任方承担。

④除专用合同条款另有约定外，承包人应于缺陷责任期届满后7天内向发包人发出缺陷责任期届满通知，发包人应在收到缺陷责任期满通知后14天内核实承包人是否履行缺陷修复义务，承包人未能履行缺陷修复义务的，发包人有权扣除相应金额的维修费用。发包人应在收到缺陷责任期届满通知后14天内，向承包人颁发缺陷责任期终止证书。

(3)保修

①保修责任。工程保修期从工程竣工验收合格之日起算，具体分部分项工程的保修期由合同当事人在专用合同条款中约定，但不得低于法定最低保修年限。在工程保修期内，承包人应当根据有关法律规定以及合同约定承担保修责任。

发包人未经竣工验收擅自使用工程的，保修期自转移占有之日起算。

②修复费用。保修期内，修复的费用按照以下约定处理：

a.保修期内，因承包人原因造成工程的缺陷、损坏，承包人应负责修复，并承担修复的费用以及因工程的缺陷、损坏造成的人身伤害和财产损失。

b.保修期内，因发包人使用不当造成工程的缺陷、损坏，可以委托承包人修复，但发包人应承担修复的费用，并支付承包人合理利润。

c.因其他原因造成工程的缺陷、损坏，可以委托承包人修复，发包人应承担修复的费用，并支付承包人合理的利润，因工程的缺陷、损坏造成的人身伤害和财产损失由责任方承担。

③修复通知。在保修期内，发包人在使用过程中，发现已接收的工程存在缺陷或损坏的，应书面通知承包人予以修复，但情况紧急必须立即修复缺陷或损坏的，发包人可以口头通知承包人并在口头通知后48小时内书面确认，承包人应在专用合同条款约定的合理期限内到达工程现场并修复缺陷或损坏。

④未能修复。因承包人原因造成工程的缺陷或损坏，承包人拒绝维修或未能在合理期限内修复缺陷或损坏，且经发包人书面催告后仍未修复的，发包人有权自行修复或委托第三方修复，所需费用由承包人承担。但修复范围超出缺陷或损坏范围的，超出范围部分的修复费用由发包人承担。

⑤承包人出入权。在保修期内，为了修复缺陷或损坏，承包人有权出入工程现场，除情况紧急必须立即修复缺陷或损坏外，承包人应提前24小时通知发包人进场修复的时间。承包人进入工程现场前应获得发包人同意，且不应影响发包人正常的生产经营，并应遵守发包人有关保安和保密等规定。

3.2.5 施工专业分包合同的内容

针对各种工程中普遍存在专业工程分包的实际情况，为了规范管理，减少或避免纠纷，原建设部和国家工商行政管理总局于2003年发布了《建设工程施工专业分包合同(示范文本)》(GF—2003—0213)的主要内容如下所述。

1）**工程承包人（总承包单位）的主要责任和义务**

（1）分包人对总包合同的了解

承包人应提供总包合同（有关承包工程的价格内容除外）供分包人查阅。

项目经理应按分包合同的约定，及时向分包人提供所需的指令、批准、图纸并履行其他约定的义务，否则分包人应在约定时间后24小时内将具体要求、需要的理由及延误的后果通知承包人，项目经理在收到通知后48小时内不予答复，应承担因延误造成的损失。

（2）承包人的工作

①向分包人提供与分包工程相关的各种证件、批件和各种相关资料，向分包人提供具备施工条件的施工场地。

②组织分包人参加发包人组织的图纸会审，向分包人进行设计图纸交底。

③提供本合同专用条款中约定的设备和设施，并承担因此发生的费用。

④随时为分包人提供确保分包工程的施工所要求的施工场地和通道等，满足施工运输的需要，保证施工期间的畅通。

⑤负责整个施工场地的管理工作，协调分包人与同一施工场地的其他分包人之间的交叉配合，确保分包人按照经批准的施工组织设计进行施工。

⑥承包人应做的其他工作，双方在本合同专用条款内约定。

2）**专业工程分包人的主要责任和义务**

（1）分包人对有关分包工程的责任

除本合同条款另有约定，分包人应履行并承担总包合同中与分包工程有关的承包人的所有义务与责任，同时应避免因分包人自身行为或疏漏造成承包人违反总包合同中约定的承包人义务的情况发生。

（2）分包人与发包人的关系

分包人须服从承包人转发的发包人或工程师（监理人）与分包工程有关的指令。未经承包人允许，分包人不得以任何理由与发包人或工程师（监理人）发生直接工作联系，分包人不得直接致函发包人或工程师（监理人），也不得直接接受发包人或工程师（监理人）的指令。如分包人与发包人或工程师（监理人）发生直接工作联系，将被视为违约并承担违约责任。

（3）承包人指令

就分包工程范围内的有关工作，承包人随时可以向分包人发出指令，分包人应执行承包人根据分包合同所发出的所有指令。分包人拒不执行指令，承包人可委托其他施工单位完成该指令事项，发生的费用从应付给分包人的相应款项中扣除。

（4）分包人的工作

①分包人应按照分包合同的约定，对分包工程进行设计（分包合同有约定时）、施工、竣工和保修。分包人在审阅分包合同和（或）总包合同时，或在分包合同的施工中，如发现分包工

程的设计或工程建设标准、技术要求存在错误、遗漏、失误或其他缺陷,应立即通知承包人。

②按照合同专用条款约定的时间,完成规定的设计内容,报承包人确认后在分包工程中使用。承包人承担由此发生的费用。

③在合同专用条款约定的时间内,向承包人提供年、季、月度工程进度计划及相应进度统计报表。分包人不能按承包人批准的进度计划施工时,应根据承包人的要求提交一份修订的进度计划,以保证分包工程如期竣工。

④分包人应在专用条款约定的时间内,向承包人提交一份详细施工组织设计,承包人应在专用条款约定的时间内批准,分包人方可执行。

⑤遵守政府有关主管部门对施工场地交通、施工噪声以及环境保护和安全文明生产等的管理规定,按规定办理有关手续,并以书面形式通知承包人,承包人承担由此发生的费用,因分包人责任造成的罚款除外。

⑥分包人应允许承包人、发包人、工程师及其三方中任何一方授权的人员在工作时间内,合理进入分包工程施工场地或材料存放的地点,以及施工场地以外与分包合同有关的分包人的任何工作或准备地点,分包人应提供方便。

⑦已竣工工程未交付承包人之前,分包人应负责已完分包工程的成品保护工作,保护期间发生损坏,分包人自费予以修复;对承包人要求分包人采取特殊措施保护的工程部位和相应的追加合同价款,双方在合同专用条款内约定。

⑧分包人应做的其他工作,双方在合同专用条款内约定。

(5)分包人应当按照本合同协议书约定的开工日期开工

分包人不能按时开工,应当不迟于本合同协议书约定的开工日期前5天,以书面形式向承包人提出延期开工的理由。

承包人应当在接到延期开工申请后的48小时内以书面形式答复分包人。承包人在接到延期开工申请后48小时内不答复,视为同意分包人要求,工期相应顺延。承包人不同意延期要求或分包人未在规定时间内提出延期开工要求,工期不予顺延。

(6)不能按照约定的开工日期开工

因承包人原因不能按照本合同协议书约定的开工日期开工,项目经理应以书面形式通知分包人,推迟开工日期。承包人赔偿分包人因延期开工造成的损失,并相应顺延工期。

(7)非分包人原因导致工期延误的处理

因下列原因之一造成分包工程工期延误,经总包项目经理确认,工期相应顺延:

①承包人根据总包合同从工程师处获得与分包合同相关的竣工时间延长。

②承包人未按本合同专用条款的约定提供图纸、开工条件、设备设施、施工场地。

③承包人未按约定日期支付工程预付款、进度款,致使分包工程施工不能正常进行。

④项目经理未按分包合同约定提供所需的指令、批准或所发出的指令错误,致使分包工程施工不能正常进行。

⑤非分包人原因的分包工程范围内的工程变更及工程量增加。

⑥不可抗力的原因。

⑦本合同专用条款中约定的或项目经理同意工期顺延的其他情况。

(8)安全防护、文明施工费用的管理

分包人应在上述约定情况发生后 14 天内,就延误的工期以书面形式向承包人提出报告。承包人在收到报告后 14 天内予以确认,逾期不予确认也不提出修改意见,视为同意顺延工期。

(9)总包单位与分包单位应在分包合同中明确安全防护、文明施工费用由总包单位统一管理。安全防护、文明施工措施由分包单位实施的,由分包单位提出专项安全防护措施及施工方案,经总包单位批准后及时支付所需费用。

【案例】

1. 背景

某房地产开发公司甲在某市老城区参与旧城改造建设,投资 3 亿元,修建 1 个四星级酒店,2 座高档写字楼,6 栋宿舍楼,建筑工期为 20 个月,该项目进行了公开招标,某建筑工程总公司乙中标,甲与乙签订工程总承包合同,双方约定:必须保证工程质量优良,保证工期,乙可以将宿舍楼分包给其下属分公司施工。乙为保证工程质量与工期,将 6 栋宿舍楼分包给施工能力强、施工整体水平高的下属分公司丙与丁,并签订分包协议书。根据总包合同要求,在分包协议中对工程质量与工期进行了约定。

工程根据总包合同工期要求按时开工,在工程实施过程中,乙保质按期完成了酒店与写字楼的施工任务。丙在签订分包合同后因其资金周转困难,随后将工程转交给了一个具有施工资质的单位施工,并收取 10%的管理费,丁为加快进度,将其中 1 栋单体宿舍楼分包给没有资质的施工队。

工程竣工后,甲会同有关质量监督部门对工程进行验收,发现丁施工的宿舍存在质量问题,必须进行整改才能交付使用,给甲带来了损失。丁以与甲没有合同关系为由拒绝承担责任,乙又以自己不是实际施工人为由推卸责任,甲遂以乙为第一被告、丁为第二被告向法院起诉。

2. 问题

(1)请问上述背景资料中,丙与丁的行为是否合法?各属于什么行为?

(2)这起事件应该由谁来承担责任?为什么?

(3)法律法规规定的违法分包行为主要有哪些?

3. 分析与答案

(1)不合法,丙的行为属于非法转包行为,丁作为分包单位,将工程再分包给没有资质的施工队,属违法分包行为。

(2)在此事件中,丁施工的工程质量有问题,给甲带来了损失,乙和丁应对工程质量问题向甲承担连带责任。因为乙作为该工程的总承包单位与丁之间是总包与分包的关系,根据《民法典》与《建筑法》的规定,总包单位依法将建设工程分包给其他单位的,分包单位应当按照分包合同的约定对其分包工程的质量向总承包单位负责,总承包单位与分包单位对分包的工程质量承担连带责任。

(3)违法分包行为主要有:总承包单位将建设工程分包给不具备相应资质条件的单位;建设工程总承包合同中未约定,又未经建设单位认可,承包单位将其承包的部分建设工程交由其他单位完成的;施工总承包单位将建设工程主体结构的施工分给其他单位的;分包单位将其分包的建设工程再分包的。

3)**合同价款及支付**

①分包工程合同价款可以采用以下 3 种中的一种(应与总包合同约定的方式一致):

a. 固定价格。在约定的风险范围内合同价款不再调整。

b. 可调价格。合同价款可根据双方的约定而调整,应在专用条款内约定合同价款调整方法。

c. 成本加酬金。合同价款包括成本和酬金两部分,双方在合同专用条款内约定成本构成和酬金的计算方法。

②分包合同价款与总包合同相应部分价款无任何连带关系。

③合同价款的支付。

a. 实行工程预付款的,双方应在合同专用条款内约定承包人向分包人预付工程款的时间和数额,开工后按约定的时间和比例逐次扣回。

b. 承包人应按专用条款约定的时间和方式,向分包人支付工程款(进度款),按约定时间承包人应扣回的预付款,与工程款(进度款)同期结算。

c. 分包合同约定的工程变更调整的合同价款、合同价款的调整、索赔的价款或费用以及其他约定的追加合同价款,应与工程进度款同期调整支付。

d. 承包人超过约定的支付时间不支付工程款(预付款、进度款),分包人可向承包人发出要求付款的通知,承包人不按分包合同约定支付工程款(预付款、进度款),导致施工无法进行,分包人可停止施工,由承包人承担违约责任。

e. 承包人应在收到分包工程竣工结算报告及结算资料后 28 天内支付工程竣工结算价款,无正当理由不按时支付,从第 29 天起按分包人同期向银行贷款利率支付拖欠工程价款的利息,并承担违约责任。

3.2.6　施工劳务分包合同的内容

劳务作业分包,是指施工承包单位或者专业分包单位(均可作为劳务作业的发包人)将其承包工程中的劳务作业发包给劳务分包单位(即劳务作业承包人)完成的活动。

原建设部、国家工商行政管理局于 2003 年 8 月公布推行《建设工程施工劳务分包合同(示范文本)》(GF—2003—0214)的主要内容如下所述。

建设工程施工劳务分包合同(示范文本)

1)**工程承包人义务**

①组建与工程相适应的项目管理班子,全面履行总(分)包合同,组织实施施工管理的各项工作,对工程的工期和质量向发包人负责。

②除非合同另有约定,工程承包人完成劳务分包人施工前期的下列工作并承担相应费用:

a. 向劳务分包人交付具备本合同项下劳务作业开工条件的施工场地。

b. 完成水、电、热、电信等施工管线和施工道路，并满足完成本合同劳务作业所需的能源供应、通信及施工道路畅通。

c. 向劳务分包人提供相应的工程地质和地下管网线路资料。

d. 完成办理相应的工作手续，包括各种证件、批件、规费，但涉及劳务分包人自身的手续除外。

e. 向劳务分包人提供相应的水准点与坐标控制点位置。

f. 向劳务分包人提供相应的生产、生活临时设施。

③负责编制施工组织设计，统一制订各项管理目标，组织编制年、季、月施工计划、物资需用量计划表，实施对工程质量、工期、安全生产、文明施工，计量析测、实验化验的控制、监督、检查和验收。

④负责工程测量定位、沉降观测、技术交底，组织图纸会审，统一安排技术档案资料的收集整理及交工验收。

⑤统筹安排、协调解决非劳务分包人独立使用的生产、生活临时设施、工作用水、用电及施工场地。

⑥按时提供图纸，及时交付应供材料、设备，所提供的施工机械设备、周转材料、安全设施保证施工需要。

⑦按合同约定，向劳务分包人支付劳动报酬。

⑧负责与发包人、监理、设计及有关部门联系，协调现场工作关系。

2）**劳务分包人义务**

①对合同劳务分包范围内的工程质量向工程承包人负责，组织具有相应资格证书的熟练工人投入工作；未经工程承包人授权或允许，不得擅自与发包人及有关部门建立工作联系；自觉遵守法律法规及有关规章制度。

②劳务分包人根据施工组织设计中总进度计划的要求，每月月底前提交下月施工计划，有阶段工期要求的提交阶段施工计划，必要时按工程承包人要求提交旬、周施工计划，以及与完成上述阶段、时段施工计划相应的劳动力安排计划，经工程承包人批准后严格实施。

③严格按照设计图纸、施工验收规范、有关技术要求及施工组织设计精心组织施工，确保工程质量达到约定的标准；科学安排作业计划，投入足够的人力、物力，保证工期；加强安全教育，认真执行安全技术规范，严格遵守安全制度，落实安全措施，确保施工安全；加强现场管理，严格执行建设主管部门及环保、消防、环卫等有关部门对施工现场的管理规定，做到文明施工；承担因自身责任造成的质量修改、返工、工期拖延、安全事故、现场脏乱引起的损失及各种罚款。

④自觉接受工程承包人及有关部门的管理、监督和检查；接受工程承包人随时检查其设备、材料保管、使用情况及其操作人员的有效证件、持证上岗情况；与现场其他单位协调配合，照顾全局。

⑤按工程承包人统一规划堆放材料、机具，按工程承包人标准化工地要求设置标牌，做好生活区的管理，做好自身责任区的治安保卫工作。

⑥按时提交报表、完整的原始技术经济资料，配合工程承包人办理交工验收。

⑦做好施工场地周围建筑物、构筑物和地下管线和已完工程部分的成品保护工作，因劳务分包人责任发生损坏，劳务分包人自行承担由此引起的一切经济损失及各种罚款。

⑧妥善保管、合理使用工程承包人提供或租赁给劳务分包人使用的机具、周转材料及其他设施。

⑨劳务分包人须服从工程承包人转发的发包人及工程师的指令。

⑩除非合同另有约定，劳务分包人应对其作业内容的实施、完工负责，劳务分包人应承担并履行总(分)包合同约定的、与劳务作业有关的所有义务及工作程序。

3)保险

①劳务分包人施工开始前，工程承包人应获得发包人为施工场地内的自有人员及第三方人员生命财产办理的保险，且不需劳务分包人支付保险费用。

②运至施工场地用于劳务施工的材料和待安装设备，由工程承包人办理或获得保险，且不需劳务分包人支付保险费用。

③工程承包人必须为租赁或提供给劳务分包人使用的施工机械设备办理保险，支付保险费用。

④劳务分包人必须为从事危险作业的职工办理意外伤害保险，并为施工场地内自有人员生命财产和施工机械设备办理保险，支付保险费用。

⑤保险事故发生时，劳务分包人和工程承包人有责任采取必要的措施，防止或减少损失。

4)劳务报酬

①劳务报酬可以采用以下方式中的任何一种：

a. 固定劳务报酬(含管理费)。

b. 约定不同工种劳务的计时单价(含管理费)，按确认的工时计算。

c. 约定不同工作成果的计件单价(含管理费)，按确认的工程量计算

②劳务报酬，可以采用固定价格或变动价格。采用固定价格，则除合同约定或法律政策变化导致劳务价格变化以外，均为一次包死，不再调整。

③在合同中可以约定，下列情况下，固定劳务报酬或单价可以调整：

a. 以本合同约定价格为基准，市场人工价格的变化幅度超过一定百分比时，按变化前后价格的差额予以调整。

b. 后续法律及政策变化，导致劳务价格变化的，按变化前后价格的差额予以调整。

c. 双方约定的其他情形。

5)工时及工程量的确认

①采用固定劳务报酬方式的，施工过程中不计算工时和工程量。

②采用按确定的工时计算劳务报酬的，由劳务分包人每日将提供劳务人数报工程承包人，由工程承包人确认。

③采用按确认的工程量计算劳务报酬的，由劳务分包人按月(或旬、日)将完成的工程量报工程承包人，由工程承包人确认。对劳务分包人未经工程承包人认可，超出设计图纸范围

和因劳务分包人原因造成返工的工程量，工程承包人不予计量。

6）**劳务报酬最终支付**

①全部工作完成，经工程承包人认可后14天内，劳务分包人向工程承包人递交完整的结算资料，双方按照本合同约定的计价方式进行劳务报酬的最终支付。

②工程承包人收到劳务分包人递交的结算资料后14天内进行核实，给予确认或者提出修改意见。工程承包人确认结算资料后14天内向劳务分包人支付劳务报酬尾款。

③劳务分包人和工程承包人对劳务报酬结算价款发生争议时，按合同约定处理。。

【案例】

1. 背景

高层办公楼建设单位与A施工总承包单位签订了施工总承包合同，并委托了工程监理单位。经总监理工程师审核批准，A单位将桩基础施工分包给B专业基础工程公司。B单位将劳务分包给C劳务公司并签订了劳务分包合同。C单位进场后编制了桩基础施工方案，经B单位项目经理审批同意后即组织了施工。由于桩基础施工时总承包单位未全部进场，B单位要求C单位自行解决施工用水、电、热、电信等施工管线和施工道路。

2. 问题

(1)桩基础施工方案的编制和审批是否正确？并说明理由。

(2)B单位的要求是否合理？并说明理由。

(3)桩基础验收合格后，C单位向B单位递交完整的结算资料，要求B单位按照合同约定支付劳务报酬尾款，B单位以A单位未付工程款为由拒绝支付。B单位的做法是否正确？并说明理由。

3. 分析与答案

(1)不正确。桩基础施工方案应由B单位项目经理主持编制，交由总承包单位，经总监理工程师审批同意后方可实施。

(2)不合理。按照《建设工程施工劳务分包合同(示范文本)》(GF—2003—0214)的规定，工程承包人应完成水、电、热、电信等施工管线和施工道路，并满足完成本合同劳务作业所需的能源供应、通信及施工道路畅通。所以B单位要求C单位自行解决施工用水、电、热、电信等施工管线和施工道路是不合理的。

(3)不正确。按照《建设工程施工劳务分包合同(示范文本)》(GF—2003—0214)的规定，全部工作完成，经工程承包人认可后14天内，劳务分包人向工程承包人递交完整的结算资料，双方按照本合同约定的计价方式，进行劳务报酬的最终支付。工程承包人收到劳务分包人递交的结算资料后14天内进行核实，给予确认或者提出修改意见。工程承包人确认结算资料后14天内向劳务分包人支付劳务报酬尾款。所以B单位以A单位未付工程款为由拒绝支付劳务报酬尾款的做法是错误的。

任务3.3　选择物资采购合同文本

智能建造工程建设过程中的物资包括建筑材料(含构配件)和设备等。材料和设备的供应一般需要经过订货、生产(加工)、运输、储存、使用(安装)等各个环节。

物资采购合同分为建筑材料采购合同和设备采购合同,其合同当事人为供货方和采购方。供货方一般为物资供应单位或建筑材料和设备的生产厂家,采购方为建设单位(业主)、项目总承包单位或施工承包单位。供货方应对其生产或供应的产品质量负责,而采购方则应根据合同的规定进行验收。

3.3.1　建筑材料采购合同的主要内容

(1)标的

标的主要包括购销物资的名称(注明牌号、商标)、品种、型号、规格、等级、花色、技术标准或质量要求等。合同中标的物应按照行业主管部门颁布的产品规定正确填写,不能用习惯名称或自行命名,以免出现差错。订购特定产品,最好还要注明其用途,以免产生不必要的纠纷。

《建设工程材料采购合同》样本(文本)

标的物的质量要求应该符合国家或者行业现行有关质量标准和设计要求,应该符合以产品采用标准、说明、实物样品等方式表明的质量状况。

约定质量标准的一般原则是:

①按颁布的国家标准执行。

②没有国家标准而有部颁标准的则按照部颁标准执行。

③没有国家标准和部颁标准为依据时,可按照企业标准执行。

④没有上述标准或虽有上述标准但采购方有特殊要求的,按照双方在合同中约定的技术条件、样品或补充的技术要求执行。

合同内必须写明执行的质量标准代号、编号和标准名称,明确各类材料的技术要求试验项目、试验方法、试验频率等。采购成套产品时,合同内也需要规定附件的质量要求。

(2)数量

合同中应该明确所采用的计量方法,并明确计量单位。凡国家、行业或地方规定有计量标准的产品,合同中应按照统一标准注明计量单位,没有规定的,可由当事人协商执行,不可以用含混不清的计量单位。应当注意的是,若建筑材料或产品有计量换算问题,则应该按照标准计量单位确定订购数量。

供货方发货时所采用的计量单位与计量方法应该与合同一致,并在发货明细表或质量证明书中注明,以便采购方检验。运输中转单位也应该按照供货方发货时所采用的计量方法进行验收和发货。

订购数量必须在合同中注明,尤其是一次订购分期供货的合同,还应明确每次进货的时间、地点和数量。

建筑材料在运输过程中容易造成自然损耗,如挥发、飞散、干燥、风化、潮解、破碎、漏损等,在装卸操作或检验环节中换装、拆包检查等也都会造成物资数量的减少,这些都属于途中自然减量。但是,有些情况不能作为自然减量,如非人力所能抗拒的自然灾害所造成的非常损失,由于工作失职和管理不善造成的失误。因此,对于某些建筑材料还应在合同中写明交货数量的正负尾数差、合理质量差和运输途中的自然损耗的规定及计算方法。

(3)包装

包装包括包装的标准、包装物的供应和回收。

包装标准是指产品包装的类型、规格、容量以及标记等。产品或者其包装标识应符合要求,如包括产品名称、生产厂家、厂址、质量检验合格证明等。

包装物一般应由建筑材料的供货方负责供应,并且一般不得另外向采购方收取包装费。如果采购方对包装提出特殊要求时,双方应在合同中商定,超过原标准费用部分由采购方负责。反之,若议定的包装标准低于有关规定标准,也应相应降低产品价格。

包装物的回收办法可以采用如下两种形式之一:

①押金回收:适用于专用的包装物,如电缆卷筒、集装箱、大中型木箱等。

②折价回收:适用于可以再次利用的包装器材,如油漆桶、麻袋、玻璃瓶等。

(4)交付及运输方式

交付方式可以是采购方到约定地点提货或供货方负责将货物送达指定地点两大类。如果是由供货方负责将货物送达指定地点,要确定运输方式,可以选择铁路、公路、水路航空、管道运输及海上运输等,一般由采购方在签订合同时提出要求,供货方代办发运,运费由采购方负担。

(5)验收

合同中应该明确货物的验收依据和验收方式。

验收依据包括:

①采购合同。

②供货方提供的发货单、计量单、装箱单及其他有关凭证。

③合同约定的质量标准和要求。

④产品合格证、检验单。

⑤图纸、样品和其他技术证明文件。

⑥双方当事人封存的样品。

验收方式有驻厂验收、提运验收、接运验收和入库验收等方式。

①驻厂验收:在制造时期,由采购方派人在供应的生产厂家进行材质检验。

②提运验收:对加工订制、市场采购和自提自运的物资,由提货人在提取产品时检验。

③接运验收:由接运人员对到达的物资进行检查,发现问题当场作记录。

④入库验收:广泛采用的正式的验收方法,由仓库管理人员负责数量和外观检验。

(6)交货期限

应明确具体的交货时间。如果分批交货,要注明各个批次的交货时间。

交货日期的确定可以按照下列方式：

①供货方负责送货的，以采购方收货戳记的日期为准。

②采购方提货的，以供货方按合同规定通知的提货日期为准。

③凡委托运输部门或单位运输、送货或代运的产品，一般以供货方发运产品时承运单位签发的日期为准，不是以向承运单位提出申请的日期为准。

(7)价格

①有国家定价的材料，应按国家定价执行。

②按规定应由国家定价但国家尚无定价的材料，其价格应报请物价主管部门批准。

③不属于国家定价的产品，可由供需双方协商确定价格。

(8)结算

合同中应明确结算的时间、方式和手续。首先应明确是验单付款还是验货付款。结算方式可以是现金支付和转账结算。现金支付适用于成交货物数量少且金额小的合同。转账结算适用于同城市或同地区内的结算，也适用于异地之间的结算。

(9)违约责任

当事人任何一方不能正确履行合同义务时，都可以违约金的形式承担违约赔偿责任。双方应通过协商确定违约金的比例，并在合同条款中明确。

①供货方的违约行为可能包括不能按期供货、不能供货、供应的货物有质量缺陷或数量不足等。如有违约，应依照法律和合同规定承担相应的法律责任。

供货方不能按期交货分为逾期交货和提前交货。发生逾期交货情况，要按照合同约定依据逾期交货部分货款总价计算违约金。对约定由采购方自提货物的，若发生采购方的其他损失，其实际开支的费用也应由供货方承担。比如，采购方已按期派车到指定地点接收货物，而供货方不能交付时，派车损失应由供货方承担。对于提前交货的情况，如果属于采购方自提货物，采购方接到提前提货通知后，可以根据自己的实际情况拒绝提前提货。对于供货方提前发运或交付的货物，采购方仍可按合同规定的时间付款，而且对多交货部分，以及不符合合同规定的产品，在代为保管期内实际支出的保管、保养费由供货方承担。

供货方不能全部或部分交货，应按合同约定的违约金比例乘以不能交货部分货款计算违约金。如果违约金不足以偿付采购方的实际损失，采购方还可以另外提出补偿要求。

供货方交付的货物品种、型号、规格、质量不符合合同约定，如果采购方同意使用，应当按质论价。采购方不同意使用时，由供货方包换或包修。

②采购方的违约行为可能包括不按合同要求接受货物、逾期付款或拒绝付款等，应依照法律和合同规定承担相应的法律责任。

合同签订以后，采购方要求中途退货，应向供货方支付按退货部分货款总额计算的违约金，并要承担由此给供货方造成的损失。采购方不能按期提货，除支付违约金外，还应承担逾期提货给供货方造成的代为保管费、保养费等。

采购方逾期付款，应该按照合同约定支付逾期付款利息。

3.3.2　设备采购合同的主要内容

成套设备供应合同的一般条款可参照建筑材料供应合同的一般条款,包括产品(设备)的名称、品种、型号、规格、等级、技术标准或技术性能指标;数量和计量单位;包装标准及包装物的供应与回收;交货单位、交货方式、运输方式、交货地点、提货单位、交(提)货期限;验收方式;产品价格;结算方式;违约责任等。此外,还需要注意的是以下几个方面:

《建设工程设备采购合同》样本(文本)

(1)设备价格与支付

设备采购合同通常采用固定总价合同,在合同交货期内价格不进行调整。应该明确合同价格所包括的设备名称、套数,以及是否包括附件、配件、工具和损耗品的费用,是否包括调试、保修服务的费用等。合同价内应该包括设备的税费、运杂费、保险费等与合同有关的其他费用。

合同价款的支付一般分3次:

①设备制造前,采购方支付设备价格的10%作为预付款。

②供货方按照交货顺序在规定的时间内将货物送达交货地点,采购方支付该批设备价的80%。

③剩余的10%作为设备保证金,待保证期满,采购方签发最终验收证书后支付。

(2)设备数量

明确设备名称、套数、随主机的辅机、附件、易损耗备用品、配件和安装修理工具等,应于合同中列出详细清单。

(3)技术标准

应注明设备系统的主要技术性能,以及各部分设备的主要技术标准和技术性能。

(4)现场服务

合同可以约定设备安装工作由供货方负责还是采购方负责。如果由采购方负责,可以要求供货方提供必要的技术服务,现场服务等内容,可能包括供货方派必要的技术人员到现场向安装施工人员进行技术交底,指导安装和调试,处理设备的质量问题,参加试车验收试验等。在合同中应明确服务内容,对现场技术人员在现场的工作条件、生活待遇及费用等做出明确规定。

(5)验收和保修

成套设备安装后一般应进行试车调试,双方应该共同参加启动试车的检验工作。检验合格后,双方在验收文件上签字,正式移交采购方进行生产运行。若检验不合格,属于设备质量原因,由供货方负责修理、更换并承担全部费用。如果是工程施工质量问题,由安装单位负责拆除后纠正缺陷。

合同中还应明确成套设备的验收办法以及是否保修、保修期限、费用分担等。

任务3.4 选择施工合同计价方式

施工承包合同可以按照不同的方法加以分类，按照承包合同的计价方式可以分为单价合同、总价合同和成本加酬金合同三大类。

3.4.1 单价合同

单价合同

当发包工程的内容和工程量一时尚不能明确、具体地予以规定时，可以采用单价合同(Unit Price Contract)形式，即根据计划工程内容和估算工程量，在合同中明确每项工程内容的单位价格(如每米、每平方米或者每立方米的价格)，实际支付时则根据实际完成的工程量乘以合同单价计算应付的工程款。

单价合同的特点是单价优先，例如在FIDC土木工程施工合同中，业主给出的工程量清单表中的数字是参考数字，而实际工程款则按实际完成的工程量和承包商投标时所报的单价计算。虽然在投标报价、评标以及签订合同中，人们常常注重总价格，但在工程款结算中单价优先，对于投标书中明显的数字计算错误，业主有权力先做修改再评标，当总价和单价的计算结果不一致时，以单价为准调整总价。例如，某单价合同的投标报价单中，投标人报价见表3.1。

表3.1 投标人报价表

序号	工程分项	单位	数量	单价/元	合价/元
1					
2					
⋮					
×	钢筋混凝土	m^3	1 000	300	30 000
⋮					
总报价					8 100 000

根据投标人的投标单价，钢筋混凝土的合价应该是300 000元，而实际只写了30 000元，在评标时应根据单价优先原则对总报价进行修正，所以正确的报价应该是：

$$810\ 000+(300\ 000-30\ 000)=8\ 370\ 000(\text{元})$$

在实际施工时，如果实际工程量是1 500 m^3，则钢筋混凝土工程的价款金额应该是：

$$300\times 1\ 500=450\ 000(\text{元})$$

由于单价合同允许随工程量变化而调整工程总价，业主和承包商都不存在工程量方面的风险，因此对合同双方都比较公平。另外，在招标前，发包单位无需对工程范围做出完整的、详尽的规定，从而可以缩短招标准备时间，投标人也只需对所列工程内容报出自己的单价，从而缩短投标时间。

采用单价合同对业主的不足之处是,业主需要安排专门力量来核实已经完成的工程量,需要在施工过程中花费不少精力,协调工作量大。另外,用于计算应付工程款的实际工程量可能超过预测的工程量,即实际投资容易超过计划投资,对投资控制不利。

单价合同又分为固定单价合同和变动单价合同。

固定单价合同条件下,无论发生哪些影响价格的因素都不对单价进行调整,因而对承包商而言就存在一定的风险。当采用变动单价合同时,合同双方可以约定一个估计的工程量,当实际工程量发生较大变化时可以对单价进行调整,同时还应约定如何对单价进行调整。当然也可以约定,当通货膨胀达到一定水平或者国家政策发生变化时,可以对哪些工程内容的单价进行调整以及如何调整等。因此,承包商的风险就相对较小。

固定单价合同适用于工期较短、工程量变化幅度不太大的项目。

在工程实践中,采用单价合同有时也会根据估算的工程量计算一个初步的合同总价作为投标报价和签订合同之用。但是,当上述初步的合同总价与各项单价乘以实际完成的工程量之和发生矛盾时,则肯定以后者为准,即单价优先。实际工程款的支付也将以实际完成工程量乘以合同单价进行计算。

3.4.2 总价合同

1)**总价合同的含义**

所谓总价合同(Lump Sum Contract),是指根据合同规定的工程施工内容和有关条件,业主应付给承包商的款额是一个规定的金额,即明确的总价。总价合同也称为总价包干合同,即根据施工招标时的要求和条件,当施工内容和有关条件不发生变化时,业主付给承包商的价款总额就不发生变化。如果因承包人的失误导致投标价计算错误,合同总价格也不予调整。

总价合同

总价合同又分为固定总价合同和变动总价合同两种。

(1)固定总价合同

固定总价合同的价格计算是以图纸及规定、规范为基础,工程任务和内容明确,业主的要求和条件清楚,合同总价一次包死,固定不变,即不再因为环境的变化和工程量的增减而变化。在这类合同中承包商承担了全部的工作量和价格的风险,因此,承包商在报价时对一切费用的价格变动因素以及不可预见因素都做了充分估计,并将其包含在合同价格之中。

在国际上,这种合同被广泛接受和采用,因为有比较成熟的法规和先例的经验。对于业主而言,在合同签订时就可以基本确定项目的总投资额,对投资控制有利。在双方都无法预测的风险条件下和可能有工程变更的情况下,承包商承担了较大风险,业主的风险较小。但是,工程变更和不可预见的困难也常常引起合同双方的纠纷或者诉讼,最终导致其他费用的增加。

当然,在固定总价合同中还可以约定,在发生重大工程变更、累计工程变更超过一定幅度或者其他特殊条件下可以对合同价格进行调整。因此,需要定义重大工程变更的含义、累计工程变更的幅度以及什么样的特殊条件才能调整合同价格,以及如何调整合同价格等。

采用固定总价合同,双方结算比较简单,但是由于承包商承担了较大的风险,因此报价中不可避免地要增加一笔较高的不可预见风险费。承包商的风险主要有两个方面:一是价格风险;二是工作量风险。价格风险有报价计算错误、漏报项目、物价和人工费上涨等。工作量风险有工程量计算错误、工程范围不确定、工程变更或者由于设计深度不够所造成的误差等。

固定总价合同适用于以下情况:

①工程量小、工期短,估计在施工过程中环境因素变化小,工程条件稳定并合理。

②工程设计详细,图纸完整、清楚,工程任务和范围明确。

③工程结构和技术简单,风险小。

④投标期相对宽裕,承包商可以有充足的时间详细考察现场,复核工程量,分析招标文件,拟订施工计划。

⑤合同条件中双方的权利和义务十分清楚,合同条件完备。

(2)变动总价合同

变动总价合同又称为可调总价合同,合同价格是以图纸及规定、规范为基础,按照时价(Current Price)进行计算,得到包括全部工程任务和内容的暂定合同价格。它是一种相对固定的价格,在合同执行过程中,由于通货膨胀等原因而使所使用的工、料成本增加时,可以按照合同约定对合同总价进行相应的调整。当然,一般由于设计变更、工程量变化或其他工程条件变化所引起的费用变化也可以进行调整。因此,通货膨胀等不可预见因素的风险由业主承担,对于承包商而言,其风险相对较小,但对业主而言,不利于其进行投资控制,突破投资的风险就增大了。

根据《建设工程施工合同(示范文本)》(GF—2017—0201),合同双方可约定,在以下条件下可对合同价款进行调整:

①法律、行政法规和国家有关政策变化影响合同价款。

②工程造价管理部门公布的价格调整。

③一周内非承包人原因停水、停电、停气造成的停工累计超过8小时。

④双方约定的其他因素。

在工程施工承包招标时,施工期限一年左右的项目一般实行固定总价合同,通常不考虑价格调整问题,以签订合同时的单价和总价为准,物价上涨的风险全部由承包商承担。

但是对建设周期一年半以上的工程项目,则应考虑下列因素引起的价格变化问题:

①劳务工资以及材料费用的上涨。

②其他影响工程造价的因素,如运输费、燃料费、电力等价格的变化。

③外汇汇率的不稳定。

④国家或者省、区、市立法的改变引起的工程费用的上涨。

2)总价合同特点和应用

显然,采用总价合同时,对发包工程的内容及其各种条件都应基本清楚、明确,否则,发承包双方都有蒙受损失的风险。因此,一般是在施工图设计完成,施工任务和范围比较明确,业主的目标、要求和条件都清楚的情况下才采用总价合同。对于业主来说,由于设计花费时间长,因而开工时间较晚,开工后的变更容易带来索赔,而且在设计过程中也难以吸收承包商的建议。

总价合同的特点是:

①发包单位可以在报价竞争状态下确定项目的总造价,可以较早确定或者预测工程成本。

②业主的风险较小,承包人将承担较多的风险。

③评标时易于迅速确定最低报价的投标人。

④在施工进度上能极大地调动承包人的积极性。

⑤发包单位能更容易、更有把握地对项目进行控制。

⑥必须完整而明确地规定承包人的工作。

⑦必须将设计和施工方面的变化控制在最小范围内。

单价合同和总价合同有时在形式上很相似,例如,在有的总价合同的招标文件中也有工程量表,也要求承包商提出各分项工程的报价,与单价合同在形式上很相似,但两者在性质上是完全不同的。总价合同是总价优先,承包商报总价,双方商讨并确定合同总价,最终按总价结算。

3.4.3 成本加酬金合同

1)成本加酬金合同的含义

成本加酬金合同

成本加酬金合同也称为成本补偿合同,这是与固定总价合同正好相反的合同,工程施工最终合同价格将按照工程的实际成本再加上一定的酬金进行计算。在合同签订时,工程实际成本往往不能确定,只能确定酬金的取值比例或者计算原则。

采用这种合同,承包商不承担任何价格变化或工程量变化的风险,这些风险主要由业主承担,对业主的投资控制很不利。而承包商则往往缺乏控制成本的积极性,常常不仅不注意控制成本,甚至还会期望提高成本以提高自己的经济效益,因此这种合同容易被那些不道德或不称职的承包商滥用,从而损害工程的整体效益。所以,应尽量避免采用这种合同。

2)成本加酬金合同的特点和适用条件

成本加酬金合同通常用于如下情况:

①工程特别复杂,工程技术、结构方案不能预先确定,或者尽管可以确定工程技术和结构方案,但是不可能进行竞争性的招标活动并以总价合同或单价合同的形式确定承包商,如研究开发性质的工程项目。

②时间特别紧迫,如抢险、救灾工程,来不及进行详细的计划和商谈。

对于业主而言,这种合同形式也有一定优点,如:

①可以通过分段施工缩短工期,而不必等待所有施工图完成才开始招标和施工。

②可以减少承包商的对立情绪,承包商对工程变更和不可预见条件的反应会比较积极和快捷。

③可以利用承包商的施工技术专家,帮助改进或弥补设计中的不足。

④业主可以根据自身力量和需要,较深入地介入和控制工程施工和管理。

⑤可以通过确定最大保证价格约束工程成本不超过某一限值,从而转移一部分风险。

对于承包商来说,这种合同比固定总价合同的风险低,利润比较有保证,因而较有积极性。其缺点是合同的不确定性大,由于设计未完成,无法准确确定合同的工程内容、工程量以及合同的终止时间,有时难以对工程计划进行合理安排。

3)成本加酬金合同的形式

成本加酬金合同有许多种形式,主要如下:

(1)成本加固定费用合同

根据双方讨论同意的工程规模、估计工期、技术要求、工作性质及复杂性、所涉及的风险等来考虑确定一笔固定数目的报酬金额作为管理费及利润,对人工、材料、机械台班等直接成本则实报实销。如果设计变更或增加新项目,当直接费超过原估算成本的一定比例(如10%)时,固定的报酬也要增加。在工程总成本一开始估计不准,可能变化不大的情况下,可采用此合同形式,有时可分几个阶段谈判付给固定报酬。这种方式虽然不能鼓励承包商降低成本,但为了尽快得到酬金,承包商会尽力缩短工期。有时也可在固定费用之外根据工程质量、工期和节约成本等因素,给承包商另加奖金,以鼓励承包商积极工作。

(2)成本加固定比例费用合同

工程成本中直接费加一定比例的报酬费,报酬部分的比例在签订合同时由双方确定。这种方式的报酬费用总额随成本加大而增加,不利于缩短工期和降低成本。一般在工程初期很难描述工作范围和性质,或工期紧迫,无法按常规编制招标文件招标时采用。

(3)成本加奖金合同

奖金是根据报价书中的成本估算指标制订的,在合同中对这个估算指标规定一个底点和顶点,分别为工程成本估算的60%~75%和110%~135%。承包商在估算指标的顶点以下完成工程则可得到奖金,超过顶点则要对超出部分支付罚款。如果成本在底点之下,则可加大酬金值或酬金百分比。采用这种方式通常规定,当实际成本超过顶点对承包商罚款时,最大罚款限额不超过原先商定的最高酬金值。

在招标时,当图纸、规范等准备不充分,不能据以确定合同价格,而仅能制订一个估算指标时可采用这种形式。

(4)最大成本加费用合同

在工程成本总价基础上加固定酬金费用的方式,即当设计深度达到可以报总价的深度,投标人报一个工程成本总价和一个固定的酬金(包括各项管理费、风险费和利润)。如果实际成本超过合同中规定的工程成本总价,由承包商承担所有的额外费用,若实施过程中节约了成本,节约的部分归业主,或者由业主与承包商分享,在合同中要确定节约分成比例。在非代理型(风险型)CM模式的合同中就采用这种方式。

4)成本加酬金合同的应用

当实行施工总承包管理模式或CM模式时,业主与施工总承包管理单位或CM单位的合同一般采用成本加酬金合同。

在国际上，许多项目管理合同、咨询服务合同等也多采用成本加酬金合同方式。

在施工承包合同中采用成本加酬金计价方式时，业主与承包商应该注意以下问题：

①必须有一个明确的如何向承包商支付酬金的条款，包括支付时间和金额百分比。如果发生变更或其他变化，酬金支付如何调整。

②应该列出工程费用清单，要规定一套详细的工程现场有关的数据记录、信息存储甚至记账的格式和方法，以便对工地实际发生的人工、机械和材料消耗等数据进行认真而及时的记录。应该保留有关工程实际成本的发票或付款的账单、表明款额已经支付的记录或证明等，以便业主进行审核和结算。

3.4.4 3种合同计价方式的选择

不同的合同计价方式具有不同的特点、应用范围，对设计深度的要求也是不同的，其比较见表3.2。

表3.2 3种合同计价方式比较

合同类型	单价合同	总价合同	成本加酬金合同
应用范围	工程量暂不确定的工程	广泛	紧急工程、保密工程等
业主的投资控制工作	工作量较大	容易	难度大
业主的风险	较大	较小	很大
承包商的风险	较小	大	无
设计深度要求	初步设计或施工图设计	施工图设计	各设计阶段

任务3.5 签订与履行施工合同

合同的签订与履行是合同管理工作的重要内容之一，施工单位与业主的责权利最终体现在合同中。但是在实际工作中，合同管理工作还是暴露出不少问题，诸如法律意识淡薄、合同签订不规范、忽视合同的严肃性、违背等价有偿原则、缺乏健全的合同管理机构、缺乏合同管理专业人才、合同交底表面化、缺乏动态管理合同履行、不重视合同变更索赔管理、不重视合同后评价。因此，在法定时间内完成合同谈判与签订工作时，要注意就工程项目的资金、质量、技术、工期、承包方式以及原招标文件的相关规定形成一致意见，作为指导今后工程项目施工管理的重要文件之一。

3.5.1 施工合同谈判

1）合同谈判的宗旨

在不违背现有法律法规制度的基础上，就双方的权利、义务、责任和诉求达成一致，为工程项目的顺利实施提供保障。

2）**合同谈判的基本原则**

为了明确双方的权利和义务，要求双方谈判人员具备智能建造工程技术、项目施工组织与管理、工程造价、工程财务管理以及相关的法律法规等专业知识，熟悉勘察、设计、监理行业管理。重点解决订立合同应遵循的原则问题、订立合同的方式问题、缔约过失责任问题、格式条款问题、缔约过失责任问题、免责问题、合同无效问题、合同效力待定问题、合同条款规定不明应遵循的原则问题、合同风险处理问题、违约责任处理问题，为今后工程项目的顺利实施提供依据和保障。

3）**合同谈判的准备工作**

工程合同具有标的物特殊、周期长、条款多、内容繁杂、涉及面广的特点，合同谈判成功与否，取决于谈判准备工作的充分程度和在谈判过程中的策略与技巧的运用。准备工作应做好以下方面的工作：

（1）谈判人员的组成

根据谈判项目的大小、技术难易程度以及对手的情况、竞争局面、企业自身的经营战略，确定己方谈判人员的组成。工程合同谈判一般由3部分人员组成：一是掌握建设法律法规的相关人员，保证签订的合同能符合国家的法律法规与政策，把握合同合法的正确方向，平等地确立合同当事人的权利和义务，避免合同无效、合同被撤销等情况。二是懂得智能建造工程技术知识的人员。通过对智能建造工程技术特点的分析，运用丰富的施工经验，采取科学、合理的组织管理，保障项目设计意图的实现，保障工程质量、进度的既定目标。三是懂经济知识的人员，保障公平合理的利润。

（2）注重项目相关的资料收集工作

谈判准备工作中要提前掌握合同对方、项目的各种基础资料、背景资料，包括对方的资信状况、履约能力、发展阶段、已有业绩，以及工程项目的由来、土地获得情况、项目目前的进展、资金来源等。

（3）制订谈判策略

通过对业主、建筑工程项目、竞争对手的情况搜集和整理，结合当时市场情况以及自身发展状况，制订本单位的谈判策略。

（4）过程中需要灵活机动

谈判过程是一个逐步妥协的过程，只有彼此考虑双方的关切，才能达成一致的意见。单纯坚持自己的观点、维护自身利益时，往往造成谈判的破裂。

（5）谈判过程中经常遇到的问题处理

①合同的"标的"是合同最基本的要素。工程承包合同的标的就是工程承包内容和范围。因此在签订合同前的谈判中，必须首先共同确认合同规定的工程内容和范围。承包人应当认真重新核实投标报价的工程项目内容和范围。承包人应当认真重新核实投标报价的工程项目内容与合同中表述的内容是否一致。合同文字的描述和图纸的表达都应当准确，不能模糊含混。承包人应当查实自己的标价有没有推测和想象计算的成分。如果有则应当

通过谈判予以澄清和调整。对于在谈判讨论中经双方确认的内容及范围方面的修改或调整,应和其他所有在谈判中双方达成一致的内容一样,以文字方式确定下来并以“合同补充”或“会议纪要”方式作为合同附件并说明构成合同的一部分。

②发包人提出增减的工程项目或要求调整工程量和工程内容时,务必在技术和商务等方面重新核实,确有把握方可应允。同时以书面文件、工程量表或图纸予以确认,其价格应通过谈判确认并填入工程量清单。

③发包人提出的改进方案或发包人提出的某些修改和变动或发包人接受承包人的建议方案等。首先应认真地对技术合理性、经济可行性以及在商务方面的影响等进行综合分析,权衡利弊后方能表态接受、有条件接受甚至拒绝。该变动必对价格和工期产生影响,应利用这一时机争取变更价格或要求发包人改善合同条件以谋求更好的效益。

④对原招标文件中的“可供选择的项目”和“临时项目”应力争说服发包人在合同签订前予以确认,或商定一个确认的最后期限。

⑤对一般的单价合同,如发包人在原招标文件中未明确工程量变更部分的限度,则谈判时应要求与发包人共同确定一个“增减量幅度”(FIDIC 建议为 15%),当超过该幅度时,承包人有权要求对工程单价进行调整。

⑥关于技术要求、技术规范和施工技术方案,双方必须明确约定。建筑工程技术规范的国家标准是强制性标准,企业在生产中必须遵守。

⑦对于施工程序比较复杂的项目,在承包人提交的投标文件中都应提交施工组织设计方案及施工方法特别说明,并力争在投标答辩中使发包人赞同该方法以显示公司的实力和实施该项工程的能力。

3.5.2 施工合同签约

合同作为维护企业自身权益的法律依据,合同管理的健全与否,直接影响到企业的经济效益与社会效益。所以在合同管理之一的合同签订阶段,每个企业都尤为重视。企业在合同的签订管理阶段,通常有严格的管理制度和流程,通常是由合约管理部门牵头负责召集本企业的工程、技术、质量、资金、财务、劳务、物资、法律部门,按照本企业的管理标准对合同的各项条款(俗称管理底线)进行评审,对风险作出判断,并做出实质性结论性意见。综合意见上报企业主管领导,按照管理权限确定是否批准签约。在签约之前,仍需要做好以下工作:

(1)保持待签合同与招标文件、投标文件的一致性

随着工程招投标的广泛实施,大多数工程施工合同都是履行招投标程序后签订的,而相关法规规定了合同、招标文件、投标文件的一致性,符合法律法规的相关规定,否则合同无效且将被责令改正。这种一致性要求包含了合同内容、承包范围、工期、造价、计价方式、质量要求等实质性内容。

(2)尽量采用当地行政部门制订的通用合同示范文本,完整填写合同内容

由于签订合同的双方为了各自的利益,都想通过合同格式、合同条款转嫁风险,造成合同谈判签约的困难。而采用当地行政部门制订的通用合同示范文本,具有规范性、程序性、系统性、实用性、平等性、合法性,做到了内容详尽、条理清晰、责权明晰。由于经济和工程项

目的复杂性，示范文本的通用条款未将合同进一步细分，因此需要在专用条款中进一步明确相关细节。

(3)审核合同的主体

①发包方。主要应了解两方面内容：

a.主体资格，发包方一般为房地产开发企业或建筑企业，其相关资质信息均可登录当地市建设委员会网站查询。还有就是建设相关手续是否齐全，例如：建设用地是否已经批准？是否列入投资计划？规划、设计是否得到批准？是否进行了招标等。

b.履约能力，包括发包方的实力、已完成的工程、市场信誉度等。需要注意的是，发包方分支机构（项目部、未领取营业执照的分公司）不能对外签订合同，如前期是与这些分支机构接洽，在签订正式合同时应要求法人单位盖章。

②承包方。建筑市场有严格的准入门槛，具备一定的资质才能在其范围内承揽工程，因此会有一些个人或建筑企业要求借用其他单位的资质承揽工程，给予其一定数额的管理费，但这些个人或建筑企业往往不具备承揽工程的能力（人员、设备、技术条件等方面），一旦工程出现质量问题或其他纠纷，根据法律规定，出借资质的一方要承担连带责任，所以说是得不偿失的。

(4)谨慎填写合同细节条款

①招标工程的合同价款由发包人、承包人依据中标通知书中的中标价格在协议书内约定。非招标工程合同价款由发包人、承包人依据工程预算在协议书内约定。《最高人民法院关于审理建设工程施工合同纠纷案件适用法律问题的解释（一）》（法释〔2020〕25号）第22条规定："当事人签订的建设工程施工合同与招标文件、投标文件、中标通知书载明的工程范围、建设工期、工程质量、工程价款不一致，一方当事人请求将招标文件、投标文件、中标通知书作为结算工程价款的依据的，人民法院应予支持。"为了体现法律法规的严肃性，所签订的合同内容也必须与招标文件保持一致。

②专用条款中承包人工作与发包人工作部分。由于这两项是双方的义务，其是否正确填写将影响工程造价，应在认真阅读通用条款中的对应内容后再填入专用条款。例如本应由承包方承担的施工场地内道路铺设、维护费用被填成由发包方负责时，该临时道路的签证便铺天盖地而来，坏一次签证一次，造成工程价款增加，而实际上这些费用已经包含在清单中的临时设施费用中。

③实事求是填写双方现场管理代表的责权。在专用条款中对发包人、承包人派驻现场的工程师的职责、权限做出明确约定，以便及时处理施工过程中发生的各种问题，避免因为职责不清、责任不明造成纠纷从而影响工程项目的履约。

④合同价款。合同价款是双方共同约定的条款，是承包方的利益所在，价款数额及付款日期应当明确具体，同时要注意：

a.采用固定价格应注意明确包干价的种类，如采用总价包干、单价包干或部分总价包干，以免履约过程中发生争议。

b.采用固定价格必须将风险范围约定清楚。

c.应当将风险费用的计算方法约定清楚。双方应约定一个百分比系数，也可采用绝对值法。

d. 约定支付方式。例如按月实际完成工作量的百分比支付、按照完成工程节点支付等。

e. 竣工结算方式和时间的约定。以避免结算工作遥遥无期。

f. 工期条款。考虑到实践中因为工期的开始日期与交付日期出现差异，造成发包人和承包人进行工期和费用的索赔与反索赔。因此，在合同签订时对开竣工时间标准、影响工期需承担的责任予以具体明确。

g. 违约条款。按照发包人、承包人的责任和义务确定违约金与赔偿金。明确约定具体数额和具体计算方法，要越具体越好，具有可操作性，以防止事后产生争议。

3.5.3 施工合同履行

施工合同履行

合同的履行是指工程建设项目的发包方和承包方根据合同规定的时间、地点、方式、内容和标准等要求，各自完成合同义务的行为。合同的履行，是合同当事人双方都应尽的义务。任何一方违反合同，不履行合同义务，或者未完全履行合同义务，给对方造成损失时，都应当承担赔偿责任。

合同签订以后，合同中各项任务的执行要落实到具体的项目经理部或具体的项目参与人员身上，承包单位作为履行合同义务的主体，必须认真分析合同条款，向参与项目实施的有关责任人做好合同交底工作，必须对合同执行者（项目经理部或项目参与人）的履行情况进行跟踪、监督和控制，并加强合同的变更管理，确保合同义务的完全履行。

1）施工合同跟踪

施工合同跟踪有两个方面的含义。一是承包单位的合同管理职能部门对合同执行者、施工合同跟踪（项目经理部或项目参与人）的履行情况进行的跟踪、监督和检查；二是合同执行者（项目经理部或项目参与人）本身对合同计划的执行情况进行的跟踪、检查与对比。在合同实施过程中两者缺一不可。

对合同执行者而言，应该掌握合同跟踪的以下方面：

（1）合同跟踪的依据

合同跟踪的重要依据是合同以及依据合同而编制的各种计划文件；其次还要依据各种工程文件如原始记录、报表、验收报告等；另外，还要依据管理人员对现场情况的直接了解，如现场巡视、交谈、会议、质量检查等。

（2）合同跟踪的对象

①承包的任务。

a. 工程施工的质量，包括材料、构件、制品和设备等的质量，以及施工或安装质量，是否符合合同要求等。

b. 工程进度，是否在预定期限内施工，工期有无延长，延长的原因是什么等。

c. 工程数量，是否按合同要求完成全部施工任务，有无合同规定以外的施工任务等。

d. 成本的增加和减少。

②工程小组或分包人的工程和工作。可以将工程施工任务分解交由不同的工程小组或发包给专业分包单位完成，工程承包人必须对这些工程小组或分包人及其所负责的工程进

行跟踪检查，协调关系，提出意见、建议或警告，保证工程总体质量和进度。

对专业分包人的工作和负责的工程，总承包商负有协调和管理的责任，并承担由此造成的损失，所以专业分包人的工作和负责的工程必须纳入总承包工程的计划和控制中，防止因分包人工程管理失误而影响全局。

③业主和其委托的工程师（监理人）的工作。

a. 业主是否及时、完整地提供了工程施工的实施条件，如场地、图纸、资料等。

b. 业主和工程师（监理人）是否及时给予了指令、答复和确认等。

c. 业主是否及时并足额地支付了应付的工程款项。

2）合同实施的偏差分析

通过合同跟踪，可能会发现合同实施中存在着偏差，即工程实施实际情况偏离了工程计划和工程目标，应该及时分析原因，采取措施，纠正偏差，避免损失。

合同实施偏差分析的内容包括以下几个方面：

（1）产生偏差的原因分析

通过对合同执行实际情况与实施计划的对比分析，不仅可以发现合同实施的偏差，而且可以探索引起差异的原因。原因分析可以采用鱼刺图、因果关系分析图（表）、成本量差、价差、效率差分析等方法定性或定量地进行。

（2）合同实施偏差的责任分析

合同实施偏差的责任分析即分析产生合同偏差的原因是由谁引起的，应该由谁承担责任。

责任分析必须以合同为依据，按合同规定落实双方的责任。

（3）合同实施趋势分析

针对合同实施偏差情况，可以采取不同的措施，应分析在不同措施下合同执行的结果与趋势，包括：

①最终的工程状况，包括总工期的延误、总成本的超支、质量标准、所能达到的生产能力（或功能要求）等。

②承包商将承担什么样的后果，如被罚款、被清算，甚至被起诉，对承包商资信、企业形象、经营战略的影响等。

③最终工程经济效益（利润）水平。

3）合同实施偏差处理

根据合同实施偏差分析的结果，承包商应该采取相应的调整措施，调整措施可分为：

①组织措施，如增加人员投入，调整人员安排，调整工作流程和工作计划等。

②技术措施，如变更技术方案，采用新的、高效率的施工方案等。

③经济措施，如增加投入，采取经济激励措施等。

④合同措施，如进行合同变更，签订附加协议，采取索赔手段等。

3.5.4 处理施工合同缺陷

在智能建造工程施工合同签订过程中，发包方、承包方由于对合同知识缺乏、理解的欠缺、疏忽等原因，导致智能建造工程施工合同内容存在部分内容没有约定。由于合同内容的缺失，造成施工合同生效后给合同履行带来一定的难度，致使在执行过程中无法执行或执行困难。对于生效后没有进行约定或约定不明确的合同内容，应按下述办法进行处理。

1）**协议补充**

对于生效的智能建造工程施工合同，由于内容的缺失，给合同执行带来极大困难，或造成损害权利人的利益。为保证智能建造工程施工合同能够正确及时地履行，首先应基于发包方和承包方等当事人的意愿，发包方、承包方应通过协商达成协议，通过该协议对原施工合同中没有约定或者约定不明确的内容予以补充或者明确约定，根据《中华人民共和国民法典》的规定，该补充协议应成为智能建造工程施工合同的重要组成部分。

2）**按照合同有关条款或者交易习惯确定**

当发包方与承包方的协商未能对没有约定或约定不明确的内容达成补充协议的，可以结合合同其他方面的内容（其他条款）加以确定；也可按照在同样交易中通常或者习惯采用的交易习惯进行合同履行。

（1）质量要求不明确条件下的智能建造工程施工合同的履行

对于施工合同中质量要求不明确的，应按照国家标准、行业标准履行；没有国家标准、行业标准的，按照通常标准或者符合合同目的的特定标准履行。

（2）价款或报酬约定不明确条件下的智能建造工程施工合同的履行

对于价款或者报酬约定不明确的，应按订立施工合同时履行地的市场价格履行，依法应当执行政府定价或者政府指导价格的，按照规定履行。在执行政府定价或政府指导价的情况下，履行合同过程中，当价格发生变化时：

①执行政府定价或者政府指导价格的，在合同约定的交付期限内政府价格调整时，按照交付的价格计价。

②逾期交付标的物的，遇到价格上涨时，按照原价履行；价格下降时，按照新价格履行。

③逾期提取标的物或者逾期付款的，遇到价格上涨时，按照新价格履行；价格下降时，按照原价格履行。

（3）履行期限不明确条件下的智能建造工程施工合同的履行

履行合同工期应进行明确，如果在合同中没有明确，根据《中华人民共和国民法典》的规定合同履行中的“必要准备时间”，一般应参照工期定额、工程实际情况和相类似工程项目案例进行确定。要确定合理的履行期限，以保证工程建设的顺利进行。

任务3.6 施工合同变更与索赔

智能建造工程受地形、地质、水文、气象、政治、市场、人等各种因素的影响，加之施工条件复杂，可能造成工程设计考虑不周或与实际情况不符，必将造成工程施工承包合同中存在各种缺陷，给合同履行带来不确定性风险，导致设计变更、工程签证和索赔事件的发生。

3.6.1 施工合同变更管理

合同变更是指合同成立以后和履行完毕以前由双方当事人依法对合同的内容所进行的包括合同价款、工程内容、工程的数量、质量要求和标准、实施程序等的一切改变都属于合同变更。

工程变更一般是指在工程施工过程中，根据合同约定对施工的程序、工程的内容、数量、质量要求及标准等做出的变更。工程变更属于合同变更，合同变更主要是由于工程变更而引起的，合同变更的管理也主要是进行工程变更的管理。

在企业的项目层级，项目经理部应在合同管理过程中严格执行公司对项目部的授权管理，按照依法履约、诚实信用、全面履行、协调合作、维护权益和动态管理的原则，严格执行合同。项目部合同管理人员应全过程跟踪检查合同执行情况、收集、整理合同信息和管理绩效，并按规定报告项目经理；实施过程中的合同变更应按程序规定进行书面签认，并成为合同的组成部分。

1）工程变更的原因

工程变更一般主要有以下几个方面的原因：

施工合同变更管理

①业主新的变更指令，对建筑的新要求。如业主有新的意图，业主修改项目计划、削减项目预算等。

②由于设计人员、监理方人员、承包商事先没有很好地理解业主的意图，或设计的失误，导致图纸修改。

③工程环境的变化，预定的工程条件不准确，要求实施方案或实施计划变更。

④由于产生新技术和知识，有必要改变原设计、原实施方案或实施计划，或由于业主指令及业主责任的原因造成承包商施工方案的改变。

⑤政府部门对工程新的要求，如国家计划变化、环境保护要求、城市规划变更。

⑥由于合同实施出现问题，必须调整合同目标或修改合同条款。

2）变更的范围和内容

根据《建设工程施工合同(示范文本)》(GF—2017—0201)中的通用合同条款的规定，除专用合同条款另有约定外，合同履行过程中发生以下情形的，应按照本条约定进行变更：

①增加或减少合同中任何工作，或追加额外的工作。

②取消合同中任何工作，但转由他人实施的工作除外。

③改变合同中任何工作的质量标准或其他特性。

④改变工程的基线、标高、位置和尺寸。

⑤改变工程的时间安排或实施顺序。

3）变更权

根据《建设工程施工合同（示范文本）》中通用合同条款的规定，发包人和监理人均可以提出变更。变更指示均通过监理人发出，监理人发出变更指示前应征得发包人同意。承包人收到经发包人签认的变更指示后，方可实施变更。未经许可，承包人不得擅自对工程的任何部分进行变更。

涉及设计变更的，应由设计人提供变更后的图纸和说明。如变更超过原设计标准或批准的建设规模时，发包人应及时办理规划、设计变更等审批手续。

4）变更程序

根据《建设工程施工合同（示范文本）》中通用合同条款的规定，变更的程序如下：

（1）发包人提出变更

发包人提出变更的，应通过监理人向承包人发出变更指示，变更指示应说明计划变更的工程范围和变更的内容。

（2）监理人提出变更建议

监理人提出变更建议的，需要向发包人以书面形式提出变更计划，说明计划变更工程范围和变更的内容、理由，以及实施该变更对合同价格和工期的影响。发包人同意变更的，由监理人向承包人发出变更指示。发包人不同意变更的，监理人无权擅自发出变更指示。

（3）变更执行

承包人收到监理人下达的变更指示后，认为不能执行，应立即提出不能执行该变更指示的理由。承包人认为可以执行变更的，应当书面说明实施该变更指示对合同价格和工期的影响，且合同当事人应当按照变更估价的相关约定确定变更估价。

5）变更估价

（1）变更估价原则

根据《建设工程施工合同（示范文本）》中通用合同条款的规定，除专用合同条款另有约定外，变更估价按照本款约定处理：

①已标价工程量清单或预算书有相同项目的，按照相同项目单价认定。

②已标价工程量清单或预算书中无相同项目，但有类似项目的，参照类似项目的单价认定。

③变更导致实际完成的变更工程量与已标价工程量清单或预算书中列明的该项目工程量的变化幅度超过15%的，或已标价工程量清单或预算书中无相同项目及类似项目单价的，按照合理的成本与利润构成的原则，由合同当事人按照商定或确定的相关约定确定变更工作的单价。

(2)变更估价程序

承包人应在收到变更指示后14天内,向监理人提交变更估价申请。监理人应在收到承包人提交的变更估价申请后7天内审查完毕并报送发包人,监理人对变更估价申请有异议,通知承包人修改后重新提交。发包人应在承包人提交变更估价申请后14天内审批完毕。发包人逾期未完成审批或未提出异议的,视为认可承包人提交的变更估价申请。

因变更引起的价格调整应计入最近一期的进度款中支付。

6)承包人的合理化建议

承包人提出合理化建议的,应向监理人提交合理化建议说明,说明建议的内容和理由,以及实施该建议对合同价格和工期的影响。

除专用合同条款另有约定外,监理人应在收到承包人提交的合理化建议后7天内审查完毕并报送发包人,发现其中存在技术上缺陷的,应通知承包人修改。发包人应在收到监理人报送的合理化建议后7天内审批完毕。合理化建议经发包人批准的,监理人应及时发出变更指示,由此引起的合同价格调整按照变更估价的相关约定执行。发包人不同意变更的,监理人应书面通知承包人。

合理化建议降低了合同价格或者提高了工程经济效益的,发包人可对承包人给予奖励,奖励的方法和金额在专用合同条款中约定。

7)变更引起的工期调整

因变更引起工期变化的,合同当事人均可要求调整合同工期,由合同当事人按照商定或确定的相关约定并参考工程所在地的工期定额标准确定增减工期天数。

8)暂估价

暂估价专业分包工程、服务、材料和工程设备的明细由合同当事人在专用合同条款中约定。

(1)依法必须招标的暂估价项目

对于依法必须招标的暂估价项目,采取以下第1种方式确定。合同当事人也可以在专用合同条款中选择其他招标方式。

第1种方式:对于依法必须招标的暂估价项目,由承包人招标,对该暂估价项目的确认和批准按照以下约定执行:

①承包人应当根据施工进度计划,在招标工作启动前14天将招标方案通过监理人报送发包人审查,发包人应当在收到承包人报送的招标方案后7天内批准或提出修改意见。承包人应当按照经发包人批准的招标方案开展招标工作。

②承包人应当根据施工进度计划,提前14天将招标文件通过监理人报送发包人审批,发包人应当在收到承包人报送的相关文件后7天内完成审批或提出修改意见;发包人有权确定招标控制价并按照法律规定参加评标。

③承包人与供应商、分包人在签订暂估价合同前,应当提前7天将确定的中标候选供应商或中标候选分包人的资料报送发包人,发包人应在收到资料后3天内与承包人共同确定中标人;承包人应当在签订合同后7天内,将暂估价合同副本报送发包人留存。

第2种方式:对于依法必须招标的暂估价项目,由发包人和承包人共同招标确定暂估价供应商或分包人的,承包人应按照施工进度计划,在招标工作启动前14天通知发包人,并提交暂估价招标方案和工作分工。发包人应在收到后7天内确认。确定中标人后,由发包人、承包人与中标人共同签订暂估价合同。

(2)不属于依法必须招标的暂估价项目

除专用合同条款另有约定外,对于不属于依法必须招标的暂估价项目,采取以下第1种方式确定:

第1种方式:对于不属于依法必须招标的暂估价项目,按本项约定确认和批准:

①承包人应根据施工进度计划,在签订暂估价项目的采购合同、分包合同前28天向监理人提出书面申请。监理人应当在收到申请后3天内报送发包人,发包人应当在收到申请后14天内给予批准或提出修改意见,发包人逾期未予批准或提出修改意见的,视为该书面申请已获得同意。

②发包人认为承包人确定的供应商、分包人无法满足工程质量或合同要求的,发包人可以要求承包人重新确定暂估价项目的供应商、分包人。

③承包人应当在签订暂估价合同后7天内,将暂估价合同副本报送发包人留存。

第2种方式:承包人按照依法必须招标的暂估价项目的相关约定的第1种方式确定暂估价项目。

第3种方式:承包人直接实施的暂估价项目。承包人具备实施暂估价项目的资格和条件的,经发包人和承包人协商一致后,可由承包人自行实施暂估价项目,合同当事人可以在专用合同条款约定具体事项。

(3)责任划分

因发包人原因导致暂估价合同订立和履行迟延的,由此增加的费用和(或)延误的工期由发包人承担,并支付承包人合理的利润。因承包人原因导致暂估价合同订立和履行迟延的,由此增加的费用和(或)延误的工期由承包人承担。

9)暂列金额

暂列金额应按照发包人的要求使用,发包人的要求应通过监理人发出。合同当事人可以在专用合同条款中协商确定有关事项。

10)计日工

需要采用计日工方式的,经发包人同意后,由监理人通知承包人以计日工计价方式实施相应的工作,其价款按列入已标价工程量清单或预算书中的计日工计价项目及其单价进行计算;已标价工程量清单或预算书中无相应的计日工单价的,按照合理的成本与利润构成的原则,由合同当事人按照合同的相关约定确定计日工的单价。

采用计日工计价的任何一项工作,承包人应在该项工作实施过程中,每天提交以下报表和有关凭证报送监理人审查:

①工作名称、内容和数量。

②投入该工作的所有人员的姓名、专业、工种、级别和耗用工时。

③投入该工作的材料类别和数量。

④投入该工作的施工设备型号、台数和耗用台时。

⑤其他有关资料和凭证。

计日工由承包人汇总后，列入最近一期进度付款申请单，由监理人审查并经发包人批准后列入进度付款。

3.6.2 工程签证

工程签证，一般指在施工合同履行过程中，承发包双方根据原合同约定原则或行业惯例，双方代表就施工过程中涉及合同价款之外的责任事件所作的签认证明（业界一般以技术核定单和业务联系单的形式体现）。

相当于就合同价款之外的费用补偿、工期顺延以及因各种原因造成的损失赔偿达成的补充协议。

工程签证通常由双方根据实际处理的情况及发生的费用进行办理，例如：

①若基础施工时地下意外出现的流沙、墓穴、工事等地下障碍物，必须进行处理，若进行处理就必然发生费用。

②由于建设单位原因，未按合同规定的时间和要求提供材料、场地、设备资料等造成施工企业的停工、窝工损失。

③由于建设单位原因决定工程中途停建、缓建或由于设计变更以及设计错误等造成施工企业的停工、窝工、返工而发生的倒运、人员和机具的调迁等损失。

④在施工过程中发生的由建设单位造成的停水停电，造成工程不能顺利进行，且时间较长，施工企业又无法安排停工而造成的经济损失。

⑤在“技措改”工程中，常遇到在施工过程中由于工作面过于狭小、作业超过一定高度，造成需要使用大型机具方可保证工程的顺利进行，施工企业在发生时应及时将现场实际条件和施工方案通告建设单位，并在征得建设单位同意后实施，此时施工企业应办理工程签证。

⑥对于大检修工程、零星维修项目大都没有正规的施工图纸，往往在检修前由施工企业提出一套检修方案，检修完毕后办理工程签证，然后依据工程签证办理工程结算。此时工程签证工作尤其重要，直接关系到检修结算工作的顺利进行。

由于业主或非施工单位的原因造成的停工、窝工，业主只负责停窝工人工费补偿标准而不是当地造价部门颁布的工资标准，只负责租赁费或摊销费而不是机械台班费。

3.6.3 施工合同索赔

智能建造工程索赔通常是指在工程合同履行过程中，合同当事人一方因对方不履行或未能履行合同或者由于其他非自身因素而受到经济损失或权利损害，通过合同规定的程序对对方提出经济或时间补偿要求的行为。索赔是一种正当的权利要求，它是合同当事人的一项正常且普遍存在的合同管理业务，是一种以法律和合同为依据的合情合理的行为。在智能建造工程施工承包合同执行过程中，业主可以向承包商提出索赔要求，承包商也可向业主提出索赔要求，即合同的双方都可以向对方提出索赔要求。当一方向另一方提出要求时，被索赔方应采取适当的反驳、应对和防范措施，这称为反索赔。

1）**施工合同索赔的依据和证据**

(1) 索赔的依据

索赔的依据主要有：合同文件，法律、法规，工程建设惯例。

(2) 索赔的证据

施工合同索赔的证据

索赔证据是当事人用来支持其索赔成立或与索赔有关的证明文件和资料。索赔证据作为索赔文件的组成部分，在很大程度上关系到索赔的成功与否。证据不全、不足或没有证据，索赔是很难获得成功的。

在工程项目实施过程中，会产生大量的工程信息和资料，这些信息和资料是开展索赔的重要证据。因此，在施工过程中应该自始至终做好资料积累工作，建立完善的资料记录和科学的管理制度，认真系统地积累和管理合同、质量、进度以及财务收支等方面的资料。

在合同实施过程中，资料很多，面很广。在索赔中要考虑工程师、业主、调解人和仲裁人需要哪些证据，哪些证据最能说明问题、最有说服力，这需要有索赔工作经验。通常在干扰事件发生后，可以征求工程师的意见，在工程师的指导下，或按工程师的要求收集证据。在工程项目实施过程中常见的索赔证据有：

①招标文件、合同文本及附件，其他的各种签约（备忘录、修正案等），业主认可的工程实施计划，各种工程图纸（包括图纸修改指令），技术规范等。承包商的报价文件，包括各种工程预算和其他作为报价依据的资料，如环境调查资料、标前会议和澄清会议资料等。

②来往信件，如业主的变更指令，各种认可信、通知、对承包商问题的答复信等。

这里要注意，商讨性的和意向性的信件通常不能作为变更指令或合同变更文件。在合同实施过程中，承包商对业主和工程师的口头指令和对工程问题的处理意见要及时索取书面证据。尽管相距很近，天天见面，也应以信件或其他书面方式交流信息。这样有理有据，对双方都有利。来信的信封也要留存，信封上的邮戳记载着发信和收信的准确日期，起证明作用。承包商的回信都要复印留底。所有信件都应建立索引，存档，直到工程全部竣工，合同结束。

③各种会谈纪要。在标前会议上和决标前的澄清会议上，业主对承包商问题的书面答复，或双方签署的会谈纪要；在合同实施过程中，业主、工程师和各承包商定期会商，以研究实际情况，做出的决议或决定。它们可作为合同的补充。但会谈纪要须经各方签署才有法律效力。通常，会谈后，按会谈结果起草会谈纪要交各方面审查，如有不同意见或反驳须在规定期限内提出（这一期限由工程参加者各方在项目开始前商定）。超过这个期限不作答复即被作为认可纪要内容处理。所以，对会谈纪要也要像对待合同一样认真审查，及时答复，及时反对表达不清、有偏见的或对自己不利的会议纪要。一般的会谈或谈话单方面的记录，只要对方承认，也能作为证据，但其法律证明效力不足。但通过对它的分析可以得到当时讨论的问题，遇到的事件，各方面的观点意见，可以发现干扰事件发生的日期和经过，作为寻找其他证据和分析问题的引导。

④施工进度计划和实际施工进度记录。包括总进度计划，开工后业主的工程师批准的详细进度计划，每月进度修改计划，实际施工进度记录，月进度报表等。这里对索赔有重大影响的，不仅是工程的施工顺序、各工序的持续时间，而且还包括劳动力、管理人员、施工机械设备、现场设施的安排计划和实际情况，材料的采购订货、运输、使用计划和实际情况等。它们是工程变更索赔的证据。

⑤施工现场的工程文件，如施工记录、施工备忘录、施工日报、工长或检查员的工作日记、监理工程师填写的施工记录和各种签证等。它们应能全面反映工程施工中的各种情况，如劳动力数量与分布、设备数量与使用情况、进度、质量、特殊情况及处理。各种工程统计资料，如周报、旬报、月报。这些报表通常包括本期中以及至本期末的工程实际和计划进度对比、实际和计划成本对比和质量分析报告、合同履行情况评价等。

⑥工程照片。照片作为证据最清楚和直观。照片上应注明日期。索赔中常用的有：表示工程进度的照片、隐蔽工程覆盖前的照片、业主责任造成返工和工程损坏的照片等。

⑦气候报告。如果遇到恶劣的天气，应作记录，并请工程师签证。

⑧工程中的各种检查验收报告和各种技术鉴定报告。如工程水文地质勘探报告、土质分析报告、文物和化石的发现记录、地基承载力试验报告、隐蔽工程验收报告、材料试验报告、材料设备开箱验收报告、工程验收报告等，它们能证明承包商的工程质量。

⑨工地的交接记录（应注明交接日期，场地平整情况，水、电、路情况等），图纸和各种资料交接记录。工程中送停电，送停水，道路开通和封闭的记录和证明。它们应由工程师签证。合同双方在工程过程中各种文件和资料的交接都应有一定的手续，要有专门的记录，防止在交接中出现漏洞和“说不清楚”的情况。

⑩建筑材料和设备的采购、订货、运输、进场，使用方面的记录、凭证和报表等。

⑪市场行情资料，包括市场价格、官方的物价指数、工资指数、中央银行的外汇比率等公布材料。

⑫各种会计核算资料。包括工资单、工资报表、工程款账单，各种收付款原始凭证，总分类账、管理费用报表，工程成本报表等。

⑬国家法律、法令、政策文件。如因工资税增加，提出索赔，索赔报告中只需引用文号、条款号即可，而在索赔报表后附上复印件。

（3）索赔证据的基本要求

索赔证据应该具有真实性、全面性、有效性、及时性。

①真实性。索赔证据必须是在实际工程过程中产生，完全反映实际情况，能经得住对方的推敲。由于在工程过程中合同双方都在进行合同管理，收集工程资料，所以双方应有相同的证据。使用不实的或虚假证据是违反商业道德甚至法律的。

②全面性。所提供的证据应能说明事件的全过程。索赔报告中所涉及的干扰事件、索赔理由、影响、索赔值等都应有相应的证据，不能零乱和支离破碎，否则业主将退回索赔报告，要求重新补充证据。这会拖延索赔的解决，损害承包商在索赔中的有利地位。

③有效性。索赔证据必须有法律证明效力，特别对准备递交仲裁的索赔报告更要注意这一点。

a. 证据必须是当时的书面文件，一切口头承诺、口头协议不算。

b. 合同变更协议必须由双方签署，或以会谈纪要的形式确定，且为决定性决议。一切商讨性、意向性的意见或建议不算。

c. 程序符合要求。工程中的重大事件、特殊情况的记录应由工程师签署认可。

④及时性。及时性包括两方面内容：

a. 证据是工程活动或其他活动发生时的记录或产生的文件，除了专门规定外，后补的证据通常不容易被认可。干扰事件发生时，承包商应有同期记录，这对以后提出索赔要求，支持其索赔理由是必要的。而工程师在收到承包商的索赔意向通知后，应对这同期记录进行审查，并可指令承包商保持合理的同期记录，在这里承包商应邀请工程师检查上述记录，并请工程师说明是否需作其他记录。按工程师要求作记录，这对承包商来说是有利的。

b. 证据作为索赔报告的一部分，一般和索赔报告一齐交付监理工程师和建设单位。

(4) 索赔成立的条件

①构成施工项目索赔条件的事件。索赔事件，又称为干扰事件，是指那些使实际情况与合同规定不符合，最终引起工期费用变化的各类事件。在工程实施过程中，要不断地跟踪、监督索赔事件，就可以不断地发现索赔机会。通常，承包商可以提起索赔的事件有：

a. 发包人违反合同给承包人造成时间、费用的损失。

b. 因工程变更(含设计变更、发包人提出的工程变更、监理工程师提出的工程变更，以及承包人提出并经监理工程师批准的变更)造成的时间、费用损失。

c. 由于监理工程师对合同文件的歧义解释、技术资料不确切，或由于不可抗力导致施工条件的改变，造成时间、费用的增加。

d. 发包人提出提前完成项目或缩短工期而造成承包人的费用增加。

e. 发包人延误支付期限造成承包人的损失。

f. 合同规定以外的项目进行检验，且检验合格，或非承包人的原因导致项目缺陷修复所发生的损失或费用。

g. 非承包人的原因导致工程暂时停工。

h. 物价上涨，法规变化其他。

②索赔成立的前提条件。索赔的成立，应该同时具备以下 3 个前提条件：

a. 与合同对照，事件已造成了承包人工程项目成本的额外支出，或直接工期损失。

b. 造成费用增加或工期损失的原因，按合同约定不属于承包人的行为责任或风险责任。

c. 承包人按合同规定的程序和时间提交索赔意向通知和索赔报告。

以上 3 个条件必须同时具备，缺一不可。

2) 施工合同索赔的程序

如前所述，工程施工中承包人向发包人索赔、发包人向承包人索赔以及分包人向承包人索赔的情况都有可能发生，以下主要说明承包人向发包人索赔的一般程序，以及反索赔的主要内容。

(1) 索赔意向通知和索赔通知

在工程实施过程中发生索赔事件后，或者承包人发现索赔机会，首先要提出索赔意向，即在合同规定时间内将索赔意向用书面形式及时通知发包人或者工程师(监理人),向对方表明索赔愿望、要求或者声明保留索赔权利,这是索赔工作程序的第一步。

施工合同索赔的程序

索赔意向通知要简明扼要地说明以下4个方面的内容:

①索赔事件发生的时间、地点和简单事实情况描述。

②索赔事件的发展动态。

③索赔依据和理由。

④索赔事件对工程成本和工期产生的不利影响。

一般索赔意向通知仅仅表明索赔的意向,应该尽量简明扼要,涉及索赔内容,但不涉及索赔金额。

根据《标准施工招标文件》中的通用合同条款,关于承包人索赔的提出,规定如下:

根据合同约定,承包人认为有权得到追加付款和(或)延长工期的,应按以下程序向发包人提出索赔:

①承包人应在知道或应当知道索赔事件发生后28天内,向监理人递交索赔意向通知书,并说明发生索赔事件的事由。承包人未在前述28天内发出索赔意向通知书的,丧失要求追加付款和(或)延长工期的权利。

②承包人应在发出索赔意向通知书后28天内,向监理人正式递交索赔通知书。索赔通知书应详细说明索赔理由以及要求追加的付款金额和(或)延长的工期,并附必要的记录和证明材料。

③索赔事件具有连续影响的,承包人应按合理时间间隔继续递交延续索赔通知,说明连续影响的实际情况和记录,列出累计的追加付款金额和(或)工期延长天数。

④在索赔事件影响结束后的28天内,承包人应向监理人递交最终索赔通知书,说明最终要求索赔的追加付款金额和延长的工期,并附必要的记录和证明材料。

根据《标准施工招标文件》中的通用合同条款,发生发包人的索赔事件后,监理人应及时书面通知承包人,详细说明发包人有权得到的索赔金额和(或)延长缺陷责任期的细节和依据。发包人提出索赔的期限和要求与承包人提出索赔的期限和要求相同,延长缺陷责任期的通知应在缺陷责任期届满前发出。

(2)索赔资料准备

①在索赔资料准备阶段,主要工作有:

a.跟踪和调查干扰事件,掌握事件产生的详细经过。

b.分析干扰事件产生的原因,划清各方责任,确定索赔根据。

c.损失或损害调查分析与计算,确定工期索赔和费用索赔值。

d.收集证据,获得充分而有效的各种证据。

e.起草索赔文件(索赔报告)。

②索赔文件的主要内容包括以下几个方面:

a.总述部分。概要论述索赔事项发生的日期和过程。承包人为该索赔事项付出的努力和附加开支。承包人的具体索赔要求。

b.论证部分。论证部分是索赔报告的关键部分,其目的是说明自己有索赔权,是索赔能否成立的关键。

c. 索赔款项(或工期)计算部分。如果说索赔报告论证部分的任务是解决索赔权能否成立,则款项计算是为解决能获得多少款项。前者定性,后者定量。

d. 证据部分。要注意引用的每个证据的效力或可信程度,对重要的证据资料最好附以文字说明,或附以确认件。

③编写索赔文件(索赔报告)应该注意以下几个方面的问题:

a. 责任分析应清楚、准确。应该强调引起索赔事件不是承包商的责任,事件具有不可预见性,事发后尽管采取了有效措施也无法制止,索赔事件导致承包商工期拖延、费用增加的严重性,索赔事件与索赔额之间的直接因果关系等。

b. 索赔额的计算依据要准确,计算结果要准确。要用合同规定或法规规定的公认合理的计算方法,并进行适当的分析。

c. 提供充分有效的证据材料。

(3) 索赔文件的提交

提出索赔的一方应该在合同规定的时限内向对方提交正式的书面索赔文件。例如,FIDIC 合同条件和我国《建设工程施工合同(示范文本)》规定,承包人必须在发出索赔意向通知后的 28 天内或经过工程师(监理人)同意的其他合理时间内向工程师(监理人)提交一份详细的索赔文件和有关资料。如果干扰事件对工程的影响持续时间长,承包人则应按工程师(监理人)要求的合理间隔(一般为 28 天),提交中间索赔报告,并在干扰事件影响结束后的 28 天提交一份最终索赔报告。否则将失去该事件请求补偿的索赔权利。

(4) 索赔文件的审核

对于承包人向发包人的索赔请求,索赔文件应该交由工程师(监理人)审核。工程师(监理人)根据发包人的委托或授权,对承包人的索赔要求进行审核和质疑,其审核和质疑主要围绕以下几个方面:

①索赔事件是属于业主、监理工程师的责任还是第三方的责任。

②事实和合同的依据是否充分。

③承包商是否采取了适当的措施避免或减少损失。

④是否需要补充证据。

⑤索赔计算是否正确、合理。

根据《标准施工招标文件》中的通用合同条款,对承包人提出索赔的处理程序:

①监理人收到承包人提交的索赔通知书后,应及时审查索赔通知书的内容,查验承包人的记录和证明材料,必要时监理人可要求承包人提交全部原始记录副本。

②监理人应按总监理工程师与合同当事人商定或确定追加的付款和(或)延长的工期,并在收到上述索赔通知书或有关索赔的进一步证明材料后的 42 天内,将索赔处理结果答复承包人。

③承包人接受索赔处理结果的,发包人应在作出索赔处理结果答复后 28 天内完成赔付。承包人不接受索赔处理结果的,按合同约定的争议解决办法办理。

(5)承包人提出索赔的期限

根据《标准施工招标文件》中的通用合同条款,承包人提出索赔的期限如下:

①承包人按合同约定接受了竣工付款证书后,应被认为已无权再提出在合同工程接收证书颁发前所发生的任何索赔。

②承包人按合同约定提交的最终结清申请单中,只限于提出工程接收证书颁发后发生的索赔。提出索赔的期限自接受最终结清证书时终止。

(6)反索赔的基本内容

反索赔的工作内容可以包括两个方面:一是防止对方提出索赔;二是反击或反驳对方的索赔要求。

要成功地防止对方提出索赔,应采取积极防御的策略。第一是自己严格履行合同规定的各项义务,防止自己违约,并通过加强合同管理,使对方找不到索赔的理由和根据,使自己处于不被索赔的地位。第二,如果在工程实施过程中发生了干扰事件,则应立即着手研究和分析合同依据,收集证据,为提出索赔和反索赔做好准备。

如果对方提出了索赔要求或索赔报告,则自己一方应采取各种措施来反击或反驳对方的索赔要求。常用的措施有:

①抓对方的失误,直接向对方提出索赔,以对抗或平衡对方的索赔要求,以求在最终解决索赔时互相让步或者互不支付。

②针对对方的索赔报告,进行仔细、认真的研究和分析,找出理由和证据,证明对方索赔要求或索赔报告不符合实际情况和合同规定,没有合同依据或事实证据,索赔值计算不合理或不准确等问题,反击对方的不合理索赔要求,推卸或减轻自己的责任,使自己不受或少受损失。

站在承包方的角度,按照业界通常的合同管理习惯,一般将承包方向发包方提出的补偿要求称为索赔,而将发包方向承包方进行的索赔称为反索赔。同理,索赔和反索赔都是智能建造工程施工合同履行过程中正常的工程管理行为。反索赔的内容包括直接经济损失和间接经济损失。

3)**施工索赔的计算方法**

(1)工期索赔的计算方法

①网络分析法。网络分析法通过分析延误前后的施工网络计划,比较两种工期计算结果,计算出工程应顺延的工程工期。

②比例分析法。在实际工程中,干扰事件常常仅影响某些单项工程、单位工程或分部分项工程的工期,分析它们对总工期的影响。用这种方法分析比较简单。

③其他方法。在工程现场施工中,可按照索赔事件实际增加的天数确定索赔的工期;通过发包方与承包方协议确定索赔的工期。

(2)费用索赔计算方法

①总费用法:又称为总成本法,通过计算出某单项工程的总费用,减去单项工程的合同费用,剩余费用为索赔的费用。

②分项法:按照工程造价的确定方法,逐项进行工程费用的索赔。可以分为人工费、机械费、管理费、利润等分别计算索赔费用。

【案例】

1. 背景

某建筑公司(乙方)于某年4月20日与某厂(甲方)签订了修建建筑面积为3 000 m^2 工业厂房(带地下室)的施工合同,乙方编制的施工方案和进度计划已获监理工程师批准。

该工程的基坑开挖土方量为4 500 m^3,假设直接费单价为4.2元/m^3,综合费率为直接费的20%。该工程的基坑施工方案规定:土方工程采用租赁一台斗容量为10 m^3的反铲挖土机施工(租赁费450元/台班)。甲、乙双方合同约定5月11日开工,5月20日完工。在实际施工中发生如下几项事件:

(1)因租赁的挖土机大修,晚开工2天,造成人员窝工10个工日;

(2)基坑开挖后,因遇软土层,接到监理工程师5月15日停工的指令,进行地质复查,配合用工15个工日;

(3)5月19日接到监理工程师于5月20日复工令,同时提出基坑开挖深度加深2 m的设计变更通知单,由此增加土方开挖量900 m^3;

(4)5月20日—5月22日,因下罕见的大雨迫使基坑开挖暂停,造成人员窝工10个工日;

(5)5月23日用30个工日修复冲坏的永久道路,5月24日恢复挖掘工作,最终基坑于5月30日挖坑完毕。

2. 问题

(1)建筑公司对上述哪些事件可以向乙方要求索赔,哪些事件不可以要求索赔,并说明原因。

(2)每项事件工期索赔各是多少天?总计工期索赔是多少天?

(3)假设人工费单价为23元/工日,因增加用工所需的管理费为增加人工费的30%,则合理的费用索赔总额是多少?

(4)在工程施工中,通常可以提供的索赔证据有哪些?

3. 分析与答案

(1)事件1:索赔不成立。因为租赁的挖土机大修延迟开工属于承包商的自身责任。

事件2:索赔成立。因为施工地质条件变化是一个有经验的承包商所无法合理预见的。

事件3:索赔成立。因为这是由设计变更引起的,应由业主承担责任。

事件4:索赔成立。这是因特殊反常的恶劣天气造成的工程延误,业主应承担责任。

事件5:索赔成立。因恶劣的自然条件或不可抗力引起的工程损坏及修复应由业主承担责任。

(2)事件2:可索赔工期5天(15—19日)

事件3:可索赔工期2天:$900\ m^3÷(4\ 500\ m^3/10$ 天)$=2$ 天

事件4:可索赔工期3天(20—22日)

事件5:可索赔工期1天(23日)

共计索赔工期5天+2天+3天+1天=11天

(3)事件2:人工费:15工日×23元/工日×(1+30%)=448.5元

机械费:450元/台班×5天=2 250元

事件3:($900\ m^3×42$ 元$/m^3$)×(1+20%)=4 536元

事件5:人工费:30工日×23元/工日×(1+30%)=897元

机械费:450元台班×1天=450元

可索赔费用总额为:448.5元+2 250元+4 536元+897元+450元=8 581.5元

(4)可以提供的索赔证据有:

①招标文件、工程合同及附件、业主认可的施工组织设计、工程图纸、技术规范;工程图纸、图纸变更、交底记录的送达份数及日期记录。

②工程各项经业主或监理工程师签认的签证;工程预付款、进度款拨付的数额及日期记录。

③工程各项往来信件、指令、信函、通知、答复及工程各项会议纪要。

④施工计划及现场实施情况记录;施工日报及工长工作日志、备忘录;工程现场气候记录,有关天气的温度、风力、降雨雪量等。

⑤工程送电、送水、道路开通、封闭的日期及数量记录;工程停水、停电和干扰事件影响的日期及恢复施工的日期。

⑥工程有关部位的照片及录像等。

⑦工程验收报告及各项技术鉴定报告等。

⑧工程材料采购、订货、运输、进场、验收、使用等方面的凭据。

⑨工程会计核算资料。

⑩国家、省、市有关影响工程造价、工期的文件、规定等。

任务3.7 施工合同风险管理

智能建造工程的特点决定了工程实施过程中技术、经济、环境、合同订立和履行等方面诸多风险因素的存在。由于我国目前建筑市场尚不成熟,主体行为不规范的现象在一定范围内仍存在,在工程实施过程中还存在着许多不确定的因素,建筑产品的生产比一般产品的生产具有更大的风险。

3.7.1 工程合同风险的概念

合同风险是指合同中的以及由合同引起的不确定性。

工程合同风险可以按不同的方法进行分类。

(1)按合同风险产生的原因分类

按合同风险产生的原因分类,可以将合同风险分为合同工程风险和合同信用风险。

①合同工程风险是指客观原因和非主观故意导致的,如工程进展过程中发生不利的地质条件变化、工程变更、物价上涨、不可抗力等。

②合同信用风险是指主观故意导致的,表现为合同双方的机会主义行为,如业主拖欠工程款,承包商层层转包、非法分包、偷工减料、以次充好、知假买假等。

(2)按合同的不同阶段分类

按合同的不同阶段分类,可以将合同风险分为合同订立风险和合同履约风险。

3.7.2 工程合同风险产生的原因

工程合同风险产生的主要原因在于合同的不完全性特征,即合同是不完全的。不完全合同是来自经济学的概念,是指由于个人的有限理性,外在环境的复杂性和不确定性信息的不对称、交易成本以及机会主义行为的存在,导致合同当事人无法证实或观察,即造成合同条款的不完全。与一般合同一样,工程合同也是不完全的,并且因为建筑产品的特殊性,致使工程合同不完全性的表现比一般合同更加复杂。

①合同的不确定性。由于人的有限理性,对外在环境的不确定性是无法完全预期的,不可能把所有可能发生的未来事件都写入合同条款中,更不可能制订好处理未来事件的所有具体条款。

②在复杂的、无法预测的世界中,一个工程的实施会存在各种各样的风险事件,人们很难预测未来事件,无法根据未来情况作出计划,往往是计划不如变化,诸如不利的自然条件、工程变更、政策法规的变化、物价的变化等。

③合同的语句表达不清晰、不细致、不严密、矛盾等都可能造成合同的不完全,容易导致双方理解上的分歧而发生纠纷,甚至发生争端。

④由于合同双方的疏忽未就有关的事宜订立合同,而使合同不完全。

⑤交易成本的存在。因为合同双方为订立某一条款以解决某特定事宜的成本超出了其收益而造成合同的不完全。由于存在着交易成本,人们签订的合同在某些方面肯定是不完全的。缔约各方愿意遗漏许多意外事件,认为等一等、看一看,要比把许多不大可能发生的事件考虑进去要好得多。

⑥信息不对称。信息不对称是合同不完全的根源,多数问题都可以从信息的不对称中寻找到答案。建筑市场上的信息不对称主要表现为以下几个方面:

a. 业主并不真正了解承包商实际的技术和管理能力以及财务状况。

b. 承包商也并不真正了解业主是否有足够的资金保证,不知道业主能否及时支付工程款。

c.总承包商对于分包商是否真有能力完成,并不十分有把握,承包商对建筑生产要素掌握的信息远不如这些要素的提供者清楚。

⑦机会主义行为的存在。机会主义行为被定义为这样一种行为,即用虚假的或空洞的,也就是非真实的威胁或承诺来谋取个人利益的行为。经济学通常假定各种经济行为主体是具有利己心的,所追求的是自身利益的最大化,且最大化行为具有普遍性。经济学上的机会主义行为主要强调的是用掩盖信息和提供虚假信息损人利己。

任何交易都有可能发生机会主义行为,机会主义行为可分为事前的和事后的两种。前者不愿意袒露与自己真实条件有关的信息,甚至会制造扭曲的、虚假的或模糊的信息。事后的机会主义行为也称为道德风险。事前的机会主义行为可以通过减少信息不对称部分消除,但不能完全消除,而避免事后的机会主义行为方法之一就是在订立合同时进行有效的防范和在履约过程中进行监督管理。

3.7.3 施工合同风险的类型

(1)项目外界环境风险

①在国际工程中,工程所在国政治环境的变化,如发生战争、禁运、罢工、社会动乱等造成工程施工中断或终止。

②经济环境的变化,如通货膨胀、汇率调整、工资和物价上涨。物价和货币风险在工程中经常出现,而且影响非常大。

③合同所依据的法律环境的变化,如新的法律颁布,国家调整税率或增加新税种,新的外汇管理政策等。在国际工程中,以工程所在国的法律为合同法律基础,对承包商的风险很大。

④自然环境的变化,如百年不遇的洪水、地震、台风等,以及工程水文、地质条件存在不确定性,复杂且恶劣的气候条件和现场条件,其他可能存在的对项目的干扰因素等。

(2)项目组织成员资信和能力风险

①业主资信和能力风险。例如,业主企业的经营状况恶化、濒于倒闭,支付能力差,资信不好,撤走资金,恶意拖欠工程款等。业主为了达到不支付或少支付工程款的目的,在工程中苛刻刁难承包商,滥用权力,施行罚款和扣款,对承包商的合理索赔要求不答复或拒不支付。业主经常改变主意,如改变设计方案、施工方案,打乱工程施工秩序发布错误指令,非正常地干预工程但又不愿意给予承包商以合理补偿等。业主不能完成合同责任,如不能及时供应设备、材料,不及时交付场地,不及时支付工程款。业主的工作人员存在私心和其他不正之风等。

②承包商(分包商、供货商)资信和能力风险。主要包括承包商的技术能力、施工力量、装备水平和管理能力不足,没有合适的技术专家和项目管理人员,不能积极地履行合同。财务状况恶化,企业处于破产境地,无力采购和支付工资,工程被迫中止。承包商信誉差,不诚实,在投标报价和工程采购、施工中有欺诈行为。设计单位设计错误(如钢结构深化设计错误),不能及时交付设计图纸或无力完成设计工作。国际工程中对当地法律、语言、风俗不熟悉,对技术文件、工程说明和规范理解不准确或出错等。承包商的工作人员不积极履行合同责任,罢工、抗议或软抵抗等。

③其他方面。如政府机关工作人员、城市公共供应部门的干预、苛求和个人需求。项目周边或涉及的居民或单位的干预、抗议或苛刻的要求等。

(3)管理风险

①对环境调查和预测的风险。对现场和周围环境条件缺乏足够全面和深入的调查,对影响投标报价的风险、意外事件和其他情况的资料缺乏足够的了解和预测。

②合同条款不严密、错误、二义性,工程范围和标准存在不确定性。

③承包商投标策略错误,错误地理解业主意图和招标文件,导致实施方案错误、报价失误等。

④承包商的技术设计、施工方案、施工计划和组织措施存在缺陷和漏洞,计划不周。

⑤实施控制过程中的风险。例如合作伙伴争执、责任不明。缺乏有效措施保证进度、安全和质量要求。由于分包层次太多,造成计划执行和调整、实施的困难等。

3.7.4 工程合同风险分配

(1)工程合同风险分配的重要性

业主起草招标文件和合同条件,确定合同类型,对风险的分配起主导作用,有更大的主动权和责任。业主不能随心所欲地不顾主客观条件,任意在合同中增加对承包商的单方面约束性条款和对自己的免责条款,把风险全部推给对方,一定要理性分配风险,否则可能产生如下后果:

①如果业主不承担风险,同时也缺乏工程控制的积极性和内在动力,工程也不能顺利进行。

②如果合同不平等,承包商没有合理利润,不可预见的风险太大,就会对工程缺乏信心和履约积极性。如果风险事件发生,不可预见风险费用不足以弥补承包商的损失,他通常会采取其他各种办法弥补损失或减少开支,例如偷工减料、减少工作量、降低材料设备和施工质量标准以降低成本,甚至放慢施工速度或停工等,最终影响工程的整体效益。

③如果合同所定义的风险没有发生,则业主多支付了报价中的不可预见风险费,承包商取得了超额利润。

合理分配风险的好处是:

①业主可以获得一个合理的报价,承包商报价中的不可预见风险费较少。

②减少合同的不确定性,承包商可以准确地计划和安排工程施工。

③可以最大限度地发挥合同双方风险控制和履约的积极性。

④整个工程的产出效益可能会更好。

(2)工程风险分配的原则

合同风险应该按照效率原则和公平原则进行分配。

①从工程整体效益出发,最大限度发挥双方的积极性,尽可能做到:

a. 谁能最有效地(有能力和经验)预测、防止和控制风险,或能有效地降低风险损失,或能将风险转移给其他方面,则应由他承担相应的分配风险责任。

b. 承担者控制相关风险是经济的,即能够以最低的成本来承担风险损失,同时他管理风险的成本、自我防范和市场保险费用最低,同时又是有效、方便、可行的。

c. 通过风险分配,加强责任,发挥双方管理和技术革新的积极性等。

②公平合理,责权利平衡,体现在:

a. 承包商提供的工程(或服务)与业主支付的价格之间应体现公平,这种公平通常以当地当时的市场价格为依据。

b. 风险责任与权利之间应平衡。

c. 风险责任与机会对等,即风险承担者同时应能享有风险控制获得的收益和机会收益。

d. 承担的可能性和合理性,即给风险承担者以风险预测、计划、控制的条件和可能性。

③符合现代工程管理理念。

④符合工程惯例,即符合通常的工程处理方法。

3.7.5　工程保险

1)保险概述

保险是指投保人根据合同约定向保险人支付保险费,保险人对合同约定的可能发生的事故所造成的损失承担赔偿保险金责任,或者当被保险人死亡、伤残、疾病或者达到合同约定的年龄、期限时承担给付保险金责任的商业保险行为。

(1)保险标的

保险标的是保险保障的目标和实体,指保险合同双方当事人权利和义务所指向的对象,可以是财产或与财产有关的利益或责任,也可以是人的生命或身体。根据保险标的的不同,保险可分为财产保险(包括财产损失保险、责任保险、信用保险等)和人身保险(包括人寿保险、健康保险、意外伤害保险等)两大类,而工程保险既涉及财产保险,也涉及人身保险。

(2)保险金额

保险金额是保险利益的货币价值表现,简称保额,是保险人承担赔偿或给付保险金责任的最高限额。当保险金额接近于或等于财产的实际价值时,就称为足额保险或等额保险。当保险财产的保险金额小于其实际价值时称为不足额保险。当保险金额高于保险财产的实际价值,则称为超额保险。对超额部分,保险公司不负补偿责任,即不允许被保险人通过投保获得额外利益。

(3)保险费

保险费简称保费,是投保人为转嫁风险支付给保险人的与保险责任相应的价金。投保人缴纳保费是保险合同生效和保险人承担保险责任的前提条件之一。保险费的多少由保险金额的大小和保险费率的高低两个因素决定。

(4)保险责任

保险责任是保险人根据合同的规定应予承担的责任。由于保险公司对各类保险都编制了标准化的格式条款,因此保险责任可以划分为基本责任和特约责任。基本责任是指标准化的保险合同中规定,保险人承担赔偿或给付的直接和间接责任。特约责任是指标准化保险合同规定属于除外责任的范围，而需另经双方协商同意后在保险合同内特别注明承保负担的一种责任。

保险投保后，并非将不可合理预见的风险全部转移给了保险人，保险合同内都有除外责任条款，除外责任属于免赔责任，指保险人不承担责任的范围。各类保险合同由于标的的差异，除外责任不尽相同，但比较一致的有以下几项：

①投保人故意行为所造成的损失。

②因被保险人不忠实履行约定义务所造成的损失。

③战争或军事行为所造成的损失。

④保险责任范围以外，其他原因所造成的损失。

2）工程保险的概念

工程保险是对以工程建设过程中所涉及的财产、人身和建设各方当事人之间权利义务关系为对象的保险的总称；是对建筑工程项目、安装工程项目及工程中的施工机具、设备所面临的各种风险提供的经济保障；是业主和承包商为了工程项目的顺利实施，以建设工程项目，包括建设工程本身、工程设备和施工机具以及与之有关联的人作为保险对象，向保险人支付保险费，由保险人根据合同约定对建设过程中遭受自然灾害或意外事故所造成的财产和人身伤害承担赔偿保险金责任的一种保险形式。投保人将威胁自己的工程风险通过按约缴纳保险费的办法转移给保险人（保险公司）。如果事故发生，投保人可以通过保险公司获得损失补偿，以保证自身免受或少受损失。其好处是付出一定的小额保险费，换得遭受大量损失时得到补偿的保障，从而增强抵御风险的能力。

3）工程保险种类

按照国际惯例以及国内合同范本的要求，施工合同的通用条款对于易发生重大风险事件的投保范围作了明确规定，投保范围包括工程一切险、第三者责任险、人身意外伤害险、承包人设备保险、执业责任险和 CIP 保险等。

（1）工程一切险

按照我国保险制度，工程险包括建筑工程一切险、安装工程一切险两类。在施工过程中如果发生保险责任事件使工程本体受到损害，已支付进度款部分的工程属于项目法人的财产，尚未获得支付但已完成部分的工程属于承包人的财产，因此要求投保人办理保险时应以双方名义共同投保。为了保证保险的有效性和连贯性，国内工程通常由项目法人办理保险，国际工程一般要求承包人办理保险。

如果承包商不愿投保工程一切险，也可以就承包商的材料、机具设备、临时工程、已完工程等分别进行保险，但应征得业主的同意。一般来说，集中投保一切险，可能比分别投保的费用低。有时，承包商将一部分永久工程、临时工程、劳务等分包给其他分包商，他可以要求分包商投保其分担责任的那一部分保险，而自己按扣除该分包价格的余额进行保险。

（2）第三者责任险

第三者责任险是指因施工原因导致项目法人和承包人以外的第三人受到财产损失或人身伤害的赔偿第三者责任险的被保险人也应是项目法人和承包人。该险种一般附加在工程一切险中。

在发生这种涉及第三方损失的责任时,保险公司将对承包商由此遭到的赔款和发生诉讼等费用进行赔偿。但是应注意,属于承包商或业主在工地的财产损失,或其公司和其他承包商在现场从事与工作有关的职工的伤亡不属于第三者责任险的赔偿范围,而属于工程一切险和人身意外险的范围。

(3)人身意外伤害险

为了将参与项目建设人员由于施工原因受到人身意外伤害的损失转移给保险公司,应对从事危险作业的工人和职员办理意外伤害保险。此项保险义务分别由发包人、承包人负责,对本方参与现场施工的人员投保。

(4)承包人设备保险

保险的范围包括承包人运抵施工现场的施工机具和准备用于永久工程的材料及设备。我国的工程一切险包括此项保险内容。

(5)执业责任险

以设计人、咨询人(监理人)的设计、咨询错误或员工工作疏漏给业主或承包商造成的损失为保险标的。

(6)CIP 保险

CIP 是英文 Controlled Insurance Programsh 的缩写,意思是"一揽子保险"。CIP 保险的运行机制是由业主或承包商统一购买"一揽子保险",保障范围覆盖业主、承包商及所有分包商,内容包括劳工赔偿、雇主责任险、一般责任险、建筑工程一切险、安装工程一切险。

CIP 保险的优点是:

①以最优的价格提供最佳的保障范围。

②能实施有效的风险管理。

③降低赔付率,进而降低保险费率。

④避免诉讼,便于索赔。

3.7.6 工程担保

1)担保的概念

担保是为了保证债务的履行,确保债权的实现,在债务人的信用或特定的财产之上设定的特殊的民事法律关系。其法律关系的特殊性表现在,一般民事法律关系的内容(即权利和义务)基本处于一种确定的状态,而担保的内容处于一种不确定的状态,即当债务人不按主合同的约定履行债务导致债权无法实现时,担保的权利和义务才能确定并成为现实。

2)担保的方式

《中华人民共和国担保法》规定的担保方式有 5 种:保证、抵押、质押、留置和定金。

(1)保证

保证又称第三方担保,是指保证人和债权人约定,当债务人不能履行债务时,保证人按照约定履行债务或承担责任的行为。

(2)抵押

抵押是指债务人或者第三人不转移对所拥有财产的占有,将该财产作为债权的担保。债务人不履行债务时,债权人有权依法从将该财产折价或者拍卖、变卖该财产的价款中优先受偿。

(3)质押

质押是指债务人或者第三人将其质押物移交债权人占有,将该物作为债权的担保。债务人不履行债务时,债权人有权依法从将该物折价或者拍卖、变卖的价款中优先受偿。

(4)留置

留置是指债权人按照合同约定占有债务人的动产,债务人不履行债务时,债权人有权依法留置该财产,以该财产折价或者以拍卖、变卖该财产的价款优先受偿。

(5)定金

定金是指当事人可以约定一方向另一方给付定金作为债权的担保,债务人履行债务后,定金应当抵作价款或者收回。给付定金的一方不履行约定债务的,无权要求返还定金。收受定金的一方不履行约定债务的,应当双倍返还定金。

3)**工程担保**

工程担保中大量采用的是第三方担保,即保证担保。工程保证担保在发达国家已有一百多年的历史,已经成为一种国际惯例。

工程担保制度以经济责任链条建立起保证人与建设市场主体之间的责任关系。工程承包人在工程建设中的任何不规范行为都可能危害担保人的利益,担保人为维护自身的经济利益,在提供工程担保时,必然对申请人的资信、实力、履约记录等进行全面的审核,根据被保证人的资信情况实行差别费率,并在建设过程中对被担保人的履约行为进行监督。通过这种制约机制和经济杠杆,可以迫使当事人提高素质,规范行为,保证工程质量、工期和施工安全。另外,承包商拖延工期、拖欠工人工资和分包商工程款和货款、保修期内不履行保修义务,设计人延迟交付图纸及业主拖欠工程款等问题的解决也必须借助工程担保。实践证明,工程担保制度对规范建筑市场、防范风险特别是违约风险、降低建筑业的社会成本、保障工程建设的顺利进行等都有十分重要和不可替代的作用。

建设工程中经常采用的担保种类有投标担保、履约担保、支付担保、预付款担保、工程保修担保等。

4)**投标担保**

(1)投标担保的含义

投标担保是指投标人向招标人提供的担保,保证投标人一旦中标即按中标通知书、投标文件和招标文件等有关规定与业主签订承包合同。

(2)投标担保的形式

投标担保可以采用银行保函、担保公司担保书、同业担保书和投标保证金担保方式,多数采用银行投标保函和投标保证金担保方式,具体方式由招标人在招标文件中规定。未能按照招标文件要求提供投标担保的投标,可被视为不响应招标而被拒绝。

(3)担保额度和有效期

根据《工程建设项目施工招标投标办法》规定,施工投标保证金的数额一般不得超过投标总价的2%,但最高不得超过80万元人民币。投标保证金有效期应当超出投标有效期30天。投标人不按招标文件要求提交投标保证金的,该投标文件将被拒绝,作废标处理。

根据《中华人民共和国招标投标法实施条例》,投标保证金不得超过招标项目估算价的2%。投标保证金有效期应当与投标有效期一致。

根据《工程建设项目勘察设计招标投标办法》规定,招标文件要求投标人提交投标保证金的,保证金数额一般不超过勘察设计费投标报价的2%,最多不超过10万元人民币。

国际上常见的投标担保的保证金数额为2%~5%。

(4)投标担保的作用

标保的主要目的是保护招标人不因中标人不签约而蒙受经济损失。投标担保要确保投标人在投标有效期内不要撤回投标书,以及投标人在中标后保证与业主签订合同并提供业主所要求的履约担保、预付款担保等。

投标担保的另一个作用是,在一定程度上可以起筛选投标人的作用。

根据住房和城市建设部2019年修订发布的《房屋建筑和市政基础设施工程施工招标投标管理办法》第二十六条规定,招标人可以在招标文件中要求投标人提交投标担保。投标担保可以采用投标保函或者投标保证金的方式。投标保证金可以使用支票、银行汇票等,一般不得超过投标总价的2%,最高不得超过50万元。

5)**履约担保**

(1)履约担保的含义

所谓履约担保,是指招标人在招标文件中规定的要求中标的投标人提交的保证履行合同义务和责任的担保。这是工程担保最重要也是担保金额最大的工程担保。

履约担保的有效期始于工程开工之日,终止日期则可以约定为工程竣工交付之日或者保修期满之日。由于合同履行期限应该包括保修期,履约担保的时间范围也应该覆盖保修期,如果确定履约担保的终止日期为工程竣工交付之日,则需要另外提供工程保修担保。

(2)履约担保的形式

履约担保可以采用银行履约保函、履约担保书和质量保证金的形式,也可以采用同业担保方式,即由实力强、信誉好的承包商为其提供履约担保,但应当遵守国家有关企业之间提供担保的有关规定,不允许两家企业互相担保或多家企业交叉互保。在保修期内,工程保修担保可以采用预留质量保证金的方式。

①银行履约保函。

a.银行履约保函是由商业银行开具的担保证明,通常为合同金额的10%左右。银行保函分为有条件的银行保函和无条件的银行保函。

b.有条件的保函是指下述情形:在承包人没有实施合同或者未履行合同义务时,由发包人或工程师出具证明说明情况,并由担保人对已执行合同部分和未执行部分加以鉴定,确认后才能收兑银行保函,由发包人得到保函中的款项。建筑行业通常倾向于采用有条件的保函。

c.无条件的保函是指下述情形:在承包人没有实施合同或者未履行合同义务时,发包人只要看到承包人违约,不需要出具任何证明和理由就可对银行保函进行收兑。

②履约担保书。由担保公司或者保险公司开具履约担保书,当承包人在执行合同过程中违约时,开出担保书的担保公司或者保险公司用该项担保金去完成施工任务或者向发包人支付完成该项目所实际花费的金额,但该金额必须在保证金的担保金额之内。

③质量保证金。质量保证金是指在发包人(工程师)根据合同的约定,每次支付工程进度款时扣除一定数目的款项,作为承包人完成其修补缺陷义务的保证。

根据《建设工程施工合同(示范文本)》(GF—2017—0201)第15.3.2条,发包人累计扣留的质量保证金不得超过工程价款结算总额的3%。如承包人在发包人签发竣工付款证书后28天内提交质量保证金保函,发包人应同时退还扣留的作为质量保证金的工程价款。保函金额不得超过工程价款结算总额的3%。

发包人在退还质量保证金的同时按照中国人民银行发布的同期同类贷款市场报价利率(LPR)支付利息。

(3)作用

履约担保将在很大程度上促使承包商履行合同约定,完成工程建设任务,从而有利于维护业主的合法权益。一旦承包人违约,担保人要代为履约或者赔偿经济损失。

履约保证金金额的大小取决于招标项目的类型与规模,但必须保证承包人违约时,发包人不受损失。在投标须知中,发包人要规定使用哪一种形式的履约担保。中标人应当按照招标文件中的规定提交履约担保。

根据《中华人民共和国招标投标法实施条例》第五十八条:“招标文件要求中标人提交履约保证金的,中标人应当按照招标文件的要求提交。履约保证金不得超过中标合同金额的10%。”

6)预付款担保

(1)预付款担保的含义

建设工程合同签订以后,发包人往往会支付给承包人一定比例的预付款,一般为合同金额的10%,如果发包人有要求,承包人应向发包人提供预付款担保。预付款担保是指承包人与发包人签订合同后领取预付款之前,为保证正确、合理使用发包人支付的预付款而提供的担保。

(2)预付款担保的形式

①银行保函。预付款担保的主要形式是银行保函。预付款担保的担保金额通常与发包人的预付款是等值的。预付款一般逐月从工程付款中扣除,预付款担保的担保金额也相应逐月减少。承包人在施工期间,应当定期从发包人处取得同意此保函减值的文件,并送交银行确认。承包人在还清全部预付款后,发包人应退还预付款担保,承包人将其退回银行注销,解除担保责任。

②发包人与承包人约定的其他形式。预付款担保也可由担保公司提供保证担保,或采取抵押等担保形式。

(3)预付款担保的作用

预付款担保的主要作用在于保证承包人能够按合同规定进行施工,偿还发包人已支付的全部预付金额。如果承包人中途毁约,中止工程,使发包人不能在规定期限内从应付工程款中扣除全部预付款，则发包人作为保函的受益人有权凭预付款担保向银行索赔该保函的担保金额作为补偿。

7）**支付担保**

（1）支付担保的含义

支付担保是中标人要求招标人提供的保证履行合同中约定的工程款支付义务的担保。

在国际上还有一种特殊的担保——付款担保，即在有分包人的情况下，业主要求承包人提供的保证向分包人付款的担保，即承包商向业主保证，将业主支付的用于实施分包工程的工程款及时、足额地支付给分包人。在美国等许多国家的公共投资领域，付款担保是一种法定担保。付款担保在私人项目中也有所应用。

（2）支付担保的形式

支付担保通常采用银行保函、履约保证金或担保公司担保等形式。

发包人的支付担保实行分段滚动担保。支付担保的额度为工程合同总额的20%~25%。本段清算后进入下段。已完成担保额度，发包人未能按时支付，承包人可依据担保合同暂停施工，并要求担保人承担支付责任和相应的经济损失。

（3）支付担保的作用

工程款支付担保的作用在于，通过对业主资信状况进行严格审查并落实各项担保措施，确保工程费用及时支付到位。一旦业主违约，付款担保人将代为履约。

发包人要求承包人提供保证向分包人付款的付款担保，可以保证工程款真正支付给实施工程的单位或个人，如果承包人不能及时、足额地将分包工程款支付给分包人，业主可以向担保人索赔，并可以直接向分包人付款。

上述对工程款支付担保的规定，对解决我国建筑市场工程款拖欠现象具有特殊重要的意义。

（4）支付担保有关规定

①《建设工程施工合同（示范文本）》第二十五条规定了关于发包人工程款支付担保的内容：除专用合同条款另有约定外，发包人要求承包人提供履约担保的，发包人应当向承包人提供支付担保。支付担保可以采用银行保函或担保公司担保等形式，具体由合同当事人在专用合同条款中约定。

②《房屋建筑和市政基础设施工程施工招标投标管理办法》关于发包人工程款支付担保的内容：招标文件要求中标人提交履约担保的，中标人应当提交。招标人应当同时向中标人提供工程款支付担保。

【案例分析】

1. 背景

2011年6月1日，发包人A地产公司［甲方，公司类型为“有限责任公司（自然人独资）”］，与承包人B建设集团（乙方）签订《建设工程施工合同》，约定由B公司施工A公司开发的位于包头市青山区“银河游泳馆改造项目”工程，工程内容：五星级酒店、写字楼、商业、地下停车场及附属设备用房，总建筑面积暂定为14.28万m^2。合同价款执行预决算，合同价款最终以双方审定的结算价为准。合同约定“发包人收到承包人递交的竣工结算报告及结算资料后28天内进行核实,给予确认或者提出修改意见。发包人确认竣工结算报告后通知经办银行向承包人支付工程竣工结算价款。承包人收到竣工结算价款后14天内将竣工工程交付发包人";合同条约定"发包人收到竣工结算报告及结算资料后28天内无正当理由不支付工程竣工结算价款,从第29天起按承包人同期向银行贷款利率支付拖欠工程价款的利息,并承担违约责任";合同专用条款约定"发包人派驻的工程师梁××,职务为副总经理,职权为工程设计变更及现场签证审核、现场联系单签发、施工措施方案、进度审定、工程款支付的签认,各施工、监理单位总协调指挥及其他发包方指令下达";合同第四部分双方承认的附加条款约定"工程验收完成付至工程总价的90%,在发包方和承包方双方确认竣工结算价款后28个工作日内支付结算阶段进度款付至工程总价的95%;如A公司逾期付款,需支付B公司月利率2%的利息及月利率1%的违约金;承包人向发包人提交预算书后,发包人在30个工作日通知承包人,经双方在60个工作日内核审后的合同价款,作为工程最终造价,如发包人原因不能在约定时间内审计完毕,视为认同承包人送审造价"。

合同签订后,B公司依照合同约定开始施工,工程于2011年6月10日进行报建,规划许可证颁发时间为2011年9月16日,施工许可证颁发日期为2011年12月13日,2014年10月竣工并投入使用,但工程质量竣工验收记录显示竣工日期为2015年3月31日。2015年9月29日,A公司梁××签收了B公司银河游泳馆改造项目工程竣工报审资料(结算书)一套。B公司于2015年7月9日、2016年1月4日分别向A公司以书面方式发送工作联系函,函中B公司已主张优先受偿权。2016年10月11日,双方签订《B公司恒源银座项目部抵顶恒源银座公寓协议》,约定工程暂定结算造价230 269 932.85元,截至2016年10月10日已付211 441 449.2元。2017年9月20日,双方形成的《银河游泳馆改造项目工程造价结(决)算汇总表》,最终结算总造价283 995 124元。B公司认可A公司已付工程款213 061 449.2元,尚欠工程款70 933 674.8元。

因此,B公司于2017年11月17日向一审法院起诉请求:A公司应付给B公司工程款(拖欠)70 933 674.80元,并要求甲方按照月息2%支付欠款期间利息,还应确认B公司对该工程款享有工程优先受偿权。

(来源:中国裁判文书网)

2. 问题

①甲乙双方签订的《建设工程施工合同》是否有效?请说明理由。

②欠付工程款利息为多少?应如何计算?

③B公司对案涉工程行使建设工程价款优先受偿权是否超过法定期间?请说明理由。

3. 案例分析(扫码阅读)

练习题3

一、单项选择题(每题1分,每题的备选项中只有一个最符合题意)

1. 甲总承包公司与项目业主签订了智能建造工程项目总承包合同,并在合同中明确了合同计价方式。按照国际通行做法,该项目在合同计价方式上应当采用(　　)。

A. 固定总价合同　B. 变动总价合同　C. 固定单价合同　D. 变动单价合同

2. 某写字楼智能建造工程项目采用施工总承包管理模式,甲公司作为施工总承包管理单位,现拟将项目中的安装工程分包给乙公司。下述关于签订分包合同的表述中正确的是(　　)。

A. 一般情况下,乙公司的分包合同应与甲公司签订

B. 甲公司负责分包合同的管理与协调工作,对项目目标控制不承担责任

C. 如甲公司认为乙公司没有能力完成分包任务,但业主不同意更换,则甲公司应认可该分包合同

D. 甲公司只收取总包管理费,不能赚取总包与分包之间的差价

3. 对于分包单位的选择,决策者应该是(　　)。

A. 工程师　　B. 施工总承包管理单位

C. 业主　　D. 施工总承包单位

4. 下列有关施工总承包模式的表述中,正确的是(　　)。

A. 项目质量的好坏很大程度上取决于业主的管理水平

B. 施工总承包合同一般实行单价合同

C. 业主需进行多次招标,合同管理量较大

D. 业主只负责对施工总承包单位的管理及组织协调

5. 根据《标准施工招标文件》中"通用合同条款"的规定,监理人出具进度付款证书,则(　　)。

A. 视为监理人已同意承包人完成的该部分工作

B. 视为发包人已接受承包人完成的该部分工作

C. 发包人应在收到该证书后28天内,将进度款支付给承包人

D. 不应视为监理人已批准了承包人完成的该部分工作

6. 质量保证金的计算额度应包括当期(　　)。

A. 预付款的支付　　B. 承包人完成的安装工程款

C. 价格调整的金额　　D. 预付款的扣回

7. 如监理人未能在14天内核查承包人提交的竣工付款申请单,又未提出具体意见,则(　　)。

A. 监理人可要求延长核查时间

B. 监理人应向承包人出具经发包人签认的竣工付款证书

C. 视为承包人提交的竣工付款申请已经监理人核查同意

D. 视为承包人提交的竣工付款申请已经发包人核查同意

8. 某承包人承揽某房屋建筑项目,现已按合同约定通过竣工验收。承包人的缺陷责任期应自(　　)起计算。

A. 承包人提交竣工验收申请报告之日

B. 工程接收证书中写明的实际竣工日期

C. 发包人签认工程接收证书之日

D. 监理向承包人出具经发包人签认的工程接收证书之日

9. 某钢材采购合同在履行过程中,由于供货方的错误,实际交付的钢材型号与合同约定不符。对该合同履行过程中出现的问题,如果(　　)。

A. 采购方同意利用,仍按原合同价格计价

B. 采购方同意利用,应当按质论价,且供货方应按合同约定向采购方支付违约金

C. 采购方不同意使用,应由供货方负责更换,采购方承担相关运费

D. 采购方不同意使用,应由供货方负责更换,并承担相关费用

10. 某应急智能建造工程,需要在冬季到来前完成大量人员安置房的建设。为此,当地政府立即成立了工程建设指挥部负责工程的建设管理,并从财政立即下拨了 1 000 万元用于应急智能建造工程的建设。为确保在冬季来临之前完成工程,建设指挥部决定尽快对工程进行招标。在这种情况下,工程承包合同的计价形式较适合采用(　　)。

A. 总价合同　　B. 固定单价合同　　C. 变动单价合同　　D. 成本加酬金合同

11. 在施工门窗工程时,由于投标时设计深度不够,造成施工中增加了两扇门的工作量。对此,承包商(　　)。

A. 有权要求将该项费用加到合同总价中

B. 无权要求将该项费用加到合同总价中

C. 有权拒绝施工增加的门

D. 有权变更设计

12. 采用成本加酬金合同计价形式,业主方的施工招标(　　)。

A. 只能在方案设计阶段进行　　B. 只能在初步设计阶段进行

C. 只能在施工图设计阶段进行　　D. 可以在设计的各个阶段进行

13. 某工程在履行合同的过程中发生了工程变更。建筑施工方按变更意向书的要求提交的工程变更实施方案,应包括拟实施变更工作的(　　)等内容。

A. 发包人的指令　　B. 材料、设备等技术条件

C. 设计部门的意见　　D. 计划、措施和竣工时间

14. 某工程因变更引起价格调整,但已标价工程量清单中无适用或类似子目的单价,专用合同条款也未另有约定。在该情形下,对变更引起的价格调整,监理公司确定变更工作的单价的原则是(　　)。

A. 最低利润　　B. 市场价格　　C. 成本加利润　　D. 最低成本

15. 某工程在履行合同的过程中,因设计原因发生工程变更。此时,监理公司可按合同约定的变更程序,向承包商作出变更指示,但须经(　　)同意。

A. 企业经理　　B. 发包人　　C. 设计单位　　D. 工程师

16. 某承包商承揽的住宅智能建造工程项目,由于业主对于相关设计修改迟迟拿不定主意,致使一项工作拖期3天完工,对后续工程造成了影响。若该工作有3天的自由时差,根据索赔成立应该具备的前提条件,承包商(　　)。

A. 应向业主提交索赔报告　　B. 应向业主提出费用索赔

C. 不应向业主提出工期索赔　　D. 应向业主提出工期索赔

17. 某承包商拟向业主提出工期索赔,索赔工作的第一步是要(　　)。

A. 提出索赔意向 B. 提出索赔金额　　C. 提出索赔时间　　D. 提出索赔报告

二、多项选择题(每题2分。每题的备选项中,有2个或2个以上符合题意,至少有1个错项。错选,本题不得分;少选,所选的每个选项得0.5分)

1. 按照合同的约定,供货方交付产品时,可以作为双方验收依据的资料包括(　　)。

A. 双方签订的采购合同

B. 供货方提供的发货单、计量单、装箱单及其他有关凭证

C. 合同内约定的质量标准,应写明执行的标准代号、标准名称

D. 产品使用说明书和保修单

E. 产品的技术参数和性能要求

2. 在材料采购合同中必须注明的是(　　)。

A. 产品名称　　B. 生产厂家　　C. 供货时间及每次供应数量

D. 提货人姓名和具体时间 E. 材料交付方式

3. 关于不可抗力,国际货物采购合同中的相关条款有(　　)。

A. 不可抗力事故范围　　B. 不可抗力事故通知和证明　　C. 免责规定

D. 受不可抗力影响的当事人延迟履行合同的最长期限

E. 不可抗力财产损失的分担

4. 建筑工程物资采购合同具有的特征是(　　)。

A. 以转移财产有权为目的 B. 以支付货款为目的　　C. 双务合同

D. 要物合同　　E. 卖方义务一般不能解除

5. 在建设工程物资采购合同履行中,正确的是(　　)。

A. 除经买方同意外,卖方应交付合同规定的标的

B. 卖方可以支付违约金,以替代对合同标的的履行

C. 卖方可以偿付赔偿金,以替代对合同标的的履行

D. 卖方可以用其他客体代替原标的

E. 除经买方同意,不允许以支付违约金的方式代替履行合同

6. 建设工程物资采购合同的当事人之间发生争议后,可以采用(　　)方式解决。

A. 和解　　B. 调解　　C. 仲裁

D. 诉讼　　E. 索赔

7. 材料采购合同订立后,当事人应当(　　)履行合同。

A. 按约定的标的履行　　B. 按合同规定的期限、地点交付货物

C. 承担违约责任　　D. 按合同规定的数量和质量交付货物

E. 买方验收材料后,按合同规定履行支付义务

8. 调整国际货物采购合同关系的法律和惯例主要有(　　　　)。
A. 我国的《中华人民共和国民法典》等涉外法律法规
B. 联合国国际货物销售合同公约
C. 国际货物销售合同法律适用性公约
D. 国际贸易中的统一规定
E. 国际贸易惯例
9. 国际货物采购合同中,通常订有仲裁条款。其中对(　　　　)的选择是关键。
A. 仲裁事项　　B. 仲裁地点　　C. 仲裁机构
D. 仲裁程序　　E. 仲裁裁决的效力
10. 属于采购方的违约责任的是(　　　　)。
A. 不按合同约定接受货物　　B. 货物错发到货地点或接货人
C. 逾期付款　　D. 货物交接地点错误的责任
E. 货物包装在运输过程中损坏
11. 常见的产品交付方式的是(　　　　)。
A. 将货物负责送抵现场　　B. 委托运输部门代运
C. 供货方到采购方现场进行生产　　D. 采购方自提货物
E. 采购方自行生产
12. 材料采购合同订立后,当事人应当(　　　　)要求履行合同。
A. 按标的履行　　B. 按期限,地点履行
C. 运输途中发生意外可延迟履行　　D. 按数量和质量履行
E. 买方验收后,履行支付义务
13. 合同履行的原则有(　　　　)。
A. 全面履行　　B. 协作履行　　C. 适当履行
D. 诚实履行　　E. 善意履行
14. 对合同约定不明条款的履行规则是(　　　　)。
A. 补充协议　　B. 按合同有关条款或交易习惯
C. 按有利于实现合同目的的方式　　D. 执行《民法典》的规定
E. 协商履行
15. 按我国《民法典》第五百一十一条的规定,质量要求约定不明的按(　　　　)履行
A. 企业标准　　B. 国际标准　　C. 国家标准
D. 行业标准　　E. 符合合同目的的特定标准
16. 下列关于合同无效的表述中,正确的是(　　)。
A. 一方以欺诈、胁迫的手段订立的合同　　B. 恶意串通,损害国家、集体或者第三人利益
C. 以合法形式掩盖非法目的　　D. 损害社会公共利益
E. 违反法律、地方性法规的强制性规定
17. 所有合同的订立都必须经过(　　　　)。
A. 咨询　　B. 要约　　C. 承诺
D. 批准　　E. 公证

情境4　智能建造工程项目成本管理

智能建造工程项目成本管理，就是在完成一个智能建造工程项目过程中，对所发生的成本费用支出，有组织、有系统地进行预测、计划、控制、核算、考核、分析等一系列科学管理工作的总称。其中，项目成本预测和计划为事前管理，即在成本发生之前，根据工程项目的结构类型、规模、工序、工期质量标准、物资准备等情况，运用一定的科学方法，进行成本指标的测算，并据以编制工程项目成本计划，作为降低工程项目成本的行动纲领和日常控制成本开支的依据。项目成本控制和核算为事中管理，即对工程项目施工生产过程中所发生的各项开支，根据成本计划实行严格的控制和监督，并正确计算与归集工程项目实际成本。项目成本考核和分析为事后管理，即通过对实际成本与计划成本的比较，检查项目成本计划的完成情况，并进行分析，找出成本升降的主客观因素，总结经验、发现问题，从而进一步确定降低项目成本的具体措施，并为编制或调整下期项目成本计划提供依据。工程项目成本管理是以正确反映工程项目施工生产的经济成果，不断降低工程项目成本为宗旨的一项综合性管理工作。

施工成本管理应从工程投标报价开始，直至竣工结算，保修金返还为止，贯穿于项目实施的全过程。施工成本管理要保证工期和质量要求的情况下，采取相应管理措施，包括组织措施、经济措施、技术措施和合同措施，把成本控制在计划范围内，并进一步寻求最大限度的成本节约。

任务4.1　认识建筑安装工程费用项目的组成与计算

4.1.1　按照费用构成要素划分的建筑安装工程费用项目的组成

建筑安装工程费按照费用构成要素划分：由人工费、材料（包含工程设备，下同）费、施工机具使用费、企业管理费、利润、规费和税金组成。其中人工费、材料费、施工机具使用费、企业管理费和利润包含在分部分项工程费、措施项目费、其他项目费中，如图4.1所示。

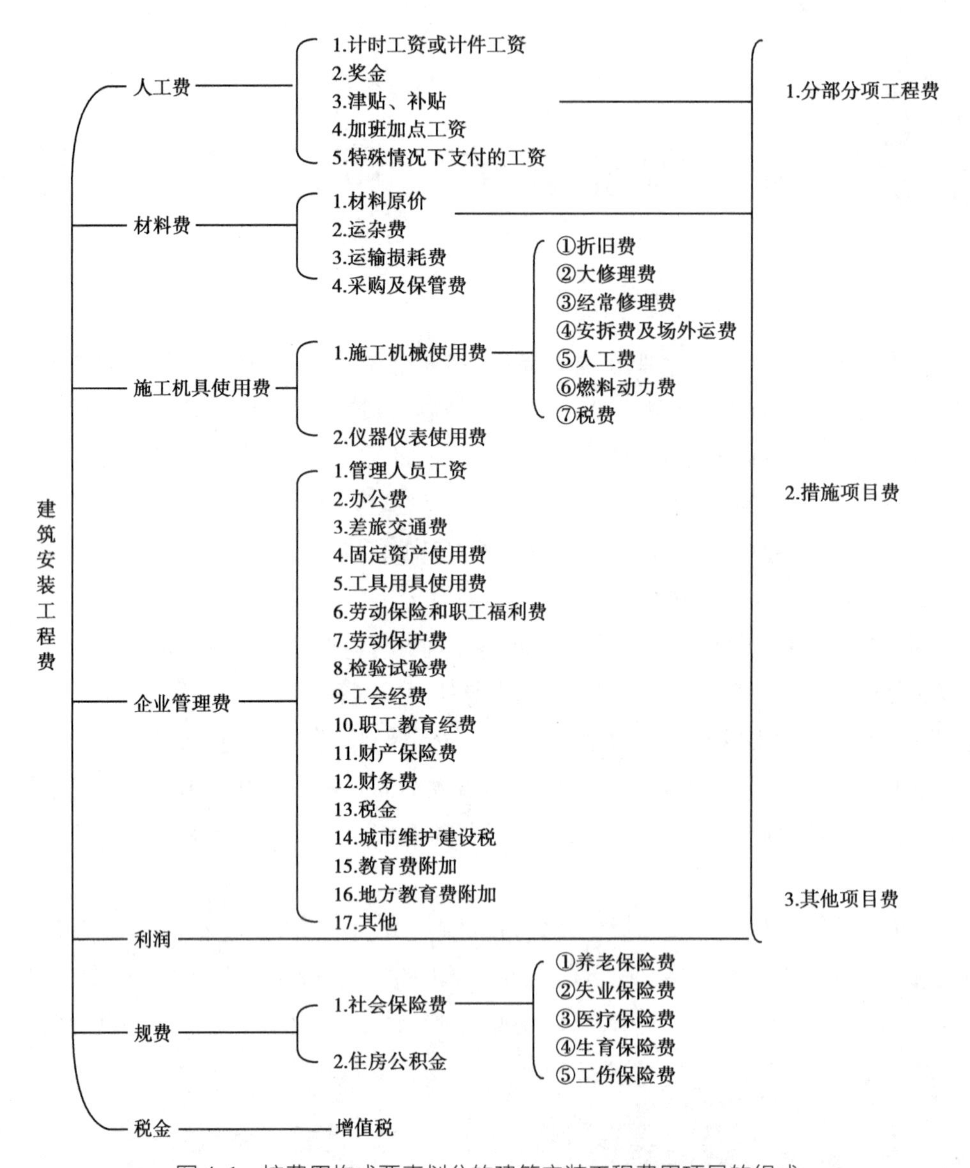

图 4.1　按费用构成要素划分的建筑安装工程费用项目的组成

1）**人工费**

人工费是指按工资总额构成规定，支付给从事建筑安装工程施工的生产工人和附属生产单位工人的各项费用。内容包括：

①计时工资或计件工资：是指按计时工资标准和工作时间或对已做工作按计件单价支付给个人的劳动报酬。

②奖金：是指对超额劳动和增收节支支付给个人的劳动报酬，如节约奖、劳动竞赛奖等。

③津贴、补贴：是指为了补偿职工特殊或额外的劳动消耗和因其他特殊原因支付给个人的津贴，以及为了保证职工工资水平不受物价影响支付给个人的物价补贴，如流动施工津

贴、特殊地区施工津贴、高温（寒）作业临时津贴、高空津贴等。

④加班加点工资：是指按规定支付的在法定节假日工作的加班工资和在法定日工作时间外延时工作的加点工资。

⑤特殊情况下支付的工资：是指根据国家法律、法规和政策规定，因病、工伤、产假、婚丧假、事假、探亲假、定期休假、停工学习、执行国家或社会义务等原因按计时工资标准或计时工资标准的一定比例支付的工资。

2）**材料费**

材料费是指施工过程中耗费的原材料、辅助材料、构配件、零件、半成品或成品、工程设备的费用。内容包括：

①材料原价：是指材料、工程设备的出厂价格或商家供应价格。

②运杂费：是指材料、工程设备自来源地运至工地仓库或指定堆放地点所发生的全部费用。

③运输损耗费：是指材料在运输装卸过程中不可避免的损耗。

④采购及保管费：是指为组织采购、供应和保管材料、工程设备的过程中所需要的各项费用，包括采购费、仓储费、工地保管费、仓储损耗。

工程设备是指构成或计划构成永久工程一部分的机电设备、金属结构设备、仪器装置及其他类似的设备和装置。

3）**施工机具使用费**

施工机具使用费是指施工作业所发生的施工机械、仪器仪表使用费或其租赁费。

（1）施工机械使用费

以施工机械台班耗用量乘以施工机械台班单价表示，施工机械台班单价应由下列 7 项费用组成：

①折旧费：指施工机械在规定的使用年限内，陆续收回其原值的费用。

②大修理费：指施工机械按规定的大修理间隔台班进行必要的大修理，以恢复其正常功能所需的费用。

③经常修理费：指施工机械除大修理以外的各级保养和临时故障排除所需的费用。包括为保障机械正常运转所需替换设备与随机配备工具附具的摊销和维护费用，机械运转中日常保养所需润滑与擦拭的材料费用及机械停滞期间的维护和保养费用等。

④安拆费及场外运费：安拆费指施工机械（大型机械除外）在现场进行安装与拆卸所需的人工、材料、机械和试运转费用以及机械辅助设施的折旧、搭设、拆除等费用；场外运费指施工机械整体或分体自停放地点运至施工现场或由一施工地点运至另一施工地点的运输、装卸、辅助材料及架线等费用。

⑤人工费：指机上司机（司炉）和其他操作人员的人工费。

⑥燃料动力费：指施工机械在运转作业中所消耗的各种燃料及水、电等。

⑦税费：指施工机械按照国家规定应缴纳的车船使用税、保险费及年检费等。

（2）仪器仪表使用费

仪器仪表使用费是指工程施工所需使用的仪器仪表的摊销及维修费用。

4）**企业管理费**

企业管理费是指建筑安装企业组织施工生产和经营管理所需的费用。内容包括：

①管理人员工资：是指按规定支付给管理人员的计时工资、奖金、津贴补贴、加班加点工资及特殊情况下支付的工资等。

②办公费：是指企业管理办公用的文具、纸张、账表、印刷、邮电、书报、办公软件、现场监控、会议、水电、烧水和集体取暖降温（包括现场临时宿舍取暖降温）等费用。

③差旅交通费：是指职工因公出差、调动工作的差旅费、住勤补助费，市内交通费和误餐补助费，职工探亲路费，劳动力招募费，职工退休、退职一次性路费，工伤人员就医路费，工地转移费以及管理部门使用的交通工具的油料、燃料等费用。

④固定资产使用费：是指管理和试验部门及附属生产单位使用的属于固定资产的房屋、设备、仪器等的折旧、大修、维修或租赁费。

⑤工具用具使用费：是指企业施工生产和管理使用的不属于固定资产的工具、器具、家具、交通工具和检验、试验、测绘、消防用具等的购置、维修和摊销费。

⑥劳动保险和职工福利费：是指由企业支付的职工退职金、按规定支付给离休干部的经费，集体福利费、夏季防暑降温、冬季取暖补贴、上下班交通补贴等。

⑦劳动保护费：是企业按规定发放的劳动保护用品的支出，如工作服、手套、防暑降温饮料以及在有碍身体健康的环境中施工的保健费用等。

⑧检验试验费：是指施工企业按照有关标准规定，对建筑以及材料、构件和建筑安装物进行一般鉴定、检查所发生的费用，包括自设试验室进行试验所耗用的材料等费用。不包括新结构、新材料的试验费，对构件做破坏性试验及其他特殊要求检验试验的费用和建设单位委托检测机构进行检测的费用，对此类检测发生的费用，由建设单位在工程建设其他费用中列支。但对施工企业提供的具有合格证明的材料进行检测不合格的，该检测费用由施工企业支付。

⑨工会经费：是指企业按《中华人民共和国工会法》规定的全部职工工资总额比例计提的工会经费。

⑩职工教育经费：是指按职工工资总额的规定比例计提，企业为职工进行专业技术和职业技能培训，专业技术人员继续教育、职工职业技能鉴定、职业资格认定以及根据需要对职工进行各类文化教育所发生的费用。

⑪财产保险费：是指施工管理用财产、车辆等的保险费用。

⑫财务费：是指企业为施工生产筹集资金或提供预付款担保、履约担保、职工工资支付担保等所发生的各种费用。

⑬税金：是指企业按规定缴纳的房产税、车船使用税、土地使用税、印花税等。

⑭城市维护建设税：增值税的一定比例，市区 7%；县城、镇 5%；其他 1%。

⑮教育费附加：增值税的 3%。

⑯地方教育费附加：增值税的 2%。

⑰其他：包括技术转让费、技术开发费、投标费、业务招待费、绿化费、广告费、公证费、法律顾问费、审计费、咨询费、保险费等。

5）**利润**

利润是指施工企业完成所承包工程获得的盈利。

6）**规费**

规费是指按国家法律、法规规定，由省级政府和省级有关权力部门规定必须缴纳或计取的费用。包括：

（1）社会保险费

①养老保险费：是指企业按照规定标准为职工缴纳的基本养老保险费。

②失业保险费：是指企业按照规定标准为职工缴纳的失业保险费。

③医疗保险费：是指企业按照规定标准为职工缴纳的基本医疗保险费。

④生育保险费：是指企业按照规定标准为职工缴纳的生育保险费。

⑤工伤保险费：是指企业按照规定标准为职工缴纳的工伤保险费。

（2）住房公积金

住房公积金是指企业按规定标准为职工缴纳的住房公积金。

其他应列而未列入的规费，按实际发生计取。

7）**税金**

税金是指国家税法规定的应计入建筑安装工程造价内的增值税的销项税额。增值税是以商品（含应税劳务）在流转过程中产生的增值额作为计税依据而征收的一种流转税。从计税原理上说，增值税是对商品生产、流通、劳务服务中多个环节的新增价值或商品的附加值征收的一种流转税。

4.1.2　按造价形成划分的建筑安装工程费用项目的组成

建筑安装工程费按照工程造价形成由分部分项工程费、措施项目费、其他项目费、规费、税金组成，分部分项工程费、措施项目费、其他项目费包含人工费、材料费、施工机具使用费、企业管理费和利润，如图4.2所示。

1）**分部分项工程费**

分部分项工程费是指各专业工程的分部分项工程应予列支的各项费用。

（1）专业工程

专业工程是指按现行国家计量规范划分的房屋建筑与装饰工程、仿古建筑工程、通用安装工程、市政工程、园林绿化工程、矿山工程、构筑物工程、城市轨道交通工程、爆破工程等各类工程。

（2）分部分项工程

分部分项工程是指按现行国家计量规范对各专业工程划分的项目，如房屋建筑与装饰工程划分的土石方工程、地基处理与桩基工程、砌筑工程、钢筋及钢筋混凝土工程等。

各类专业工程的分部分项工程划分见现行国家或行业计量规范。

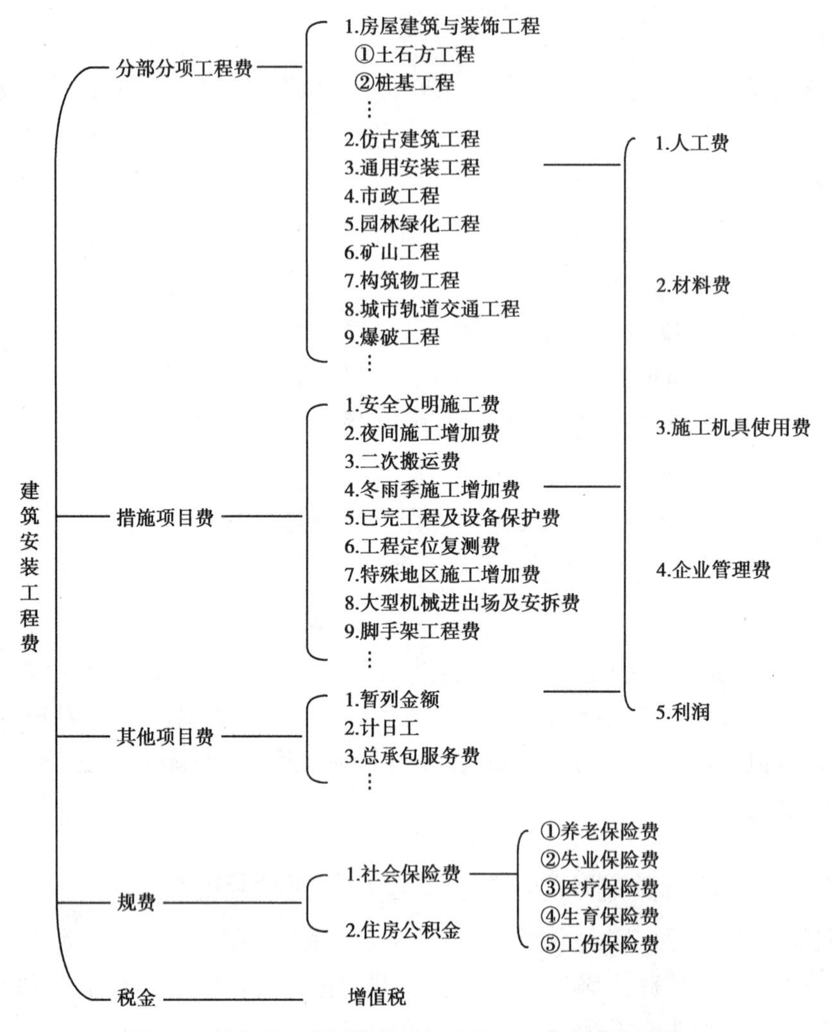

图 4.2　按造价形成划分的建筑安装工程费用项目的组成

2）**措施项目费**

措施项目费是指为完成建设工程施工，发生于该工程施工前和施工过程中的技术、生活、安全、环境保护等方面的费用。内容包括：

（1）安全文明施工费

①环境保护费：是指施工现场为达到环保部门要求所需要的各项费用。

②文明施工费：是指施工现场文明施工所需要的各项费用。

③安全施工费：是指施工现场安全施工所需要的各项费用。

④临时设施费：是指施工企业为进行建设工程施工所必须搭设的生活和生产用的临时建筑物、构筑物和其他临时设施费用。包括临时设施的搭设、维修、拆除、清理费或摊销费等。

(2)夜间施工增加费

夜间施工增加费是指因夜间施工所发生的夜班补助费、夜间施工降效、夜间施工照明设备摊销及照明用电等费用。

(3)二次搬运费

二次搬运费是指因施工场地条件限制而发生的材料、构配件、半成品等一次运输不能到达堆放地点,必须进行二次或多次搬运所发生的费用。

(4)冬雨季施工增加费

冬雨季施工增加费是指在冬季或雨季施工需增加的临时设施、防滑、排除雨雪,人工及施工机械效率降低等费用。

(5)已完工程及设备保护费

已完工程及设备保护费是指竣工验收前,对已完工程及设备采取的必要保护措施所发生的费用。

(6)工程定位复测费

工程定位复测费是指工程施工过程中进行全部施工测量放线和复测工作的费用。

(7)特殊地区施工增加费

特殊地区施工增加费是指工程在沙漠或其边缘地区、高海拔、高寒、原始森林等特殊地区施工增加的费用。

(8)大型机械设备进出场及安拆费

大型机械设备进出场及安拆费是指机械整体或分体自停放场地运至施工现场或由一个施工地点运至另一个施工地点,所发生的机械进出场运输及转移费用及机械在施工现场进行安装、拆卸所需的人工费、材料费、机械费、试运转费和安装所需的辅助设施的费用。

(9)脚手架工程费

脚手架工程费是指施工需要的各种脚手架搭、拆、运输费用以及脚手架购置费的摊销(或租赁)费用。

措施项目及其包含的内容详见各类专业工程的现行国家或行业计量规范。

3)**其他项目费**

(1)暂列金额

暂列金额是指建设单位在工程量清单中暂定并包括在工程合同价款中的一笔款项。用于施工合同签订时尚未确定或者不可预见的所需材料、工程设备、服务的采购,施工中可能发生的工程变更、合同约定调整因素出现时的工程价款调整以及发生的索赔、现场签证确认等的费用。

(2)计日工

计日工是指在施工过程中,施工企业完成建设单位提出的施工图纸以外的零星项目或工作所需的费用。

(3)总承包服务费

总承包服务费是指总承包人为配合、协调建设单位进行的专业工程发包,对建设单位自行采购的材料、工程设备等进行保管以及施工现场管理、竣工资料汇总整理等服务所需的费用。

4)**规费**

定义同前。

5)**税金**

定义同前。

4.1.3 建筑安装工程费用参考计算方法

1)**人工费**

公式:

$$人工费 = \sum(工日消耗量 \times 日工资单价) \tag{4.1}$$

$$日工资单价 = \frac{\begin{array}{c}生产工人平均月工资(计时、计件) + \\ 平均月(奖金 + 津贴补贴 + 特殊情况下支付的工资)\end{array}}{年平均每月法定工作日} \tag{4.2}$$

注:公式(4.1)主要适用于施工企业投标报价时自主确定人工费,也是工程造价管理机构编制计价定额确定定额人工单价或发布人工成本信息的参考依据。

公式:

$$人工费 = \sum(工程工日消耗量 \times 日工资单价) \tag{4.3}$$

日工资单价是指施工企业平均技术熟练程度的生产工人在每工作日(国家法定工作时间内)按规定从事施工作业应得的日工资总额。

工程造价管理机构确定日工资单价应通过市场调查、根据工程项目的技术要求,参考实物工程量人工单价综合分析确定,最低日工资单价不得低于工程所在地人力资源和社会保障部门所发布的最低工资标准的:普工1.3倍、一般技工2倍、高级技工3倍。

工程计价定额不可只列一个综合工日单价,应根据工程项目技术要求和工种差别适当划分多种日人工单价,确保各分部工程人工费的合理构成。

注:公式(4.3)适用于工程造价管理机构编制计价定额时确定定额人工费,是施工企业投标报价的参考依据。

2)**材料费**

(1)材料费

$$材料费 = \sum(材料消耗量 \times 材料单价) \tag{4.4}$$

$$材料单价 = \{(材料原价 + 运杂费) \times [1 + 运输损耗率(\%)]\} \times [1 + 采购保管费率(\%)] \tag{4.5}$$

(2)工程设备费

$$工程设备费 = \sum(工程设备量 \times 工程设备单价) \tag{4.6}$$

$$工程设备单价 = (设备原价 + 运杂费) \times [1 + 采购保管费率(\%)] \tag{4.7}$$

3)**施工机具使用费**

(1)施工机械使用费

$$施工机械使用费 = \sum(施工机械台班消耗量 \times 机械台班单价) \tag{4.8}$$

$$\begin{aligned}机械台班单价 = &台班折旧费 + 台班大修费 + 台班经常修理费 + 台班安拆费及场外运费 + \\ &台班人工费 + 台班燃料动力费 + 台班车船税费\end{aligned} \tag{4.9}$$

①折旧费计算公式为:

$$台班折旧费 = 机械预算价格 \times \frac{1 - 残值率}{耐用总台班数} \tag{4.10}$$

$$耐用总台班数 = 折旧年限 \times 年工作台班 \tag{4.11}$$

②大修理费计算公式为:

$$台班大修理费 = \frac{一次性大修理费 \times 大修理次数}{耐用总台班数} \tag{4.12}$$

注:工程造价管理机构在确定计价定额中的施工机械使用费时,应根据《建筑施工机械台班费用计算规则》结合市场调查编制施工机械台班单价。施工企业可以参考工程造价管理机构发布的台班单价,自主确定施工机械使用费的报价,如租赁施工机械,公式为:

$$施工机械使用费 = \sum(施工机械台班消耗量 \times 机械台班租赁单价) \tag{4.13}$$

(2)仪器仪表使用费

$$仪器仪表使用费 = 工程使用的仪器仪表摊销费 + 维修费 \tag{4.14}$$

4)**企业管理费费率**

(1)以分部分项工程费为计算基础

$$企业管理费费率(\%) = \frac{生产工人年平均管理费}{年有效施工天数 \times 人工单价} \times 人工费占分部分项工程费比例(\%) \tag{4.15}$$

(2)以人工费和机械费合计为计算基础

$$企业管理费费率(\%) = \frac{生产工人年平均管理费}{年有效施工天数 \times (人工单价 + 每一工日机械使用费)} \times 100\% \tag{4.16}$$

(3)以人工费为计算基础

$$企业管理费费率(\%) = \frac{生产工人年平均管理费}{年有效施工天数 \times 人工单价} \times 100\% \tag{4.17}$$

注:上述公式适用于施工企业投标报价时自主确定管理费,是工程造价管理机构编制计价定额确定企业管理费的参考依据。

工程造价管理机构在确定计价定额中企业管理费时,应以定额人工费或(定额人工费+定额机械费)作为计算基数,其费率根据历年工程造价积累的资料,辅以调查数据确定,列入分部分项工程和措施项目中。

5)**利润**

①施工企业根据企业自身需求并结合建筑市场实际自主确定,列入报价中。

②工程造价管理机构在确定计价定额中利润时,应以定额人工费或(定额人工费+定额机械费)作为计算基数,其费率根据历年工程造价积累的资料,并结合建筑市场实际确定,以单位(单项)工程测算,利润在税前建筑安装工程费的比重可按不低于5%且不高于7%的费率计算。利润应列入分部分项工程和措施项目中。

6)**规费**

社会保险费和住房公积金应以定额人工费为计算基础,根据工程所在地省、自治区、直辖市或行业建设主管部门规定费率计算。

$$\text{社会保险费和住房公积金} = \sum(\text{工程定额人工费} \times \text{社会保险费和住房公积金费率}) \tag{4.18}$$

式中,社会保险费和住房公积金费率可以每万元发承包价的生产工人人工费和管理人员工资含量与工程所在地规定的缴纳标准综合分析取定。

7)**税金(增值税)**

建筑安装工程费用的税金是指国家税法规定的应计入建筑安装工程造价内的增值税的销项税额。增值税的计税方法,包括一般计税方法和简易计税方法。一般纳税人发生应税行为适用一般计税方法计税。小规模纳税人发生应税行为适用简易计税方法计税。

4.1.4 建筑安装工程计价参考公式

1)**分部分项工程费**

$$\text{分部分项工程费} = \sum(\text{分部分项工程量} \times \text{综合单价}) \tag{4.19}$$

式中,综合单价包括人工费、材料费、施工机具使用费、企业管理费和利润以及一定范围的风险费用(下同)。

2)**措施项目费**

(1)国家计量规范规定应予计量的措施项目

其计算公式为:

$$\text{措施项目费} = \sum(\text{措施项目工程量} \times \text{综合单价}) \tag{4.20}$$

(2)国家计量规范规定不宜计量的措施项目

其计算方法如下:

①安全文明施工费

$$安全文明施工费 = 计算基数 \times 安全文明施工费费率(\%) \tag{4.21}$$

计算基数应为定额基价(定额分部分项工程费+定额中可以计量的措施项目费)、定额人工费或(定额人工费+定额机械费),其费率由工程造价管理机构根据各专业工程的特点综合确定。

②夜间施工增加费

$$夜间施工增加费 = 计算基数 \times 夜间施工增加费费率(\%) \tag{4.22}$$

③二次搬运费

$$二次搬运费 = 计算基数 \times 二次搬运费费率(\%) \tag{4.23}$$

④冬雨季施工增加费

$$冬雨季施工增加费 = 计算基数 \times 冬雨季施工增加费费率(\%) \tag{4.24}$$

⑤已完工程及设备保护费

$$已完工程及设备保护费 = 计算基数 \times 已完工程及设备保护费费率(\%) \tag{4.25}$$

上述②—⑤项措施项目的计费基数应为定额人工费或(定额人工费+定额机械费),其费率由工程造价管理机构根据各专业工程特点和调查资料综合分析后确定。

3)**其他项目费**

①暂列金额由建设单位根据工程特点,按有关计价规定估算,施工过程中由建设单位掌握使用、扣除合同价款调整后如有余额,归建设单位。

②计日工由建设单位和施工企业按施工过程中的签证计价。

③总承包服务费由建设单位在招标控制价中根据总包服务范围和有关计价规定编制,施工企业投标时自主报价,施工过程中按签约合同价执行。

4)**规费和税金**

建设单位和施工企业均应按照省、自治区、直辖市或行业建设主管部门发布标准计算规费和税金,不得作为竞争性费用。

4.1.5　计算增值税

在中华人民共和国境内销售货物或者加工、修理修配劳务(以下简称“劳务”)、销售服务、无形资产、不动产以及进口货物的单位和个人,为增值税的纳税人,应当缴纳增值税。

1)**增值税税率**

根据《关于深化增值税改革有关政策的公告》(财政部、税务总局、海关总署公告2019年第39号)调整后的增值税税率见表4.1。

表4.1　增值税税率表

序号	增值税纳税行业		增值税税率或扣除率
1	销售或进口货物(另有列举的货物除外)		13%
	提供服务	提供加工、修理、修配劳务	
		提供有形动产租赁服务	

续表

序号	增值税纳税行业		增值税税率或扣除率
2	销售或进口货物	粮食等农产品、食用植物油、食用盐	9%
		自来水、暖气、冷气、热气、煤气石油液化气、天然气、沼气、居民用煤炭制品	
		图书、报纸、杂志、影像制品、电子出版物	
		粮食、食用植物油	
		饲料、化肥、农药、农机、农膜	
		国务院规定的其他货物	
	提供服务	转让土地使用权、销售不动产、提供不动产租赁、提供建筑服务、提供交通运输服务、提供邮政服务、提供基础电信服务	
3	销售无形资产		6%
	提供服务(另有列举的服务除外)		
4	出口货物(国务院另有规定的除外)		零税率
	提供服务	国际运输服务、航天运输服务	
		向境外单位提供的完全在境外消费的相关服务	
		财政部和国家税务总局规定的其他服务	

纳税人兼营不同税率的项目,应当分别核算不同税率项目的销售额;未分别核算销售额的,从高适用税率。

2)建筑业增值税计算办法

建筑安装工程费用的增值税是指国家税法规定应计入建筑安装工程造价内的增值税销税额。增值税的计税方法包括一般计税方法和简易计税方法。一般纳税人发生应税行为适用一般计税方法计税。小规模纳税人发生应税行为适用简易计税方法计税。

(1)一般计税方法

当采用一般计税方法时,建筑业增值税税率为9%。计算公式为:

$$\text{增值税销项税额} = \text{税前造价} \times 9\% \tag{4.26}$$

式中,税前造价为人工费、材料费、施工机具使用费、企业管理费、利润和规费之和,各费用项目均不包含增值税可抵扣进项税额的价格计算。

(2)简易计税方法

简易计税方法的应纳税额,是指按照销售额和增值税征收率计算的增值税额,不得抵扣进项税额。

当采用简易计税方法时,建筑业增值税税率为3%。计算公式为:

$$\text{增值税} = \text{税前造价} \times 3\% \tag{4.27}$$

式中,税前造价为人工费、材料费、施工机具使用费、企业管理费,利润和规费之和,各费用项目均以包含增值税进项税额的含税价格计算。

任务4.2 认识建设工程定额

4.2.1 建设工程定额的分类

建设工程定额是工程建设中各类定额的总称。为对建设工程定额有一个全面的了解，可以按照不同的原则和方法对其进行科学的分类。

1）按生产要素内容分类

（1）人工定额

人工定额，也称劳动定额，是指在正常的施工技术和组织条件下，完成单位合格产品所必需的人工消耗量标准。

（2）材料消耗定额

材料消耗定额是指在合理和节约使用材料的条件下，生产单位合格产品所必须消耗的一定规格的材料、成品、半成品和水、电等资源的数量标准。

（3）施工机械台班使用定额

施工机械台班使用定额也称施工机械台班消耗定额，是指施工机械在正常施工条件下完成单位合格产品所必需的工作时间。它反映了合理、均衡地组织劳动和使用机械时，该机械在单位时间内的生产效率。

2）按编制程序和用途分类

（1）施工定额

施工定额是以同一性质的施工过程——工序作为研究对象，表示生产产品数量与时间消耗综合关系编制的定额。施工定额是施工企业（建筑安装企业）为了组织生产和加强管理，在企业内部使用的一种定额，属于企业定额的性质。施工定额是工程建设定额中分项最细、定额子目最多的一种定额，也是建设工程定额中的基础性定额。施工定额由人工定额、材料消托定额和机械台班使用定额所组成。

施工定额是建筑安装施工企业进行施工组织、成本管理、经济核算和投标报价的重要依据，属于企业定额性质。施工定额直接应用于施工项目的施工管理，用来编制施工作业计划、签发施工任务单、签发限额领料单，以及结算计件工资或计量奖励工资等。施工定额和施工生产结合紧密，施工定额的定额水平反映施工企业生产与组织的技术水平和管理水平。施工定额也是编制预算定额的基础。

（2）预算定额

预算定额是以建筑物或构筑物各个分部分项工程为对象编制的定额。预算定额是以施工定额为基础综合扩大编制的，同时也是编制概算定额的基础。其中的人工、材料和机械台班的消耗水平根据施工定额综合确定，定额项目的综合程度大于施工定额。预算定额是编制施工图预算的主要依据，是编制单位估价表、确定工程造价、控制建设工程投资的基础和依据。与施工定额不同，预算定额是社会性的，而施工定额则是企业性的。

(3)概算定额

概算定额是以扩大的分部分项工程为对象编制的。概算定额是编制扩大初步设计概算、确定建设项目投资额的依据。概算定额一般是在预算定额的基础上综合扩大而成的，每一综合分项概算定额都包含了数项预算定额。

(4)概算指标

概算指标是概算定额的扩大与合并，它是以整个建筑物和构筑物为对象，以更为扩大的计量单位来编制的。概算指标的设定和初步设计的深度相适应，是设计单位编制设计概算或建设单位编制年度投资计划的依据，也可作为编制估算指标的基础。

(5)投资估算指标

投资估算指标通常是以独立的单项工程或完整的工程项目为计算对象编制确定的生产要素消耗的数量标准或项目费用标准，是根据已建工程或现有工程的价格数据和资料。经分析、归纳和整理编制而成的。投资估算指标是在项目建议书和可行性研究阶段编制投资估算、计算投资需要量时使用的一种指标，是合理确定建设工程项目投资的基础。

3)按编制单位和适用范围分类

(1)全国统一定额

全国统一定额是指由国家建设行政主管部门组织，依据有关国家标准和规范，综合全国工程建设的技术与管理状况等编制和发布，在全国范围内使用的定额。

(2)行业定额

行业定额是指由行业建设行政主管部门组织，依据有关行业标准和规范，考虑行业工程建设特点等情况所编制和发布的，在本行业范围内使用的定额。

(3)地区定额

地区定额是指由地区建设行政主管部门组织，考虑地区工程建设特点和情况制订和发布，在本地区内使用的定额。

(4)企业定额

企业定额是指由施工企业自行组织，主要根据企业的自身情况，包括人员素质、机械装备程度、技术和管理水平等编制，在本企业内部使用的定额。

4)按投资的费用性质分类

按照投资的费用性质，可将建设工程定额分为建筑工程定额，设备安装工程定额，建筑安装工程费用定额，工具、器具定额以及工程建设其他费用定额等。

(1)建筑工程定额

建筑工程定额是建筑工程的施工定额、预算定额、概算定额和概算指标的统称。建筑工程一般理解为房屋和构筑物工程。建筑工程定额在整个建设工程定额中占有突出的地位。

(2)设备安装工程定额

设备安装工程定额是设备安装工程的施工定额、预算定额、概算定额和概算指标的统称。设备安装工程一般是指对需要安装的设备进行定位、组合、校正、调试等工作的工程。

(3)建筑安装工程费用定额

建筑安装工程费用定额包括措施费定额和间接费定额。

(4)工具、器具定额

工具、器具定额是为新建或扩建项目投产运转首次配置的工具、器具数量标准。工具和器具是指按照有关规定不够固定资产标准而起劳动手段作用的工具、器具和生产用家具。

(5)工程建设其他费用定额

工程建设其他费用定额是独立于建筑安装工程定额、设备和工器具购置之外的其他费用开支的标准。其他费用定额是按各项独立费用分别编制的,以便合理控制这些费用的开支。

4.2.2 人工定额的编制

人工定额反映生产工人在正常施工条件下的劳动效率,表明每个工人生产单位合格产品所必需消耗的劳动时间,或者在一定的劳动时间中所生产的合格产品数量。

1)**人工定额的编制方法**

编制人工定额主要包括拟定正常的施工条件以及拟定定额时间两项工作,但拟定定额时间的前提是对工人工作时间按其消耗性质进行分类研究。

(1)拟定正常的施工作业条件

拟定施工的正常条件,就是要规定执行定额时应该具备的条件,正常条件若不能满足,则可能达不到定额中的劳动消耗量标准,因此,正确拟定施工的正常条件有利于定额的实施。

拟定施工的正常条件包括:拟定施工作业的内容;拟定施工作业的方法;拟定施工作业地点的组织;拟定施工作业人员的组织等。

(2)拟定施工作业的定额时间

施工作业的定额时间,是在拟定基本工作时间、辅助工作时间、准备与结束时间、不可避免的中断时间,以及休息时间的基础上编制的。

上述各项时间是以时间研究为基础,通过时间测定方法,得出相应的观测数据,经加工整理计算后得到的。计时测定的方法有许多种,如测时法、写实记录法、工作日写实法等。

(3)制订人工定额的常用方法

人工定额是根据国家的经济政策、劳动制度和有关技术文件及资料制订的。制订人工定额常用的方法有4种。

①技术测定法。技术测定法是根据生产技术和施工组织条件,对施工过程中各工序采用测时法、写实记录法、工作日写实法,测出各工序的工时消耗等资料,再对所获得的资料进

行科学的分析，制订出人工定额的方法。

②统计分析法。统计分析法是把过去施工生产中的同类工程或同类产品的工时消耗的统计资料，与当前生产技术和施工组织条件的变化因素结合起来进行统计分析的方法。这种方法简单易行，适用于施工条件正常、产品稳定、工序重复量大和统计工作制度健全的施工过程。但是，过去的记录只是实耗工时，不反映生产组织和技术的状况。所以，在这样的条件下求出的定额水平，只是已达到的劳动生产率水平，而不是平均水平。实际工作中，必须分析研究各种变化因素，使定额能真实地反映施工生产平均水平。

③比较类推法。对于同类型产品规格多、工序重复、工作量小的施工过程，常用比较类推法。采用此法制订定额是以同类型工序和同类型产品的实耗工时为标准，类推出相似项目定额水平的方法。此法必须掌握类似的程度和各种影响因素的异同程度。

④经验估计法。根据定额专业人员、经验丰富的工人和施工技术人员的实际工作经验，参考有关定额资料，对施工管理组织和现场技术条件进行调查、讨论和分析制订定额的方法，称为经验估计法。经验估计法通常作为一次性定额使用。

2）**人工定额的形式**

人工定额按表现形式的不同，可分为时间定额和产量定额两种。

(1)时间定额

时间定额，就是某种专业、某种技术等级的工人班组或个人，在合理的劳动组织和合理使用材料的条件下，完成单位合格产品所必需的工作时间，包括准备与结束时间、基本工作时间、辅助工作时间、不可避免的中断时间及工人必需的休息时间。时间定额以工日为单位，每一工日按 8 小时计算。

(2)产量定额

产量定额，就是在合理的劳动组织和合理使用材料的条件下，某种专业、某种技术等级的工人班组或个人在单位工日中所应完成的合格产品的数量。

4.2.3 材料消耗定额的编制

材料消耗定额指标的组成，按其使用性质、用途和用量大小分为 4 类。

(1)主要材料

主要材料是指直接构成工程实体的材料。

(2)辅助材料

辅助材料是指直接构成工程实体，但相对密度较小的材料。

(3)周转性材料

周转性材料又称工具性材料，是指施工中多次使用但并不构成工程实体的材料，如模板、脚手架等。

(4)零星材料

零星材料是指用量小，价值不大，不便计算的次要材料，可用估算法计算。

1）**材料消耗定额的编制方法**

编制材料消耗定额，主要包括确定直接使用在工程上的材料净用量和在施工现场内运输及操作过程中的不可避免的废料和损耗。

（1）材料净用量的确定

材料净用量的确定，一般有以下几种方法：

①理论计算法。理论计算法是根据设计、施工验收规范和材料规格等，从理论上计算材料的净用量。

②测定法。根据试验情况和现场测定的资料数据确定材料的净用量。

③图纸计算法。根据选定的图纸，计算各种材料的体积、面积、延长米或质量。

④经验法。根据历史上同类项目的经验进行估算。

（2）材料损耗量的确定

材料的损耗一般以损耗率表示。材料损耗率可以通过观察法或统计法计算确定。材料消耗量计算的公式如下：

$$\text{损耗率} = \frac{\text{损耗量}}{\text{净用量}} \times 100\% \tag{4.28}$$

$$\text{总消耗量} = \text{净用量} + \text{损耗量} = \text{净用量} \times (1 + \text{损耗率}) \tag{4.29}$$

2）**周转性材料消耗定额的编制**

周转性材料是指在施工过程中多次使用、周转的工具性材料，如钢筋混凝土工程用的模板，搭设脚手架用的杆子、跳板，挖土方工程用的挡土板等。

周转性材料消耗一般与下列4个因素有关：

①第一次制造时的材料消耗（一次使用量）。

②每周转使用一次材料的损耗（第二次使用时需要补充）。

③周转使用次数。

④周转材料的最终回收及其回收折价。

定额中周转材料消耗量指标，应当用一次使用量和摊销量两个指标表示。一次使用量周转材料在不重复使用时的一次使用量，供施工企业组织施工用。摊销量是指周转材料退出使用，应分摊到每一计量单位的结构构件的周转材料消耗量，供施工企业成本核算或投标报价使用。

4.2.4　施工机械台班使用定额的编制

1）**施工机械台班使用定额的编制方法**

①拟定机械工作的正常施工条件，包括工作地点的合理组织、施工机械作业方法的拟定、配合机械作业的施工小组的组织以及机械工作班制度等。

②确定机械净工作生产率，即机械纯工作1小时的正常生产率。

③确定机械的利用系数。机械的正常利用系数指机械在施工作业班内对作业时间的利用率。

$$机械利用系数 = \frac{工作班净工作时间}{机械工作班时间} \tag{4.30}$$

④计算机械台班定额。施工机械台班产量定额的计算公式如下：

施工机械台班产量定额 = 机械净工作生产率 × 工作班延续时间 × 机械利用系数

$$施工机械时间定额 = \frac{1}{机械台班产量定额} \tag{4.31}$$

⑤拟定工人小组的定额时间。工人小组的定额时间指配合施工机械作业工人小组的工作时间之和。

$$工人小组定额时间 = 施工机械时间定额 \times 工人小组的人数 \tag{4.32}$$

2)施工机械台班使用定额的形式

(1)施工机械时间定额

施工机械时间定额，是指在合理劳动组织与合理使用机械条件下，完成单位合格产品所必需的工作时间，包括有效工作时间(正常负荷下的工作时间和降低负荷下的工作时间)、不可避免的中断时间、不可避免的无负荷工作时间。机械时间定额以"台班"表示，即一台机械工作一个作业班时间。一个作业班时间为8小时。

$$单位产品机械时间定额(台班) = \frac{1}{台班产量} \tag{4.33}$$

由于机械必须由工人小组配合，所以完成单位合格产品的时间定额，同时列出人工时间定额。即：

$$单位产品人工时间定额(工日) = \frac{小组成员总人数}{台班产量} \tag{4.34}$$

(2)机械产量定额

机械产量定额，是指在合理劳动组织与合理使用机械条件下，机械在每个台班时间内，应完成合格产品的数量。

$$机械产量定额 = \frac{1}{机械时间定额(台班)} \tag{4.35}$$

机械产量定额和机械时间定额互为倒数关系。

任务4.3 认识工程量清单计价

4.3.1 认识工程量清单计价规范

工程量清单计价，是一种主要由市场定价的计价模式。为适应我国工程投资体制改革和建设管理体制改革的需要，加快我国建设工程计价模式与国际接轨的步伐，自2003年起开始在全国范围内逐步推广工程量清单计价方法。为深入推行工程量清单计价改革工作，规范建设工程工程量清单计价行为，统一建设工程量清单的编制和计价方法，在对《建设工程工程量清单计价规范》(GB 50500—2008)进行修订的基础上，推出了《建设工程工程量清单计价规范》(GB 50500—2013)(以下简称《计价规范》)。《计价规范》规定，使用国有资金投资的建设工程发承包，必须采用工程量清单计价。非国有资金投资的建设工程，宜采用工程量清单计价。不采用工程量清单计价的建设工程，应执行本规范除工程量清单等专门性规定外的其他规定。工程量清单应采用综合单价计价。措施项目中的安全文明施工费必须按国家或省级、行业建设主管部门的规定计算，不得作为竞争性费用。规费和税金必须按国家或省级、行业建设主管部门的规定计算，不得作为竞争性费用。

4.3.2　工程量清单计价应用过程

工程量清单计价应用过程如图4.3所示。

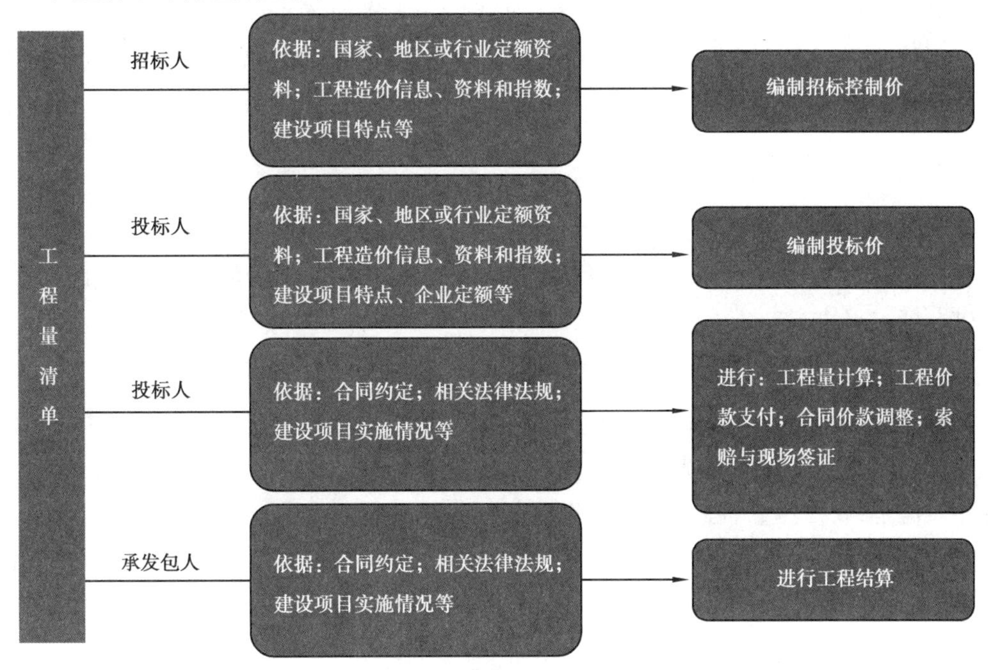

图4.3　工程量清单计价应用过程

4.3.3　工程量清单计价的方法

1)工程造价的计算

采用工程量清单计价，建筑安装工程造价由分部分项工程费、措施项目费、其他项目费、规费和税金组成。在工程量清单计价中，如按分部分项工程单价组成来分，工程量清单计价主要有3种形式：

①工料单价法。

②综合单价法。

③全费用综合单价法。

$$工料单价 = 人工费 + 材料费 + 施工机具使用费 \tag{4.36}$$

$$综合单价 = 人工费 + 材料费 + 施工机具使用费 + 管理费 + 利润 \tag{4.37}$$

$$全费用综合单价 = 人工费 + 材料费 + 施工机具使用费 + 管理费 + 利润 + 规费 + 税金 \tag{4.38}$$

《计价规范》规定，分部分项工程量清单应采用综合单价计价。但在2015年发布实施的《建设工程造价咨询规范》(GB/T 51095—2015)中，为了贯彻工程计价的全费用单价，强调最高投标限价、投标报价的单价应采用全费用综合单价。本教材主要依据《计价规范》编写，即采用综合单价法计价。利用综合单价法计价需分项计算清单项目，再汇总得到工程总造价。

$$分部分项工程费 = \sum 分部分项工程量 \times 分部分项工程综合单价 \tag{4.39}$$

$$措施项目费 = \sum 措施项目工程量 \times 措施项目综合单价 + \sum 单项措施费 \tag{4.40}$$

$$其他项目费 = 暂列金额 + 暂估价 + 计日工 + 总承包服务费 + 其他 \tag{4.41}$$

$$单位工程报价 = 分部分项工程费 + 措施项目费 + 其他项目费 + 规费 + 税金 \tag{4.42}$$

$$单项工程报价 = \sum 单位工程报价 \tag{4.43}$$

$$总造价 = \sum 单项工程报价 \tag{4.44}$$

2)**分部分项工程费计算**

根据公式(4.39)，利用综合单价法计算分部分项工程费需要解决两个核心问题，即确定各分部分项工程的工程量及其综合单价。

(1)分部分项工程量的确定

招标文件中的工程量清单标明的工程量是招标人编制招标控制价和投标人投标报价的合同基础，它是工程量清单编制人按施工图图示尺寸和工程量清单计算规则计算得到的工程净量。但是，该工程量不能作为承包人在履行合同义务中应予完成的实际和准确的工程量，发承包双方进行工程竣工结算时的工程量应按发、承包双方在合同中约定应予计量且实际完成的工程量确定。当然，该工程量的计算也应严格遵照工程量清单计算规则，以实体工程量为准。

(2)综合单价的编制

《计价规范》中的工程量清单综合单价是指完成一个规定计量单位的分部分项工程量清单项目或措施清单项目所需的人工费、材料费、施工机具使用费和企业管理费与利润以及一定范围内的风险费用。该定义并不是真正意义上的全费用综合单价，而是一种狭义的综合单价，规费和税金等不可竞争的费用并不包括在项目单价中。综合单价的计算通常采用定额组价的方法，即以计价定额为基础进行组合计算。由于《计价规范》与定额中的工程量计算规则、计量单位、工程内容不尽相同，综合单价的计算不是简单地将其所含的各项费用进行汇总，而是要通过具体计算后综合而成。综合单价的计算可以概括为以下步骤：

①确定组合定额子目。清单项目一般以一个“综合实体”考虑，包括了较多的工程内容，计价时，可能出现一个清单项目对应多个定额子目的情况。因此，计算综合单价的第一步就是将清单项目的工程内容与定额项目的工程内容进行比较，结合清单项目的特征描述，确定

拟组价清单项目应该由哪几个定额子目来组合。如“预制预应力 C20 混凝土空心板”项目，《计价规范》规定此项目包括制作、运输、吊装及接头灌浆，若定额分别列有制作、安装、吊装及接头灌浆，则应用这 4 个定额子目来组合综合单价。又如“M5 水泥砂浆砌砖基础”项目，根据《计价规范》，不仅包括主项“砖基础”子目，还包括附项“混凝土基础垫层”子目。

②计算定额子目工程量。由于一个清单项目可能对应几个定额子目，而清单工程量计算的是主项工程量，与各定额子目的工程量可能并不一致。即便一个清单项目对应一个定额子目，也可能由于清单工程量计算规则与所采用的定额工程量计算规则之间的差异，而导致两者的计价单位和计算出来的工程量不一致。因此，清单工程量不能直接用于计价，在计价时必须考虑施工方案等各种影响因素，根据所采用的计价定额及相应的工程量计算规则重新计算各定额子目的施工工程量。定额子目工程量的具体计算方法，应严格按照与所采用的定额相对应的工程量计算规则计算。

③测算人、料、机消耗量。人、料、机的消耗量一般参照定额进行确定。在编制招标控制价时一般参照政府发布的消耗量定额。编制投标报价时一般采用反映企业水平的企业定额，投标企业没有企业定额时可参照消耗量定额进行调整。

④确定人、料、机单价。人工单价、材料价格和施工机械台班单价，应根据工程项目的具体情况及市场资源供求状况进行确定，采用市场价格作为参考，并考虑一定的调价系数。

⑤计算清单项目的人、料、机费。按确定的分项工程人工、材料和机械的消耗量及询价获得的人工单价，材料单价、施工机械台班单价，与相应的计价工程量相乘得到各定额子目的人、料、机费，将各定额子目的人、料、机费汇总后算出清单项目的人、料、机费。

$$\text{人、料、机费} = \sum \text{计价工程量} \times \left(\sum \text{人工消耗量} \times \text{人工单价} + \sum \text{材料消耗量} \times \text{材料单价} + \sum \text{台班消耗量} \times \text{台班单价} \right) \tag{4.45}$$

⑥计算清单项目的管理费和利润。企业管理费及利润通常根据各地区规定的费率乘以规定的计价基础得出。

⑦计算清单项目的综合单价。将清单项目的人、料、机费，管理费及利润汇总得到该清单项目合价，将该清单项目合价除以清单项目的工程量即可得到该清单项目的综合单价的合价。

$$\text{综合单价} = \frac{\text{人、料、机费} + \text{管理费} + \text{利润}}{\text{清单工程量}} \tag{4.46}$$

如果采用全费用综合单价计价，则还需计算清单项目的规费和税金。

【例 4.1】　某多层砖混住宅土方工程，土壤类别为三类土。基础为砖大放脚带形基础。垫层宽度为 920 mm，挖土深度为 1.80 m，基础总长度为 1 590.60 m。根据施工方案，上方开挖的工作面宽度各边 0.25 m，放坡系数为 0.20。除沟边堆土 1 000 m^3 外，现场堆土 2 170.50 m^3，运距 60 m，采用人工运输。其余土方需装载机装，自卸汽车运，运距 4 km。已知人工挖土单价为 8.40 元/m^3，人工运土单价 7.38 元/m^3，装卸机装、自卸汽车运土需使用的机械有装载机(280 元/台班，0.003 98 台班/m^3)、自卸汽车(340 元/台班，0.049 25 台班/m^3)、推土机(500 元/台班，0.002 96 台班/m^3)和洒水车(300 元台班，0.000 6 台班/m)。另外，装卸机装、自卸汽车运土需用工(25 元/工日，0.012 工日/m^3)、用水(水 1.8 元/m^3、每立方米土方需耗水0.012 m^3)。试根据建筑工程量清单计算规则计算土方工程的综合单价(不含措施费、规费和税金),其中,管理费取人、料、机费之和的14%,利润取人、料、机费与管理费之和的8%。

【解】 (1)招标人根据清单规则计算的挖方量为:

$$0.92\ m\times1.80\ m\times1\ 590.60\ m=2\ 634.03\ m^3$$

(2)投标人根据地质资料和施工方案计算挖土方量和运土方量为:

①需挖土方量。

工作面宽度各边0.25 m,放坡系数为0.20,则基础挖土方总量为:

$$(0.92\ m+2\times0.25\ m+0.20\times1.80\ m)\times1.80\ m\times1\ 590.60\ m=5\ 096.28\ m^3$$

②运土方量。

沟边堆土1 000 m^3;现场堆土2 170.50 m^3,运距60 m,采用人工运输。装载机装,自卸汽车运,运距4 km,运土方量为:5 096.28 m^3−1 000 m^3−2 170.50 m^3=1 925.78 m^3

(3)人工挖土人、料、机费:

人工费:5 096.28 m^3×8.40元/m^3=42 808.75元

(4)人工运土(60 m内)人、料、机费:

人工费:2 170.50 m^3×7.38元/m^3=16 018.29元

(5)装卸机装自卸汽车运土(4 km)人、料、机费:

①人工费:

25元/日×0.012工日/m^3×1 925.78 m^3=0.30元/m^3×1 925.78 m^3=577.73元

人工单价=25元/日×0.012工日/m^3=0.30元/m^3

②材料费(水):

1.8元/m^3×0.012 m^3/m^3×1 925.78 m^3=0.021 6元/m^3×1 925.78 m^3=41.60元

材料单价=1.8元/m^3×0.012 m^3/m^3=0.021 6元/m^3

③机具费:

装载机:280元/台班×0.003 98台班/m^3×1 925.78 m^3=2 146.09元

自卸汽车:340元/台班×0.049 25台班/m^3×1 925.78 m^3=32 247.19元

推土机:500元/台班×0.002 96台班/m^3×1 925.78 m^3=2 850.15元

洒水车:300元/台班×0.000 6班/m^3×1 925.78 m^3=346.64元

机具费小计:2 146.09元+32 247.19元+2 850.15元+346.64元=37 590.07元

机具费单价=280元/台班×0.003 98台班/m^3+340元/台班×0.049 25台班/m^3+500元/台班×0.002 96班/m^3+300元/台班×0.000 6台班/m^3=19.519 4元/m^3

④机械运土人、料、机费合计:577.73元+41.60元+37 590.07元=38 209.40元

(6)综合单价计算

①人、料、机费合计。

42 808.75元+16 018.29元+38 209.40元=97 036.44元

②管理费。

人、料、机费×14%=97 036.44元×14%=13 585.10元

③利润。

(人、料、机费+管理费)×8%=(97 036.44 元+13 585.10 元)×8%=8 849.72 元

④总计:97 036.44 元+13 585.10 元+8 849.72 元=119 471.26 元。

⑤综合单价。

按招标人提供的土方挖方总量折算为工程量清单综合单价:

$$\frac{119\ 471.26\ \text{元}}{2\ 634.03\ \text{m}^3}=45.36\ \text{元/m}^3$$

(7)综合单价分析

①人工挖土方。

投标人计算的工程量=5 096.28/2 634.03=1.934 8 清单工程量

管理费=8.40 元/m^3×14%=1.176 0 元/m^3

利润=(8.40 元/m^3+1.176 0 元/m^3)×8%=0.766 1 元/m^3

管理费及利润=1.176 0 元/m^3+0.766 1 元/m^3=1.942 1 元/m^3

②人工运土方。

投标人计算的工程量=2 170.50/2 634.03=0.824 0 清单工程量

管理费=7.38 元/m^3×14%=1.033 2 元/m^3

利润=(7.38 元/m^3+1.033 2 元/m^3)×8%=0.673 1 元/m^3

管理费及利润=1.033 2 元/m^3+0.673 1 元/m^3=1.706 3 元/m^3

③装卸机自卸汽车运土方。

投标人计算的工程量=1 925.78/2 634.03=0.731 1 清单工程量

人、料、机费=0.30 元/m^3+0.021 6 元/m^3+19.519 4 元/m^3=19.841 0 元/m^3

管理费=19.841 0 元/m^3×14%=2.777 7 元/m^3

利润=(19.841 0 元/m^3+2.777 7 元/m^3)×8%=1.809 5 元/m^3

管理费及利润=2.777 7 元/m^3+1.809 5 元/m^3=4.587 2 元/m^3

表4.2为该工程分部分项工程量清单与计价表,表4.3为工程量清单综合单价分析表。

表4.2 分部分项工程量清单与计价表

工程名称:某多层砖混住宅工程　　　标段:　　　第　页 共　页

序号	项目编码	项目名称	项目特征描述	计量单位	工程量	金额/元		
						综合单价	合价	其中:暂估价
	010101003001	挖基础土方	土壤类别:三类土 基础类型:砖放大脚带形基础 垫层宽度:920 mm 挖土深度:18 m 弃土距离:4 km	m^3	2 634.03	45.36	119 471.26	
本页小计								
合计								

表 4.3　工程量清单综合单价分析表

工程名称:某多层砖混住宅工程

项目编码		010101003001		项目名称		挖基础土方		计量单位		m^3	
清单综合单价组成明细											
定额编号	定额名称	定额单位	数量	单价				合价			
				人工费	材料费	机械费	管理费和利润	人工费	材料费	机械费	管理费和利润
	人工挖土	m^3	1.934 8	8.40			1.942 1	16.25			3.76
	人工运士	m^3	0.824 0	7.38			1.706 3	6.08			1.41
	装卸机自卸汽车运土方	m^3	0.731 1	0.30	0.021 6	19.519 4	4.587 2	0.22	0.02	14.27	3.35
人工单价		小计						22.55	0.02	14.27	8.52
元/工日		未计价材料费									
清单项目综合单价								45.36			
材料费明细	主要材料名称、规格、型号					单位	数量	单价/元	合价/元	暂估单价/元	暂估合价/元
	水					m^3	0.012	1.8	0.021 6		
	其他材料费										
	材料费小计								0.021 6		

(3)措施项目费计算

措施项目费是指为完成工程项目施工,而用于发生在该工程施工准备和施工过程中的技术、生活、安全、环境保护等方面的非工程实体项目所支出的费用。措施项目清单计价应根据建设工程的施工组织设计,对可以计算工程量的措施项目,应按分部分项工程量清单的方式采用综合单价计价。其余的措施项目可以"项"为单位的方式计价,应包括除规费、税金外的全部费用。

措施项目费的计算方法一般有下述几种。

①综合单价法。综合单价法与分部分项工程综合单价的计算方法一样,就是根据需要消耗的实物工程与实物单价计算措施费,适用于可以计算工程量的措施项目,主要是指一些与工程实体有紧密联系的项目,如混凝土模板、脚手架、垂直运输等。与分部分项工程不同,并不要求每个措施项目的综合单价必须包含人工费、材料费、机具费、管理费和利润中的每一项。

②参数法计价。参数法计价是指按一定的基数乘以系数的方法或自定义进行计算。这种方法简单明了,但最大的难点是公式的科学性、准确性难以把握。这种方法主要适用于施

工过程中必须发生，但在投标时很难具体分项预测，又无法单独列出项目内容的措施项目，如夜间施工费、二次搬运费、冬雨期施工的计价均可以采用该方法。

③分包法计价。在分包价格的基础上增加投标人的管理费及风险费进行计价的方法，这种方法适合可以分包的独立项目，如室内空气污染测试等。

有时招标人要求对措施项目费进行明细分析，这时采用参数法组价和分包法组价都是先计算该措施项目的总费用，这就需要人为用系数或比例的办法分摊人工费、材料费、机具费、管理费及利润。

(4)其他项目费计算

其他项目费由暂列金额、暂估价、计日工、总承包服务费等内容构成。

暂列金额和暂估价由招标人按估算金额确定。招标人在工程量清单中提供的暂估价的材料和专业工程，若属于依法必须招标的，由承包人和招标人共同通过招标确定材料单价与专业工程分包价；若材料不属于依法必须招标的，经发承包双方协商确认单价后计价；若专业工程不属于依法必须招标的，由发包人、总承包人与分包人按有关计价依据进行计价。

计日工和总承包服务费由承包人根据招标人提出的要求，按估算的费用确定。

(5)规费与税金的计算

规费和税金应按国家或省级、行业建设主管部门的规定计算，不得作为竞争性费用。每一项规费和税金的规定文件中，对其计算方法都有明确的说明，故可以按各项法规和规定的计算方式计取。具体计算时，一般按国家及有关部门规定的计算公式和费率标准进行计算。

(6)风险费用的确定

风险具体指工程建设施工阶段承发包双方在招投标活动和合同履约及施工中所面临的涉及工程计价方面的风险。采用工程量清单计价的工程，应在招标文件或合同中明确风险内容及其范围（幅度），并在工程计价过程中予以考虑。

任务4.4　认识施工成本管理

施工成本是指在智能建造工程项目的施工过程中所发生的全部生产费用的总和，包括所消耗的原材料、辅助材料、构配件等费用，周转材料的摊销费或租赁费，施工机械的使用费或租赁费，支付给生产工人的工资、奖金、工资性质的津贴，以及进行施工组织与管理所发生的全部费用支出等。智能建造工程项目施工成本由直接成本和间接成本组成。

直接成本是指施工过程中耗费的构成工程实体或有助于工程实体形成的各项费用支出，是可以直接计入工程对象的费用，包括人工费、材料费和施工机具使用费等。

间接成本是指准备施工、组织和管理施工生产的全部费用支出，是非直接使用也无法直接计入工程对象，但为进行工程施工所必须发生的费用，包括管理人员工资、办公费、差旅交通费等。

成本管理就是要在保证工期和满足质量要求的情况下，采取相应管理措施，包括组织措施、经济措施、技术措施，合同措施，把成本控制在计划范围内，并进一步寻求最大限度的成本节约。

成本管理首先要做好基础工作，成本管理的基础工作是多方面的，成本管理责任体系的建立是其中最根本、最重要的基础工作，涉及成本管理的一系列组织制度、工作程序、业务标准和责任制度的建立。此外，应从以下各方面为成本管理创造良好的基础条件：

①统一组织内部工程项目成本计划的内容和格式。其内容应能反映成本的划分、各成本项目的编码及名称、计量单位、单位工程量计划成本及合计金额等。这些成本计划的内容和格式应由各个企业按照自己的管理习惯和需要进行设计。

②建立企业内部施工定额并保持其适应性、有效性和相对的先进性，为成本计划编制提供支持。

③建立生产资料市场价格信息的收集网络和必要的派出询价网点，做好市场预测，保证采购价格信息的及时性和准确性。同时，建立企业的分包商、供应商评审名录，发展稳定、良好的供方关系，为编制成本计划与采购工作提供支持。

④建立已完项目的成本资料、报告报表等的归集、整理、保管和使用管理制度。

⑤科学设计成本核算账册体系、业务台账、成本报告报表，为成本管理的业务操作提供统一的范式。

4.4.1 成本管理的任务

成本管理的任务包括：成本计划、成本控制、成本核算、成本分析、成本考核。

认识施工成本管理

1）**成本计划**

成本计划是以货币形式编制施工项目在计划期内的生产费用、成本水平、成本降低率以及为降低成本所采取的主要措施和规划的书面方案。它是建立施工项目成本管理责任制、开展成本控制和核算的基础。此外，它还是项目降低成本的指导文件，是设立目标成本的依据，即成本计划是目标成本的一种形式。项目成本计划一般由施工单位编制。施工单位应围绕施工组织设计或相关文件进行编制，以确保对施工项目成本控制的适宜性和有效性。具体可按成本组成（如人工费、材料费、施工机具使用费和企业管理费等）、项目结构（如各单位工程或单项工程）和工程实施阶段（如基础、主体、安装、装修等或月季、年等）进行编制，也可以将几种方法结合使用。

为了编制出能够发挥积极作用的成本计划，在编制成本计划时应遵循以下原则：

（1）从实际情况出发

编制成本计划必须根据国家的方针政策，从企业的实际情况出发，充分挖掘企业内部潜力，使降低成本指标既积极可靠，又切实可行。施工项目管理部门降低成本的潜力在于正确选择施工方案；合理组织施工；提高劳动生产率；改善材料供应；降低材料消耗；提高机械利用率；节约施工管理费用等。但必须注意避免以下情况发生：

①为了降低成本而偷工减料，忽视质量。

②不顾机械的维护修理而过度、不合理使用机械。

③片面增加劳动强度,加班加点。

④忽视安全工作,未给职工办理相应的保险等。

(2)与其他计划相结合

成本计划必须与施工项目的其他计划,如施工方案、生产进度计划、财务计划、材料供应及消耗计划等密切结合,保持平衡。一方面,成本计划要根据施工项目的生产、技术组织措施、劳动工资、材料供应和消耗等计划来编制;另一方面,其他各项计划指标又影响着成本计划,所以其他各项计划在编制时应考虑降低成本的要求,与成本计划密切配合,而不能单纯考虑单一计划本身的要求。

(3)采用先进技术经济指标

成本计划必须以各种先进的技术经济指标为依据,并结合工程的具体特点,采取切实可行的技术组织措施作保证。只有这样,才能编制出既有科学依据,又切实可行的成本计划,从而发挥成本计划的积极作用。

(4)统一领导、分级管理

编制成本计划时应采用统一领导、分级管理的原则。在项目经理的领导下,以财务部门和计划部门为主体,发动全体职工共同进行,总结降低成本的经验,找出降低成本的正确途径,使成本计划的制订与执行更符合项目的实际情况。

(5)适度弹性

成本计划应留有一定的余地,以保持计划的弹性。在计划期内,项目管理机构的内部或外部环境都有可能发生变化,尤其是材料供应、市场价格等具有很大的不确定性,这将给拟订计划带来困难。因此在编制计划时应充分考虑到这些情况,使计划具有一定的适应环境变化的能力。

2)成本控制

成本控制是在施工过程中,对影响成本的各种因素加强管理,并采取各种有效措施将实际发生的各种消耗和支出严格控制在成本计划范围内;通过动态监控并及时反馈,严格审查各项费用是否符合标准,计算实际成本和计划成本之间的差异并进行分析,进而采取多种措施,减少或消除损失浪费。

智能建造工程项目施工成本控制应贯穿于项目从投标阶段开始直至保证金返还的全过程,它是企业全面成本管理的重要环节。成本控制可分为事先控制、事中控制(过程拉制)和事后控制。

3)成本核算

项目管理机构应根据项目成本管理制度明确项目成本核算的原则、范围、程序、方法、内容、责任及要求,健全项目核算台账。

施工成本核算包括两个基本环节:一是按照规定的成本开支范围对施工成本进行归集和分配,计算出施工成本的实际发生额;二是根据成本核算对象,采用适当的方法,计算出该施工项目的总成本和单位成本。

施工成本核算一般以单位工程为对象，但也可以按照承包工程项目的规模、工期、结构类型、施工组织和施工现场等情况，结合成本管理要求，灵活划分成本核算对象。

项目管理机构应按规定的会计周期进行项目成本核算。

项目管理机构应编制项目成本报告。

对竣工工程的成本核算，应区分为竣工工程现场成本和竣工工程完全成本，分别由项目管理机构和企业财务部门进行核算分析，其目的在于分别考核项目管理绩效和企业经营效益。

4）**成本分析**

成本分析是在成本核算的基础上，对成本的形成过程和影响成本升降的因素进行分析，以寻求进一步降低成本的途径，包括有利偏差的挖掘和不利偏差的纠正。成本分析贯穿于成本管理的全过程，它是在成本的形成过程中，主要利用项目的成本核算资料（成本信息），与目标成本、预算成本以及类似项目的实际成本等进行比较，了解成本的变动情况；同时也要分析主要技术经济指标对成本的影响，系统地研究成本变动的因素，检查成本计划的合理性，并通过成本分析，深入研究成本变动的规律，寻找降低项目成本的途径，以便有效地进行成本控制。成本偏差的控制，分析是关键，纠偏是核心，因此要针对分析得出的偏差发生原因，采取切实措施，加以纠正。

5）**成本考核**

成本考核是指在项目完成后，对项目成本形成中的各责任者，按项目成本目标责任制的有关规定，将成本的实际指标与计划、定额、预算进行对比和考核，评定施工项目成本计划的完成情况和各责任者的业绩，并以此给予相应的奖励和处罚。通过成本考核，做到有奖有惩，赏罚分明，才能有效地调动每一位员工在各自施工岗位上努力完成目标成本的积极性，从而降低施工项目成本，提高企业的效益。

成本管理的每一个环节都是相互联系和相互作用的。成本计划是成本决策所确定目标的具体化。成本控制则是对成本计划的实施进行控制和监督，保证决策成本目标的实现，而成本核算又是对成本计划是否实现的最后检验，它所提供的成本信息又将为下一个施工项目成本预测和决策提供基础资料。成本考核是实现成本目标责任制的保证和实现决策目标的重要手段。

4.4.2 施工成本管理的程序

项目成本管理应遵循下列程序：

①掌握生产要素的价格信息。

②确定项目合同价。

③编制成本计划，确定成本实施目标。

④进行成本控制。

⑤进行项目过程成本分析。

⑥进行项目过程成本考核。

⑦编制项目成本报告。

⑧项目成本管理资料归档。

4.4.3　施工成本管理的措施

为了取得成本管理的理想成效，应当从多方面采取措施实施管理，通常可以将这些措施分为组织措施、技术措施、经济措施和合同措施。

(1) 组织措施

组织措施是从成本管理的组织方面采取的措施。成本控制是全员的活动，如实行项目经理责任制，落实成本管理的组织机构和人员，明确各级成本管理人员的任务和职能分工、权力和责任。成本管理不仅是专业成本管理人员的工作，各级项目管理人员都负有成本控制责任。

组织措施的另一方面是编制成本控制工作计划、确定合理详细的工作流程。要做好施工采购计划，通过生产要素的优化配置、合理使用、动态管理，有效控制实际成本；加强施工定额管理和施工任务单管理，控制活劳动和物化劳动的消耗；加强施工调度，避免因施工计划不周和盲目调度造成窝工损失、机械利用率降低、物料积压等问题。成本控制工作只有建立在科学管理的基础之上，具备合理的管理体制，完善的规章制度，稳定的作业秩序，完整准确的信息传递，才能取得成效。组织措施是其他各类措施的前提和保障，而且一般不需要增加额外的费用，运用得当可以取得良好的效果。

(2) 技术措施

施工过程中降低成本的技术措施包括进行技术经济分析，确定最佳的施工方案结合施工方法，进行材料使用的比选，在满足功能要求的前提下，通过代用、改变配合比、使用外加剂等方法降低材料消耗的费用；确定最合适的施工机械、设备使用方案；结合项目的施工组织设计及自然地理条件，降低材料的库存成本和运输成本；应用先进的施工技术，运用新材料，使用先进的机械设备等。在实践中，也要避免仅从技术角度选定方案而忽视对其经济效益的分析论证。

技术措施不仅对解决成本管理过程中的技术问题是不可缺少的，而且对纠正成本管理目标偏差也有相当重要的作用。因此，运用技术纠偏措施的关键，一是要能提出多个不同的技术方案，二是要对不同的技术方案进行技术经济分析比较，选择最佳方案。

(3) 经济措施

经济措施是最易被人们所接受和采用的措施。管理人员应编制资金使用计划，确定分解成本管理目标。对成本管理目标进行风险分析，并制订防范性对策。在施工中严格控制各项开支，及时准确地记录、收集、整理、核算实际支出的费用。对各种变更，应及时做好增减账，落实业主签证并结算工程款。通过偏差原因分析和未完工程施工成本预测，发现一些潜在的可能引起未完工程施工成本增加的问题，及时采取预防措施。因此，经济措施的运用绝不仅是财务人员的事情。

(4) 合同措施

采用合同措施控制成本，应贯穿整个合同周期，包括从合同谈判开始到合同终结的全过程。对于分包项目,首先是选用合适的合同结构,对各种合同结构模式进行分析、比较,在合同谈判时,要争取选用适合于工程规模、性质和特点的合同结构模式。其次,在合同的条款中应仔细考虑一切影响成本和效益的因素,特别是潜在的风险因素。通过对引起成本变动的风险因素的识别和分析,采取必要的风险对策,如通过合理的方式增加承担风险的个体数量以降低损失发生的比例,并最终将这些策略体现在合同的具体条款中。在合同执行期间,合同管理的措施既要密切注视对方合同执行的情况,以寻求合同索赔的机会。同时也要密切关注自己履行合同的情况,以防被对方索赔。

任务 4.5　施工成本计划

4.5.1　施工成本计划的类型

施工成本计划

对于施工项目而言,其成本计划的编制是一个不断深化的过程。在这一过程的不同阶段,将形成深度和作用不同的成本计划,若按照其发挥的作用可以分为竞争性成本计划、指导性成本计划和实施性成本计划。也可以按成本组成、项目结构和工程实施阶段分别编制项目成本计划。成本计划的编制以成本预测为基础,关键是确定目标成本。计划的制订需结合施工组织设计的编制过程,通过不断地优化施工技术方案和合理配置生产要素,进行工、料、机消耗的分析,制订一系列节约成本的措施,确定成本计划。一般情况下,成本计划总额应控制在目标成本的范围内,并建立在切实可行的基础上。施工总成本目标确定后,还需通过编制详细的实施性成本计划把目标成本层层分解,落实到施工过程的每个环节,有效地进行成本控制。

(1)竞争性成本计划

竞争性成本计划是施工项目投标及签订合同阶段的估算成本计划。这类成本计划以招标文件中的合同条件、投标者须知、技术规范、设计图纸和工程量清单为依据,以有关条件说明为基础,结合调研、现场踏勘、答疑等情况,根据施工企业自身的工料消耗标准、水平、价格资料和费用指标等,对本企业完成投标工作所需要支出的全部费用进行估算。在投标报价的过程中,虽然也着重考虑降低成本的途径和措施,但总体上比较粗略。

(2)指导性成本计划

指导性成本计划是选派项目经理阶段的预算成本计划,是项目经理的责任成本目标。它是以合同价为依据,按照企业的预算定额标准制订的设计预算成本计划,且一般情况下以此确定责任总成本目标。

(3)实施性成本计划

实施性成本计划是项目施工准备阶段的施工预算成本计划,它是以项目实施方案为依据,以落实项目经理责任目标为出发点,采用企业的施工定额,通过施工预算的编制而形成的实施性成本计划。

以上三类成本计划相互衔接、不断深化，构成了整个工程项目成本的计划过程。其中，竞争性成本计划带有成本战略的性质，是施工项目投标阶段商务标书的基础，而有竞争力的商务标书又是以其先进合理的技术标书为支撑的。因此，它奠定了成本的基本框架和水平。指导性成本计划和实施性成本计划，都是战略性成本计划的进一步拓展和深化，是对战略性成本计划的战术安排。

【知识链接】

施工预算

施工预算是编制实施性成本计划的主要依据，是施工企业为了加强企业内部的经济核算，在施工图预算的控制下，依据企业内部的施工定额，以建筑安装单位工程为对象，根据施工图纸、施工定额、施工及验收规范、标准图集、施工组织设计（或施工方案）编制的单位工程（或分部分项工程）施工所需的人工、材料和施工机械台班用量的技术经济文件。它是施工企业的内部文件，同时也是施工企业进行劳动调配，物资技术供应，控制成本开支，进行成本分析和班组经济核算的依据，施工预算不仅规定了单位工程（或分部分项工程）所需人工、材料和施工机械台班用量，还规定了工种的类型，工程材料的规格品种，所需各种机械的规格，以便有计划、有步骤地合理组织施工，从而达到节约人力、物力和财力的目的。

1）**施工预算编制要求、依据和方法**

（1）施工预算编制要求

①编制深度的要求。

a. 施工预算的项目要能满足签发施工任务单和限额领料单的要求，以便加强管理实行队组经济核算。

b. 施工预算要能反映出经济效果，以便为经济活动分析提供可靠的依据。

②编制要紧密结合现场实际。按照所承担的任务范围、现场实际情况及采取的施工技术措施，结合企业管理水平进行编制。

（2）施工预算编制依据

①会审后的施工图纸、设计说明书和有关的标准图。

②施工组织设计或施工方案。

③施工图预算书。

④现行的施工定额，材料预算价格，人工工资标准，机械台班费用定额及有关文件。

⑤工程现场实际勘察与测量资料，如工程地质报告、地下水位标高等。

⑥建筑材料手册等常用工具性资料。

（3）施工预算编制方法

①熟悉施工图纸、施工组织设计及现场资料。

②熟悉施工定额及有关文件规定。

③列出工程项目，计算工程量。

④套用定额，计算人料机费并进行工料分析。

⑤单位工程人料机费及人工、材料、机械台班消耗量汇总。

⑥进行“两算”对比分析。

⑦编写编制说明并填写封面，装订成册。

2）**施工预算内容**

施工预算的内容是以单位工程为对象，进行人工、材料、机械台班数量及其费用总和的计算，它由编制说明和预算表格两部分组成。

（1）编制说明部分

施工预算的编制说明应简明扼要地叙述以下几个方面的内容：

①工程概况及建设地点。

②编制的依据（如采用的定额、图纸、图集、施工组织设计等）。

③对设计图纸和说明书的审查意见及编制中的处理方法。

④所编工程的范围。

⑤在编制时所考虑的新技术、新材料、新工艺、冬雨期施工措施、安全措施等。

⑥工程中还存在需要进一步解决的其他问题。

（2）预算表格部分

①工程量计算汇总表。工程量计算汇总表是按照施工定额的工程量计算规则作出的重要基础数据。为了便于生产、调度、计划、统计及分期材料供应，根据工程情况，可将工程量按分层、分段、分部位进行汇总，然后进行单位工程汇总。

②施工预算工料分析表。施工预算工料分析表与施工图预算的工料分析表编制方法基本相同，要注意按照工程量计算汇总表的划分，做出分层、分段、分部位的工料分析结果，为施工分期生产计划提供方便条件。

③人工汇总表。人工汇总表是将工料分析表中的人工按工种分层、分段、分部位进行汇总的表格，是编制劳动力计划、合理调配劳动力的依据。

④材料消耗量汇总表。将工料分析表中不同品种、规格的材料按层、段、部位进行汇总。材料消耗量汇总表是编制材料供应计划的依据。一般工程常见的汇总表有：

a. 钢筋混凝土预制构件委托加工表。

b. 金属构件委托加工表。

c. 钢木门窗委托加工表。

d. 门窗五金明细表。

e. 周转性材料需用量表。

f. 现场分规格、品种的钢材、木材、水泥需用量表。

g. 现场分规格、品种的地方性材料需用量表。

h. 各种其他成品、半成品需用量表。

⑤机械台班使用量汇总表。将工料分析表中各种施工机具及消耗台班数量按层、段、部位进行汇总。

⑥施工预算表。将已汇总的人工、材料、机械台班消耗数量分别乘以所在地区的人工工资标准、材料预算价格、机械台班单价，计算出人料机费（有定额单价时可直接使用定额单价）。

⑦“两算”对比表。指同一工程内容的施工预算与施工图预算的对比分析表。将计算出的人工、材料、机械台班消耗数量，以及人工费、材料费、机械费等与施工图预算进行对比，找出节约或超支的原因，作为开工之前的预测分析依据。

(3)编制时应注意的问题

①当定额中仅给出砌筑砂浆、混凝土标号（强度等级），而没有给出砂、石子、水泥用量时，必须根据砂浆或混凝土的标号（强度等级），按《砂浆配合比表》及《混凝土配合比表》的使用说明进行二次分析，计算出各原材料的用量。

②凡确定外加工的成品、半成品，如预制混凝土构件、钢木门窗制作等，不需进行工料分析，应与现场施工的项目区别，便于基层施工班组的经济核算。

③人工分析中的其他用工是指各工种搭接和单位工程之间转移操作地点，临时停水停电，个别材料超运距以及其他细小、难以计算工程量的直接用工。下达班组施工任务单时不应包括这些用工。

3)**施工图预算与施工预算的对比**

施工预算不同于施工图预算，虽然有一定联系，但区别较大。

(1)编制的依据不同

施工预算的编制以施工定额为主要依据，施工图预算的编制以预算定额为主要依据，而施工定额比预算定额划分得更详细、更具体，并对其中所包括的内容，如质量要求、施工方法以及所需劳动工日、材料品种、规格型号等均有较详细的规定或要求。

(2)适用的范围不同

施工预算是施工企业内部管理用的一种文件，与发包人无直接关系。而施工图预算既适用于发包人，又适用于承包人。

(3)发挥的作用不同

施工预算是承包人组织生产、编制施工计划、准备现场材料、签发任务书、考核工效、进行经济核算的依据，它也是承包人改善经营管理、降低生产成本和推行内部经营承包责任制的重要手段。而施工图预算则是投标报价的主要依据。在编制实施性成本计划时要进行施工预算和施工图预算的对比分析，通过“两算”对比，分析节约和超支的原因，以便制订解决问题的措施，防止工程亏损，为降低工程成本提供依据。“两算”对比的方法有实物对比法和金额对比法。

①实物对比法。将施工预算和施工图预算计算出的人工、材料、机械消耗量，分别填入两算对比表进行对比分析，算出节约或超支的数量及百分比，并分析其原因。

②金额对比法。将施工预算和施工图预算计算出的人工费、材料费、机械费分别填入两算对比表进行对比分析,算出节约或超支的金额及百分比,并分析其原因。

“两算”对比的内容如下:

(1)人工量及人工费的对比分析

施工预算的人工数量及人工费比施工图预算一般要低6%左右。这是由于两者使用不同定额造成的。例如,砌砖墙项目中,砂子、标准砖和砂浆的场内水平运输距离,施工定额按50 m考虑。而计价定额则包括了材料、半成品的超运距用工。同时,计价定额的人工消耗指标还考虑了在施工定额中未包括,而在一般正常施工条件下又不可避免发生的一些零星用工因素,如土建施工各工种之间的工序搭接所需停歇的时间。因工程质量检查和隐蔽工程验收而影响工人操作的时间。施工中不可避免的其他少数零星用工等。所以,施工定额的用工量一般都比预算定额低。

(2)材料消耗量及材料费的对比分析

施工定额的材料损耗率一般都低于计价定额,同时,编制施工预算时还要考虑扣除技术措施的材料节约量。所以,施工预算的材料消耗量及材料费一般低于施工图预算。

有时由于两种定额之间的水平不一致,个别项目也会出现施工预算的材料消耗量大于施工图预算的情况。不过,总的水平应该是施工预算低于施工图预算。如果出现反常情况则应进行分析研究,找出原因,制订相应的措施。

(3)施工机具费的对比分析

施工预算机具费是指施工作业所发生的施工机械、仪器仪表使用费或其租赁费。而施工图预算的施工机具费是计价定额综合确定的,与实际情况可能不一致。因此,施工机具部分只能采用两种预算的机具费进行对比分析。如果施工预算的机具费大量超支而又无特殊原因,则应考虑改变原施工方案,尽量做到不亏损而略有盈余。

(4)周转材料使用费的对比分析

周转材料主要指脚手架和模板。施工预算的脚手架根据施工方案确定的搭设方式和材料计算,施工图预算则综合了脚手架搭设方式,按不同结构和高度,以建筑面积为基数计算。施工预算的模板按混凝土与模板的接触面积计算,施工图预算的模板则按混凝土体积综合计算。因而,周转材料宜按其发生的费用进行对比分析。

4.5.2 施工成本计划的编制依据和程序

1)施工成本计划编制依据

编制成本计划,需要广泛收集相关资料并进行整理,作为成本计划编制的依据。在此基础上,根据有关设计文件、工程承包合同、施工组织设计、成本预测资料等,按照项目应投入的生产要素,结合各种因素变化的预测和拟采取的各种措施,估算项目生产费用支出的总水平,进而提出项目的成本计划控制指标,确定目标总成本。目标总成本确定后应将总目标分解落实到各级部门,以便有效地进行控制。最后,通过综合平衡,编制完成成本计划。

成本计划编制依据应包括下列内容：

①合同文件。

②项目管理实施规划。

③相关设计文件。

④价格信息。

⑤相关定额。

⑥类似项目的成本资料。

2）**施工成本计划编制程序**

项目管理机构应通过系统的成本策划，按成本组成、项目结构和工程实施阶段（进度）分别编制施工成本计划。

成本计划编制应符合下列规定：

①由项目管理机构负责组织编制。

②项目成本计划对项目成本控制具有指导性。

③各成本项目指标和降低成本指标明确。

成本计划编制应符合下列程序：

①预测项目成本。

②确定项目总体成本目标。

③编制项目总体成本计划。

④项目管理机构与组织的职能部门根据其责任成本范围，分别确定自己的成本目标，并编制相应的成本计划。

⑤针对成本计划制订相应的控制措施。

⑥由项目管理机构与组织的职能部门负责人分别审批相应的成本计划。

4.5.3　施工成本计划的编制方法

1）**按成本组成编制成本计划**

施工成本可以按成本构成分解为人工费、材料费、施工机具使用费和企业管理费等，如图4.4所示。在此基础上，编制按成本构成分解的成本计划。

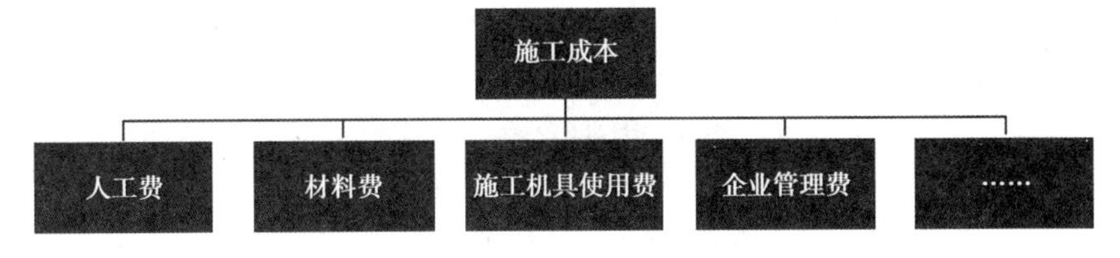

图4.4　按成本构成分解

2）**按项目结构编制成本计划的方法**

大中型工程项目通常是由若干单项工程构成的，而每个单项工程包括了多个单位工程，每个单位工程又是由若干个分部分项工程所构成。因此，首先要把项目总成本分解到单项工程和单位工程中，再进一步分解到分部工程和分项工程中，如图4.5所示。在完成项目成本目标分解之后,接下来就要具体地分配成本,编制分项工程的成本支出计划,从而形成详细的成本计划表,见表 4.4。

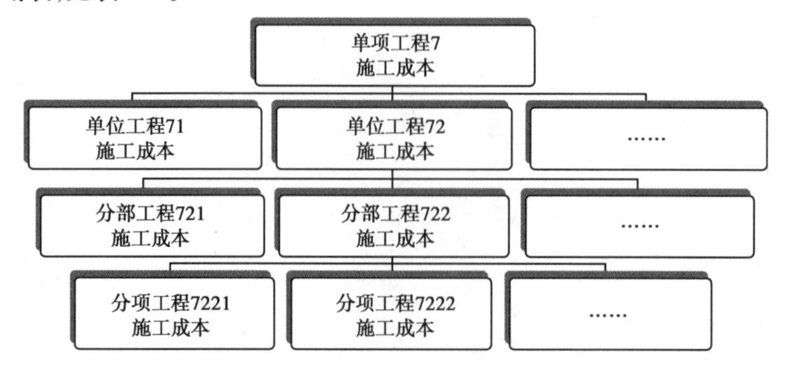

图 4.5 按项目结构分解

表 4.4 分项工程成本计划表

分项工程编码	工程内容	计量单位	工程数量	计划成本	本分项总计
(1)	(2)	(3)	(4)	(5)	(6)

在编制成本支出计划时,要在项目总体层面上考虑总的预备费,也要在主要的分项工程中安排适当的不可预见费,避免在具体编制成本计划时,可能发现个别单位工程或工程量表中某项内容的工程量计算有较大出入,偏离原来的成本预算。因此,应在项目实施过程中对其尽可能地采取一些措施。

3)**按工程实施阶段编制成本计划的方法**

按工程实施阶段编制成本计划,可以按实施阶段,如基础、主体、安装、装修等或按月、季、年等实施进度进行编制。按实施进度编制成本计划,通常可在控制项目进度的网络图的基础上进一步扩充得到。即在建立网络图时,一方面确定完成各项工作所需花费的时间,另一方面确定完成这一工作合适的成本支出计划。在实践中,将工程项目分解为既能方便表示时间,又能方便表示成本支出计划的工作是不容易的,通常如果项目分解程度对时间控制合适的话,则对成本支出计划可能分解过细,以致不能确定每项工作的成本支出计划,反之亦然。因此在编制网络计划时,在充分考虑进度控制对项目划分要求的同时,还要考虑确定成本支出计划对项目划分的要求,做到两者兼顾。

通过对成本目标按时间进行分解,在网络计划的基础上,可获得项目进度计划的横道图,并在此基础上编制成本计划。其表示方式有两种:一种是在时标网络图上按月编制成本计划直方图,如图 4.6 所示。另一种是用时间—成本累积曲线(S 形曲线)表,如图 4.7 所示。

时间—成本累积曲线的绘制步骤:

①确定工程项目进度计划,编制进度计划的横道图。

②根据每单位时间内完成的实物工程量或投入的人力、物力和财力，计算单位时间（月或旬）的成本，在时标网络图上按时间编制成本支出计划，如图4.6所示。

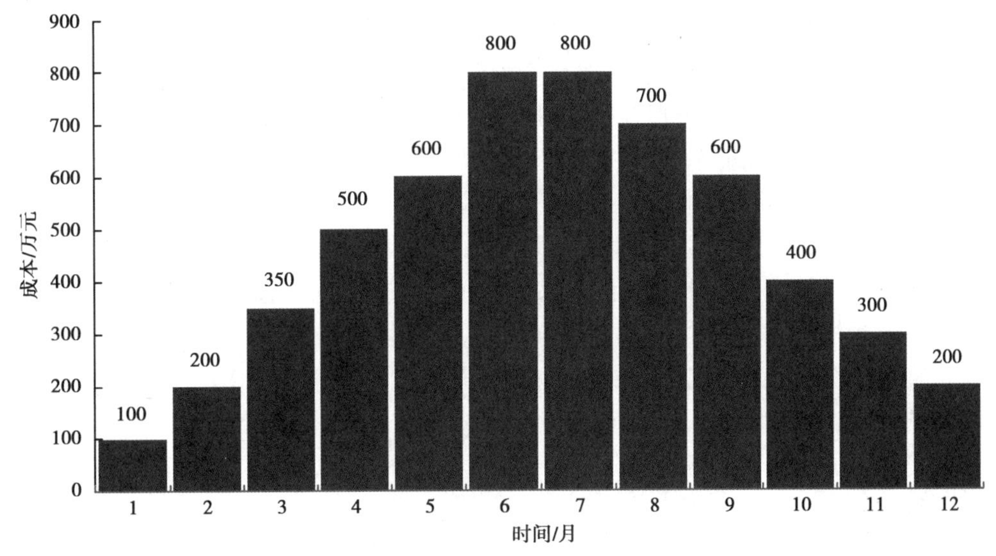

图4.6　时标网络图上按月编制的成本计划

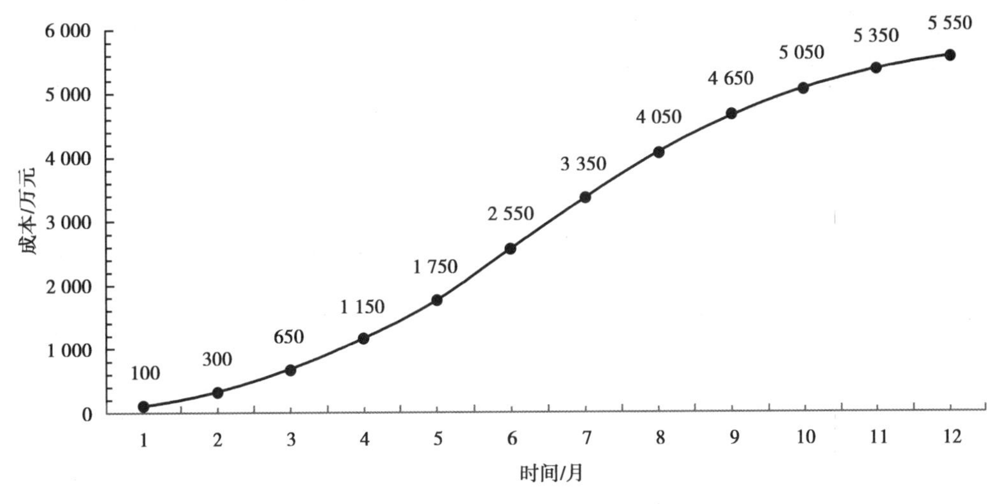

图4.7　时间—成本累计曲线（S形曲线）

③计算规定时间计划累计支出的成本额。其计算方法为：将各单位时间计划完成的成本额累加求和，可按公式计算：

$$Q_t = \sum_{n=1}^{t} q_n$$

式中　Q_t——某时间内计划累计支出成本额；

q_n——单位时间 n 的计划支出成本额；

t——某规定计划时刻。

④按各规定时间的 Q_t 值，绘制S形曲线，如图4.7所示。

每一条S形曲线都对应某一特定的工程进度计划。因为在进度计划的非关键路线中存在许多有时差的工序或工作，因而S形曲线必然包络在由全部工作都按最早开始时间开始和全部工作都按最迟必须开始时间开始的曲线所组成的“香蕉图”内。项目经理可根据编制的成本支出计划来合理安排资金,同时项目经理也可以根据筹措的资金来调整S形曲线,即通过调整非关键路线上的工序项目的最早或最迟开工时间,力争将实际的成本支出控制在计划的范围内。

一般而言,所有工作都按最迟开始时间开始,对节约资金贷款利息是有利的。但同时也降低了项目按期竣工的保证率,因此项目经理必须合理地确定成本支出计划,达到既节约成本支出又控制项目工期的目的。

以上3种编制成本计划的方式并不是相互独立的。在实践中,往往是将这几种方式结合起来使用,从而可以取得扬长避短的效果。例如,将按项目分解总成本与按成本构成分解总成本两种方式相结合,横向按成本构成分解,纵向按子项目分解,或相反。这种分解方式有助于检查各分部分项工程成本构成是否完整,有无重复计算或漏算。同时还有助于检查各项具体的成本支出对象是否明确或落实,并且可以从数字上校核分解的结果有无错误。或者还可将按子项目分解项目总成本计划与按时间分解项目总成本计划结合起来,一般纵向按子项目分解,横向按时间分解。

任务4.6 施工成本控制

4.6.1 施工成本控制的依据和程序

成本控制是指在项目成本的形成过程中,对生产经营所消耗的人力资源、物资资源和费用开支进行指导、监督、检查和调整,及时纠正将要发生和已经发生的偏差,把各项生产费用控制在计划成本的范围之内,以保证成本目标的实现。

施工成本控制的依据与程序

1)**施工成本控制的依据**

项目管理机构实施成本控制的依据包括合同文件、成本计划、进度报告、工程变更与索赔资料、各种资源的市场信息。

(1)合同文件

成本控制要以合同为依据,围绕降低工程成本这个目标,从预算收入和实际成本两方面研究节约成本、增加收益的有效途径,以获得最大的经济效益。

(2)成本计划

成本计划是根据项目的具体情况制订的成本控制方案,既包括预定的具体成本控制目标,又包括实现控制目标的措施和规划,是成本控制的指导文件。

(3)进度报告

进度报告提供了对应时间节点的工程实际完成量,工程成本实际支出情况等重要信息。

成本控制工作正是通过实际情况与成本计划相比较,找出两者之间的差别,分析偏差产生的原因,从而采取措施改进以后的工作。此外,进度报告还有助于管理者及时发现工程实施中存在的隐患,并在可能造成重大损失之前采取有效措施,尽量避免损失。

(4)工程变更与索赔资料

在项目的实施过程中,由于各方面的原因,工程变更与索赔是很难避免的。工程变更一般包括设计变更、进度计划变更、施工条件变更、技术规范与标准变更、施工次序变更、工程量变更等。一旦出现变更,工程量、工期、成本都有可能发生变化,从而使得成本控制工作变得更加复杂和困难。因此,成本管理人员应当通过对变更与索赔中各类数据的计算、分析,及时掌握变更情况,包括已发生工程量、将要发生工程量、工期是否延后、支付情况等重要信息,判断变更与索赔可能带来的成本增减。

(5)各种资源的市场信息

根据各种资源的市场价格信息和项目的实施情况,计算项目的成本偏差,估计成本的发展趋势。

2)**施工成本控制的程序**

要做好成本的过程控制,必须制订规范化的过程控制程序。成本的过程控制中,有两类控制程序,一是管理行为控制程序,二是指标控制程序。管理行为控制程序是对成本全过程控制的基础,指标控制程序则是成本进行过程控制的重点。两个程序既相对独立又相互联系,既相互补充又相互制约。

(1)管理行为控制程序

管理行为控制的目的是确保每个岗位人员在成本管理过程中的管理行为符合事先确定的程序和方法的要求。从这个意义上讲,首先要清楚企业建立的成本管理体系是否能对成本形成的过程进行有效的控制,其次要考察体系是否处在有效的运行状态。管理行为控制程序就是为规范项目成本的管理行为而制订的约束和激励体系,具体内容如下:

①建立成本管理体系的评审组织和评审程序。成本管理体系的建立不同于质量管理体系,质量管理体系反映的是企业的质量保证能力,由社会有关组织进行评审和认证。成本管理体系的建立是企业自身生存发展的需要,没有社会组织来评审和认证。因此企业必须建立成本管理体系的评审组织和评审程序,定期进行评审和总结,持续改进。

②建立成本管理体系运行的评审组织和评审程序。成本管理体系的运行有一个逐步推行的渐进过程。一个企业的各分公司、项目管理机构的运行质量往往是不平衡的。因此,必须建立专门的常设组织,依照程序定期地进行检查和评审。发现问题,总结经验,以保证成本管理体系的保持和持续改进。

③目标考核,定期检查。管理程序文件应明确每个岗位人员在成本管理中的职责,确定每个岗位人员的管理行为,如应提供的报表、提供的时间和原始数据的质量要求等。要把每个岗位人员是否按要求去履行职责作为一个目标来考核。为了方便检查,应将考核指标具体化,并设专人定期或不定期地检查。

应根据检查的内容编制相应的检查表,由项目经理或其委托人检查后填写检查表。检查表要由专人负责整理归档。

④制订对策,纠正偏差。对管理工作进行检查的目的是保证管理工作按预定的程序和标准进行,从而保证项目成本管理能够达到预期的目的。因此,对检查中发现的问题要及时进行分析,然后根据不同的情况及时采取对策。

(2)指标控制程序

能否达到成本目标,是成本控制成功的关键。对各岗位人员的成本管理行为进行控制,就是为了保证成本目标的实现。项目成本指标控制程序如下:

①确定成本管理分层次目标。在工程开工之初,项目管理机构应根据公司与项目签订的《项目承包合同》确定项目的成本管理目标,并根据工程进度计划确定月度成本计划目标。

②采集成本数据,监测成本形成过程。在施工过程中定期收集反映成本支出情况的数据,并将实际发生情况与目标计划进行对比,从而保证有效控制成本的整个形成过程。

③找出偏差,分析原因。施工过程是一个多工种、多方位立体交叉作业的复杂活动,成本的发生和形成是很难按预定的目标进行的,因此,需要及时分析偏差产生的原因,分清是客观因素(如市场调价)还是人为因素(如管理行为失控)。

④制订对策,纠正偏差。过程控制的目的就在于不断纠正成本形成过程中的偏差,保证成本项目的发生在预定范围之内,针对产生偏差的原因及时制订对策并予以纠正。

⑤调整改进成本管理方法。用成本指标考核管理行为,用管理行为来保证成本指标。管理行为的控制程序和成本指标的控制程序是对项目成本进行过程控制的主要内容,这两个程序在实施过程中,是相互交叉、相互制约又相互联系的。只有把成本指标的控制程序和管理行为的控制程序相结合,才能保证成本管理工作有序、富有成效地进行,如图4.8所示。

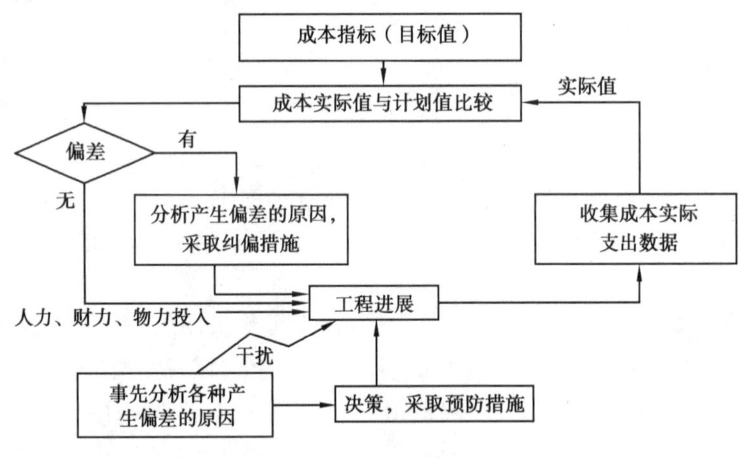

图4.8 成本指标控制程序图

4.6.2 施工成本控制的方法

1)赢得值法

工程成本控制适宜运用赢得值法。赢得值法(Earned Value Management,EVM)作为一项先进的项目管理技术,最初是美国国防部于1967年首次确立的。目前,国际上先进的工程公司已普遍采用赢得值法进行工程项目的费用、进度综合分析控制。用赢得值法进行费用、进度综合分析控制,基本参数有3项,即已

完工作预算费用、计划工作预算费用和已完工作实际费用。

(1)赢得值法的3个基本参数

①已完工作预算费用。已完工作预算费用为BCWP(Budgeted Cost for Work Performed)，是指在某一时间已经完成的工作(或部分工作)，以批准认可的预算为标准所需要的资金总额，由于发包人正是根据这个值为承包人完成的工作量支付相应的费用，也就是承包人获得(挣得)的金额，故称赢得值或挣值。

$$\text{已完工作预算费用(BCWP)} = \text{已完成工作量} \times \text{预算单价} \tag{4.47}$$

②计划工作预算费用。计划工作预算费用为BCWS(Budgeted Cost for Work Scheduled)，即根据进度计划，在某一时刻应当完成的工作(或部分工作)，以预算为标准所需要的资金总额。一般来说，除非合同有变更，BCWS在工程实施过程中应保持不变。

$$\text{计划工作预算费用(BCWS)} = \text{计划工作量} \times \text{预算单价} \tag{4.48}$$

③已完工作实际费用。已完工作实际费用为ACWP(Actual Cost for Work Performed)，即到某一时刻为止，已完成的工作(或部分工作)所实际花费的总金额。

$$\text{已完工作实际费用(ACWP)} = \text{已完成工作量} \times \text{实际单价} \tag{4.49}$$

(2)赢得值法的4个评价指标

在3个基本参数的基础上，可以确定赢得值法的4个评价指标，它们都是时间的函数。

①费用偏差CV(Cost Variance)。

$$\begin{aligned}\text{费用偏差(CV)} &= \text{已完工作预算费用(BCWP)} - \text{已完工作实际费用(ACWP)}\\ &= \text{已完成工作量} \times \text{预算单价} - \text{已完成工作量} \times \text{实际单价}\end{aligned} \tag{4.50}$$

当费用偏差CV为负值时，即表示项目运行超出预算费用。当费用偏差CV为正值时，表示项目运行节支，实际费用没有超出预算费用。

②进度偏差SV(Schedule Variance)。

$$\begin{aligned}\text{进度偏差(SV)} &= \text{已完工作预算费用(BCWP)} - \text{计划工作预算费用(BCWS)}\\ &= \text{已完成工作量} \times \text{预算单价} - \text{计划工作量} \times \text{预算单价}\end{aligned} \tag{4.51}$$

当进度偏差SV为负值时，表示进度延误，即实际进度落后于计划进度。当进度偏差SV为正值时，表示进度提前，即实际进度快于计划进度。

③费用绩效指数(CPI)。

$$\begin{aligned}\text{费用绩效指数(CPI)} &= \text{已完工作预算费用(BCWP)} / \text{已完工作实际费用(ACWP)}\\ &= (\text{已完成工作量} \times \text{预算单价}) / (\text{已完成工作量} \times \text{实际单价})\end{aligned} \tag{4.52}$$

当费用绩效指数(CPI)<1时，表示超支，即实际费用高于预算费用；

当费用绩效指数(CPI)>1时，表示节支，即实际费用低于预算费用。

④进度绩效指数(SPI)。

$$\begin{aligned}\text{进度绩效指数(SPI)} &= \text{已完工作预算费用(BCWP)} / \text{计划工作预算费用(BCWS)}\\ &= (\text{已完成工作量} \times \text{预算单价}) / (\text{计划工作量} \times \text{预算单价})\end{aligned} \tag{4.53}$$

当进度绩效指数(SPI)<1时，表示进度延误，即实际进度比计划进度慢；当进度绩效指

数(SPI)>1 时,表示进度提前,即实际进度比计划进度快。

费用(进度)偏差反映的是绝对偏差,结果很直观,有助于费用管理人员了解项目费用出现偏差的绝对数额,并据此采取一定措施,制订或调整费用支出计划和资金筹措计划。但是,绝对偏差有其不容忽视的局限性。如同样是 10 万元的费用偏差,对于总费用 1 000 万元的项目和总费用 1 亿元的项目而言,其严重性显然是不同的。因此,费用(进度)偏差仅适合于对同一项目作偏差分析。费用(进度)绩效指数反映的是相对偏差,它不受项目层次的限制,也不受项目实施时间的限制,因而在同一项目和不同项目比较中均可采用。

在项目的费用、进度综合控制中引入赢得值法,可以克服过去进度、费用分开控制的缺点,即当发现费用超支时,很难立即知道是由于费用超出预算,还是由于进度提前。相反,当发现费用低于预算时,也很难立即知道是由于费用节省,还是由于进度拖延,引入赢得值法即可定量地判断进度、费用的执行效果。

2)**偏差分析的表达方法**

偏差分析可以采用不同的表达方法,常用的有横道图法和曲线法。

(1)横道图法

用横道图法进行费用偏差分析,是用不同的横道标识已完工作预算费用(BCWP)、计划工作预算费用(BCWS)和已完工作实际费用(ACWP),横道的长度与其金额成正比例,如图 4.9 所示。

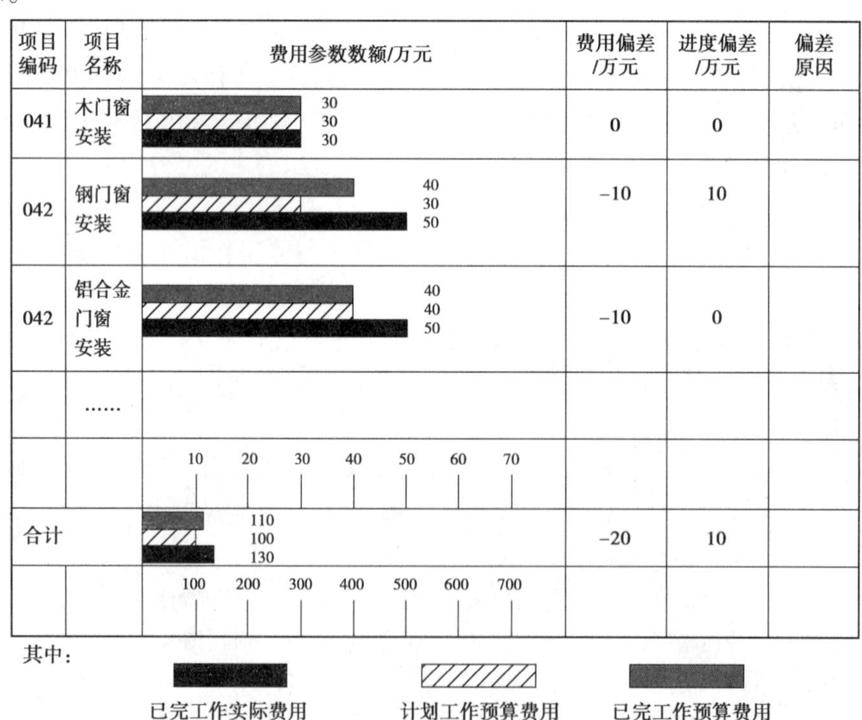

图 4.9　费用偏差分析的横道图法

横道图法具有形象、直观、一目了然等优点,它能够准确表达出费用的绝对偏差,而且能直观地表明偏差的严重性。但这种方法反映的信息量少,一般在项目的较高管理层应用。

(2)曲线法

在项目实施过程中,以上 3 个参数可以形成 3 条曲线,即计划工作预算费用(BCWS)、已完工作预算费用(BCWP)、已完工作实际费用(ACWP)曲线,如图 4.10 所示。

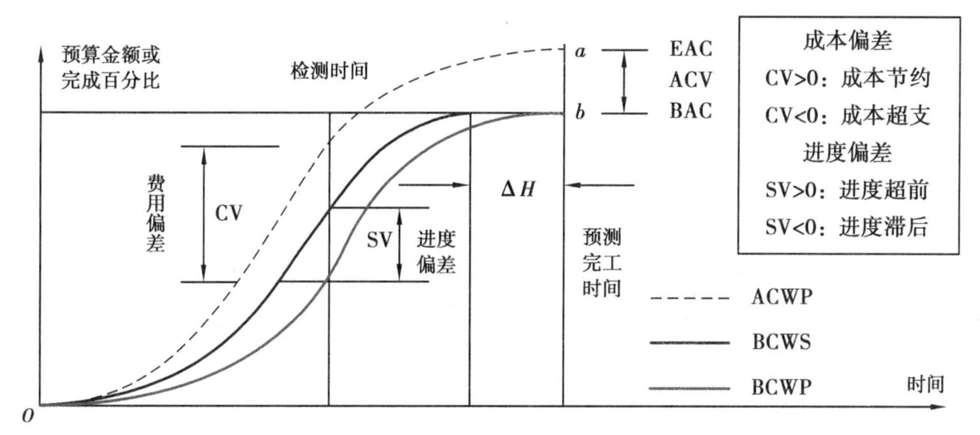

图 4.10 赢得值法评价曲线

图中:CV=BCWP-ACWP,由于两项参数均以已完工作为计算基准,所以两项参数之差反映项目进展的费用偏差。

SV=BCWP-BCWS,由于两项参数均以预算值(计划值)作为计算基准,所以两者之差反映项目进展的进度偏差。

采用赢得值法进行费用、进度综合控制,还可以根据当前的进度、费用偏差情况,通过原因分析,对趋势进行预测,预测项目结束时的进度、费用情况。在图 4.10 中:

BAC(Budget at Completion)——项目完工预算,指编计划时预计的项目完工费用。

EAC(Estimate at Completion)——预测的项目完工估算,指计划执行过程中根据当前的进度、费用偏差情况预测的项目完工总费用。

ACV(at Completion Variance)——预测项目完工时的费用偏差。

$$ACV = BAC - EAC \tag{4.54}$$

3)**偏差原因分析与纠偏措施**

(1)偏差原因分析

在实际执行过程中,最理想的状态是已完工作实际费用(ACWP)、计划工作预算费用(BCWS)、已完工作预算费用(BCWP)3 条曲线靠得很近、平稳上升,表示项目按预定计划目标进行。如果 3 条曲线离散度不断增加,则可能出现较大的投资偏差。

偏差分析的一个重要目的就是要找出引起偏差的原因,从而采取有针对性的措施,减少或避免相同问题的再次发生。在进行偏差原因分析时,首先应当将已经导致和可能导致偏差的各种原因逐一列举出来。导致不同工程项目产生费用偏差的原因具有一定共性,因而可以通过对已建项目的费用偏差原因进行归纳、总结,为该项目采取预防措施提供依据。

一般来说,产生费用偏差的原因如图 4.11 所示。

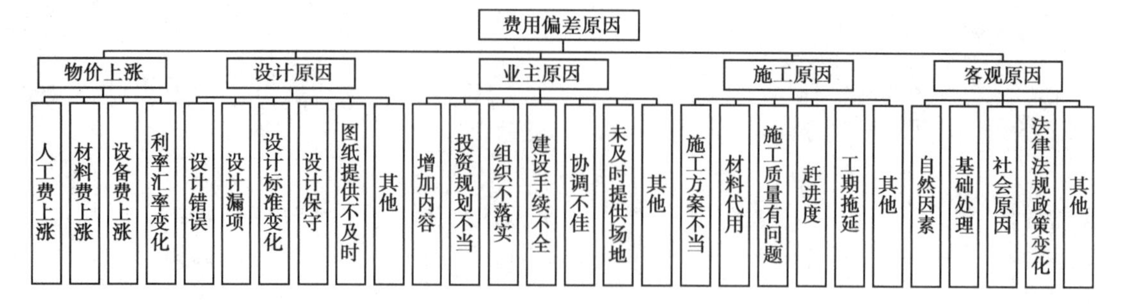

图 4.11　费用偏差原因

(2)纠偏措施

通常要压缩已经超支的费用,而不影响其他目标是十分困难的,一般只有当给出的措施比原计划已选定的措施更为有利,比如使工程范围减少或生产效率提高等,成本才能降低。例如:

①寻找新的、效率更高的设计方案。

②购买部分产品,而不是采用完全由自己生产的产品。

③重新选择供应商,但会产生供应风险,选择需要时间。

④改变实施过程。

⑤变更工程范围。

⑥索赔,例如向业主、承(分)包商、供应商索赔以弥补费用超支。

任务 4.7　施工成本核算

4.7.1　成本核算的原则

项目成本核算应坚持形象进度、产值统计、成本归集同步的原则,即三者的取值范围应是一致的。形象进度表达的工程量、统计施工产值的工程量和实际成本归集所依据的工程量均应是相同的数值。

4.7.2　成本核算的依据

成本核算的依据包括:

①各种财产物资的收发、领退、转移、报废、清查、盘点资料。做好各项财产物资的收发、领退、清查和盘点工作,是正确计算成本的前提条件。

②与成本核算有关的各项原始记录和工程量统计资料。

③工时、材料、费用等各项内部消耗定额以及材料、结构件、作业、劳务的内部结算指导价。

4.7.3　成本核算的范围

根据《企业会计准则第15号——建造合同》,工程成本包括从建造合同签订开始至合同完成止所发生的、与执行合同有关的直接费用和间接费用。

直接费用是指为完成合同所发生的、可以直接计入合同成本核算对象的各项费用支出。直接费用包括:①耗用的材料费用;②耗用的人工费用;③耗用的机械使用费;④其他直接费用,指其他可以直接计入合同成本的费用。

间接费用是企业下属的施工单位或生产单位为组织和管理施工生产活动所发生的费用。

根据《财政部关于印发〈企业产品成本核算制度(试行)〉的通知》(财会〔2013〕号),建筑业企业可设置的成本项目有以下类别:

①直接人工,是指按照国家规定支付给施工过程中直接从事建筑安装工程施工的工人以及在施工现场直接为工程制作构件和运料、配料等工人的职工薪酬。

②直接材料,是指在施工过程中所耗用的、构成工程实体的材料、结构件、机械配件和有助于工程形成的其他材料以及周转材料的租赁费和摊销等。

③机械使用费,是指施工过程中使用自有施工机械所发生的机械使用费,使用外单位施工机械的租赁费,以及按照规定支付的施工机械进出场费等。

④其他直接费用,是指施工过程中发生的材料搬运费、材料装卸保管费、燃料动力费、临时设施摊销、生产工具用具使用费、检验试验费、工程定位复测费、工程点交费、场地清理费,以及能够单独区分和可靠计量的为订立建造承包合同而发生的差旅费、投标费等费用。

⑤间接费用,是指企业各施工单位为组织和管理工程施工所发生的费用。

⑥分包成本,是指按照国家规定开展分包,支付给分包单位的工程价款。

施工企业在核算产品成本时,就是按照成本项目来归集企业在施工生产经营过程中所发生的应计入成本核算对象的各项费用。其中,属于人工费,材料费、机械使用费和其他直接费等直接成本费用,直接计入有关工程成本。间接费用可先通过费用明细科目进行归集,期末再按确定的方法分配计入有关工程成本核算对象的成本。

4.7.4　成本核算的程序

成本核算是企业会计核算的重要组成部分,应当根据工程成本核算的要求和作用,按照企业会计核算程序总体要求,确立工程成本核算程序。

根据会计核算程序,结合工程成本发生的特点和核算的要求,工程成本核算的程序为:

①对所发生的费用进行审核,以确定应计入工程成本的费用和计入各项期间费用的数额。

②将应计入工程成本的各项费用,区分为哪些应当计入本月的工程成本,哪些应由其他月份的工程成本负担。

③将每个月应计入工程成本的生产费用,在各个成本对象之间进行分配和归集,计算各工程成本。

④对未完工程进行盘点,以确定本期已完工程实际成本。

⑤将已完工程成本转入工程结算成本,核算竣工工程实际成本。

4.7.5 施工成本核算的方法

施工项目成本核算的方法有表格核算法和会计核算法。

(1)表格核算法

表格核算法是通过对施工项目内部各环节进行成本核算,并以此为基础,核算单位和各部门定期采集信息,按照有关规定填制一系列的表格,完成数据比较、考核和简单的核算,形成工程项目成本的核算体系,作为支撑工程项目成本核算的平台。这种核算的优点是简便易懂,方便操作,实用性较好。缺点是难以实现较为科学严密的审核制度,精度不高,覆盖面较小。

(2)会计核算法

会计核算法是建立在会计对工程项目进行全面核算的基础上,再利用收支全面核实和借贷记账法的综合特点,按照施工项目成本的收支范围和内容,进行施工项目成本核算。不仅核算工程项目施工的直接成本,还要核算工程项目在施工过程中出现的债权债务、为施工生产而自购的工具、器具摊销、向发包单位的报量和收款、分包完成和分包付款等。这种核算方法的优点是科学严密,人为控制的因素较小而且核算的覆盖面较大。缺点是对核算工作人员的专业水平和工作经验都要求较高。项目财务部门一般采用此种方法。

(3)两种核算方法的综合使用

因为表格核算具有操作简单和表格格式自由等特点,因而对工程项目内各岗位成本的责任核算比较实用。施工单位除对整个企业的生产经营进行会计核算外,还应在工程项目上设成本会计,进行工程项目成本核算,以减少数据的传递,提高数据的及时性,便于与表格核算的数据接口。总的来说,用表格核算法进行工程项目施工各岗位成本的责任核算和控制,用会计核算法进行工程项目成本核算,两者互补,相得益彰,可确保工程项目成本核算工作的顺利开展。

任务 4.8 施工成本分析与考核

4.8.1 认识施工成本分析

1)成本分析的依据

成本分析的依据包括项成本计划;项目成本核算资料;项目的会计核算、统计核算和业务核算的资料。成本分析的主要依据是会计核算、业务核算和统计核算所提供的资料。

(1)会计核算

会计核算主要是价值核算。会计是对一定单位的经济业务进行计量、记录、分析和检查,作出预测、参与决策、实行监督,旨在实现最优经济效益的一种管理活动。它通过设置账户、复式记账、填制和审核凭证、登记联簿、成本计算、财产清查和编制会计报表等系列有组织、有系统的方法,来记录企业的一切生产经营活动,然后据此提出一些用货币来反映的有关各种综合性经济指标的数据,如资产、负债、所有者权益、收入、费用和利润等。由于会计记录具有连续性、系统性、综合性等特点,所以它是成本分析的重要依据。

(2)业务核算

业务核算是各业务部门根据业务工作的需要建立的核算制度,它包括原始记录和计算登记表,如单位工程及分部分项工程进度登记,质量登记,工效,定额计算登记,物资消耗定额记录,测试记录等。业务核算的范围比会计、统计核算要广。会计和统计核算一般是对已经发生的经济活动进行核算,而业务核算不但可以核算已经完成的项目是否达到原定的目的,取得预期的效果,而且可以对尚未发生成或在发生的经济活动进行核算,以确定该项经济活动是否有经济效果,是否有执行的必要。它的特点是对个别的经济业务进行单项核算,例如各种技术措施、新工艺等项目。业务核算的目的在于迅速取得资料,以便在经济活动中及时采取措施进行调整。

(3)统计核算

统计核算是利用会计核算资料和业务核算资料,把企业生产经营活动客观现状的大量数据,按统计方法加以系统整理,以发现其规律性。它的计量尺度比会计宽,可以用货币计算,也可以用实物或劳动量计量。它通过全面调查和抽样调查等特有的方法,不仅能提供绝对数指标,还能提供相对数和平均数指标,可以计算当前的实际水平,还可以确定变动速度以预测发展的趋势。

2)**成本分析的内容**

成本分析的内容包括:

①时间节点成本分析。

②工作任务分解单元成本分析。

③组织单元成本分析。

④单项指标成本分析。

⑤综合项目成本分析。

3)**成本分析的步骤**

成本分析方法应遵循下列步骤:

①选择成本分析方法。

②收集成本信息。

③进行成本数据处理。

④分析成本形成原因。

⑤确定成本结果。

4.8.2 施工成本分析的方法

由于项目成本涉及的范围很广，需要分析的内容较多，因此应该在不同的情况下采取不同的分析方法，除了基本的分析方法外，还有综合成本的分析方法、成本项目的分析方法和专项成本的分析方法等。

1）成本分析的基本方法

成本分析的基本方法包括比较法、因素分析法、差额计算法、比率法等。

施工成本分析基本方法

（1）比较法

比较法又称“指标对比分析法”，是指对比技术经济指标，检查目标的完成情况，分析产生差异的原因，进而挖掘降低成本的方法。这种方法通俗易懂、简单易行、便于掌握，因而得到了广泛的应用，但在应用时必须注意各技术经济指标的可比性。比较法的应用通常有以下形式：

①将实际指标与目标指标对比。以此检查目标完成情况，分析影响目标完成的积极因素和消极因素，以便及时采取措施，保证成本目标的实现。在进行实际指标与目标指标对比时，还应注意目标本身有无问题，如果目标本身出现问题，则应调整目标，重新评价实际工作。

②本期实际指标与上期实际指标对比。通过本期实际指标与上期实际指标对比，可以看出各项技术经济指标的变动情况，反映施工管理水平的提高程度。

③与本行业平均水平、先进水平对比。通过这种对比，可以反映本项目的技术和经济管理水平与行业的平均及先进水平的差距，进而采取措施提高本项目管理水平。

以上 3 种对比，可以在一张表中同时反映。例如，某项目本年计划节约钢材 700 000 元，实际节约 820 000 元，上年节约 695 000 元，本企业先进水平节约 730 000 元。根据上述资料编制分析表 4.5。

表 4.5 实际指标与上期指标、先进水平对比表

单位：元

指标	本年计划数	上年实际数	企业先进水平	本年实际数	差异数		
					与计划比	与上年比	与先进比
“三材”节约额	700 000	695 000	730 000	820 000	120 000	125 000	90 000

（2）因素分析法

因素分析法又称连环置换法，可用来分析各种因素对成本的影响程度。在进行分析时，假定众多因素中的一个因素发生了变化，而其他因素则不变，然后逐个替换，分别比较其计算结果，以确定各个因素的变化对成本的影响程度。因素分析法的计算步骤如下：

①确定分析对象，计算实际与目标数的差异。

②确定该指标是由哪几个因素组成的，并按其相互关系进行排序（排序规则是先实物量，后价值量；先绝对值，后相对值）。

③以目标数为基础，将各因素的目标数相乘，作为分析替代的基数。

④将各个因素的实际数按照已确定的排列顺序进行替换计算，并将替换后的实际数保留下来。

⑤将每次替换计算所得的结果，与前一次的计算结果相比较，两者的差异即为该因素对成本的影响程度。

⑥各个因素的影响程度之和，应与分析对象的总差异相等。

【例4.2】　商品混凝土目标成本为315 000元，实际成本为413 545元，比目标成本增加98 545元，资料见表4.6。分析成本增加的原因。

表4.6　商品混凝土目标成本与实际成本对比表

项目	单位	目标	实际	差额
产量	m^3	700	730	+30
单价	元/m^3	500	550	+50
损耗率	%	5	3	−2
成本	元	315 000	413 545	+98 545

【解】

(1)分析对象是商品混凝土的成本，实际成本与目标成本的差额为98 545元，该指标由产量、单价、损耗率3个因素组成的，其排序见表4.6。

(2)以目标数315 000元=700×500×(1+5%)为分析替代的基础。

第一次替代产量因素，以730替代700：

$$730\ m^3 \times 500\ 元/m^3 \times (1+5\%) = 383\ 250\ 元$$

第二次替代单价因素，以550替代500，并保留上次替代后的值：

$$730\ m^3 \times 550\ 元/m^3 \times (1+5\%) = 421\ 575\ 元$$

第三次替代损耗率因素，以(1+3%)替代(1+5%)，并保留上两次替代后的值：

$$730\ m^3 \times 550\ 元/m^3 \times (1+3\%) = 413\ 545\ 元$$

(3)计算差额：

第一次替代与目标数的差额=383 250元−315 000元=68 250元

第二次替代与第一次替代的差额=421 575元−383 250元=38 325元

第三次替代与第二次替代的差额=413 545元−421 575元=−8 030元

(4)产量增加使成本增加了68 250元，单价提高使成本增加了38 250元，而损耗率下降使成本减少了8 030元。

(5)各因素的影响程度之和=68 250元+38 325元−8 030元=98 545元，和实际成本与目标成本的总差额相等。

为了使用方便，企业也可以通过运用因素分析表来求出各因素变动对实际成本的影响程度，其具体形式见表4.7。

表 4.7　商品混凝土成本变动因素分析表

顺序	连环替代计算	差异/元	因素分析
目标数	700×500×(1+5%)		
第一次替代	730×500×(1+5%)	68 250	由于产量增加 30 m^3,成本增加 68 250 元
第二次替代	730×550×(1+5%)	38 325	由于单价高 20 元,成本增加 38 325 元
第三次替代	730×550×(1+3%)	-8 030	由于损耗率下降 2%元,成本减少 8 030 元
合计	68 250+38 325-8 030=98 545	98 545	

(3)差额计算法

差额计算法是因素分析法的一种简化形式,它利用各个因素的目标值与实际值的差额来计算其对成本的影响程度。

【例 4.3】　某施工项目某月的实际成本降低额比计划提高了 40 万元,见表 4.8。

表 4.8　降低成本计划与实际对比表

项目	单位	计划	实际	差额
预算成本	万元	3 000	3 200	+200
成本降低率	%	4	5	+1
成本降低额	万元	120	160	+40

根据表 4.8 资料,应用“差额计算法”分析预算成本和成本降低率对成本降低额的影响程度。

【解】

(1)预算成本增加对成本降低额的影响程度

$$(3\ 200\text{ 万元}-3\ 000\text{ 万元})\times 4\%=8\text{ 万元}$$

(2)成本降低率提高对成本降低额的影响程度

$$(5\%-4\%)\times 3\ 200\text{ 万元}=32\text{ 万元}$$

以上两项合计:8 万元+32 万元=40 万元

(4)比率法

比率法是指用两个以上的指标的比例进行分析的方法。它的基本特点是:先把对比分析的数值变成相对数,再观察其相互之间的关系。常用的比率法有以下几种:

①相关比率法。由于项目经济活动的各个方面是相互联系、相互依存、相互影响的,因而可以将两个性质不同且相关的指标加以对比,求出比率,并以此来考察经营成果的好坏。例如:产值和工资是两个不同的概念,但它们是投入与产出的关系。在一般情况下,都希望以最少的工资支出完成最大的产值。因此,用产值工资率指标来考核人工费的支出水平,可以很好地分析人工成本。

②构成比率法。又称比重分析法或结构对比分析法。通过构成比率,可以考察成本总量的构成情况及各成本项目占总成本的比重,同时也可看出预算成本、实际成本和降低成本

的比例关系，从而寻求降低成本的途径，见表4.9。

表4.9　成本构成比例分析表　　单位：万元

成本项目	预算成本		实际成本		降低成本		
	金额	比重	金额	比重	金额	占本项/%	占总量/%
1.直接成本	1 263.79	93.20	1 200.31	92.38	63.48	5.02	4.68
1.1 人工费	113.36	8.36	119.28	9.18	-5.92	-5.22	-0.44
1.2 材料费	1 006.56	74.23	939.67	72.32	66.89	6.65	4.93
1.3 机具使用费	87.60	6.46	89.65	6.9	-2.05	-2.34	-0.15
1.4 措施费	56.27	4.15	51.71	3.98	4.56	8.10	0.34
2.间接成本	92.21	6.80	99.01	7.62	-6.80	-7.37	0.50
3.总成本	1 356	100	1 299.32	100	56.68	4.18	4.18
4.比例/%	100	—	95.82	—	4.18	—	—

③动态比率法。动态比率法是将同类指标不同时期的数值进行对比，求出比率，以分析该项指标的发展方向和发展速度。动态比率的计算，通常采用基期指数和环比指数两种方法，见表4.10。

表4.10　指标动态比较表

指　标	第一季度	第二季度	第三季度	第四季度
降低成本/万元	48.80	49.80	56.80	66.80
基期指数/%（第一季度=100）		102.50	116.39	136.89
环比指数/%（上一季度=100）		102.50	114.06	117.61

2）**综合成本的分析方法**

综合成本是指涉及多种生产要素，并受多种因素影响的成本费用，如分部分项工程成本，月（季）度成本、年度成本等。由于这些成本都是随着项目施工的进展而逐步形成的，与生产经营有着密切的关系，因此，做好上述成本的分析工作，无疑将促进项目的生产经营管理，提高项目的经济效益。

施工成本分析其他方法

（1）分部分项工程成本分析

分部分项工程成本分析是施工项目成本分析的基础。分部分项工程成本分析的对象为已完成分部分项工程，分析的方法：进行预算成本、目标成本和实际成本的“三算”对比，分别计算实际偏差和目标偏差，分析偏差产生的原因，为今后的分部分项工程成本寻求节约途径。

分部分项工程成本分析的资料来源为：预算成本来自投标报价成本，目标成本来自施工预算，实际成本来自施工任务单的实际工程量、实耗人工和限额领料单的实耗材料。

由于施工项目包括很多分部分项工程，无法也没有必要对每一个分部分项工程都进行成本分析。特别是一些工程量小、成本费用少的零星工程。但是，对于那些主要分部分项工程必须进行成本分析，而且要做到从开工到竣工进行系统的成本分析。因为通过主要分部分项工程成本的系统分析，可以基本上了解项目成本形成的全过程，为竣工成本分析和今后的项目成本管理提供参考资料。

分部分项工程成本分析表的格式见表 4.11。

表 4.11　分部分项工程成本分析表

单位工程：____________________

分部分项工程名称：________　工程量：______　施工班组：______　施工日期：______

工料名称	规格	单位	单价	预算成本		目标成本		实际成本		实际与预算比较		实际与目标比较	
				数量	金额	数量	金额	数量	金额	数量	金额	数量	金额
实际与预算比较/%（预算=100）													
实际与计划比较/%（计划=100）													
节超原因说明													

编制单位：　　　　成本员：　　　　填表日期：

（2）月（季）度成本分析

月（季）度成本分析，是施工项目定期的、经常性的中间成本分析，对于施工项目来说具有特别重要的意义。通过月（季）度成本分析，可以及时发现问题，以便按照成本目标指定的方向进行监督和控制，保证项目成本目标的实现。

月（季）度成本分析的依据是当月（季）的成本报表，分析通常包括以下几个方面：

①通过实际成本与预算成本的对比，分析当月（季）的成本降低水平。通过累计实际成本与累计预算成本的对比，分析累计的成本降低水平，预测实现项目成本目标的前景。

②通过实际成本与目标成本的对比，分析目标成本的落实情况以及目标管理中的问题和不足，进而采取措施，加强成本管理，保证成本目标的实现。

③通过对各成本项目的成本分析，可以了解成本总量的构成比例和成本管理的薄弱环节。例如：在成本分析中，若发现人工费、机械费等项目大幅度超支，则应该对这些费用的收支配比关系进行研究，并采取应对措施，防止今后再超支。如果是属于规定的“政策性”亏损，则应从控制支出着手，把超支额压缩到最低限度。

④通过主要技术经济指标的实际与目标对比，分析产量、工期、质量、“三材”节约率、机械利用率等对成本的影响。

⑤通过对技术组织措施执行效果的分析，寻求更加有效的节约途径。

⑥分析其他有利条件和不利条件对成本的影响。

(3)年度成本分析

企业成本要求一年结算一次,不得将本年成本转入下一年度。而项目成本则以项目的寿命周期为结算期,要求从开工到竣工直至保修期结束连续计算,最后结算出总成本及其盈亏。由于项目的施工周期一般较长,除进行月(季)度成本核算和分析外,还要进行年度成本的核算和分析。这不仅是企业汇编年度成本报表的需要,同时也是项目成本管理的需要,通过年度成本的综合分析,可以总结一年来成本管理的成绩和不足,为今后的成本管理提供经验和教训,从而可对项目成本进行更有效的管理。

年度成本分析的依据是年度成本报表。年度成本分析的内容,除了月(季)度成本分析的6个方面以外,重点是针对下一年度的施工进展情况制定切实可行的成本管理措施,以保证施工项目成本目标的实现。

(4)竣工成本的综合分析

凡是有几个单位工程且单独进行成本核算(即成本核算对象)的施工项目,其竣工成本分析应以各单位工程竣工成本分析资料为基础,再加上项目管理层的经营效益(如资金、调度、对外分包等所产生的效益)进行综合分析。如果施工项目只有一个成本核算对象(单位工程),就以该成本核算对象的竣工成本资料作为成本分析的依据。

单位工程竣工成本分析,应包括以下3个方面内容:

①竣工成本分析。

②主要资源节超对比分析。

③主要技术节约措施及经济效果分析。

通过以上分析,可以全面了解单位工程的成本构成和降低成本的来源,为今后同类工程的成本管理提供参考。

3)**成本项目的分析方法**

(1)人工费分析

项目施工需要的人工和人工费,由项目管理机构与作业队签订劳务分包合同,明确承包范围、承包金额和双方的权利、义务。除了按合同规定支付劳务费以外,还可能发生一些其他人工费支出,主要有:

①因实物工程量增减而调整的人工和人工费。

②定额人工以外的计日工工资(如果已按定额人工的一定比例由作业队包干,并已列入承包合同的,不再另行支付)。

③对在进度、质量、成本等方面作出贡献的班组和个人进行奖励的费用。

项目管理层应根据上述人工费的增减,结合劳务分包合同的管理进行分析。

(2)材料费分析

材料费分析包括主要材料、结构件和周转材料使用费的分析以及材料储备的分析。

①主要材料和结构件费用的分析。主要材料和结构件费用的高低,主要受价格和消耗数量的影响。而材料价格的变动受采购价格、运输费用、途中损耗、供应不足等因素的影响。材料消耗数量的变动,则受操作损耗、管理损耗和返工损失等因素的影响。因此,可在价格

变动较大和数量超用异常时再作深入分析。为了分析材料价格和消耗数量的变化对材料和结构件费用的影响程度,可按下列公式计算:

因材料价格变动对材料费的影响 =(计划单价 - 实际单价)× 实际数量 (4.55)

因消耗数量变动对材料费的影响 =(计划用量 - 实际用量)× 实际价格 (4.56)

②周转材料使用费分析。在实行周转材料内部租赁制的情况下,项目周转材料费的节约或超支,取决于材料周转率和损耗率。周转减慢,则材料周转的时间增长,租赁费支出就增加。而超过规定的损失,则要照价赔偿。

③采购保管费分析。材料采购保管费属于材料的采购成本,包括材料采购保管人员的工资、工资附加费、劳动保护费、办公费、差旅费,以及材料采购保管过程中发生的固定资产使用费、工具用具使用费、检验试验费、材料整理及零星运费和材料物资的盘亏及毁损等。材料采购保管费一般应与材料采购数量同步,即材料采购多,采购保管费也会相应增加。因此,应根据每月实际采购的材料数量(金额)和实际发生的材料采购保管费,分析保管费率的变化。

④材料储备资金分析。材料的储备资金是根据日平均用量、材料单价和储备天数(即从采购到进场所需要的时间)计算的。上述任何一个因素变动,都会影响储备资金的占用量。材料储备资金的分析,可以应用“因素分析法”。

【例 4.4】 某项目水泥的储备资金变动情况见表 4.12。

表 4.12 储备资金计划与实际对比表

项目	单位	计划	实际	差异
日平均用量	t	500	600	100
单价	元	300	320	20
储备天数	d	6	5	-1
储备金额	万元	90	96	6

根据表 4.12 数据,分析日平均用量、单价和储备天数等因素的变动对水泥储备资金的影响程度,见表 4.13。

表 4.13 储备资金因素分析表

顺序	连环替代计算	差异/万元	因素分析
目标数	500×300×6=90 万元	—	—
第一次替代	600×300×6=108 万元	+18	由于日平均用量增加 100 t,增加储备资金 18 万元
第二次替代	600×320×6=115.20 万元	+7.20	由于水泥单价提高 20 元/t,增加储备资金 7.20 万元
第三次替代	600×320×5=96 万元	-19.20	由于储备天数缩短一天,减少储备资金 19.20 万元
合计	18+7.20-19.20=16 万元	+6	—

从以上分析可以发现,储备天数是影响储备资金的关键因素。因此,材料采购人员应该选择运距短的供应单位,尽可能减少材料采购的中转环节,缩短储备天数。

(3)机械使用费分析

由于项目施工是一次性的,项目管理机构不可能拥有自己的机械设备,而是随着施工的需要,向企业动力部门或外单位租用。在机械设备的租用过程中存在两种情况:一是按产量进行承包,并按完成产量计算费用,如土方工程。项目管理机构只要按实际挖掘的土方工程量结算挖土费用,而不必考虑挖土机械的完好程度和利用程度。另一种是按使用时间(台班)计算机械费用的,如塔吊、搅拌机、砂浆机等,如果机械完好率低或在使用中调度不当,必然会影响机械的利用率,从而延长使用时间,增加使用费。因此,项目管理机构应该给予一定的重视。

由于建筑施工的特点,在流水作业和工序搭接上往往会出现某些必然或偶然的施工间隙,影响机械的连续作业。有时,又因为加快施工进度和工种配合,需要机械日夜不停地运转。这样便造成机械综合利用效率不高,比如机械停工,则需要支付停班费。因此,在机械设备的使用过程中,应以满足施工需要为前提,加强机械设备的平衡调度,充分发挥机械的效用。同时,还要加强平时的机械设备的维修保养工作,提高机械的完好率,保证机械的正常运转。

(4)管理费分析

管理费分析,也应通过预算(或计划)数与实际数的比较来进行。预算与实际比较的表格形式见表4.14。

表4.14　管理费预算(或计划)与实际比较

序号	项　目	预算	实际	比较	备　注
1	管理人员工资				包括职工福利费和劳动保护费
2	办公费				包括生活水电费、取暖费
3	差旅交通费				
4	固定资产使用费				包括折旧及修理费
5	工具用具使用费				
6	劳动保险费				
⋮					
合计					

4)专项成本分析方法

针对与成本有关的特定事项的分析,包括成本盈亏异常分析、工期成本分析和资金成本分析等内容。

(1)成本盈亏异常分析

施工项目出现成本盈亏异常情况,必须引起高度重视,必须彻底查明原因并及时纠正。

检查成本盈亏异常的原因,应从经济核算的“三同步”入手。因为项目经济核算的基本规律是:在完成多少产值、消耗多少资源、发生多少成本之间,有着必然的同步关系。如果违背这个规律,就会发生成本的盈亏异常。

“三同步”检查是提高项目经济核算水平的有效手段,不仅适用于成本盈亏异常的检查,也可用于月度成本的检查。“三同步”检查可以通过以下5个方面的对比分析来实现。

①产值与施工任务单的实际工程量和形象进度是否同步。

②资源消耗与施工任务单的实耗人工、限额领料单的实耗材料、当期租用的周转材料和施工机械是否同步。

③其他费用(如材料价、超高费和台班费等)的产值统计与实际支付是否同步。

④预算成本与产值统计是否同步。

⑤实际成本与资源消耗是否同步。

通过对以上5个方面的分析,可以探明成本盈亏的原因。

(2)工期成本分析

工期成本分析是计划工期成本与实际工期成本的比较分析。计划工期成本是指在假定完成预期利润的前提下计划工期内所耗用的计划成本,而实际成本是在实际工期中耗用的实际成本。

工期成本分析一般采用比较法,即将计划工期成本与实际工期成本进行比较,然后应用因素分析法分析各种因素的变动对工期成本差异的影响程度。

(3)资金成本分析

资金与成本的关系是指工程收入与成本支出的关系。根据工程成本核算的特点,工程收入与成本支出有很强的相关性。进行资金成本分析通常应用成本支出率指标,即成本支出占工程款收入的比例,计算公式如下:

$$\text{成本支出率} = \frac{\text{计算期实际成本支出}}{\text{计算期实际工程款收入}} \times 100\%$$

通过对成本支出率的分析,可以看出资金收入中用于成本支出的比重。结合储备金和结存资金的比重,分析资金使用的合理性。

4.8.3 施工成本考核

成本考核是衡量成本降低的实际成果,也是对成本指标完成情况的总结和评价。项目组织机构应根据项目成本管理制度,确定项目成本考核目的、时间、范围、对象、方式、依据、指标、组织领导、评价与奖惩原则。

施工成本考核

1)施工成本考核的概念

施工成本考核的目的在于贯彻落实责权利相结合的原则,促进成本管理工作的健康发展,更好地完成施工项目的成本目标。

在施工成本管理中,项目经理和所属部门、施工队直到生产班组,都有明确的成本管理责任,而且有定量的责任成本目标。通过定期和不定期的成本考核,既可对他们加强督促,又可调动他们成本管理的积极性。

项目成本管理是一个系统工程,而成本考核则是系统的最后一个环节。如果对成本考核工作抓得不紧,或者不按正常的工作要求进行考核,前面的成本预测、成本控制、成本核算、成本分析都将得不到及时正确的评价。这不仅会挫伤有关人员的积极性,而且会给今后的成本管理带来不可估量的损失。

施工成本考核,特别要强调施工过程中的中间考核。这对具有一次性特点的施工项目来说尤为重要。因为通过中间考核发现问题,还能“亡羊补牢”。而竣工后的成本考核,虽然也很重要,但对成本管理的不足和由此造成的损失,已经无法弥补。

施工成本考核可以分为两个层次:一是企业对项目经理的考核;二是项目经理对所属部门、施工队和班组的考核(对班组的考核,平时以施工队为主)。通过以上的层层考核,督促项目经理、责任部门和责任者更好地完成自己的责任成本,从而形成实现项目成本目标的层层保证体系。

施工成本考核的内容,应该包括责任成本完成情况的考核和成本管理工作业绩的考核。从理论上讲,成本管理工作扎实,必然会使责任成本更好地落实。但是,影响成本的因素很多,而且有一定的偶然性,往往会使成本管理工作得不到预期的效果。为了鼓励有关人员成本管理的积极性,应该对他们的工作业绩进行考核,并作出正确的评价。

2)**施工成本考核的内容**

要加强公司层对项目管理机构的指导,并充分依靠管理人员、技术人员和作业人员的经验和智慧,防止项目管理在企业内部异化为靠少数人承担风险的以包代管模式。成本考核也可分别考核公司层和项目管理机构。这里主要介绍对项目管理结构的考核内容。

(1)公司对项目经理考核的内容

①项目成本目标和阶段成本目标的完成情况。

②建立以项目经理为核心的成本管理责任制的落实情况。

③成本计划的编制和落实情况。

④对各部门、各施工队和班组责任成本的检查和考核情况。

⑤在成本管理中贯彻责权利相结合原则的执行情况。

(2)项目经理对所属各部门、各施工队和班组考核的内容

①对各部门的考核内容。

a. 本部门、本岗位责任成本的完成情况。

b. 本部门、本岗位成本管理责任的执行情况。

②对各施工队的考核内容。

a. 对劳务合同规定的承包范围和承包内容的执行情况。

b. 劳务合同以外的补充收费情况。

c. 对班组施工任务单的管理情况,以及班组完成施工任务后的考核情况。

③对生产班组的考核内容(平时由施工队考核)。以分部分项工程成本作为班组的责任成本。以施工任务单和限额领料单的结算资料为依据,与施工预算进行对比,考核班组责任成本的完成情况。

3)施工成本考核依据

成本考核的依据包括成本计划、成本控制、成本核算和成本分析的资料。成本考核的主要依据是成本计划确定的各类指标。

成本计划一般包括以下 3 类指标:

(1)成本计划的数量指标

①按子项汇总的工程项目计划总成本指标。

②按分部汇总的各单位工程(或子项目)计划成本指标。

③按人工、材料、机具等各主要生产要素划分的计划成本指标。

(2)成本计划的质量指标

①设计预算成本计划降低率 $= \dfrac{\text{设计预算总成本计划降低额}}{\text{设计预算总成本}}$

②责任目标成本计划降低率 $= \dfrac{\text{责任目标总成本计划降低额}}{\text{责任目标总成本}}$

(3)成本计划的效益指标

①设计预算总成本计划降低额=设计预算总成本-计划总成本

②责任目标总成本计划降低额=责任目标总成本-计划总成本

公司应以项目成本降低额、项目成本降低率作为项目管理机构成本考核的主要指标。

4)施工成本考核实施

(1)施工成本考核采取评分制

具体方法为:先按考核内容评分,然后按 7∶3的比例加权平均。即责任成本完成情况的评分为 7,成本管理工作业绩的评分为 3。这是一个假设的比例,施工项目可以根据具体情况进行调整。

(2)施工成本考核要与相关指标完成情况相结合

具体方法为:成本考核的评分是奖罚的依据,相关指标的完成情况为奖罚的条件。即在根据评分计奖的同时,还要参考相关指标的完成情况加奖或扣罚。

与成本考核相结合的相关指标一般有进度、质量、安全和现场标化管理。以质量指标的完成情况为例说明如下:

①质量达到优良,按应得奖金加奖 20%。

②质量合格,奖金不加不扣。

③质量不合格,扣除应得奖金的 50%。

(3)强调施工成本中间考核

施工成本中间考核,可从两方面考虑:

①月度成本考核。一般是在月度成本报表编制以后,根据月度成本报表的内容进行考核。在进行月度成本考核时,不能单凭报表数据,还要结合成本分析资料和施工生产、成本

管理的实际情况，然后才能作出正确的评价，带动今后的成本管理工作，保证项目成本目标的实现。

②阶段成本考核。项目的施工阶段，一般可分为基础、结构、装饰、总体等 4 个阶段，如果是高层建筑，可对结构阶段的成本进行分层考核。

阶段成本考核的优点，在于能对施工告一段落后的成本进行考核，可与施工阶段其他指标，如进度、质量等的考核结合得更好，也更能反映施工项目的管理水平。

(4) 正确考核施工竣工成本

施工竣工成本，是在工程竣工和工程款结算的基础上编制的，它是竣工成本考核的依据。

工程竣工，表示项目建设已经全部完成，并已具备交付使用的条件（即已具有使用价值），而月度完成的分部分项工程，只是建筑产品的局部，并不具有使用价值，也不可能用来进行商品交换，只能作为分期结算工程进度款的依据。因此，真正能够反映全貌而又正确的项目成本，是在工程竣工和工程款结算的基础上编制的。

由此可见，施工竣工成本是项目经济效益的最终反映。它既是上缴利税的依据，又是进行职工分配的依据。由于施工项目的竣工成本关系到国家、企业、职工的利益，必须做到核算正确，考核正确。

(5) 经济奖罚

施工项目的成本考核，如上所述，可分为月度考核、阶段考核和竣工考核 3 种。对成本完成情况的经济奖罚，也应分别在上述 3 种成本考核的基础上立即兑现，不能只考核不奖罚，或者考核后拖了很久才奖罚。因为职工所担心的，就是领导对贯彻责权利相结合的原则执行不力，忽视群众利益。

由于月度成本和阶段成本都是假设性的，正确程度有高有低。因此，在进行月度成本和阶段成本奖罚时不妨留有余地，然后再按照竣工成本结算的奖金总额进行调整（多退少补）。

施工成本奖罚的标准，应通过经济合同的形式明确规定。这就是说，经济合同规定的奖罚标准具有法律效力，任何人都无权中途变更，或者拒不执行。另一方面，通过经济合同明确奖罚标准以后，职工群众就有了争取目标，因而也会在实现项目成本目标中发挥更积极的作用。

在确定施工成本奖罚标准时，必须从本项目的客观情况出发，既要考虑职工的利益，又要考虑项目成本的承受能力。在一般情况下，造价低的项目，奖金水平要定得低一些；造价高的项目，奖金水平可以适当提高。具体的奖罚标准，应该经过认真测算再行确定。

此外，企业领导和项目经理还可对完成项目成本目标有突出贡献的部门、施工队、班组和个人进行随机奖励。这是项目成本奖励的另一种形式，不属于上述成本奖罚范围。而这种奖励形式，往往能起到立竿见影的效用。

练习题 4

一、单项选择题(每题 1 分,每题的备选项中只有一个最符合题意)

1. 施工项目成本管理的程序是(　　)。

①施工成本预测;②施工成本核算;③施工成本分析;④施工成本控制;⑤施工成本考核;⑥施工成本计划

A. ①②③⑤④⑥　B. ③①④②⑤⑥　C. ②①③⑥⑤④　D. ①⑥④②③⑤

2. 施工成本管理就是要在保证工期和质量满足要求的情况下,利用组织措施、经济措施、技术措施、合同措施把成本控制在(　　)范围内,并进一步寻求最大限度的节约。

A. 成本核算　B. 成本计划　C. 成本预测　D. 成本考核

3. 施工项目成本决策与计划的依据是(　　)。

A. 成本计划　B. 成本核算　C. 成本预测　D. 成本控制

4. 以货币形式编制施工项目在计划期内的生产费用、成本水平、成本降低率以及为降低成本所采取的主要措施和规划的书面方案,称为(　　)。

A. 成本预测　B. 成本计划　C. 成本核算　D. 成本考核

5. 在施工成本管理过程中,(　　)贯穿于施工项目从投标阶段开始直到项目竣工验收的全过程,且是企业全面成本管理的重要环节。

A. 成本考核　B. 成本分析　C. 成本控制　D. 成本预测

6. 在施工成本管理中,(　　)是建立施工项目成本管理责任制、开展成本控制和核算的基础,是该施工项目降低成本的指导文件和设立目标成本的依据。

A. 成本控制　B. 成本核算　C. 成本预测　D. 成本计划

7. 由施工项目(　　)所提供的各种成本信息是施工项目成本管理各个环节的依据。

A. 成本考核　B. 成本控制　C. 成本核算　D. 成本预测

8. 在施工成本管理中,(　　)的基本方法包括有比较法、因素分析法、差额计算法和比率法等。

A. 成本预测　B. 成本分析　C. 成本控制　D. 成本核算

9. 在施工项目完成后,对施工成本形成中的各责任者,按施工成本目标责任制的有关规定,评定施工成本计划的完成情况和各责任者的业绩,并给以相应的奖罚,这一工作称为(　　)。

A. 成本核算　B. 成本预测　C. 成本分析　D. 成本考核

10. 在下列施工成本管理措施中,(　　)是其他各类措施的前提和保障,而且一般不需要增加什么费用,运用得当可以收到良好的效果。

A. 合同措施　B. 经济措施　C. 组织措施　D. 技术措施

11. 施工成本控制要以(　　)为依据,围绕降低工程成本这个目标,从预算收入和实际成本两方面,努力挖掘增收节支潜力,以求获得最大的经济效益。

A. 施工组织设计　B. 进度报告　C. 施工成本计划　D. 工程承包合同

12. 施工成本控制是通过(　　)提供的每一时刻工程实际完成量等重要信息,并与施工成本计划相比较,找出二者之间的差别,分析偏差产生的原因,从而采取纠偏措施。

A. 施工图　　B. 工程承包合同　　C. 进度报告　　D. 施工方案

13. 在施工成本控制的步骤中,在对比较的结果进行分析,并确定出偏差的严重性及偏差产生的原因后,下一步工作是(　　)。

A. 比较　　B. 纠偏　　C. 预测　　D. 检查

14. 施工成本控制的步骤主要包括:①分析;②比较;③预测;④检查;⑤纠偏。其正确的顺序为(　　)。

A. ①③②⑤④　　B. ③①④②⑤　　C. ④①⑤③②　　D. ②①③⑤④

15. 在施工成本控制的步骤中,(　　)指的是按照某种确定的方式将施工成本计划值与实际值逐项进行比较,以发现施工成本是否已超支。

A. 分析　　B. 比较　　C. 检查　　D. 预测

16. 在施工成本控制的步骤中,(　　)是指根据项目实施情况估算整个项目完成时的施工成本,目的在于为决策提供支持。

A. 纠偏　　B. 检查　　C. 预测　　D. 分析

17. 施工成本控制工作的核心是(　　),其主要目的在于找出产生偏差的原因,从而采取有针对性的措施,减少或避免相同原因的再次发生或减少由此造成的损失。

A. 比较　　B. 检查　　C. 分析　　D. 纠偏

18. 施工成本控制中最具实质性的一步是(　　),因为通过它可最终达到有效控制施工成本的目的。

A. 比较　　B. 检查　　C. 预测　　D. 纠偏

19. 在施工成本控制中,进度偏差表示为(　　)。

A. 已完工程实际施工成本-拟完工程计划施工成本

B. 已完工程实际施工成本-拟完工程实际施工成本

C. 拟完工程计划施工成本-已完工程计划施工成本

D. 已完工程实际施工成本-拟完工程计划施工成本

20. 某项工程进行成本偏差分析后,已完工程实际施工成本-已完工程计划施工成本>0,拟完工程计划施工成本-已完工程计划施工成本<0,则表示(　)。

A. 成本超支,进度提前　　B. 成本节约,进度提前

C. 成本超支,进度拖后　　D. 成本节约,进度拖后

二、多项选择题(每题2分。每题的备选项中,有2个或2个以上符合题意,至少有1个错项。错选,本题不得分;少选,所选的每个选项得0.5分)

1. 施工成本管理的任务主要包括(　　　)。

A. 成本策划　　B. 成本预测　　C. 成本计划

D. 成本核算　　E. 成本决算

2. 影响施工项目成本变动的因素有两个方面,是指(　　　)。

A. 外部的属于企业经营管理的因素　　B. 微观的属于市场经济的因素

C. 外部的属于市场经济的因素　　D. 内部的属于企业经营管理的因素

E. 宏观的属于企业经营管理的因素

3. 施工成本分析的基本方法包括(　　　　)。

A. 比较法　　B. 层次分析法　　C. 因素分析法

D. 差额计算法　　E. 比率法

4. 施工成本控制按过程分为(　　　　)。

A. 主动控制　　B. 事中控制　　C. 被动控制

D. 事后控制　　E. 事前控制

5. 施工项目成本管理的主要措施是(　　　　)。

A. 组织措施　　B. 行政措施　　C. 技术措施

D. 合同措施　　E. 经济措施

6. 下列关于施工项目成本管理的叙述,(　　　　)是正确的。

A. 施工项目管理就是最大限度地成本节约

B. 施工项目成本预测是成本决策和计划的依据

C. 施工成本计划是设立目标成本的依据

D. 施工项目成本控制按照过程划分为主动控制和被动控制

E. 施工项目成本分析重点应放在影响施工项目成本的内在因素上

7. 下列哪些属于施工项目成本管理的组织措施?(　　　　)

A. 编制资金使用计划

B. 编制施工成本控制工作计划

C. 落实施工成本管理的组织机构和人员

D. 确定、分解施工成本管理目标

E. 对不同的技术方案进行技术经济分析

8. 在下列施工成本管理措施中,(　　　　)等都属于经济措施。

A. 实行项目经理责任制

B. 分析不同合同之间的相互联系和影响

C. 施工成本管理目标进行风险分析,并制订防范性对策

D. 处理好与业主和分包商之间的索赔

E. 确定、分解施工成本管理目标

9. 下列各项内容属于施工成本计划依据的是(　　　　)。

A. 结构件外加工计划和合同　　B. 合同报价书

C. 施工预算　　D. 投资估算

E. 设计概算

10. 施工成本中可以按成本构成分解的有(　　　　)。

A. 人工费　　B. 材料费　　C. 固定费

D. 措施费　　E. 利润

情境 5　智能建造工程项目进度管理

智能建造工程项目管理有多种类型，代表不同方利益的项目管理（业主方和项目参与各方）都有进度管理的任务，但是，其管理目标和时间的范畴是不相同的。智能建造项目是在动态条件下实施的，进度管理也就必须是一个动态的管理过程，它由下列环节组成：

①进度目标的分析和论证，以论证进度目标是否合理，目标有否可能实现。如果经过科学的论证，目标不可能实现，则必须调整目标。

②在收集资料和调查研究的基础上编制进度计划。

③定期跟踪检查所编制的进度计划执行情况，若其执行有偏差，则采取纠偏措施，并视必要调整进度计划。

如只重视进度计划的编制，而不重视进度计划必要的调整，则进度无法得到控制。进度管理的过程是在确保进度目标的前提下，在项目进展的过程中不断调整进度计划的过程。

本情境主要以施工方进度管理为主来分析施工方进度管理的主要工作。施工方是工程实施的一个重要参与方，许许多多的工程项目，特别是大型重点建设项目，工期要求十分紧迫，施工方的工程进度压力非常大。数百天的连续施工，一天两班制施工，甚至 24 小时连续施工时有发生。但是，非正常有序地施工或盲目赶工难免会导致施工质量问题和施工安全问题的出现，并且会引起施工成本的增加。施工进度控制不仅关系到施工进度目标能否实现，还直接关系到工程的质量和成本。在工程施工实践中，必须树立和坚持一个最基本的工程管理原则，即在确保工程安全和质量的前提下控制工程的进度。

为了有效地控制施工进度，尽可能摆脱因进度压力而造成工程组织和管理的被动，施工方有关管理人员应深化理解：

①如何科学合理地确定整个工程项目的进度目标。

②影响整个工程项目进度目标实现的主要因素。

③如何正确处理工程进度与工程安全和质量的关系。

④施工方在整个工程项目进度目标实现中的地位和作用。

⑤影响施工进度目标实现的主要因素。

⑥施工进度控制的基本理论、方法、措施和手段等。

任务 5.1 合理确定智能建造工程项目进度目标和任务

智能建造工程项目的总进度目标指的是整个项目的进度目标,它是在项目决策阶段项目定义时确定的,项目管理的主要任务是在项目的实施阶段对项目的目标进行控制。智能建造工程项目总进度目标的控制是业主方项目管理的任务(若采用建设项目总承包的模式,协助业主进行项目总进度目标的控制也是建设项目总承包方项目管理的任务)。在进行智能建造工程项目总进度目标控制前,首先应分析和论证目标实现的可能性。若项目总进度目标不可能实现,则项目管理者应提出调整项目总进度目标的建议,提请项目决策者审议。

在项目的实施阶段,项目总进度不仅只是施工进度,它包括:

①设计前准备阶段的工作进度。

②设计工作进度。

③招标工作进度。

④施工前准备工作进度。

⑤工程施工和设备安装工作进度。

⑥工程物资采购工作进度。

⑦项目动用前的准备工作进度等内容。

进度目标和任务

5.1.1 论证智能建造工程项目总进度目标

在进行智能建造工程项目总进度目标论证时,应分析和论证上述各项工作的进度,以及上述各项工作交叉进行的关系。

在论证智能建造工程项目总进度目标时,往往还没掌握比较详细的设计资料,也缺乏比较全面的有关工程发包的组织、施工组织和施工技术方面的资料以及其他有关项目实施条件的资料,因此,总进度目标论证并不是单纯的总进度规划的编制工作,它涉及许多工程实施的条件分析和工程实施策划方面的问题。

智能建造工程项目总进度目标论证的工作步骤如下:

①调查研究和收集资料。

②进行项目结构分析。

③进行进度计划系统的结构分析。

④确定项目的工作编码。

⑤编制各层(各级)进度计划。

⑥协调各层进度计划的关系和编制总进度计划。

⑦若所编制的总进度计划不符合项目的进度目标,则设法调整。

⑧若经过多次调整,进度目标无法实现,则报告项目决策者。

大型智能建造工程项目总进度目标论证的核心工作是通过编制总进度纲要论证总进度目标实现的可能性。总进度纲要的主要内容包括:

①项目实施的总体部署。

②总进度规划。

③各子系统进度规划。

④确定里程碑事件的计划进度目标。

⑤总进度目标实现的条件和应采取的措施等。

5.1.2　建立智能建造工程项目进度计划系统

智能建造工程项目进度计划系统是由多个相互关联的进度计划组成的系统,是项目进度控制的依据。由于各种进度计划编制所需要的必要资料是在项目进展过程中逐步形成的,因此项目进度计划系统的建立和完善也有一个过程,也是逐步完善的。图5.1所示是一个智能建造工程项目进度计划系统的示例,这个计划系统有4个计划层次由于项目进度控制不同的需要和不同的用途,业主方和项目各参与方可以编制多个不同的建设工程项目进度计划系统。

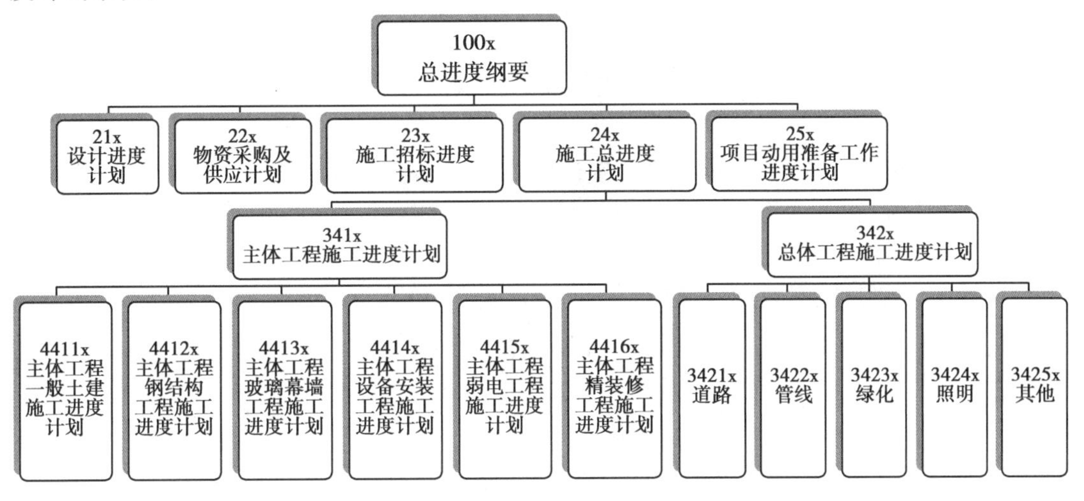

图5.1　智能建造工程项目进度计划系统示例

1)编制不同的建筑工程项目进度计划系统

①多个相互关联的不同计划深度的进度计划组成的计划系统。由不同深度的计划构成的进度计划系统包括:

a.总进度规划(计划)。

b.项目子系统进度规划(计划)。

c.项目子系统中的单项工程进度计划等。

②多个相互关联的不同计划功能的进度计划组成的计划系统。由不同功能的计划构成的进度计划系统包括:

a.控制性进度规划(计划)。

b.指导性进度规划(计划)。

c.实施性(操作性)进度计划等。

③多个相互关联的不同项目参与方的进度计划组成的计划系统。由不同项目参与方的

计划构成的进度计划系统包括：

a. 业主方编制的整个项目实施的进度计划。

b. 设计进度计划。

c. 施工和设备安装进度计划。

d. 采购和供货进度计划等。

④多个相互关联的不同计划周期的进度计划组成的计划系统。由不同周期的计划构成的进度计划系统包括：

a. 5 年(或多年)建设进度计划。

b. 年度、季度、月度和旬计划等。

2) **联系和协调建筑工程项目进度计划系统**

在建设工程项目进度计划系统中，各进度计划或各子系统进度计划编制和调整时必须注意其相互间的联系和协调，如：

①总进度规划(计划)、项目子系统进度规划(计划)与项目子系统中的单项工程进度计划之间的联系和协调。

②控制性进度规划(计划)、指导性进度规划(计划)与实施性(操作性)进度计划之间的联系和协调。

③业主方编制的整个项目实施的进度计划、设计方编制的进度计划、施工和设备安装方编制的进度计划与采购和供货方编制的进度计划之间的联系和协调等。

5.1.3 分析智能建造工程项目进度管理的任务

业主方进度管理的任务是管理整个项目实施阶段的进度，包括管理设计准备阶段的工作进度、设计工作进度、施工进度、物资采购工作进度以及项目动用前准备阶段的工作进度。

设计方进度管理的任务是依据设计任务委托合同对设计工作进度的要求管理设计工作进度，这是设计方履行合同的义务。另外，设计方应尽可能使设计工作的进度与招标、施工和物资采购等工作进度相协调。在国际上，设计进度计划主要是确定各设计阶段的设计图纸(包括有关的说明)的出图计划，在出图计划中标明每张图纸的出图日期。

施工方进度管理的任务是依据施工任务委托合同对施工进度的要求管理施工工作进度，这是施工方履行合同的义务。在进度计划编制方面，施工方应视项目的特点和施工进度管理的需要，编制深度不同的控制性和直接指导项目施工的进度计划，以及按不同计划周期编制的计划，如年度、季度、月度和旬计划等。

供货方进度管理的任务是依据供货合同对供货的要求管理供货工作进度，是供货方履行合同的义务。供货进度计划应包括供货的所有环节，如采购、加工制造、运输等。

任务 5.2　选择施工进度计划的类型

5.2.1　选择施工进度计划的类型

施工方所编制的与施工进度有关的计划包括施工企业的施工生产计划和智能建造工程项目进度计划，如图 5.2 所示。

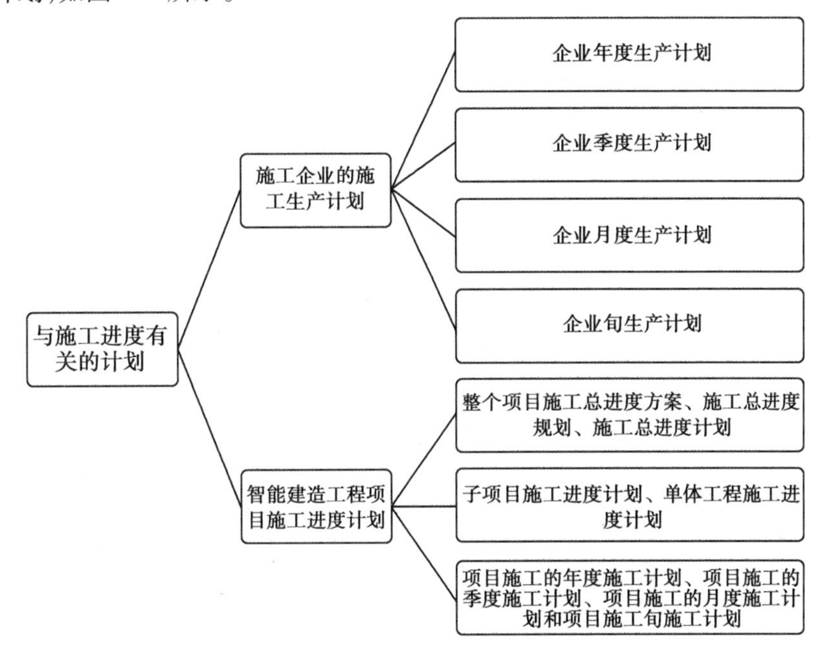

图 5.2　与施工进度有关的计划

施工企业的施工生产计划，属于企业计划的范畴。它以整个施工企业为系统，根据施工任务量、企业经营的需求和资源利用的可能性等，合理安排计划周期内的施工生产活动，如年度生产计划、季度生产计划、月度生产计划和旬生产计划等建设项目施工进度计划，属工程项目管理的范畴。它以每个建设项目的施工为系统，依据企业的施工生产计划的总体安排和履行施工合同的要求，以及施工的条件[包括设计资料提供的条件、施工现场的条件、施工的组织条件、施工的技术条件和资源（主要指人力、物力和财力）条件等]和资源利用的可能性，合理安排一个项目施工的进度，如：

①整个项目施工总进度方案、施工总进度规划、施工总进度计划（这些进度计划的名称尚不统一，应视项目的特点、条件和需要而定，大型智能建造工程项目进度计划的层次会多一些，而小型项目只需编制施工总进度计划）。

②子项目施工进度计划和单体工程施工进度计划。

③项目施工的年度施工计划、项目施工的季度施工计划、项目施工的月度施工计划和旬施工作业计划等。

施工企业的施工生产计划与智能建造工程项目施工进度计划虽属于两个不同系统的计划，但是，两者是紧密相关的。前者针对整个企业，而后者则针对一个具体工程项目，计划的编制有一个自下而上和自上而下的往复多次的协调过程。

智能建造工程项目施工进度计划若从计划的功能区分，可分为控制性施工进度计划、指导性施工进度计划和实施性施工进度计划。具体组织施工的进度计划是实施性施工进度计划，它必须非常具体。控制性进度计划和指导性进度计划的界限并不十分清晰，前者更宏观一些。大型和特大型智能建造工程项目需要编制控制性施工进度计划、指导性施工进度计划和实施性施工进度计划，而小型智能建造工程项目仅编制两个层次计划即可。

5.2.2 认识控制性施工进度计划的作用

以上列举了许多进度计划的名称，在理论上和工程实践中并没有非常明确的界定。何为控制性进度计划？一般而言，一个工程项目的施工总进度规划或施工总进度计划是工程项目的控制性施工进度计划。

对于特大型智能建造工程项目，它往往包括许多子项目，即使对其编制施工总进度计划的条件已基本具备，但还是应该先编制施工总进度规划，以便进度目标逐层分解和细化，使计划的编制由粗到细，且可对计划逐层协调，而不宜一步到位，编制较具体的施工总进度计划。另外，如果一个大型智能建造工程项目在签订施工承包合同后，设计资料的深度和其他条件还不足以编制比较具体的施工总进度计划时，则可先编制施工总进度规划，待条件成熟时再编制施工总进度计划。

控制性施工进度计划编制的主要目的是通过计划的编制，以对施工承包合同所规定的施工进度目标进行再论证，并对进度目标进行分解，确定施工的总体部署，并确定为实现进度目标的里程碑事件的进度目标（或称其为控制节点的进度目标），作为进度控制的依据。

控制性施工进度计划的主要作用如下：

①论证施工总进度目标。

②施工总进度目标的分解，确定里程碑事件的进度目标。

③编制实施性进度计划的依据。

④编制与该项目相关的其他各种进度计划的依据或参考依据（如子项目施工进度计划、单体工程施工进度计划。项目施工的年度施工计划、项目施工的季度施工计划等）。

⑤施工进度动态控制的依据。

5.2.3 分析实施性施工进度计划的作用

月度施工计划和旬施工作业计划是用于直接组织施工作业的计划，它是实施性施工进度计划。旬施工作业计划是月度施工计划在一个旬中的具体安排。实施性施工进度计划的编制应结合工程施工的具体条件，并以控制性施工进度计划所确定的里程碑事件的进度目标为依据。

针对一个项目的月度施工计划应反映在该月度中将进行的主要施工作业的名称、实物工程量、工作持续时间、所需的施工机械名称、施工机械的数量等。月度施工计划还反映各施工作业相应的日历天的安排，以及各施工作业的施工顺序。

针对一个项目的旬施工作业计划应反映在该旬中，每一个施工作业（或称其为施工工序）的名称、实物工程量、工种、每天的出勤人数、工作班次、工效、工作持续时间、所需的施工机械名称、施工机械的数量、机械的台班产量等。旬施工作业计划还反映各施工作业相应的日历天的安排，以及各施工作业的施工顺序。

实施性施工进度计划的主要作用如下：

①确定施工作业的具体安排。

②确定（或据此可计算）一个月度或旬的人工需求（工种和相应的数量）。

③确定（或据此可计算）一个月度或旬的施工机械需求（机械名称和数量）。

④确定（或据此可计算）一个月度或旬的建筑材料（包括成品、半成品和辅助材料等）需求（建筑材料的名称和数量）。

⑤确定（或据此可计算）一个月度或旬的资金需求等。

任务5.3　编制施工进度计划

实现施工阶段进度管理的首要条件是有一个符合客观条件的、合理的施工进度计划。以便根据这个进度计划确定实施方案，安排设计单位的出图进度，协调人力、物力，评价在施工过程中气候变化、工作失误、资源变化以及有关方面的人为因素而产生的影响，并且也是进行投资控制、成本分析的依据。

5.3.1　收集和研究相关资料

编制施工进度计划

1）收集编制进度计划的依据

①经过规划设计等有关部门和有关市政配套审批、协调的文件。

②有关的设计文件和图纸。

③建设工程施工合同中规定的开竣工日期。

④有关的概算文件、劳动定额等。

⑤施工组织设计和主要分项、分部工程的施工方案。

⑥工程施工现场的条件。

⑦材料、半成品的加工和供应能力。

⑧机械设备的性能、数量和运输能力。

⑨施工管理人员和施工工人的数量与能力水平等。

2）研究编制进度计划应考虑的因素

①建设工程施工合同规定的开竣工日期和施工工期。

②对有关专业施工分包的时间要求，如有关设备供货、安装、调试等的时间要求。

③各专业、工种配合土建施工的能力。

④材料、半成品、机械设备、劳动力等资源的情况。

⑤资金筹集能力。

⑥外界自然条件的影响。

⑦进度计划的连续性、均衡性和经济性等。

5.3.2 划分施工过程

编制进度计划时，应按照设计图纸、文件和施工顺序把拟建工程的各个施工过程列出，并结合具体的施工方法、施工条件、劳动组织等因素，加以适当整理。在编制控制性施工进度计划时，施工过程的划分可以粗一些，如列出分部工程的名称，或楼层分段等；在编制实施性进度计划时，则应适当细一些，特别是对主导工程、主要分项工程和分部工程，应尽量详细，不漏项，以便掌握进度，指导施工，否则不容易暴露、发现问题，失去了指导施工的意义。

在划分施工过程时，还要密切结合选择的施工方案。因为对同一施工的分项或分部工程，往往由于施工方案不同，不仅会影响施工过程的名称、内容和数量的确定，还会影响施工顺序的安排。

5.3.3 确定施工顺序

在确定施工顺序时，要考虑几个方面的因素：

①各种施工工艺的要求。

②各种施工方法和施工机械的要求。

③施工组织合理的要求。

④确保工程质量的要求。

⑤工程所在地区的气候特点和条件。

⑥确保安全生产的要求。

施工程序和施工顺序随着施工规模、性质、设计要求、施工条件和使用功能的不同而变化，但仍有可供遵循的共同规律，在施工进度计划编制过程中，需注意如下基本原则：

①在安排施工程序的同时，首先安排其相应的准备工作。

②首先进行全场性工程的施工，然后按照工程排队的顺序，逐个地进行单位工程的施工。

③“三通”工程应先场外后场内，由远而近，先主干后分支，排水工程要先下游后上游。

④先地下后地上和先深后浅的原则。

⑤主体结构施工在前，装饰工程施工在后，随着建筑产品生产工厂化，特别是智慧化程度的提高，它们之间的先后时间间隔的长短也将发生变化。

⑥既要考虑施工组织要求的空间顺序，又要考虑施工工艺要求的工种顺序；必须在满足施工工艺要求的条件下，尽可能地利用工作面，使相邻两个工种在时间上合理且最大限度地搭接起来。

5.3.4 计算工程量

工程量计算应根据施工图纸和工程量计算规则进行。同时应注意:

①工程量的计量单位应与相应定额中的计量单位一致。

②应考虑施工方法和安全技术的要求。

③应结合施工组织与施工方法的要求,分层、分段或分区计算。

④将编制进度计划需要的工程量计算与编制施工预算、材料和半成品的进料计划、劳动力计划的工程量计算一同考虑。

5.3.5 确定劳动力用量和机械台班数量

应根据各分项工程、分部工程的工程量、施工方法和相应的定额,并参考施工单位的实际情况和水平,计算各分项工程、分部工程所需的劳动力用量和机械台班数量。

5.3.6 确定各分项工程、分部工程的施工天数,初排施工进度

当有特殊要求时,可根据工期要求,倒排进度;同时在施工技术和施工组织上采取相应的措施,如在可能的情况下,组织立体交叉施工、水平流水施工,增加工作班次,提高混凝土早期强度等。

5.3.7 绘制施工进度计划图表

施工进度计划图表是施工项目在时间和空间上的组织形式。目前表达施工进度计划的常用方法有流水施工水平图(又称横道图)和网络图。流水施工水平图用线条形象地表达了各个分项工程、分部(子分部)工程的施工进度,各个分项工程、分部(子分部)工程的工期和单位(子单位)工程的总工期,并且综合反映了它们之间的相互关系和各施工单位(或队组)在时间和空间上的相互配合关系。但对比较复杂的工程,如分项工程、分部(子分部)工程项目较多,或工序搭接、配合复杂时,就难以充分暴露矛盾,特别是在计划执行过程中,某些项目发生提前或拖后时,将对哪些项目产生多大的影响就难以分清,且不能反映出施工中的主要矛盾。

用网络图的形式表示施工进度计划,能够克服流水施工水平图的不足,充分显示出施工过程中各个工序之间的相互制约和相互依赖的关系,有利于计划的检查和调整,便于计划的优化和计算机的应用。在网络图计划的编制过程中,一般也是采取分阶段逐步深化的方法,即采用绘制多级网络的方法,由粗到细,由浅入深,将计划逐级分解和综合,以便检查、监督、分析、平衡和调整。

施工总进度计划可采用网络图或横道图表示,并附必要说明,宜优先采用网络计划;单位工程施工进度计划一般工程用横道图表示即可,对于工程规模较大、工序比较复杂的工程宜采用网络图表示,通过对各类参数的计算,找出关键线路,选择最优方案。

5.3.8 优化进度计划

进度计划初稿编制以后,需再次检查各分部(子分部)工程、分项工程的施工时间和施工

顺序安排是否合理，总工期是否满足合同规定的要求，劳动力、材料、施工机械设备需用量是否出现不均衡的现象，主要施工机械设备是否充分利用。经过检查，对不符要求的部分予以改正和优化。

网络优化是指在满足既定约束条件下，按一定目标，通过对网络计划不断调整，寻求最优化的过程。网络计划的优化包括工期优化、资源优化和费用优化等。

1）**工期优化**

当计算工期不能满足要求工期时，可通过压缩关键工作的持续时间满足工期要求。工期优化可按下列步骤进行：

①确定初始网络图的计算工期、关键工作和关键线路。

②按要求工期计算应缩短的时间。

③确定各关键工作能压短的持续时间。

④选择关键工作压缩其工作持续时间的，并重新计算网络计划的计算工期。

⑤当计算工期仍不满足要求工期时，重复上述步骤①~④，直到满足要求工期为止或工期以不能再缩短为止。

⑥当所有的关键工作持续时间都已达到其能缩短的极限，工期仍不满足要求时，应对原计划的技术方案和组织方案进行调整，或重新确定工期。

在选择缩短持续时间的关键工作时应特别注意，缩短该工作的持续时间对工程的质量和安全没有影响；增加的费用最少；资源供应满足要求。

2）**资源优化**

资源优化有“资源有限—工期最短”和“工期固定—资源均衡”两种的优化方法。在这里，资源泛指人力、材料、动力、燃料、设备、机具、资金等。一般来说，完成一项工程任务所需的资源量基本上是不变的，不可能通过资源优化使资源量减少。但可以通过优化，使其趋于均衡。资源优化就是通过改变工作的实施时间，使资源按时间的分布达到预期的目标。

“资源有限—工期最短”也称“资源计划法”，其优化过程是调整计划安排，以满足资源限制条件，并使工期拖延最少的过程。

“工期固定—资源均衡”的优化过程是调整计划安排，在工期保持不变的条件下，使资源需用量尽可能均衡的过程。即在资源需用量的动态曲线上，尽量不出现短时期的高峰与低谷，应力争每天的资源需用量接近于平均值。资源均衡可在很大程度上减少施工现场的各种临时设施的规模，进而节约施工费用。

3）**费用优化**

费用优化又称工期—费用优化，即是在满足工期要求的基础上，以寻求最低工程费用为目标对计划方案的调整过程。工程项目的总费用由直接费和间接费组成。通常直接费是随工期的缩短而增加。间接费是随工期的延长而增加。这两种费用随工期变化而分别增加或缩短，这样必然存在有一个总费用最低的最佳工期。工期—费用优化所寻求的目标即如此。

工期—费用优化的基本思路即从网络计划的各工作的持续时间和费用关系中，依次找出既可缩短工期又可使其直接费增加最少的工作，不断缩短其持续时间，同时考虑间接费叠加的因素，求出费用最低时的最短工期安排或按要求工期求出成本最低的计划安排。

【知识链接】

单位工程进度计划的内容

单位工程进度计划根据工程性质、规模、繁简程度的不同，其内容和深广度的要求也不同，不强求一致，但内容必须简明扼要，使其能真正起到指导现场施工的作用。

单位工程进度计划的内容一般应包括：

①工程建设概况：拟建工程的建设单位，工程名称、性质、用途、工程投资额，开竣工日期，施工合同要求，主管部门的有关部门文件和要求以及组织施工的指导思想等。

②工程施工情况：拟建工程的建筑面积、层数、层高、总高、总宽、总长、平面形状和平面组合情况，基础、结构类型，室内外装修情况等。

③单位工程进度计划，分为阶段进度计划，单位工程准备工作计划，劳动力需用量计划，主要材料、设备及加工计划，主要施工机械和机具需要量计划，主要施工方案及流水段划分，各项经济技术指标要求等。

任务5.4　编制横道图进度计划

流水施工是智能建造工程项目施工有效的科学组织方法，其实质就是连续作业和均衡施工实现节约工作时间和提供生产效率的目的，流水施工计划一般用横道图表示。

5.4.1　组织流水施工

1）流水施工组织方式

组织流水施工方式是将拟建工程项目的整个建造过程分解成若干个施工过程，同时将拟建工程项目在平面上划分成若干个劳动量大致相等的施工段，在竖向上划分成若干个施工层，按照施工过程分别建立相应的专业班（组）。各专业班（组）按照一定的施工顺序投入施工，完成第一个施工段上的施工任务后，依次、连续地投入第二、第三直到最后一个施工段的施工，即在规定时间内，完成同样的施工任务。不同的专业班（组）在工作时间上最大限度地、合理地搭接起来，当第一施工层各个施工段上的相应施工任务全部完成后，专业工作队依次、连续地投入第二、第三、……施工层，保证拟建工程项目的施工全过程在时间上、空间上，有节奏、连续均衡地进行下去，直到完成全部施工任务。

组织流水施工

（1）组织流水施工的条件

组织流水施工应具备以下5个条件：

①施工现场要具有足够的工作面。

②施工对象要划分施工段。

③劳动力投入要满足施工需要。

④各种材料、构(配)件、施工机具、设备能保证施工需要。

⑤现场组织机构健全,管理人员分工明确。

(2)流水施工的表达方式

流水施工一般用横道图表达,图 5.3 采用横道图表示的流水施工,横坐标表示流水施工的持续时间,纵坐标表示开展流水施工的施工过程、专业班(组)的名称、编号和数目,呈梯形分布的水平线段表示流水施工的开展情况。

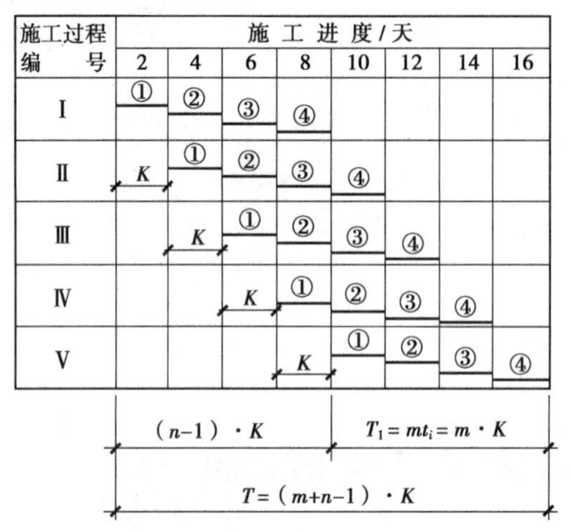

图 5.3　流水施工横进度道图表示方法

T——流水施工计划总工期;

T_1——一个专业工作队或施工过程完成其全部施工段的持续时间;

n——专业班(组)数或施工过程数;

m——施工段数;

K——流水步距;

t_i——流水节拍,本图中 $t_i=K$;

Ⅰ,Ⅱ,…——专业工作队或施工过程的编号;

①,②,③,④——施工段的编号。

2)**流水施工参数**

在组织流水施工时,用以表达流水施工在工艺、空间和时间等方面开展状态的参数,称为流水施工参数,主要包括施工过程数量、施工段数、流水节拍和流水步距等。

(1)施工过程数量

施工过程数量指在组织流水施工时,将拟建工程项目的整个智能建造过程可分解为施工过程数目,一般以 n 表示。在智能建造工程项目施工中,施工过程所包括的范围可大可小,既可以是分部、分项工程,又可以是单位、单项工程。施工过程数量的确定主要依据项目施工进度计划在客观上的作用,采用的施工方案,项目的性质,以及业主对项目建设工期的要求等。

(2)施工段数

施工段数是指在组织流水施工时,将拟建工程项目在平面上划分成若干个劳动量大致相等的施工段落,这些施工段落称为施工段。施工段的数目通常以 m 表示,它是流水施工的基本参数之一。

施工段划分通常应遵循以下基本原则:

①施工段数目要适宜,过多工作面不能充分利用,拖延工期,过少会引起劳动力、机械和材料供应得相对集中,不利于均衡施工。

②各个施工段上的劳动量要大致相等,以保证各专业班(组)连续、均衡地施工。

③每个施工段要有足够的工作面,以满足合理劳动组织的需要,充分发挥工人、主导机械的效率。

④施工段的分界线应尽可能地与结构的自然界线(如沉降缝、伸缩缝等)相一致;保证拟建工程项目的结构整体完整性。如果必须将分界线设在墙体中间时,应将其设在对结构整体性影响小的洞口等部位,以减少留槎,便于修复。

⑤对于多层或高层等有层间关系的拟建工程项目,为保证各专业班(组)连续地施工,各施工过程的专业班(组)完成第一段,能立刻进入第二段,完成第一层的最后一段,能马上转入第二层的第一段,因此每层的最少的施工段数应满足 $m \geqslant n$ 的条件:

既要划分施工段,又要划分施工层,以保证相应的专业工作队在施工段与施工层之间,组织有节奏、连续、均衡的流水施工。

当 $m=n$ 时,专业班(组)连续施工,施工段上始终有专业班(组)在工作,工作面得到充分利用,是比较理想的施工组织方式。

当 $m>n$ 时,专业班(组)仍能连续施工,有空闲的工作面,但不一定是不利的,如利用空闲的工作面做养护、备料等工作。

当 $m<n$ 时,专业班(组)不能连续施工,发生停工现象,对单一建筑物的流水施工是不适宜的,应加以杜绝。

(3)流水节拍

流水节拍是指每个专业班(组)在各个施工段上完成相应的施工任务所需要的工作延续时间。通常以 t_i 表示,是流水施工的基本参数之一。

流水节拍的大小,反映流水施工速度的快慢和资源消耗量的多少。影响流水节拍数值大小的因素主要有:项目施工时所采取的施工方案,各施工段投入的劳动力数量或施工机械台数,工作班次,以及该施工段工程量的多少。为避免工作队转移时浪费工时,流水节拍在数值上最好是半个班的整倍数。其数值的确定可按以下各种方法进行:

①定额计算法。根据各施工段的工程量、能够投入的资源量(工人数、机械台数和材料量等),按公式(5.1)或公式(5.2)进行计算:

$$t_i = \frac{Q_i}{S_i \cdot R_i \cdot N_i} = \frac{P_i}{R_i \cdot N_i} \tag{5.1}$$

或

$$t_i = \frac{Q_i \cdot H_i}{R_i \cdot N_i} = \frac{P_i}{R_i \cdot N_i} \tag{5.2}$$

式中 t_i——某专业班(组)在第 i 施工段的流水节拍;

Q_i——某专业班(组)在第 i 施工段的工作量;

H_i——某专业班(组)的计划时间定额;

S_i——某专业班(组)的计划产量定额;

P_i——某专业班(组)在第 i 施工段需要的劳动量或机械台班数量;

R_i——某专业班(组)在第 i 施工段所配备的施工班组人数或机械台数;

N_i——某专业班(组)在第 i 施工段每天采用的工作班制。

②经验估算法。经验估算法又称为3种时间估算法。它是根据以往的施工经验进行估算。为了提高其准确程度,往往先估算出该流水节拍的最长、最短和正常(即最可能)3种时间,然后据此求出期望时间作为某专业班(组)在某施工段上的流水节拍。一般按公式(5.3)进行计算:

$$\bar{t} = \frac{a + 4c + b}{6} \tag{5.3}$$

式中 $\bar{t}$——某施工过程在某施工段上的流水节拍;

a——某施工过程在某施工段上的最短估算时间;

b——某施工过程在某施工段上的最长估算时间;

c——某施工过程在某施工段上的正常估算时间。

(4)流水步距

流水步距是指相邻两个专业班(组)在保证施工顺序,满足连续施工和最大限度搭接,以及保证工程质量要求的条件下,相继投入施工的最小时间间隔,称为流水步距。流水步距以 $K_{j,j+1}$ 表示(j 表示前一个施工过程,$j+1$ 表示后一个施工过程),它是流水施工的基本参数之一。

流水步距确定应遵循下列基本原则:

①流水步距要满足相邻两个专业班(组)在施工顺序上的相互制约关系。

②流水步距要保证各专业班(组)都能连续作业。

③流水步距要保证相邻两个专业班(组),在开工时间上最大限度、合理地搭接。

④流水步距的确定要保证工程质量,满足安全生产。

3)流水施工的基本方式

根据流水节拍的特征,流水施工可分节奏性流水施工和非节奏性流水施工两类,而节奏性流水施工又分为等节奏流水施工和异节奏流水施工两种。因此,通常所说的流水施工基本方式是指等节奏流水施工、异节拍流水施工和无节奏流水施工3种。

(1)等节奏流水施工

等节奏流水施工

等节奏流水施工是指在组织流水施工时,如果所有的施工过程在各个施工段上的流水节拍彼此相等的一种流水施工组织方式。

①等节奏流水施工基本特征。

a. 流水节拍彼此相等，如有 n 个施工过程，流水节拍为 t，则 $t_1=t_2=\cdots=t_{n-1}=t_n=t$。

b. 流水步距彼此相等，而且等于流水节拍，即 $K_{1,2}=K_{2,3}=\cdots=K_{n-1,n}=K=t$（常数）。

c. 每个专业工作队都能够连续施工，施工段没有空闲。

d. 专业工作队数（n_1）等于施工过程数（n）。

②等节奏流水施工步距的组织方式。

a. 确定项目施工起点，分解施工过程。

b. 确定施工顺序，划分施工段。

划分施工段时，其数目 m 的确定如下：

A. 无层间关系或无施工层时，取 $m=n$。

B. 有层间关系或有施工层时，施工段数目 m 分为下面两种情况：

a. 无技术和组织间歇时，取 $m=n$。

b. 有技术和组织间歇时，为了保证各专业工作队能连续施工，应取 $m>n$。此时，每层施工段空闲数为 $m-n$，一个空闲施工段的时间为 t，则每层的空闲时间为

$$(m-n)\cdot t=(m-n)\cdot K \tag{5.4}$$

若一个楼层内各施工过程间的间歇时间之和为 $\sum Z_1$，楼层间间歇时间为 Z_2。如果每层的 $\sum Z_1$ 均相等，Z_2 也相等，而且为了保证连续施工，施工段上除 $\sum Z_1$ 和 Z_2 外无空闲，则

$$(m-n)\cdot K=\sum Z_1+Z_2 \tag{5.5}$$

所以，每层的施工段数 m 可按公式(5.6)确定：

$$m=n+\frac{\sum Z_1}{K}+\frac{Z_2}{K} \tag{5.6}$$

如果每层的 $\sum Z_1$ 不完全相等，Z_2 也不完全相等，应取各层中最大的 $\sum Z_1$ 和 Z_2，并按公式(5.7)确定施工段数。

$$m=n+\frac{\max\sum Z_1}{K}+\frac{\max Z_2}{K} \tag{5.7}$$

C. 根据等节拍专业流水要求，计算流水节拍数值。

D. 确定流水步距，$K=t$。

E. 计算流水施工的工期。

a. 不分施工层时，可按式(5.8)计算：

$$T=(m+n-1)\cdot K+\sum Z_{j,j+1}-\sum C_{j,j+1} \tag{5.8}$$

式中 T——流水施工总工期；

m——施工段数；

n——施工过程数；

K——流水步距；

j——施工过程编号，$1 \leqslant j \leqslant n$；

$Z_{j,j+1}$——j 与 $j+1$ 两施工过程间的间歇时间；

$C_{j,j+1}$——j 与 $j+1$ 两施工过程间的搭接时间。

b. 分施工层时，可按式(5.9)计算：

$$T = (m \cdot r + n - 1) \cdot K + \sum Z_1 - \sum C_{j,j+1} \tag{5.9}$$

式中 r——施工层数；

$\sum Z_1$——第一个施工层中各施工过程之间的技术与组织间歇时间之和；

其他符号含义同前。

在公式(5.9)中，没有二层及二层以上的 $\sum Z_1$ 和 Z_2，是因为它们均已包括在式中的 $m \cdot r \cdot K$ 项内了。

F. 绘制流水施工横道图。

【例 5.1】 某分部工程由 4 个分项工程组成，划分成 5 个施工段，流水节拍均为 3 天，无间歇，试确定流水步距，计算工期，并绘制施工进度横道图。

【解】 由已知条件 $t_i = t = 3$ 天可知，本分部工程宜组织等节拍专业流水。

①确定流水步距。

由等节拍专业流水的特点知

$$K = t = 3(\text{天})$$

②计算工期。

由公式(5.8)得

$$T = (m + n - 1) \cdot K = (5 + 4 - 1) \times 3 = 24(\text{天})$$

③绘制流水施工进度表，如图 5.4 所示。

分项工程编号	施工进度/天							
	3	6	9	12	15	18	21	24
A	①	②	③	④	⑤			
B	K	①	②	③	④	⑤		
C		K	①	②	③	④	⑤	
D			K	①	②	③	④	⑤

$T = (m+n-1) \cdot K = 24$

图 5.4 等节拍流水施工进度横道图

(2) 异节奏流水施工

异节奏流水施工是指组织流水施工时，同一个施工过程在各施工段上的流水节拍都相等，不同施工过程在同一施工段上的流水节拍不完全相等的一种流水施工组织方式。异节奏流水又分为一般异节奏流水和成倍节拍流水。这里主要讨论成倍节拍流水。

异节奏流水施工

①成倍节拍流水的基本特点。

A. 同一施工过程在各施工段上的流水节拍彼此相等,不同的施工过程在同一施工段上的流水节拍不同,但互为倍数关系。

B. 流水步距彼此相等,且等于流水节拍的最大公约数。

C. 专业班(组)数大于施工过程数,即 $n_1>n$。

D. 各专业班(组)都能够保证连续施工,施工段没有空闲。

②成倍节拍流水的组织步骤。

A. 确定施工起点流向,分解施工过程。

B. 确定施工顺序,划分施工段。

a. 不分施工层时,可按划分施工段的原则确定施工段数。

b. 分施工层时,每层的段数可按公式(5.10)确定:

$$m = n_1 + \frac{\max \sum Z_1}{K_b \frac{\max Z_2}{K_b}} \tag{5.10}$$

式中　n_1——专业工作队总数;

K_b——成倍节拍流水的流水步距;

其他符号含义同前。

③按异节拍流水确定流水节拍。

④按公式(5.11)确定流水步距:

$$K_b = \text{最大公约数}(t_1, t_2, \cdots, t_n) \tag{5.11}$$

⑤按式(5.12)确定专业工作队数:

$$b_j = \frac{t_j}{K_b} \tag{5.12}$$

$$n_1 = \sum_{j=1}^{n} b_j \tag{5.13}$$

式中　t_j——施工过程 j 在各施工段上的流水节拍;

b_j——施工过程 j 所要组织的专业工作队数。

⑥确定计划总工期:

$$T = (r \cdot n_1 - 1) \cdot K_b + m^{zh} \cdot t^{zh} + \sum Z_{j,j+1} - \sum C_{j,j+1} \tag{5.14}$$

或

$$T = (m \cdot r + n_1 - 1) \cdot K_b + m^{zh} \cdot t^{zh} + \sum Z_{j,j+1} - \sum C_{j,j+1} \tag{5.15}$$

式中　r——施工层数;不分层时,$r=1$;分层时,$r=$实际施工层数;

m^{zh}——最后一个施工过程的最后一个专业工作队所要通过的施工段数;

t^{zh}——最后一个施工过程的流水节拍;

其他符号含义同前。

⑦绘制流水施工进度表。

【例 5.2】　某项目由支模板、绑钢筋、浇筑混凝土等 3 个施工过程组成,流水节拍分别

为 $t_1=2$ 天，$t_2=6$ 天，$t_3=4$ 天，试组织等步距的成倍异节拍流水施工，并绘制流水施工进度表。

【解】

①按公式(5.11)确定流水步距 K_b = 最大公约数{2,6,4} = 2 天

②由式(5.12)、式(5.13)求专业工作队数

$$b \frac{t_1}{K_b \frac{2}{2}}{}_{\text{I}}$$

$$b \frac{t_2}{K_b \frac{6}{2}}{}_{\text{II}}$$

$$b \frac{t_3}{K_b \frac{4}{2}}{}_{\text{III}}$$

$$n_1 = \sum_{j=1}^{3} b_j = 1 + 3 + 2 = 6(\text{个})$$

③求施工段数。为了使各专业工作队都能连续工作，取

$$m = n_1 = 6(\text{段})$$

④计算工期。

$$T = (6 + 6 - 1) \times 2 = 22(\text{天}) \text{ 或 } T = (6 - 1) \times 2 + 3 \times 4 = 22(\text{天})$$

⑤绘制流水施工进度表如图 5.5 所示。

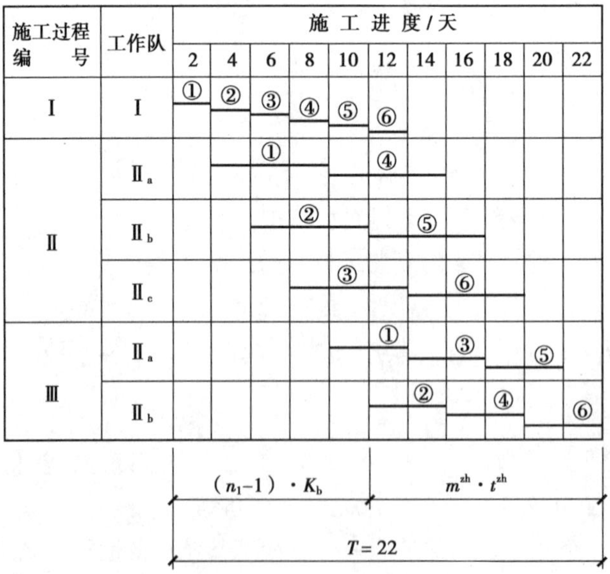

施工过程编号	工作队	施工进度/天										
		2	4	6	8	10	12	14	16	18	20	22
Ⅰ	Ⅰ	①	②	③	④	⑤	⑥					
Ⅱ	Ⅱ$_a$			①			④					
	Ⅱ$_b$				②			⑤				
	Ⅱ$_c$					③			⑥			
Ⅲ	Ⅱ$_a$						①		③		⑤	
	Ⅱ$_b$							②		④		⑥

$(n_1-1)\cdot K_b$　　$m^{zh}\cdot t^{zh}$

$T=22$

图 5.5　成倍节拍流水施工进度横道图

(3)无节奏流水施工

无节奏流水施工是指在相同的或不同施工过程的流水节拍不完全相等的一种流水施工

方式。

①无节奏流水施工的基本特征。

A. 每个施工过程在各个施工段上的流水节拍不尽相等。

B. 各施工过程间流水步距不完全相等且差异较大。

C. 专业工作队数等于施工过程数，即 $n_1=n$。

D. 各专业工作队都能连续施工，个别施工段可能有空闲。

②无节奏流水的组织步骤。

A. 确定施工起点流向，分解施工过程。

B. 确定施工顺序，划分施工段。

C. 按相应的公式计算各施工过程在各个施工段上的流水节拍。

D. 确定相邻两个专业工作队之间的流水步距。

确定流水步距的方法很多，而简捷实用的方法主要有图上分析法、分析计算法和累加数列法等。本书仅介绍累加数列法。其计算步骤如下：

a. 根据专业工作队在各施工段上的流水节拍，求累加数列。

b. 根据施工顺序，对所求相邻的两累加数列，错位相减。

c. 根据错位相减的结果，确定相邻专业工作队之间的流水步距，即相减结果中数值最大者。

具体计算方法见例5.3。

E. 按式(5.16)计算流水施工的计划工期：

$$T=\sum_{j=1}^{n=1} K_{j,j+1}+\sum_{i=1}^{m} t_i^{zh}+\sum Z-\sum C_{j,j+1} \tag{5.16}$$

式中　T——流水施工的计划工期；

$K_{j,j+1}$——j 与 $j+1$ 两个专业班(组)之间的流水步距；

t_i^{zh}——最后一个施工过程在第 i 个施工段上的流水节拍；

$\sum Z$——间歇时间总和；

$\sum C_{j,j+1}$——相邻两专业班(组)j 与 $j+1$ 间的平衡搭接时间之和($1\leqslant j\leqslant n-1$)。

F. 绘制流水施工进度表。

【例5.3】　某工程，由Ⅰ，Ⅱ，Ⅲ，Ⅳ，Ⅴ等5个施工过程。施工时在平面上划分成4个施工段，每个施工过程在各个施工段上的流水节拍见表5.1。规定施工过程Ⅱ完成后，其相应施工段至少要养护2天；施工过程Ⅳ完成后，其相应施工段要留有1天的准备时间。为了尽早完工，允许施工过程Ⅰ与Ⅱ之间搭接施工1天，试确定组织流水施工方案。

表5.1　流水节拍

施工过程 施工段	Ⅰ	Ⅱ	Ⅲ	Ⅳ	Ⅴ
①	3	1	2	4	3
②	2	3	1	2	4

续表

施工段 \ 施工过程	Ⅰ	Ⅱ	Ⅲ	Ⅳ	Ⅴ
③	2	5	3	3	2
④	4	3	5	3	1

【解】 根据题设条件，该工程只能组织无节奏专业流水。

(1)求流水节拍的累加数列

Ⅰ: 3, 5, 7, 11

Ⅱ: 1, 4, 9, 12

Ⅲ: 2, 3, 6, 11

Ⅳ: 4, 6, 9, 12

Ⅴ: 3, 7, 9, 10

(2)确定流水步距

①$K_{Ⅰ,Ⅱ}$

$$\begin{array}{rrrrrr} & 3, & 5, & 7, & 11 & \\ -) & & 1, & 4, & 9, & 12 \\ \hline & 3, & 4, & 3, & 2, & -12 \end{array}$$

$K_{Ⅰ,Ⅱ}=\max\{3,4,3,2,-12\}=4$(天)

②$K_{Ⅱ,Ⅲ}$

$$\begin{array}{rrrrrr} & 1, & 4, & 9, & 12 & \\ -) & & 2, & 3, & 6, & 11 \\ \hline & 1, & 2, & 6, & 6, & -11 \end{array}$$

$K_{Ⅱ,Ⅲ}=\max\{1,2,6,6,-11\}=6$(天)

③$K_{Ⅲ,Ⅳ}$

$$\begin{array}{rrrrrr} & 2, & 3, & 6, & 11 & \\ -) & & 4, & 6, & 9, & 12 \\ \hline & 2, & -1, & 0, & 2, & -12 \end{array}$$

$K_{Ⅲ,Ⅳ}=\max\{2,-1,0,2,-12\}=2$(天)

④$K_{Ⅳ,Ⅴ}$

$$\begin{array}{rrrrrr} & 4, & 6, & 9, & 12 & \\ -) & & 3, & 7, & 9, & 10 \\ \hline & 4, & 3, & 2, & 3, & -10 \end{array}$$

$K_{Ⅳ,Ⅴ}=\max\{4,-3,2,3,-10\}=4$(天)

(3)确定计划工期

由题给条件可知：

$Z_{Ⅱ,Ⅲ}=2$ 天，$G_{Ⅳ,Ⅴ}=1$ 天，$C_{Ⅰ,Ⅱ}=1$ 天，代入式(5.16)得

$$T=(4+6+2+4)+(3+4+2+1)+2+1-1=28\text{(天)}$$

(4)绘制流水施工进度横道图如图 5.6 所示。

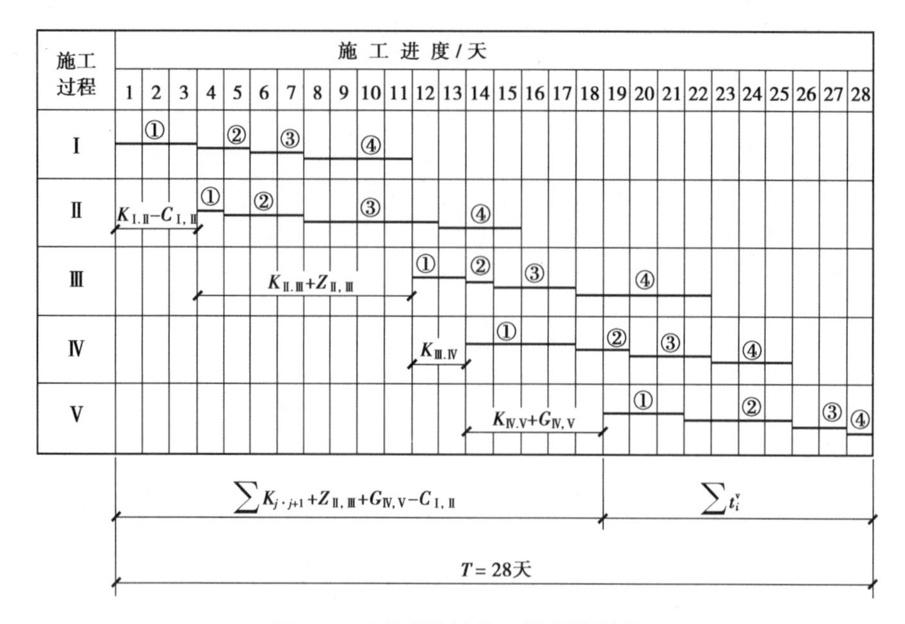

图 5.6　无节奏流水施工进度横道图

5.4.2　编制横道图计划

横道图是一种最简单并运用最广的传统计划方法，尽管有许多新的计划技术，横道图在建设领域中的应用还是非常普遍。横道图也称甘特图（Gantt Chat），是美国人亨利・L.甘特在20世纪20年代提出的，由于其形象、直观，且易于编制和理解，因而长期以来被广泛应用于建筑工程进度计划中。用横道图表示的建筑工程进度计划，一般包括两个基本部分，即左侧的工作名称及工作的持续时间等基本数据部分和右侧的横道线部分。横道图的表格形式的施工进度计划由两部分组成，一部分反映拟建工程所划分施工过程的工程量、劳动量或台班量、施工人数或机械数、工作班次及工作延续时间等计算内容；另一部分则用图表形式表示各施工过程的起止时间、延续时间及搭接关系。

通常横道图的表头为工作及其简要说明，项目进展表示在时间表格上，如图5.7所示。按照所表示工作的详细程度，时间单位可以为小时、天、周、月等。通常时间单位用日历表示，此时可表示非工作时间，如停工时间、公众假日、假期等。根据此横道图使用者的要求，工作可按照时间先后、责任、项目对象、同类资源等进行排序。

横道图的另一种可能形式是将工作的简要说明直接放在横道上，这样，一行上可容纳多项工作，一般运用在重复性的任务上。横道图也可将最重要的逻辑关系标注在内，但如果将所有逻辑关系均标注在图上，则横道图的简洁性这一最大优点将丧失。

横道图用于小型项目或大型项目的子项目上，或用于计算资源需要量、概要预示进度也可用于其他计划技术的表示结果。

横道图计划表中的进度线（横道）与时间坐标相对应，这种表达方式较直观，易看懂计划编制的意图。但是，横道图进度计划法也存在一些问题，如：

①工序（工作）之间的逻辑关系可以设法表达，但不易表达清楚。

②适用于手工编制计划。

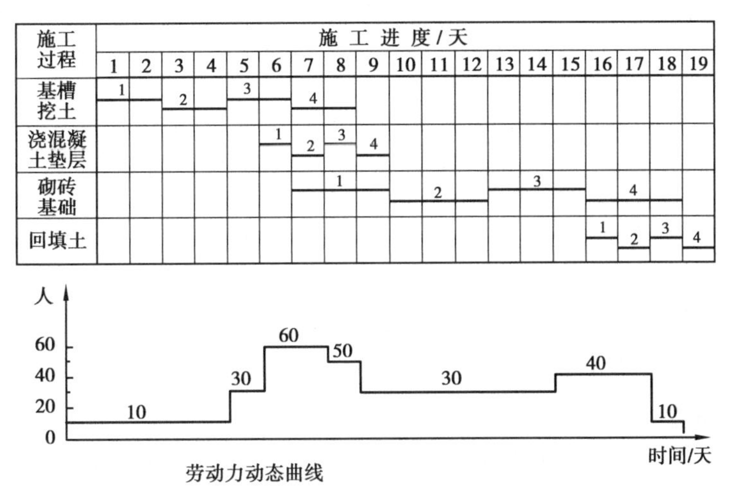

图5.7　横道图

③没有通过严谨的进度计划时间参数计算，不能确定计划的关键工作、关键路线与时差。

④计划调整只能用手工方式进行，其工作量较大。

⑤难以适应较大的进度计划系统。

任务5.5　编制双代号网络计划

5.5.1　认识双代号网络计划

双代号网络图是以箭线及其两端节点的编号表示工作的网络图，如图5.8所示。双代号网络图的基本符号是箭线、节点和节点编号，由箭线、节点和线路3个基本要素组成。

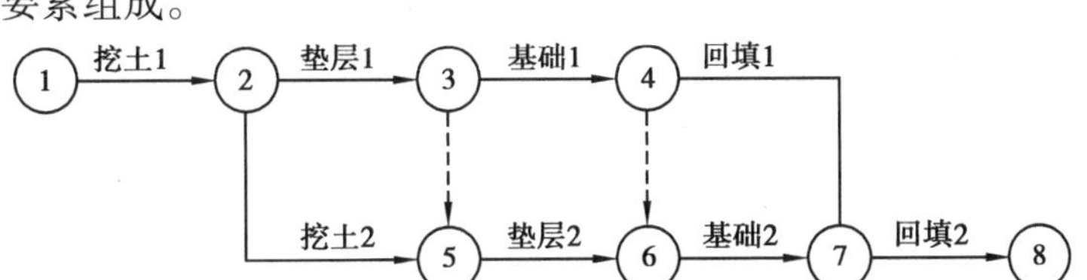

图5.8　双代号网络图

1）箭线

工作是泛指一项需要消耗人力、物力和时间的具体活动过程，也称工序、活动、作业，双代号网络图中用箭线及其两端标有编号的圆圈表示工作（工序或活动），如图5.9所示。在箭线上方用符号或文字标注工作名称，有时也可用箭线两端的编号来表示工作名称。在箭线下方标注工作持续时间。箭线的箭尾节点 i 表示该工作的开始，箭线的箭头节点 j 表示该工作的完成。箭线画成水平直线、折线或斜线,而以水平直线为主,其水平投影方向应自左向右,表示工作开展方向。

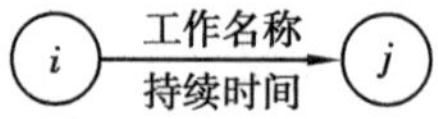

i 工作名称 j
持续时间

图 5.9　双代号网络图表示方法

双代号网络图的工作根据其完成过程中消耗时间和资源程度的不同分为 3 种情况:既占用时间,又消耗资源的工作,如模板的支设;占用时间,不耗费资源的工作,如混凝土养护;既不占用时间,又不耗费资源的工作。前两种是实际存在的工作,而后一种是虚设的工作,它只表示相邻工作间的逻辑关系,通常称其为“虚工作”,用虚箭线表示。箭线可以垂直向上、向下,也可以水平方向向左。

虚箭线是实际工作中并不存在的一项虚设工作,一般起着工作之间的联系、区分和断路 3 个作用:

①联系作用是指应用虚箭线正确表达工作之间相互依存的关系。

②区分作用是指双代号网络图中每一项工作都必须用一条箭线和两个代号表示,若两项工作的代号相同时,应使用虚工作加以区分,如图 5.10 所示。

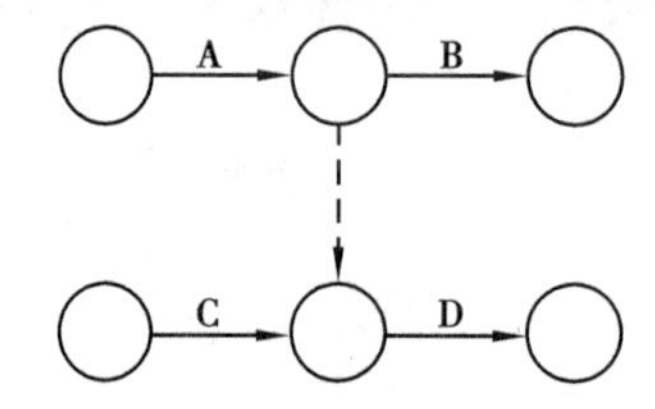

图 5.10　虚箭线的区分作用

③断路作用是用虚箭线断掉多余联系,即在网络图中把无联系的工作连接上时,应加上虚工作将其断开。

在无时间坐标限制的网络图中,箭线的长度原则上可以任意画,其占用的时间以下方标注的时间参数为准。箭线可以为直线、折线或斜线,但其行进方向均应从左向右。在有时间坐标限制的网络图中,箭线的长度必须根据完成该工作所需持续时间的大小按比例绘制。

2)**节点**

节点是指网络图中箭线两端标有编号的圆圈,在双代号网络图中,节点表示一项工作或若干项工作开始或结束的时间点,它反映工作之间的逻辑关系。

在双代号网络图中,节点表示工作的结束和工作开始的时间点,具有承上启下的衔接作用,它不占用时间,也不耗费资源。对于一项工作而言,箭尾节点称为开始节点,标志着一项或几项工作的开始;箭头节点称为结束节点,标志着一项或几项工作的结束。对于一个完整的网络计划,标志着网络计划开始的第一个节点,称为起始节点,对应起始工作的开始;标志网络计划结束的最后一个节点,称为终点节点,对应结束工作的完成时间;其余的节点称为中间节点。

在双代号网络图中,为了进行检查和识别各项工作,需要对每一个节点进行编号。对节点编号时,应满足两条基本规则:其一,箭头节点编号大于箭尾;其二,在一个网络图中,所有节点不能重复编号,编号的号码一般取正整数。

节点编号的方法，按照编号方向分为沿水平方向编号和沿垂直方向编号；按照编号的号码是否连续，分为连续编号和间断编号，图5.9所示为连续水平编号，图5.11所示为垂直间断编号。

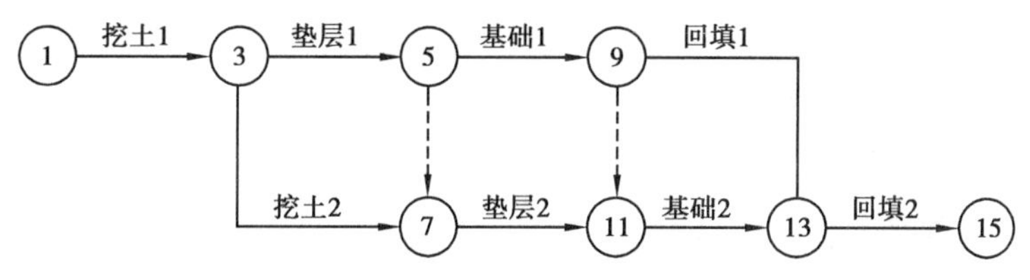

图5.11　节点编号示意图

3）**线路**

线路是指在网络图中从起点节点沿箭线方向，顺序通过一系列箭线和中间节点到达终点节点的通路。每个网络图都是若干条线路组成。完成某条线路上各项工作所需要总的持续时间，称为线路时间。

图5.12所示为网络图，有4条线路，各线路时间为：

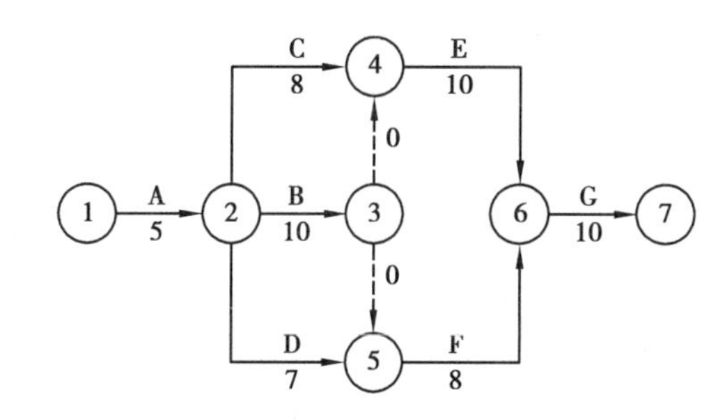

图5.12　某网络图

第1条　1—2—4—6—7　$T_1=5+8+10+10=33$ 天；

第2条　1—2—3—4—6—7　$T_2=5+10+0+10+10=35$ 天；

第3条　1—2—3—5—6—7　$T_3=5+10+0+8+10=33$ 天；

第4条　1—2—5—6—7　$T_4=5+7+8+10=30$ 天

通过计算可以看出，第2条线路的线路时间最长，网络图中根据线路时间的不同，线路分为关键线路和非关键线路。线路时间最长的线路称为关键线路，如第2条；其余的线路称为非关键线路。

关键线路的线路时间代表整个网络计划的总工期，称为计划工期。关键线路上的工作，称为关键工作，按计划工期安排施工进度时，关键工作没有机动时间（时差）。在同一网络计划中，至少有一条关键线路。当采取技术组织措施，压缩某些关键工作的持续时间时，关键线路有可能转化成非关键线路。非关键线路上的工作不一定都是非关键工作，按计划工期安排施工进度时，有机动时间的工作称为非关键工作。非关键工作的机动时间可以用来调配资源和对网络进行优化。

4）**逻辑关系**

网络图中的逻辑关系是指工作之间相互制约和相互依存的关系。逻辑关系包括工艺关系和组织关系。工艺关系是指施工工艺客观存在的先后顺序，如先基础，后结构，就是一种工艺关系，一般来说工艺关系是不变的。组织关系是在不违反工艺关系的前提下，人为安排的工作先后顺序关系，如建筑群中某栋楼开工的先后，一栋建筑中施工段间的施工顺序，就是组织关系，组织关系是可变的，可以调整的。在网络图中逻辑关系表现为工作的先后顺序，一般网络图中工作的相互关系分为以下几种类型：

①紧前工作。紧排在本工作之前的工作。

②紧后工作。紧排在本工作之后的工作。

③起始工作。没有紧前工作的工作。

④结束工作。没有紧后工作的工作。

⑤平行工作。与本工作同时进行的工作。

在双代号网络图中，通常将被研究的工作用本工作表示。紧排在本工作之前的工作称为紧前工作。紧排在本工作之后的工作称为紧后工作。与之平行进行的工作称为平行工作。

网络图必须正确地表达整个工程或任务的工艺流程和各工作开展的先后顺序及它们之间相互依赖、相互制约的逻辑关系。因此，绘制网络图时必须遵循一定的基本规则和要求。

5.5.2 绘制双代号网络计划

1）双代号网络图绘制的基本规则

①在一个网络图中只允许有一个起点节点和终点节点，即在网络图中，除起点和终点外，不允许再出现没有外向工作的节点和没有内向工作的节点。

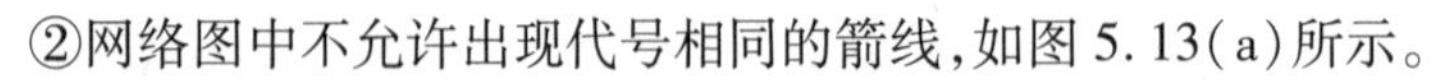
②网络图中不允许出现代号相同的箭线，如图 5.13(a)所示。

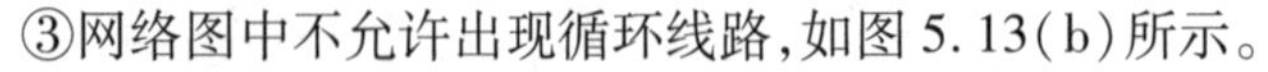
③网络图中不允许出现循环线路，如图 5.13(b)所示。

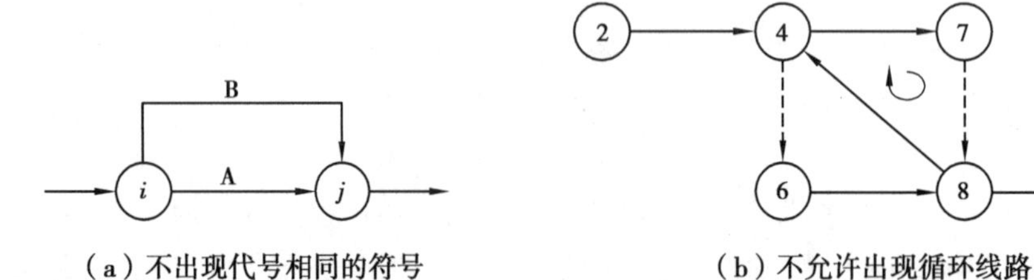

（a）不出现代号相同的符号　（b）不允许出现循环线路

图 5.13　同代号箭线和循环线路示意图

④网络图中不允许出现双向箭头、无箭头或反向的线，如图 5.14 所示。

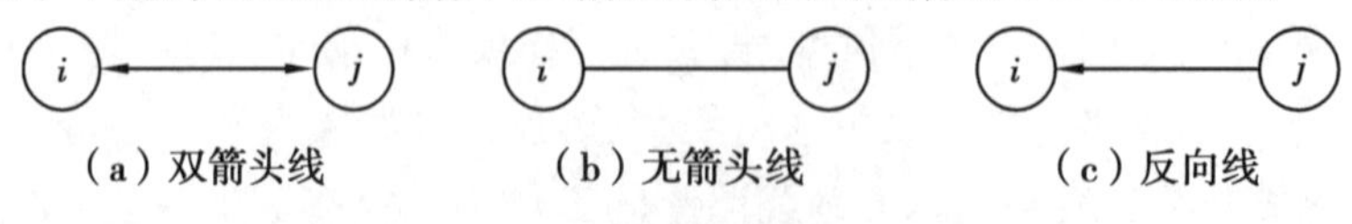

（a）双箭头线　（b）无箭头线　（c）反向线

图 5.14　不允许出现的箭线示意图

⑤网络图中不允许出现没有箭尾节点的箭线和没有箭头节点的箭线，如图 5.15 所示。

⑥当网络图中的起点节点有多条外向箭线或终点节点有多条内向箭线时，为保证网络图的简洁，应采用母线法绘图，如图 5.16 所示。

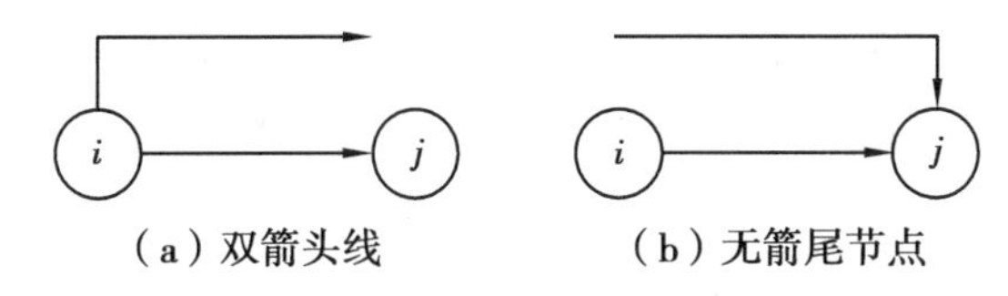

（a）双箭头线　（b）无箭尾节点

图5.15　无箭头、箭尾节点示意图

⑦绘制网络图时，应避免箭线出现交叉，当交叉不可避免时，则采用如图5.17所示的几种表示方法。

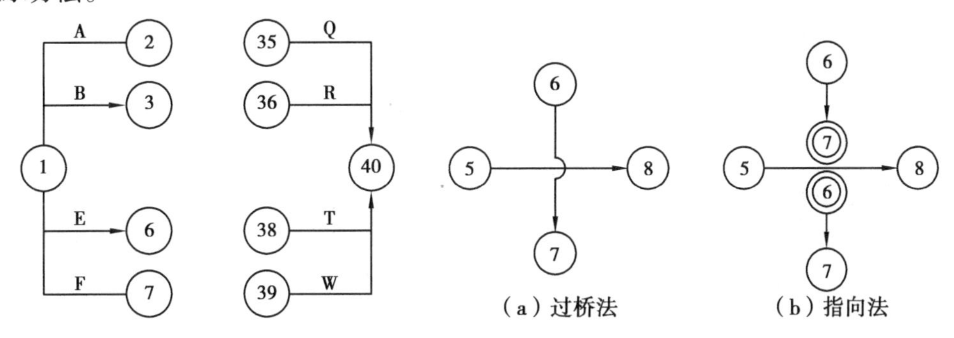

（a）过桥法　（b）指向法

图5.16　母线法绘图　　图5.17　网络图交叉箭线画法

2）**双代号网络图绘制各种逻辑关系的表示方法**

双代号网络图绘制各种逻辑关系的表示方法见表5.2。

表5.2　双代号网络图各工作逻辑关系的表示方法

序号	工作逻辑关系	双代号表示方法	说明
1	A、B两项工作， A工作完成后进行B工作	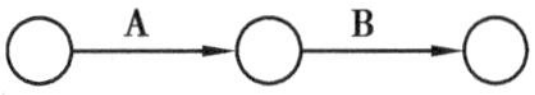 A B	
2	A、B、C 3项工作同时开始	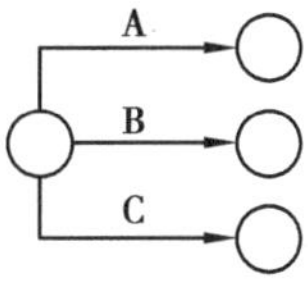 A B C	
3	A、B、C 3项工作同时结束	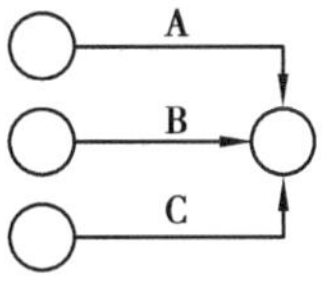 A B C	
4	A、B、C 3项工作， A工作完成后，B、C工作开始	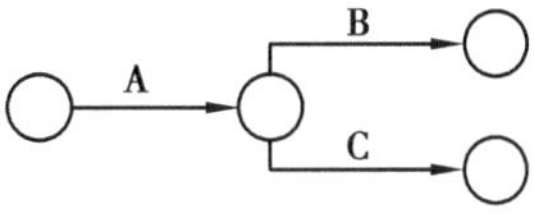 A B C	
5	A、B、C 3项工作， A、B工作完成后，C工作开始	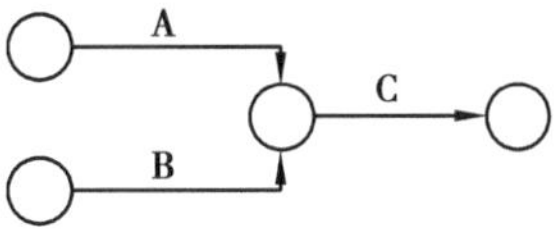 A B C	
6	A、B、C、D 4项工作， A、B工作完成后，C、D工作开始	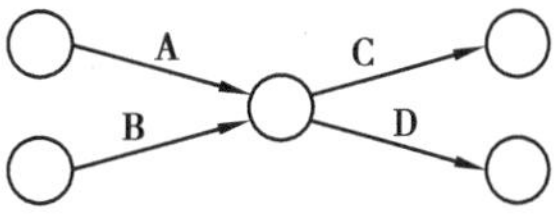 A B C D	

续表

序号	工作逻辑关系	双代号表示方法	说明
7	A、B、C、D 4项工作， A工作完成后，C工作开始， A、B工作完成后，D工作开始	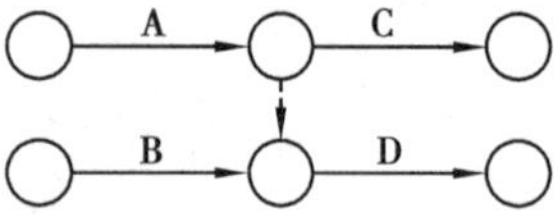 A C B D	
8	A、B、C、D 4项工作， A、B工作完成后，C工作开始， B工作完成后，D工作开始	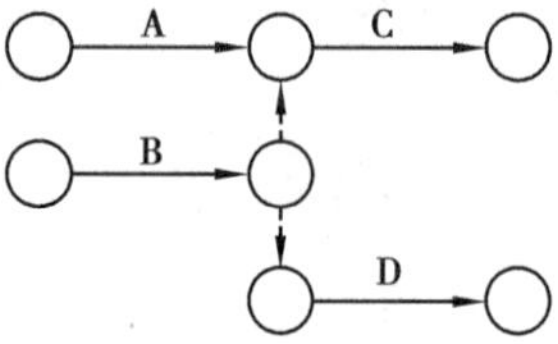 A C B D	
9	A、B、C、D、E 5项工作， A、B、C工作完成后，D工作开始， B、C工作完成后，E工作开始	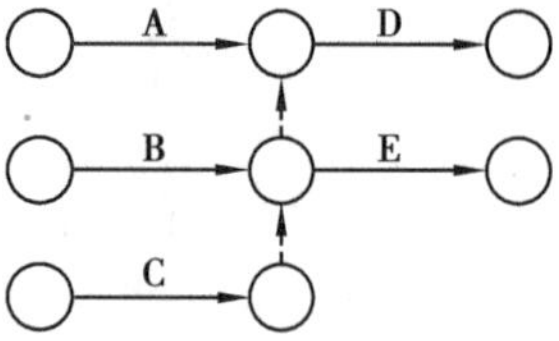 A D B E C	
10	A、B两项工作，分为3个施工段，平行施工	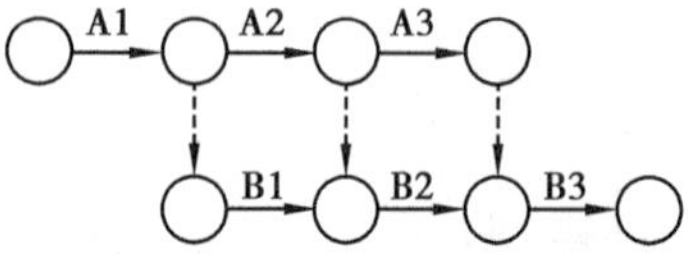 A1 A2 A3 B1 B2 B3	

3）**双代号网络图绘图时应注意的问题**

（1）在网络图中正确应用虚箭线

①在工作逻辑连接方面。绘制网络图时经常会遇到如图5.18所示的情况：A工作结束后，同时进行B、D两项工作；C工作结束后，进行D工作。从分析它们的逻辑关系可以看出，D既是A的紧后工作，也是C的紧后工作，为了将这种逻辑关系表达清楚，引进虚箭线，用虚箭线（虚工作）将A、D两项工作隔开，由于虚工作的工作时间为0，A和D两项工作的各项仍然为A工作结束后，D工作开始。

②在两项或两项以上工作同时开始和同时结束时的应用。绘制网络图时如遇两项或两项以上工作同时开始和同时结束时，必须引进虚箭线，以避免造成混乱，如图5.19所示。

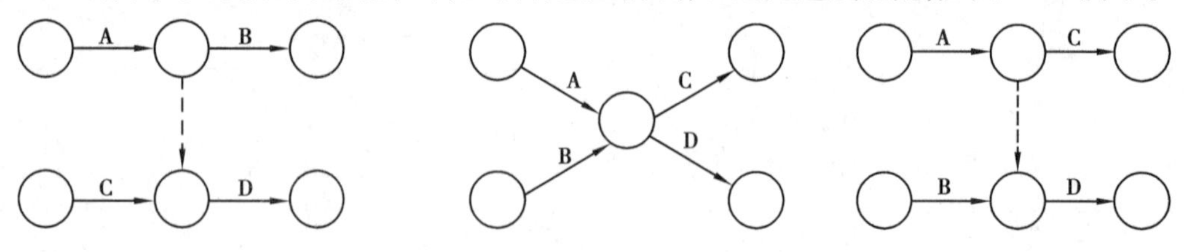

图5.18　虚箭线应用（1）

图5.19　虚箭线应用（2）

③在工作的逻辑"断路"方面。绘制网络图时最容易发生的错误是将没有逻辑的工作联系起来，使网络计划发生逻辑错误。这时就需要引入虚箭线，隔开不应有的工作联系。这种用虚箭线隔断网络图中无逻辑关系的各项工作的方法称为"断路"法。在绘制网络图遇到有多条内向和外向的节点时，要特别注意。

例如,某基础工程由挖土、垫层、基础和回填4项工作组成,分为两个施工段,绘制网络图,如图5.20(a)所示。分析该网络图中各项工作的逻辑关系,很容易发现其中的错误,它们把没有关系的工作联系了起来,图中用虚箭线表示。例如,挖土2与基础1没有逻辑关系;再如,回填1与基础2也没有逻辑关系。这在网络图绘制中是原则错误。如要避免上述情况的发生,应该运用断路法,用虚箭线将没有关系的工作隔开,使基础1仅为垫层1的紧后工作,回填1仅为基础1的紧后工作。本基础工程正确的网络图应为图5.20(a)。这种断路法在分段流水施工的网络图应用很多。

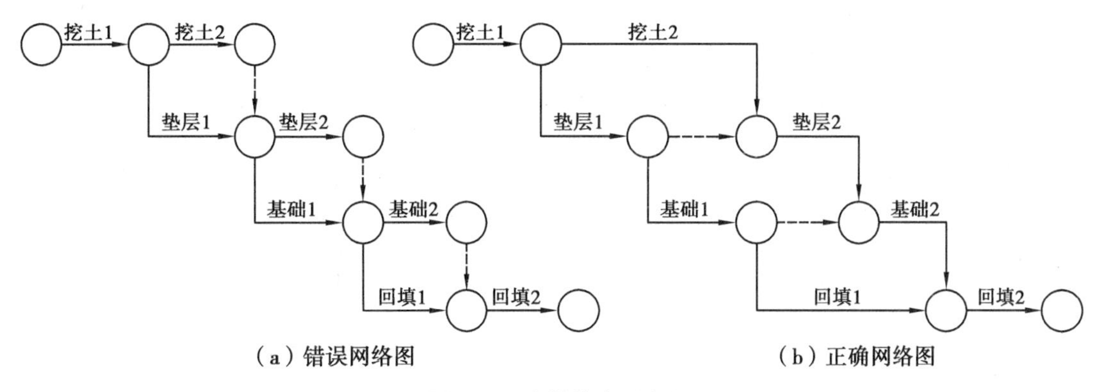

图5.20　虚箭线应用(3)

(2)网络图的布图方法

在保证网络图工作逻辑关系正确的前提下,布图时要突出重点、层次分明、布局合理。关键线路尽可能安排在中心位置,并以粗实线或双线或彩色线标出,突出重点;密切相关的工作尽可能邻近布置,避免箭线交叉。

为使网络图能更确切地反映智能建造工程施工特点,绘图时可根据工程的具体情况和控制施工进度的要求,简化层次,使各工作间的逻辑关系更加清晰,便于掌握和应用计算机进行管理。因此,智能建造工程施工进度计划常采用以下几种布图方法:

①按工种排列。它将同一工种的各项工作排列在一个水平方向,如图5.20(b)所示。

②按施工段排列。它将同一施工段上的各项工作排列在一个水平方向,如图5.11所示。

③按施工层排列。它将同一施工层上的各项工作排列在一个水平方向,如图5.21所示。

另外,智能建造工程施工进度计划还有按施工单位排列、按专业排列、按栋号排列等形式。

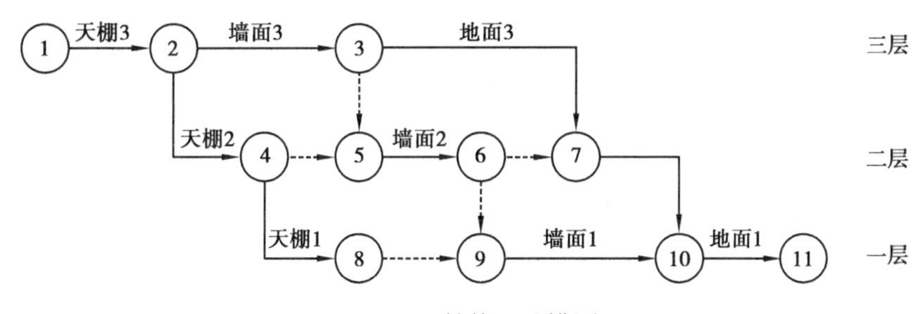

图5.21　按施工层排列

4）**双代号网络图绘制步骤**

①按照选定网络图类型和排列方式，确定网络图的布局。

②首先从起始工作开始，自左向右依次绘制，只有在紧前工作全部绘制完成后，才能绘制本工作，直至结束工作绘完为止。

③检查工作和逻辑关系有无错漏并修正。

④按照网络图的绘图规则完善网络图。

⑤按照网络图节点编号规则进行节点编号。

5）**双代号网络图绘图实例**

【例 5.4】 根据表 5.3 中各工作逻辑关系绘制双代号网络图。

表 5.3 各工作逻辑关系及工作持续时间

工作	A	B	C	D	E	F	G
紧前工作	—	—	A	B	B	D	C,D,E
紧后工作	C	D,E	G	F,G	G	—	—
持续时间	1	5	7	5	6	3	5

【解】 绘制双代号网络图，如图 5.22 所示。

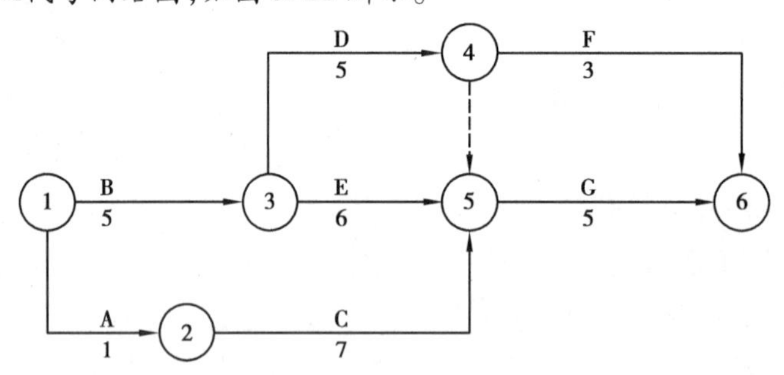

图 5.22 双代号网络图

5.5.3 计算双代号网络计划时间参数

网络计划时间参数的计算的目的是确定网络图中各项工作的时间参数，从而确定关键线路和关键工作，为网络计划的执行、调整和优化提供明确的时间参数。网络计划时间参数计算的主要内容有：工作持续时间（$D_{i\text{-}j}$）、工作最早开始时间（$ES_{i\text{-}j}$）和最早完成时间（$EF_{i\text{-}j}$）、工作最迟开始时间（$LS_{i\text{-}j}$）和最迟完成时间（$LF_{i\text{-}j}$）、工作的总时差（$TF_{i\text{-}j}$）和自由时差（$FF_{i\text{-}j}$），计算结果按图 5.23 的所示方法标注。下面介绍用工作计算法计算时间参数：

$ES_{i\text{-}j}$	$LS_{i\text{-}j}$	$TF_{i\text{-}j}$
$EF_{i\text{-}j}$	$LF_{i\text{-}j}$	$FF_{i\text{-}j}$

i —工作名称 / 持续时间→ j

图 5.23 时间参数标注方法

(1)工作持续时间的计算

网络计划的时间参数计算应在确定各项工作持续时间后进行。计算工作持续时间有定额法和三时估算法两种。

①定额法。

$$D_{i\text{-}j}=\frac{Q_{i\text{-}j}}{S\cdot R\cdot n} \tag{5.17}$$

式中 $D_{i\text{-}j}$——完成工作 $i\text{-}j$ 的持续时间(小时、天、周等);

$Q_{i\text{-}j}$——工作 $i\text{-}j$ 的工程量;

S——产量定额(或为机械台班产量定额);

R——投入工作 $i\text{-}j$ 的人数或机械台班数;

n——工作的班次。

②三时估算法。当工作持续时间不能用定额法计算时,可以采用公式(5.18)确定:

$$\overline{D}_{i\text{-}j}=\frac{1}{2}\left(\frac{a+2m}{3}+\frac{2m+b}{3}\right)=\frac{a+4m+b}{6} \tag{5.18}$$

式中: a——工作 $i\text{-}j$ 最乐观(最短)完成时间;

b——工作 $i\text{-}j$ 最悲观(最长)完成时间;

m——工作 $i\text{-}j$ 最可能完成时间。

(2)工作最早时间的计算

①工作最早开始时间 $ES_{i\text{-}j}$ 的计算。工作最早开始时间($ES_{i\text{-}j}$)是指各项紧前工作全部完成后,本工作最有可能开始的时刻,其计算应符合下列规定:

a. 工作 $i\text{-}j$ 最早开始时间($ES_{i\text{-}j}$)应从网络计划的起点节点开始,沿着箭线方向依次逐项计算。

b. 以起点节点 1 为箭尾节点的工作,当没有规定其最早开始时间 $ES_{i\text{-}j}$ 时,其值应为 0,即:

$$ES_{i\text{-}j}=0 \quad i=1 \tag{5.19}$$

c. 其他工作 $i\text{-}j$ 的最早开始时间 $ES_{i\text{-}j}$ 应为

$$ES_{i\text{-}j}=\max\{ES_{h\text{-}i}+D_{h\text{-}i}\} \tag{5.20}$$

式中 $ES_{h\text{-}i}$——工作 $i\text{-}j$ 的紧前工作 $h\text{-}i$ 的最早开始时间;

$D_{h\text{-}i}$——工作 $i\text{-}j$ 的紧前工作 $h\text{-}i$ 的工作持续时间。

②工作最早完成时间($EF_{i\text{-}j}$)的计算。工作最早完成时间($EF_{i\text{-}j}$)是指各项紧前工作全部完成后,本工作有可能完成的最早时刻,按公式(5.21)计算:

$$EF_{i\text{-}j}=ES_{i\text{-}j}+D_{i\text{-}j} \tag{5.21}$$

(3)网络计划工期的计算

①网络计划计算工期 T_c。根据时间参数计算得到的工期,可按(5.22)计算:

$$T_c=\max\{EF_{i\text{-}n}\} \tag{5.22}$$

式中 $EF_{i\text{-}n}$——以终点节点($j=n$)的工作 $i\text{-}n$ 的最早完成时间。

②网络计划计划工期 T_p。按要求工期和计算工期确定的目标工期，其确定应满足下列要求：

a. 当已经规定了要求工期 T_r 时：$T_p \leqslant T_r$。

b. 当未规定了要求工期 T_r 时：$T_p = T_c$。

(4) 工作最迟时间的计算

①工作最迟完成时间($LF_{i\text{-}j}$)的计算。工作最迟完成时间($LF_{i\text{-}j}$)是指在不影响整个网络计划按计划工期完成的前提下，工作 $i\text{-}j$ 的最迟完成时刻，其计算应符合下列规定：

a. 工作 $i\text{-}j$ 最迟完成时间($ES_{i\text{-}j}$)应从网络计划的终点节点开始，逆箭线方向依次逐项计算；

b. 以终点节点 n 为箭尾头节点的工作最迟完成时间 $LF_{i\text{-}j}$ 应按照网络计划的计划工期 T_p 确定，其值应为 0，即：

$$LF_{i\text{-}j} = T_p \quad j = n \tag{5.23}$$

c. 其他工作 $i\text{-}j$ 的最迟完成时间 $LF_{i\text{-}j}$ 应为

$$LF_{i\text{-}j} = \min\{LF_{j\text{-}k} + D_{j\text{-}k}\} \tag{5.24}$$

式中 $LF_{j\text{-}k}$——工作 $i\text{-}j$ 的紧后工作 $j\text{-}k$ 的最迟完成时间；

$D_{j\text{-}k}$——工作 $i\text{-}j$ 的紧后工作 $j\text{-}k$ 的工作持续时间。

②工作最迟开始时间($LS_{i\text{-}j}$)的计算。工作最迟开始时间($LS_{i\text{-}j}$)是指在不影响整个网络计划按计划工期完成的前提下，工作 $i\text{-}j$ 的最迟开始时刻，按公式(5.25)计算：

$$LS_{i\text{-}j} = LF_{i\text{-}j} - D_{i\text{-}j} \tag{5.25}$$

(5) 工作总时差的计算

工作总时差是指在不影响计划工期的前提下，本工作可以利用的机动时间，按式(5.26)计算：

$$TF_{i\text{-}j} = LS_{i\text{-}j} - ES_{i\text{-}j} \tag{5.26}$$

或

$$TF_{i\text{-}j} = LF_{i\text{-}j} - EF_{i\text{-}j} \tag{5.27}$$

(6) 工作自由时差的计算

工作自由时差($FF_{i\text{-}j}$)是指在不影响紧后工作最早开始时间的前提下，本工作可以利用的机动时间，其计算应符合下列规定：

①当工作 $i\text{-}j$ 有紧后工作 $j\text{-}k$ 时，其自由时差为：

$$FF_{i\text{-}j} = ES_{j\text{-}k} - ES_{i\text{-}j} - D_{i\text{-}j} \tag{5.28}$$

或

$$FF_{i\text{-}j} = ES_{j\text{-}k} - EF_{i\text{-}j} \tag{5.29}$$

②以终点节点为箭头节点的工作，其自由时差 $FF_{i\text{-}j}$ 应按网络计划的计划工期 T_p 确定，即：

$$FF_{i\text{-}n} = T_p - ES_{i\text{-}n} - D_{i\text{-}n} \tag{5.30}$$

或

$$FF_{i\text{-}n} = T_p - EF_{i\text{-}n} \tag{5.31}$$

(7) 关键工作和关键线路的确定

①总时差为零的工作称为关键工作。

②全部由关键工作组成的线路或线路上总的工作持续时间最长的线路应为关键线路。

(8)双代号网络图时间参数图上计算法实例

现通过例5.5,说明图上计算法的步骤和方法。

【例5.5】 用图上计算法,计算例5.4中图5.22双代号网络图的时间参数。

【解】 (1)计算工作最早时间

以起点节点1为箭尾节点的工作有①→②和①→③两项,按公式(5.19)得:

$$ES_{1\text{-}2}=0,\quad ES_{1\text{-}3}=0$$

按照公式(5.21)得:

$$EF_{1\text{-}3}=ES_{1\text{-}3}+D_{1\text{-}3}=0+5=5$$

工作②→⑤只有一项紧前工作①→②,按公式(5.20)得:

$$ES_{2\text{-}5}=EF_{1\text{-}2}=1,$$

$$EF_{2\text{-}5}=ES_{2\text{-}5}+D_{2\text{-}5}=1+7=8$$

工作③→④和工作③→⑤的紧前工作只有工作①→③,按公式(5.20)和式(5.21)得:

$$ES_{3\text{-}4}=EF_{1\text{-}3}=5\quad EF_{3\text{-}4}=ES_{3\text{-}4}+D_{3\text{-}4}=5+5=10,$$

$$ES_{3\text{-}5}=EF_{1\text{-}3}=5\quad EF_{3\text{-}5}=ES_{3\text{-}5}+D_{3\text{-}5}=5+6=11$$

工作④→⑤和④→⑥的紧前工作只有工作③→④,同样,按公式(5.20)和式(5.21)得:

$$ES_{4\text{-}5}=EF_{3\text{-}4}=10\quad EF_{4\text{-}5}=ES_{4\text{-}5}+D_{4\text{-}5}=10+0=10,$$

$$ES_{4\text{-}6}=EF_{3\text{-}4}=10\quad EF_{4\text{-}6}=ES_{4\text{-}6}+D_{4\text{-}6}=10+3=13$$

工作⑤→⑥有3项紧前工作②→⑤、③→⑤、④→⑤,按公式(5.20)和式(5.21)得:

$$ES_{5\text{-}6}=\max\{EF_{2\text{-}5},EF_{3\text{-}5},EF_{4\text{-}5}\}=\max\{8,11,10\}=11,$$

$$EF_{5\text{-}6}=ES_{5\text{-}6}+D_{5\text{-}6}=11+5=16$$

(2)计算总工期

与终点节点相连的工作有④→⑥和⑤→⑥,按公式(5.22)得:

$$T_c=\max\{EF_{4\text{-}6},EF_{5\text{-}6}\}=\max\{13,16\}=16$$

由于本题未规定要求工期T_r,因此总工期就等于计算工期,即

$$T_p=T_c=16$$

(3)计算工作最迟时间

以起点节点⑥为箭头节点的工作有④→⑥和⑤→⑥两项

$$LF_{4\text{-}6}=LF_{5\text{-}6}=T_p=16,$$

$$LS_{4\text{-}6}=LF_{4\text{-}6}-D_{4\text{-}6}=16-3=13,$$

$$LS_{5\text{-}6}=LF_{5\text{-}6}-D_{5\text{-}6}=16-5=11$$

工作④→⑤的紧后工作只有④→⑥一项

$$LF_{4\text{-}5}=LS_{4\text{-}6}=13\quad LS_{4\text{-}5}=LF_{4\text{-}5}-D_{4\text{-}5}=13-0=13$$

工作③→⑤的紧后工作只有⑤→⑥一项

$$LF_{3\text{-}5}=LS_{5\text{-}6}=11\quad LS_{3\text{-}5}=LF_{3\text{-}5}-D_{3\text{-}5}=11-6=5$$

工作②→⑤的紧后工作只有⑤→⑥一项

$$LF_{2\text{-}5}=LS_{5\text{-}6}=11\quad LS_{2\text{-}5}=LF_{2\text{-}5}-D_{2\text{-}5}=11-7=4$$

工作③→④的紧后工作有④→⑥和④→⑤两项

$$LF_{3\text{-}4}=\min\{LS_{4\text{-}6},LS_{4\text{-}5}\}=\min\{13,11\}=11,$$

$$LS_{3\text{-}4} = LF_{3\text{-}4} - D_{3\text{-}4} = 11 - 5 = 6$$

工作①→③的紧后工作有③→④和③→⑤两项

$$LF_{1\text{-}3} = \min\{LS_{3\text{-}4}, LS_{3\text{-}5}\} = \min\{6,5\} = 5,$$

$$LS_{1\text{-}3} = LF_{1\text{-}3} - D_{1\text{-}3} = 5 - 5 = 0$$

工作①→②的紧后工作只有②→③一项

$$LF_{1\text{-}2} = LS_{2\text{-}5} = 4 \quad LS_{1\text{-}2} = LF_{1\text{-}2} - D_{1\text{-}2} = 4 - 1 = 3$$

(4)计算工作的总时差和自由时差

工作总时差　$TF_{1\text{-}2} = LS_{1\text{-}2} - ES_{1\text{-}2} = LF_{1\text{-}2} - LS_{1\text{-}2} = 1-0 = 4-3 = 1$

按同样方法可计算出：$TF_{1\text{-}3}=0$，$TF_{2\text{-}5}=3$，$TF_{3\text{-}4}=1$，$TF_{3\text{-}5}=0$，$TF_{4\text{-}5}=1$，$TF_{4\text{-}6}=3$，$TF_{5\text{-}6}=0$

自由时差　$FF_{5\text{-}6} = T_P - EF_{5\text{-}6} = 16-16 = 0$，

$$FF_{3\text{-}5} = ES_{5\text{-}6} - EF_{3\text{-}5} = 11 - 11 = 0$$

按同样方法可计算出：$FF_{4\text{-}6}=3$，$FF_{4\text{-}5}=1$，$FF_{3\text{-}4}=0$，$FF_{2\text{-}5}=3$，$FF_{1\text{-}2}=0$

(5)确定关键线路

按照关键线路判断方法，很容易确定关键线路为①→③→⑤→⑥，用粗实线标出。最后计算结果如图 5.24 所示。

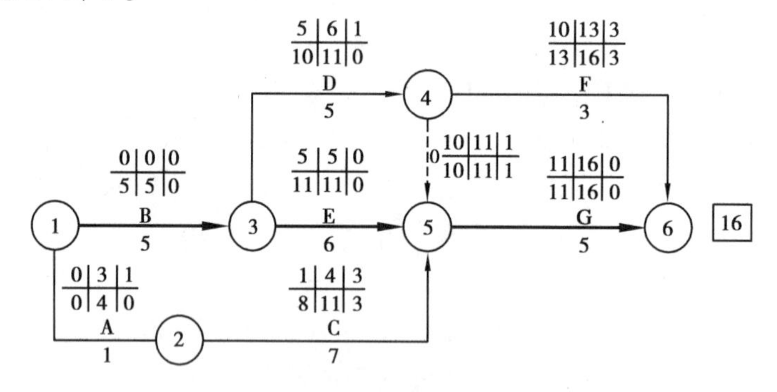

图 5.24　双代号网络图的时间参数计算结果

【知识链接】

编制双代号时标网络计划

双代号时标网络计划是综合应用横道图的时间坐标和双代号网络图的原理，并使其结合起来的一种网络计划。

1）双代号时标网络计划的有关规定

双代号时标网络计划的工作用实箭线表示，自由时差以波形线表示，当波形线后有垂直部分时，其垂直部分用实线绘出；虚工作用虚箭线表示，有自由时差用波形线表示，末端有垂直部分时用虚线绘制。无论哪种箭线，均应在其末端绘出箭头。

在双代号时标网络计划中，节点均看成一个点，其中心线必须对准相应的时间坐标，它在时间坐标的投影长度看作零。在双代号时标网络计划的时间坐标的单位需要确定，可以是时、天、周、月等。

编制双代号时标网络计划时遵守下列规定：

①节点中心线必须对准时标的刻度线。

②时间长度是以符号在时标图上的水平位置及其水平投影长度表示的，且与其对应的时间值相对应。

③时标网络计划宜按最早时间编制。

④绘制时标网络计划时必须先绘制无时标网络图。

2）**双代号时标网络计划的绘制**

双代号时标网络图的绘制方法有两种：

（1）间接绘制法

先计算网络图的时间参数，再绘制时标网络计划，具体步骤如下所述。

①先绘制一般的双代号网络图，确定时间参数和关键线路。

②在时标图（表）上按最早时间确定每项工作的开始节点（尾节点）的位置。

③用实线绘制相应工作持续时间，用垂直虚线绘制无时差虚工作，用波形线绘制工作和虚工作的自由时差。

（2）直接绘制法

不经计算，直接按无时标网络图绘制时标网络计划，具体步骤如下所述。

①将起始节点定位在起始刻度线上。

②按工作持续时间绘制起点的外向箭线。

③工作的箭头（结束节点）必须在所有的内向节点绘出后，定位在这些内向箭线最迟完成的实箭线箭头处。

④某些内向实箭线长度不足以到达该箭头节点时，用波形线补足，如图5.25所示；如果虚箭线的开始节点和结束节点之间有水平距离，以波形线补足没有水平距离，绘制垂直虚箭线。

⑤用上述方法自左向右依次确定其他节点的位置，直至终点节点位置确定，绘制完成。注意：在确定节点位置时，尽量与无时标网络图的布局一致，节点位置相当，以便于检查。

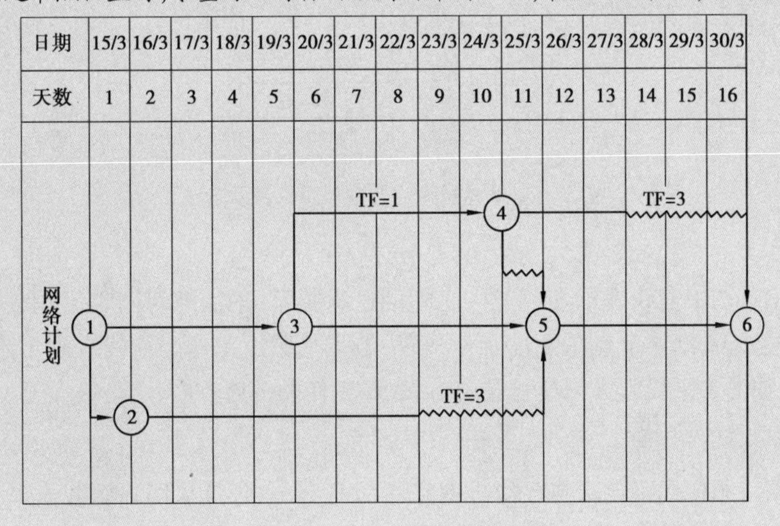

图5.25 双代号时标网络图

图5.25是按照双代号时标网络图5.22按照直接绘制方法绘制的双代号时标网络图。

任务 5.6 编制单代号网络计划

单代号网络图由节点、箭线和线路 3 个基本要素组成,如图 5. 26 所示。与双代号网络图相比,具有绘图简单、逻辑关系明确和易于修改等优点。

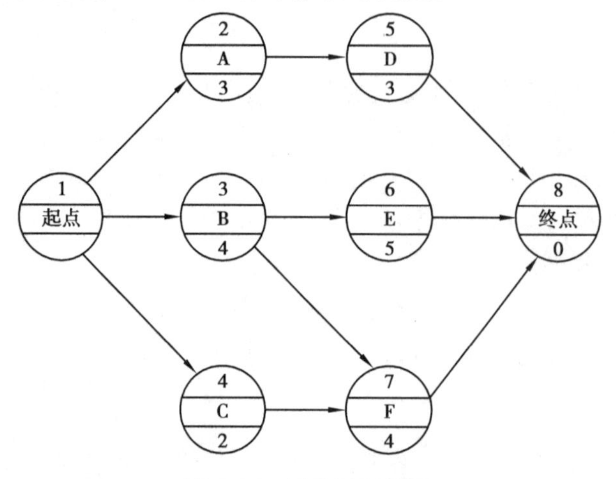

图 5. 26 单代号网络图

5.6.1 认识单代号网络计划

1) **节点**

单代号网络图中节点表示工作(工序、活动),每一个节点表示一项工作,用圆圈或矩形表示,节点内应标明节点编号、工作名称和工作持续时间 3 项内容,如图 5. 27 所示。节点编号要求箭尾编号应小于箭头节点的编号,可以连续也可以间断,但不能重复,一个编号代表一项工作。

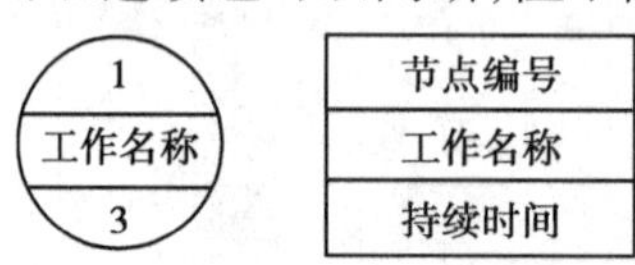

图 5. 27 单代号网络图中节点的表示方法

2) **箭线**

单代号网络图中箭线表示各项工作之间的逻辑关系,不消耗时间也不消耗资源。相对于箭头和箭尾来说,箭尾节点是紧前工作,箭头节点是紧后工作。箭线应画出水平直线、折线或斜线,箭线的水平投影方向应自左向右,表示工作的进展方向。

3) **线路**

单代号网络图中线路含义与双代号网络图的完全一样,是从网络图起点节点沿箭线方向,顺序通过一系列箭线和中间节点,到达终点节点的通路。也分为关键线路和非关键线路,其性质和线路时间计算方法与双代号网络图相同。

5.6.2　绘制单代号网络计划

1）单代号网络图的绘图规则

单代号网络图和双代号网络图的表达内容一样，均为工作之间的逻辑关系。只是采用的符号不同，双代号网络图的绘图规则在单代号网络图的绘制中都适用。

①单代号网络图必须正确表达已定的逻辑关系。

②单代号网络图中不允许出现双向箭头或无箭头连线。

③单代号网络图中不允许出现没有箭头节点的箭线和没有箭尾节点的箭线。

④单代号网络图中不允许出现循环线路。

⑤绘制单代号网络图时，应避免箭线出现交叉，当交叉不可避免时，可采用过桥法或指向法。

⑥单代号网络图中不允许出现相同编号的节点。

⑦在单代号网络图中，只允许有一个起点节点和终点节点。当网络图中出现多项无内向节点的工作或多项无外向节点的工作时，应在网络图的最左端或最右端设一项虚工作，作为该网络计划的起点节点和终点节点。其他再没有虚工作，如图5.26所示。

2）单代号网络图的绘制

单代号网络图的绘制应自左向右逐个处理各工作的逻辑关系，只有紧前工作都完成后，才能处理本工作，并使工作与紧前工作相连，由起点节点开始至终点节点结束。绘制完成后要认真检查图中的逻辑关系表达是否正确、是否符合绘图的基本规则，发现问题及时解决。此外，单代号网络图在布图方法和排列方法上同双代号网络图基本一致，尽量使图面布局合理、层次清晰、重点突出。

【例5.6】　某混凝土工程，由支模、扎筋和浇筑3个施工过程组成。各施工过程在每个施工段的持续时间分别为：支模4天、扎筋3天、浇筑4天。绘制单代号网络图，结果如图5.28所示。

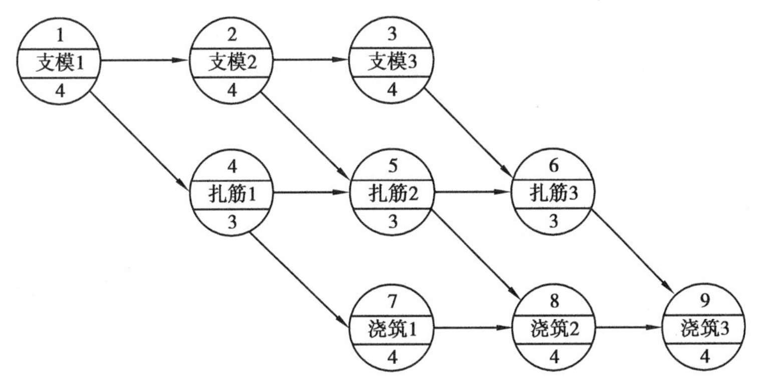

图5.28　单代号网络图

5.6.3 计算单代号网络计划的时间参数

单代号网络图的计算原理与双代号的基本相同,只是自由时差的计算略有不同。

1)**工作最早时间的计算**

(1)工作最早开始时间(ES_i)的计算

工作最早开始时间(ES_i)的计算应符合下列规定:

①工作 i 最早开始时间(ES_i)应从网络计划的起点节点开始,沿着箭线方向依次逐项计算。

②以起点节点 1 为箭尾节点的工作,当没有规定其最早开始时间(ES_i)时,其值应为 0,即:

$$ES_i = 0 \quad i = 1 \tag{5.32}$$

③其他工作 i 的最早开始时间 ES_i 应为

$$ES_i = \max\{ES_h + D_h\} \tag{5.33}$$

式中 ES_h——工作 i 的紧前工作 h 的最早开始时间;

D_h——工作 i 的紧前工作 h 的工作持续时间。

(2)工作最早完成时间(EF_i)的计算

工作最早完成时间(EF_i)是按公式(5.34)计算:

$$EF_i = ES_i + D_i \tag{5.34}$$

2)**网络计划工期的计算**

①网络计划计算工期 T_c。根据时间参数计算得到的工期,可按式(5.35)计算:

$$T_c = EF_n \tag{5.35}$$

式中 EF_n——以终点节点($i=n$)的工作 n 的最早完成时间。

②网络计划工期 T_p 确定同双代号网络计划工期有关规定。

3)**工作最迟时间的计算**

(1)工作最迟完成时间(LF_i)的计算

工作最迟完成时间(LF_i)计算应符合下列规定:

①工作 i 最迟完成时间(LF_i)应从网络计划的终点节点开始,逆箭线方向依次逐项计算。

②以终点节点 n 为箭头节点的工作最迟完成时间(LF_n)应按照网络计划的计划工期 T_p 确定,即:

$$LF_n = T_p \tag{5.36}$$

③其他工作 i 的最迟完成时间 LF_i 应为

$$LF_i = \min\{LS_j\} \tag{5.37}$$

式中 LS_j——工作 i 的紧后工作 j 的最迟开始时间。

(2)工作最迟开始时间(LS_i)的计算

工作最迟开始时间(LS_i)按公式(5.38)计算：

$$LS_i = LF_i - D_i \tag{5.38}$$

4)工作总时差的计算

工作总时差是指在不影响计划工期的前提下，本工作可以利用的机动时间，可按式(5.39)或式(5.40)计算：

$$TF_i = LS_i - ES_i \tag{5.39}$$

或

$$TF_i = LF_i - EF_i \tag{5.40}$$

5)时间间隔($LAG_{i,j}$)的计算

时间间隔($LAG_{i,j}$)是指相邻两工作 i 与工作 j 之间的时间间隔，计算应符合下列规定：

①当终点节点是虚拟节点时，其时间间隔($LAG_{i,j}$)为：

$$LAG_{i,n} = T_p - EF_i \tag{5.41}$$

②其他节点之间的时间间隔($LAG_{i,j}$)为：

$$LAG_{i,j} = ES_j - EF_i \tag{5.42}$$

6)工作自由时差的计算

工作自由时差(FF_i)按式(5.43)计算：

①终点节点代表的工作 n 的自由时差 FF_n 按网络计划的计划工期 T_p 确定，即：

$$FF_n = T_p - EF_n \tag{5.43}$$

②当工作 i 有紧后工作 j 时，其自由时差为：

$$FF_i = ES_j - ES_i - D_i \tag{5.44}$$

或

$$FF_i = ES_j - EF_i \tag{5.45}$$

当其他工作 i 有多项紧后工作时，自由时差按式(5.46)计算：

$$FF_i = \min\{LGA_{i,j}\} \tag{5.46}$$

7)关键工作和关键线路的确定

①总时差为零的工作称为关键工作。

②全部由关键工作组成的线路或线路上总的工作持续时间最长的线路应为关键线路。

8)单代号网络计划时间参数的标注方法

单代号网络计划时间参数的标注方法如图 5.29 所示。

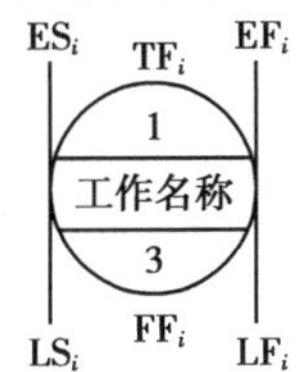

工作编号	工作名称	持续时间
ES_i	EF_i	TF_i
LS_i	LF_i	FF_i

图 5.29　单代号网络图时间参数标注方法

【例 5.7】　计算图 5.28 所示单代号网络图的时间参数。计算结果如图 5.30 所示。

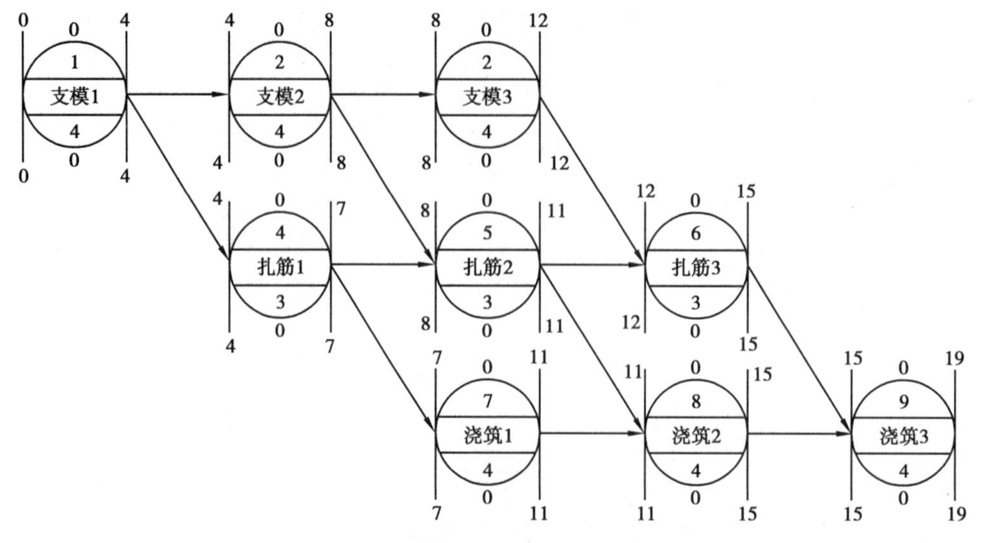

图 5.30　单代号网络图的时间参数

【知识链接】

单代号搭接网络计划

单代号搭接网络计划是综合应用单代号网络计划与搭接施工的原理，使其结合起来的一种网络计划。

5.6.4　单代号搭接网络计划的搭接关系

前面介绍的网络计划，工作之间的逻辑工作是紧前工作完成后紧后工作开始。但在有些情况下，紧后工作开始并不以紧前工作完成为条件，而可以在紧前工作进行中插入紧后工作，进行平行施工，这种关系称为搭接关系。智能建造工程实践中，这种搭接关系大量存在。搭接关系有两种，用于表达搭接关系的时距有 4 种，如图 5.31 所示。

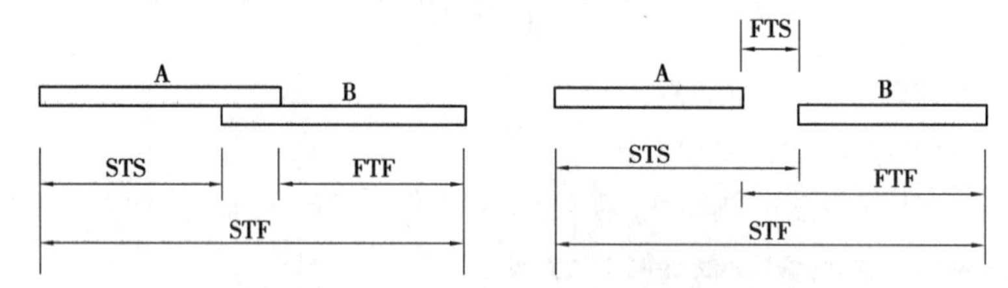

图 5.31　横道图各种搭接关系的表示方法

①STS（开始到开始）关系，单代号搭接网络关系表达方式如图 5.32（a）所示。

②STF（开始到结束）关系，单代号搭接网络关系表达方式如图 5.32（b）所示。

③FTS（结束到开始）关系，单代号搭接网络关系表达方式如图 5.32（c）所示。

④FTF（结束到结束）关系，单代号搭接网络关系表达方式如图 5.32（d）所示。

⑤混合关系，一般是同时用 STS 和 FTF 两种关系来表达，当然也可以用其他表达形式，如图 5.32（e）所示。

编制单代号搭接网络计划时，究竟采用什么时距，要根据计划对象的具体情况来定。

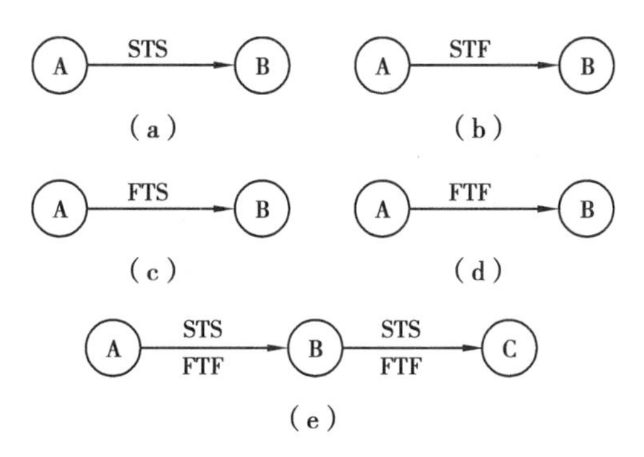

图5.32 单代号网络图各种搭接关系表示方法

5.6.5 单代号搭接网络计划的计算

单代号搭接网络计划的时间参数计算，应在各项工作的工作持续时间和各项工作之间时距关系确定之后进行。

①工作最早时间的计算。

A.工作最早时间的计算应从起点节点开始，依次进行，只有紧前工作计算完毕，才能计算本工作。

B.工作最早时间的计算应按下列步骤进行。

a.凡与起点工作相联的工作最早开始时间都为零，即

$$ES_i = 0 \tag{5.47}$$

b.其他工作的最早开始时间根据时距确定。

相邻时距 $STS_{i,j}$ 时 $$ES_j = ES_i + STS_{i,j} \tag{5.48}$$

相邻时距 $FTF_{i,j}$ 时 $$ES_j = ES_i + D_i + FTF_{i,j} - D_j \tag{5.49}$$

相邻时距 $STF_{i,j}$ 时 $$ES_j = ES_i + STF_{i,j} - D_j \tag{5.50}$$

相邻时距 $FTS_{i,j}$ 时 $$ES_j = ES_i + D_i + FTS_{i,j} \tag{5.51}$$

式中 ES_j——工作 i 的紧后工作的最早开始时间；

D_i, D_j——i,j 工作两项工作的持续时间；

$STS_{i,j}$——i,j 工作两项工作开始到开始的时距；

$FTF_{i,j}$——i,j 工作两项工作结束到结束的时距；

$STF_{i,j}$——i,j 工作两项工作开始到结束的时距；

$FTS_{i,j}$——i,j 工作两项工作结束到开始的时距。

C.计算工作最早时间为负值时，应将该工作与起点节点用虚线相连，并确定其时距为：

$$STS = 0 \tag{5.52}$$

D.工作 j 的最早完成时间按式(5.53)计算

$$EF_j = ES_j + D_j \tag{5.53}$$

②当有两种以上的时距(两种或两种以上的紧前工作)限制工作时间的逻辑关系时，按前面介绍应分别计算的工作最早时间，取它们的最大值。

③有最早完成时间的最大值的中间工作应与终点节点用虚线相连接，并确定其时距为

$$FTF = 0 \tag{5.54}$$

④搭接网络计划的计算工期 T_c,根据与终点节点相联系工作的最早完成时间的最大值确定。

⑤相邻两项工作 i 和 j 时间间隔 $LAG_{i,j}$ 按公式(5.55)计算。

$$LAG_{i,j}=\min\begin{cases}ES_j-EF_i-FEF_{i,j}\\ES_j-ES_i-STS_{i,j}\\EF_j-EF_i-FTF_{i,j}\\EF_j-ES_i-STF_{i,j}\end{cases}\tag{5.55}$$

⑥此外,单代号搭接网络计划的最迟完成时间 LF_i、最迟开始时间 LS_i、总时差 TF_i、自由时差 FF_i、计划工期 T_p 的确定方法同单代号网络计划完全一致,这里不再赘述。

【例 5.8】 已知某网络计划的资料见表 5.4,试绘制单代号网络计划。若计划工期等于计工期,试计算各项工作的 6 个时间参数并确定关键线路,标注在网络计划上。

表 5.4 某网络计划工作逻辑关系及持续时间表

工作	紧前工作	紧后工作	持续时间
A_1	—	A_2、B_1	2
A_2	A_1	A_3、B_2	2
A_3	A_2	B_3	2
B_1	A_1	B_2、C_1	3
B_2	A_2、B_1	B_3、C_2	3
B_3	A_3、B_2	D、C_3	3
C_1	B_1	C_2	2
C_2	B_2、C_1	C_3	4
C_3	B_3、C_2	E、F	2
D	B_3	G	2
E	C_3	G	1
F	C_3	I	2
G	D、E	H、I	4
H	G	—	3
I	F、G	—	3

【解】 (1)根据表 5.4 中网络计划的有关资料,按照网络图的绘图规则,绘制单代号网络图如图 5.33 所示。

(2)计算最早开始时间和最早完成时间

因为未规定其最早开始时间,所以由公式(5.47)得到:

$$ES_1=0$$

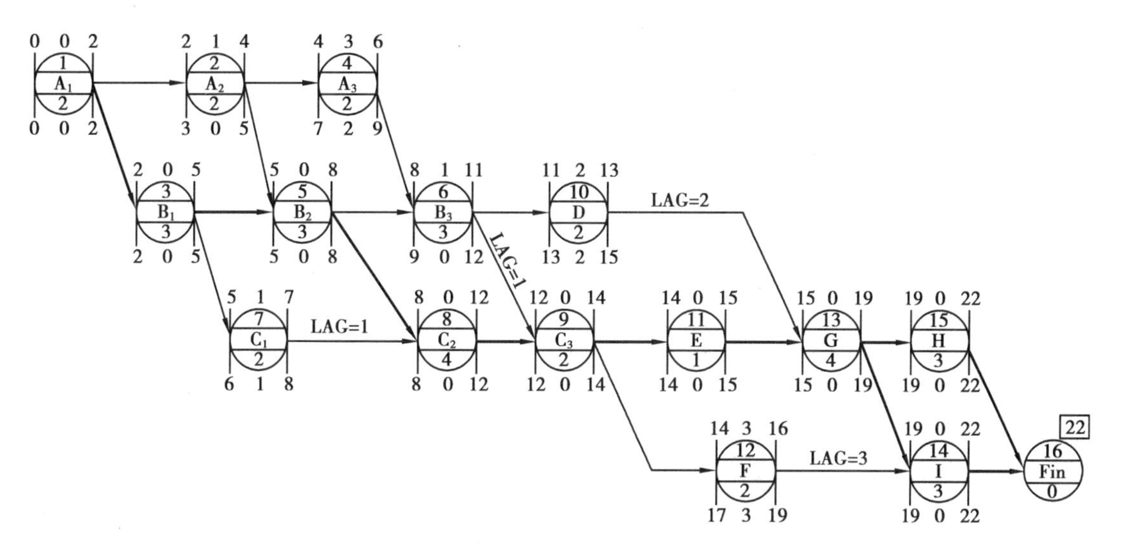

图 5.33　单代号网络图计算实例

其他工作的最早开始时间和最早完成时间按公式(5.48)、公式(5.53)依次计算,如:

$$EF_1 = 0 + 2 = 2$$

$$ES_5 = \max\{EF_2, EF_3\} = \max\{4, 5\} = 5$$

$$EF_5 = ES_5 + D_5 = 5 + 3 = 8$$

$$\cdots$$

已知计划工期等于计算工期,故有 $T_p = T_c = EF_{16} = 22$

(3)计算相邻两项工作之间的时间间隔 $LAG_{i\text{-}j}$,如:

$$LAG_{15-16} = T_p - EF_{15} = 22 - 22 = 0$$

$$LAG_{14-16} = T_p - EF_{14} = 22 - 22 = 0$$

$$LAG_{12-14} = ES_{14} - EF_{12} = 19 - 16 = 3$$

$$\cdots$$

(4)计算工作的总时差 TF

已知计划工期等于计算工期 $T_p = T_c = 22$,故终点节点⑯的总时差为零,即:

$$TF_{16} = T_p - EF_{16} = 22 - 22 = 0$$

其他工作总时差,如:

$$TF_{15} = TF_{16} + LAG_{15\text{-}16} = 0 + 0 = 0$$

$$TF_{14} = TF_{16} + LAG_{14,16} = 0 + 0 = 0$$

$$TF_{13} = \min\{(TF_{15} + LAG_{13,15}), (TF_{14} + LAG_{13,14})\} = \min\{(0 + 0), (0 + 0)\} = 0$$

$$TF_{12} = TF_{14} + LAG_{12,14} = 0 + 3 = 3$$

$$\cdots$$

(5)计算工作的自由时差 FF

已知计划工期等于计算工期 $T_p = T_c = 22$,故自由时差如:

$$FF_{16} = T_p - EF_{16} = 22 - 22 = 0$$

$$FF_{15} = LAG_{15,16} = 0$$

$$FF_{14} = LAG_{14,16} = 0$$

$$FF_{13} = \min\{LAG_{13,15}, LAG_{13,14}\} = \min\{0,0\} = 0$$

$$FF_{12} = LAG_{12,14} = 0$$

…

(6)计算工作的最迟开始时间 LS_i 和最迟完成时间 LF_i,如:

$$LS_1 = ES_1 + TF_1 = 0 + 0 = 0$$

$$LF_1 = EF_1 + TF_1 = 2 + 0 = 2$$

$$LS_2 = ES_2 + TF_2 = 2 + 1 = 3$$

$$LF_2 = EF_2 + TF_2 = 4 + 1 = 5$$

…

将以上计算结果标注在图 5.33 中的相应位置。

(7)确定关键工作和关键线路

根据计算结果,总时差为零的工作:A_1、B_1、B_2、C_2、C_3、E、G、H、I 为关键工作。

从起点节点①节点开始到终点节点⑯节点均为关键工作,且所有工作之间时间间隔为零的线路,即①-③-⑤-⑧-⑨-⑪-⑬-⑭-⑯,①-③-⑤-⑧-⑨-⑪-⑬-⑮-⑯为关键线路,用粗箭线标示在图 5.33 中。

任务 5.7 智能建造工程项目进度控制

智能建造工程项目施工进度控制就是工程项目进行中,确保每项工作按进度计划进行;同时全面了解计划实施情况,并将实施情况与计划进行比较,纠正计划执行中的偏差,确保工程项目进度计划的实现。工程进度是统筹管理中最重要的控制指标之一。

5.7.1 认识智能建造工程项目进度控制

认识智能建造工程项目进度控制

1)影响工程项目施工进度的主要因素

(1)相关单位和部门方面的影响

工程项目施工涉及单位和部门很多,包括建设单位、设计单位、监理单位、运输部门、材料设备供应部门、供电部门、供水部门、信贷银行及政府主管部门等。任何一个单位或部门拖后都会影响施工进度计划的执行。因此做好有关单位或部门组织协调工作是非常重要的。

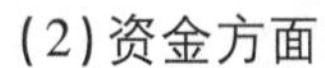
(2)资金方面

工程项目用款能否及时支付,是保证工程项目施工进度计划能否顺利进行的重要保障。

(3)设计方面

设计在技术上是否可行、工艺是否先进、方案是否合理、设备是否配套、结构是否安全可靠等都会直接影响工程项目施工进度计划的执行。在工程项目施工中,应严格控制设计变更,如发生变更,应严格按照设计变更程序办理。

(4)施工环境方面

在工程项目施工中,现场的内外部环节都可能发生变化,尤其地质、气候等自然环境的变化,必然会影响施工进度计划的执行。

(5)物资供应方面

工程项目施工过程中需要的材料、构配件、施工机械不能按时到位,或按时到位,但质量不符合要求。必然会影响施工进度计划的执行。

(6)不可预见事件

在工程项目施工中,可能会遇到的意外事件,如战争、工人罢工等政治事件,地震、洪水等自然灾害。这些不可预见事件的发生都会影响进度计划的执行。

2)控制工程项目施工进度的主要方法

控制工程项目施工进度的方法主要有:

(1)行政方法

上级单位及上级领导、本单位的领导,利用其行政地位及权力,通过发布进度指令,进行指导、协调、考核;利用激励手段监督、督促等方式进行进度控制。行政方法控制进度的重点是进度控制目标的决策和指导。

(2)经济方法

有关部门和单位用经济手段对进度控制进行影响和制约,主要有建设单位通过招标的进度优惠条件鼓励施工单位加快进度;通过工期提前奖励和延期罚款实施进度控制;在承发包合同中,写进有关工期和进度的条款;建设单位通过控制投资的投放速度来控制工程项目的实施进度。

(3)管理技术方法

进度控制的管理技术方法是指规划、控制和协调。通过规划确定项目的进度总目标和分目标;控制就是在项目实施的全过程中,进行计划进度与实际进度的比较,发现偏差及时采取措施进行纠正;通过协调项目建设各方之间的进度关系达到控制进度的目的。

3)控制工程项目施工进度的主要措施

(1)施工方进度控制的组织措施

施工方进度控制的组织措施如下所述。

①正如前述,组织是目标能否实现的决定性因素,因此,为实现项目的进度目标,应充分重视健全项目管理的组织体系。

②在项目组织结构中应有专门的工作部门和符合进度控制岗位资格的专人负责进度控制工作。

③进度控制的主要工作环节包括进度目标的分析和论证、编制进度计划、定期跟踪进度

计划的执行情况、采取纠偏措施以及调整进度计划。这些工作任务和相应的管理职能应在项目管理组织设计的任务分工表和管理职能分工表中标示并落实。

④应编制施工进度控制的工作流程。

⑤进度控制工作包含了大量的组织和协调工作，而会议是组织和协调的重要手段，应进行有关进度控制会议的组织设计。

(2)施工方进度控制的管理措施

施工进度控制在管理观念方面存在的主要问题如下所述。

①缺乏进度计划系统的观念。往往分别编制各种独立而互不关联的计划，这成不了计划系统。

②缺乏动态控制的观念。只重视计划的编制，而不重视及时地进行计划的动态管理。

③缺乏进度计划多方案比较和选优的观念。合理的进度计划应体现资源的合理使用、工作面的合理安排、有利于提高建设质量、有利于文明施工和有利于合理地缩短建设周期。

施工方进度控制的管理措施如下所述。

①施工进度控制的管理措施涉及管理的思想、管理的方法、管理的手段、承发包模式、合同管理和风险管理等。在理顺组织的前提下，科学和严谨的管理十分重要。

②用工程网络计划的方法编制进度计划必须很严谨地分析和考虑工作之间的逻辑关系，通过工程网络的计算可发现关键工作和关键路线，也可知道非关键工作可使用的时差，工程网络计划的方法有利于实现进度控制的科学化。

③承发包模式的选择直接关系到工程实施的组织和协调。为了实现进度目标，应选择合理的合同结构，以避免过多的合同交界面而影响工程的进展。工程物资的采购模式对进度也有直接的影响，对此应作比较分析。

④为实现进度目标，不但应进行进度控制，还应注意分析影响工程进度的风险。并在分析的基础上采取风险管理措施，以减少进度失控的风险量。常见的影响工程进度的风险有合同风险、资源(人力、物力和财力)风险、技术风险等。

⑤应重视信息技术(包括相应的软件、局域网、互联网以及数据处理设备等)在进度控制中的应用。虽然信息技术对进度控制而言只是一种管理手段，但它的应用有利于提高进度信息处理的效率、有利于提高进度信息的透明度、有利于促进进度信息的交流和项目各参与方的协同工作。

(3)施工方进度控制的经济措施

施工进度控制的经济措施涉及工程资金需求计划和加快施工进度的经济激励措施等。

①为确保进度目标的实现，应编制与进度计划相适应的资源需求计划(资源进度计划)，包括资金需求计划和其他资源(人力和物力资源)需求计划，以反映工程施工的各时段所需要的资源。通过资源需求的分析，可发现所编制的进度计划实现的可能性，若条件不具备，则应调整进度计划。

②在编制工程成本计划时，应考虑加快工程进度所需要的资金，其中包括为实现施工进度目标将要采取的经济激励措施所需要的费用。

(4)施工方进度控制的技术措施

施工进度控制的技术措施涉及对实现施工进度目标有利的设计技术和施工技术。

①不同的设计理念、设计技术路线、设计方案会对工程进度产生不同的影响,在工程进度受阻时,应分析是否存在设计技术的影响因素,为实现进度目标有无设计变更的必要和是否可能变更。

②施工方案对工程进度有直接的影响,在决策其选用时,不仅应分析技术的先进性和经济合理性,还应考虑其对进度的影响。在工程进度受阻时,应分析是否存在施工技术的影响因素,为实现进度目标有无改变施工技术、施工方法和施工机械的可能性。

5.7.2　施工进度控制计划实施与检查

1)工程项目施工进度计划的实施

施工进度控制计划实施与检查

施工项目进度计划的实施就是用施工进度计划指导施工活动,保证各进度目标的实现。为落实和完成计划,应形成周密的计划保证系统,将计划目标层层分解,层层签订承包合同或下达施工任务书,明确施工任务、技术措施、质量要求等,使管理层和作业层组成一个计划实施的保证体系。为组织好施工项目进度计划的实施,应做好以下工作:

(1)编制月(旬)作业计划

将规定的任务结合现场施工条件,在施工开始前和进行中不断编制月(旬)作业计划,使施工项目进度计划切实可行。

(2)签发施工任务书

将每项具体任务通过签发施工任务书的形式向班组下达。

(3)做好施工记录,填好施工进度统计表

在施工任务执行过程中,各级管理者都要跟踪做好施工记录,记载计划中的每项工作开始日期、工作进度和完成日期,为施工项目进度检查分析提供信息。

(4)做好施工中的调度工作

调度工作的任务是掌握计划实施情况,协调各方面关系,采取措施,解决各种矛盾,加强薄弱环节,实现动态平衡,保证完成作业计划和实现进度目标。调度工作是使施工进度计划顺利实施的重要手段。

2)工程项目施工进度计划的检查

施工进度计划的检查应按统计周期的规定定期进行,并应根据需要进行不定期的检查。

(1)施工进度计划检查的内容

施工进度计划检查的内容包括:

①检查工程量的完成情况。

②检查工作时间的执行情况。

③检查资源使用及进度保证的情况。

④前一次进度计划检查提出问题的整改情况。

(2)施工进度计划的检查的方法

进度计划的检查对比方法主要有:

①横道图检查比较法。工程项目施工进度计划用横道图表示时,在图中用不同的线条分别表示计划进度和实际进度,如图 5.34 所示。

工序	施工进度/天									
	1	2	3	4	5	6	7	8	9	10
A										
B										
C										
D										
E										
F										
G										
H										
I										

图 5.34　横道图检查比较法

②S 曲线比较法。以横坐标表示进度时间,纵坐标表示累计完成任务量而绘制出一条按计划时间累计完成任务量的 S 形曲线图,进行实际进度与计划进度相比较的一种方法。一般情况下,进度控制人员在计划实施前绘制出计划 S 形曲线,在项目实施过程中,按规定将检查的实际完成任务情况和计划 S 形曲线绘制在同一张图纸上,可得出实际进度 S 形曲线,如图 5.35 所示。

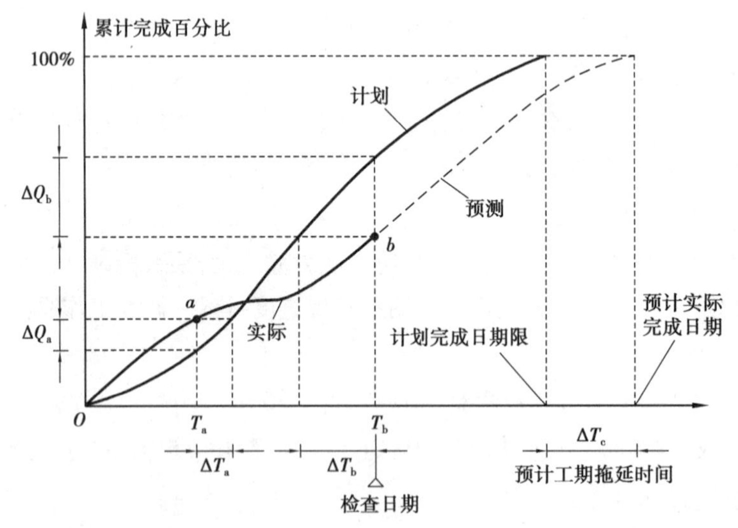

图 5.35　S 曲线比较法

③香蕉形曲线比较法。香蕉形曲线是由两条 S 形曲线合成的闭合曲线。一条 S 形曲线是按各项工作的计划最早开始时间绘制的计划进度曲线(ES);另一条 S 形曲线是按各项工作的计划最迟开始时间绘制的计划进度曲线(LS)。两条 S 形曲线都是从计划的开始时刻开始,到计划的完成时刻结束,因此,两条曲线是闭合的,故呈香蕉形。同一时刻两条曲线所对

应的计划完成量,形成了一个允许实际进度变动的弹性区间,在项目的实施中,进度控制的理想状态是任一时刻按实际进度描出的点应落在该香蕉形曲线的区域内。香蕉形曲线如图5.36所示。利用香蕉形曲线比较法可以对工程实际进度与计划进度进行比较,对工程进度进行合理安排,确定在检查状态下,后期工程的ES曲线和LS曲线的发展趋势。

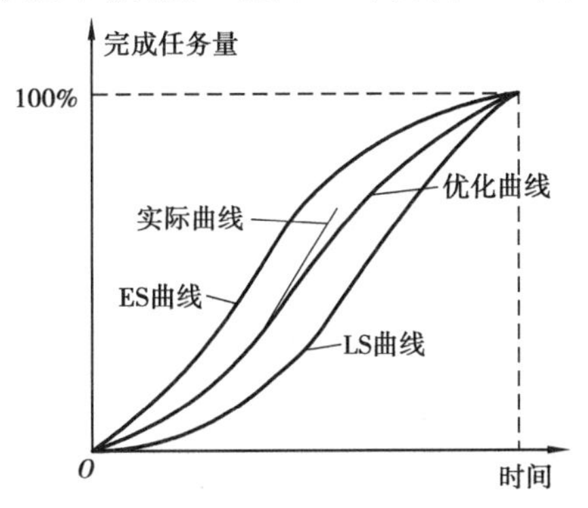

图5.36　香蕉形曲线比较法

④前锋线曲线比较法。工程项目施工进度计划用时标网络图表示时,将检查日的各项工作的实际进度标注出来,依次连接得到实际进度前锋线(一般为折线)。按前锋线与网络图箭线交点的位置判定工程实际进度与计划进度的偏差,线的左侧为已完部分,右侧为尚需的工作时间。前锋线比较法如图5.37所示。

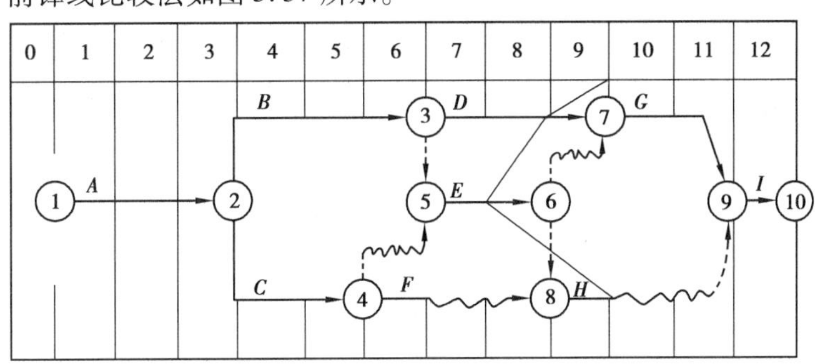

图5.37　前锋比较法

(3)编制施工进度报告

施工进度计划检查和调整后应按下列内容编制进度报告:

①进度计划实施情况的综合描述。

②实际工程进度与计划进度的比较。

③进度计划在实施过程中存在的问题及其原因分析。

④进度执行情况对工程质量、安全和施工成本的影响情况。

⑤将采取的措施。

⑥进度的预测。

【例5.9】　图5.38是某公司中标的智能建造工程的网络计划,计划工期12周,其持续时间和预算费用额列入表5.5中。工程进行到第9周时,D工作完成了2周,E工作完成了1周,H工作已经完成。

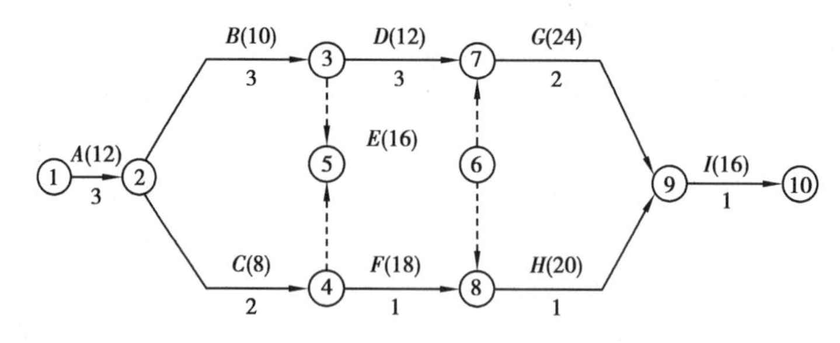

图 5.38　中标工程的网络计划

表 5.5　网络计划的工作时间和费用

工作名称	A	B	C	D	E	F	G	H	I	合　计
持续时间/周	3	3	2	3	2	1	2	1	1	18
费用/万元	12	10	8	12	16	18	24	20	16	136

(1)问题

①绘制实际进度前锋线,并计算累计完成投资额。

②如果后续工作按计划进行,试分析上述 3 项工作对计划工期产生了什么影响?

③重新绘制第 9 周至完工的时标网络计划。

④如果要保持工期不变,第 9 周后需压缩哪项工作?

(2)分析与解答

①根据第 9 周的进度情况绘制的实际进度前锋线如图 5.39 所示。为绘制实际进度前锋线,必须将图 5.38 绘成时标网络计划,然后再打点连线。完成的投资为:

$$12+10+8+2/3\times12+1/2\times16+18+20=84(\text{万元})$$

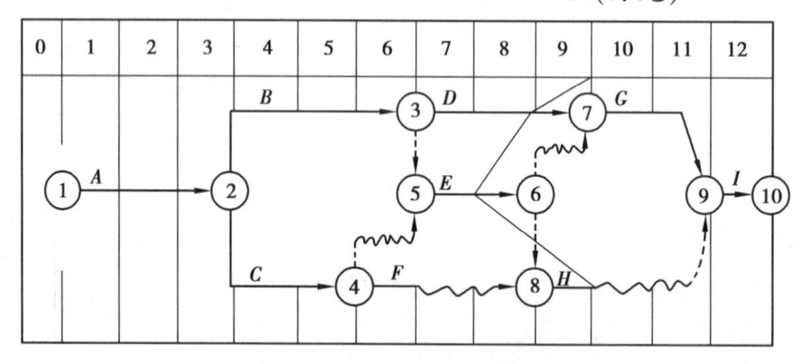

图 5.39　实际进度前锋线

②从图 5.39 中可以看出,D、E 工作均未完成计划。D 工作延误一周,这一周是在关键线路上,故将使项目工期延长一周。E 工作虽然也延误一周,但由于该工作有一周总时差,故对工期不造成影响。H 工作按计划完成。

③重绘的第 9 周至完工的时标网络计划,如图 5.40 所示。

④如果要使工期保持 12 周不变,在第 9 周检查之后,应立即组织压缩 G 工作的持续时间一周,因为 G 工作既在关键线路上,且它的持续时间又长,压缩一周可节约 12 万元,大于其他工作的压缩节约额。

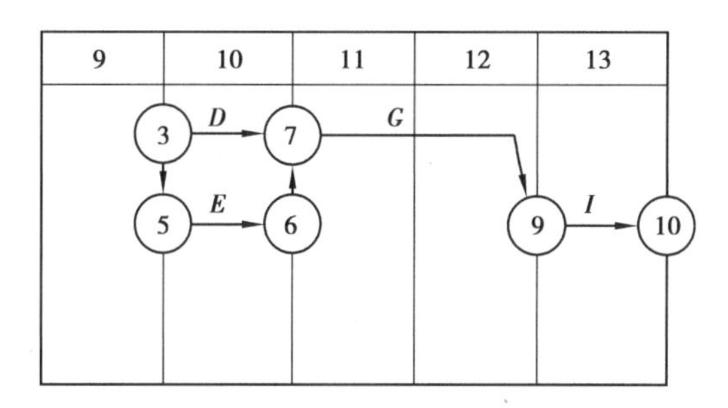

图5.40　重绘的9周至完工的网络计划

5.7.3　调整施工进度计划

对工程项目施工进度进行检查、测量后,与原进度计划进行比较,从中发现是否存在偏差,以及偏差的大小,并分析原因。如果偏差较小时,应在分析原因的基础上,采取有效措施,排除障碍,继续执行原计划。如果偏差较大时,原计划难以实现时,应考虑调整计划,形成新的进度计划。

(1)施工进度计划的调整内容

施工进度计划的调整应包括下列内容:

①工程量的调整。

②工作(工序)起止时间的调整。

③工作关系的调整。

④资源提供条件的调整。

⑤必要目标的调整。

(2)施工进度计划调整的方法

进度计划调整方法如下所述。

①组织平行施工或搭接施工。平行施工或搭接施工的特点是不改变工作持续时间,只改变工作的开始时间和完成时间,同时增加单位时间内的资源需要量,这两种方法可单独使用也可同时使用。

②压缩工作的持续时间。当进度计划采用网络计划技术编制时,可通过压缩关键线路上的关键工作的持续时间来缩短工期。具体可采取以下措施:

a.组织措施:增加劳动力、施工班次和施工机械等。

b.技术措施:采用先进的施工工艺、施工方法、施工机械、新材料。

c.其他措施:加强协调配合,改善劳动条件,实施奖励制度。

【例5.10】　某单项房屋智能建造工程的网络计划如图5.41所示,图中箭线之下括弧外的数字为正常持续时间;括弧内的数字是最短时间;箭线之上是每天的费用。当工程进行到第95 d进行检查时,节点⑤之前的工作全部完成,工程延误了15 d。

(1)问题

①试述赶工的对象。

②要在以后的时间进行赶工,使合同工期不拖期,问怎样赶工才能使增加的费用最少?

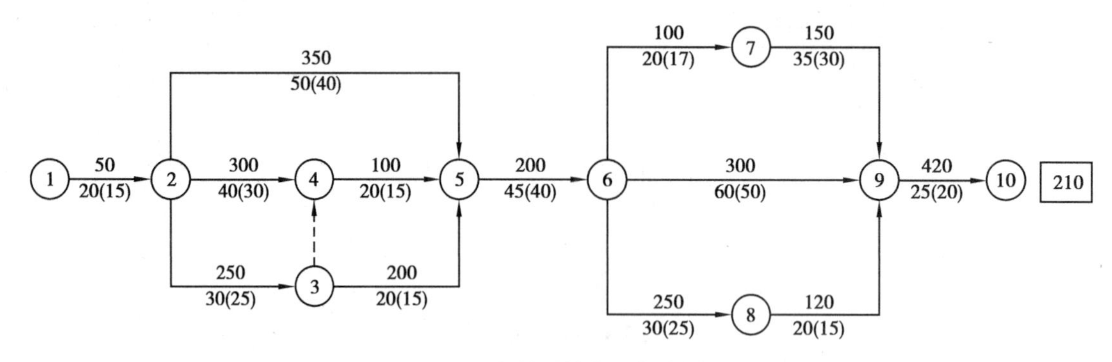

图 5.41　待调整的网络计划

(2)分析与解答

工期费用调整的原则是:压缩有压缩潜力的、增加的赶工费最少的关键工作。因此,要在⑤节点后的关键工作上寻找调整对象。

第一步:在⑤—⑥、⑥—⑨和⑨—⑩工作中挑选费用最小的工作,故应首先压缩工作⑤—⑥,利用其可压缩 5 d 的潜力,增加费用 5×200=1 000 元,至此工期压缩了 5 d。

第二步:删去已压缩的工作,在⑥—⑨和⑨—⑩中挑选⑥—⑨工作压缩 5 d,因为与⑥—⑨平行进行的工作中,最小总时差为 5 d,增加费用 5×300=1 500 元。至此,工期累计压缩了 10 d,累计增加费用 1 000+1 500=2 500 元。⑤—⑦—⑨成了关键线路。

第三步:同时压缩⑥—⑦、⑥—⑨,但压缩量⑥—⑦最小,只有 3 d 潜力,故只能压缩短 3 d,增加费用 3×(300+100)=1 200 元,累计压缩工期 13 d;累计增加费用为 2 500+1 200=3 700 元。

第四步:压缩工作⑨—⑩,压缩 2 d,至此,拖延的时间可全部赶回来,增加的费用为 2×420=840 元,累计增加费用为 3 700+840=4 540 元。调整后的网络计划如图 5.42 所示。

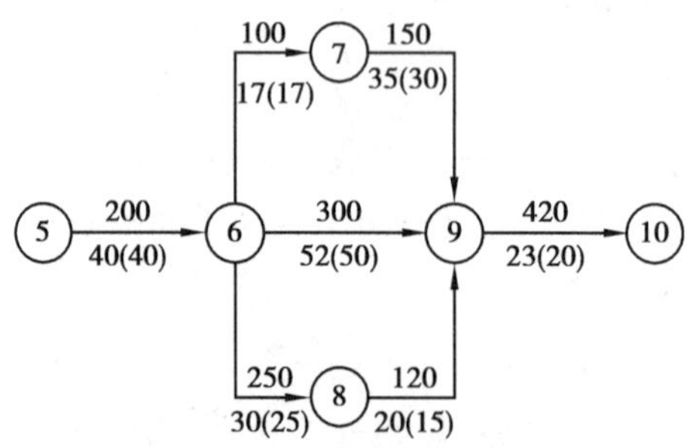

图 5.42　调整后的网络计划

练习题 5

一、单项选择题(每题 1 分,每题的备选项中只有一个最符合题意)

1. 下列与施工进度有关于实施性施工进度计划的是(　　)。

A. 某构件制作计划　　B. 单项工程施工进度计划

C. 项目年度施工进度计划　　D. 企业旬生产计划

2. 总进度纲要不包括(　　)。

A. 设计进度计划　　B. 施工招标进度计划

C. 物资采购供应计划　　　　　　　　D. 主体工程进度计划

3. 某项目网络计划工期为26天，共有4项时差分别是0、1、2、4天，其中最早完成工作的最早完成时间是第(　　)天。

A. 22　　　　B. 23　　　　C. 24　　　　D. 5

4. 进度计划的执行过程中，应重点分析该工作的进度(　　)来判断工作进度，判断对计划工期产生的影响。

A. 拖延与相应费用的关系　　　　B. 拖延值是否大于该工作的自由时差

C. 拖延与相应质量的关系　　　　D. 拖延值是否大于该工作总时差

5. 在工程网络计划执行过程中，如果只发现工作 P 出现进度拖延，且拖延的时间超过其总时差，则(　　)。

A. 将使工程总工期延长　　　　B. 不会影响其后续工作的原计划安排

C. 不会影响其紧后工作的总时差　　　　D. 工作 P 不会变为关键工作

6. 某工程双代号时标网络计划如图5.43所示，其中工作A的总时差为(　　)天。

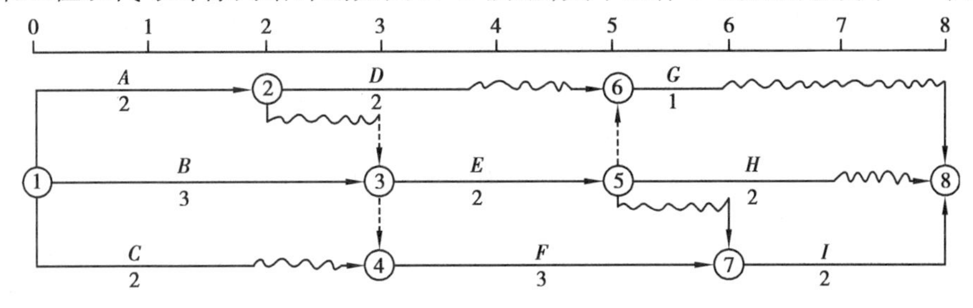

图5.43　习题6图

A. 0　　　　B. 1　　　　C. 2　　　　D. 3

7. 有A、B两项连续过程，其最早开始时间分别为4天、10天，其持续时间分别为4天、5天；则A的自由时差为(　　)天。

A. 6　　　　B. 4　　　　C. 2　　　　D. 0

8. 某工作 C 有两项紧前工作 A、B，其持续时间 $A=3$ 天，$B=4$ 天，其最早开始时间相应为5天和6天，C 工作的最迟开始时间为10天，则 C 的总时差为(　　)天。

A. 10　　　　B. 8　　　　C. 7　　　　D. 0

9. 如图5.44所示单代号网络计划图中，A 为开始工作，则D的最早完工时间为(　　)天。

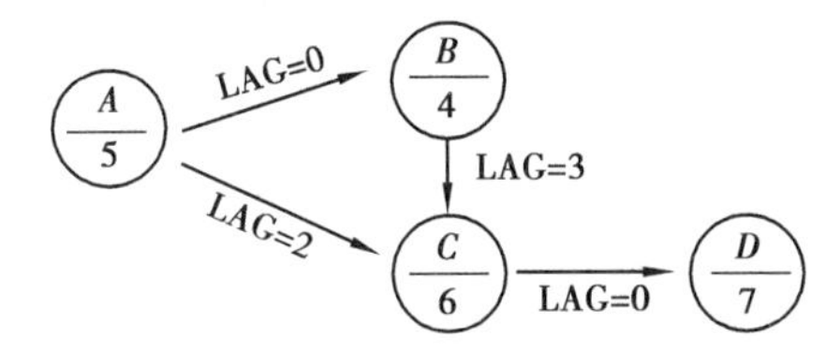

图5.44　习题9图

A. 22　　　　B. 23　　　　C. 24　　　　D. 25

10. 双代号时标网络图中如某条线路自始至终不出现波形线，则该条线路上的所有工作(　　)。

A. 最早开始时间等于最早完成时间　　B. 最迟开始时间等于最迟完成时间

C. 最迟开始时间等于最早开始时间　　D. 持续时间相等

11. 关于双代号网络图,下列说法正确的是(　　)。

A. 施工过程,混凝土养护可用虚工作表示

B. 工作的自由时差为零,其总时差必为零

C. 工作的总时差为零,其自由时差必为零

D. 关键线路上不能包括虚箭线

12. 某工作 E 有两项紧后工作 F 和 G,已知 E 工作的自由时差为 2 天,F 工作的总时差为 0 天,G 工作的总时差为 2 天,则 E 工作的总时差为(　　)天。

A. 2　　B. 0　　C. 4　　D. 6

13. 某工作有 3 项紧后工作,其持续时间分别为 4 天、5 天、6 天;其最迟完成时间分别为 18 天、16 天、14 天,则本工作的最迟完成时间是(　　)天。

A. 14　　B. 11　　C. 8　　D. 6

14. 已知 A 工作的紧后工作有 B 和 C,B 工作的 LS = 14 天,ES = 10 天;C 工作的 LF = 16 天,EF = 14 天;A 工作的自由时差为 5 天,则 A 工作的总时差 TF 为(　　)天。

A. 0　　B. 5　　C. 7　　D. 9

15. 在工程网络计划中,某项工作拖延的时间超过其自由时差,则(　　)。

A. 必定影响总工期　　B. 必定影响紧前工作

C. 对后续工作无影响　　D. 必定影响紧后工作的最早开始

16. 下列关于网络图逻辑关系的说法正确的是(　　)。

A. 逻辑关系是固定不变的

B. 逻辑关系主要指工艺关系

C. 工艺关系与组织关系都受人为因素制约

D. 组织关系受主观因素制约

17. 某分部工程双代号网络计划如图 5.45 所示,其关键线路有(　　)条。

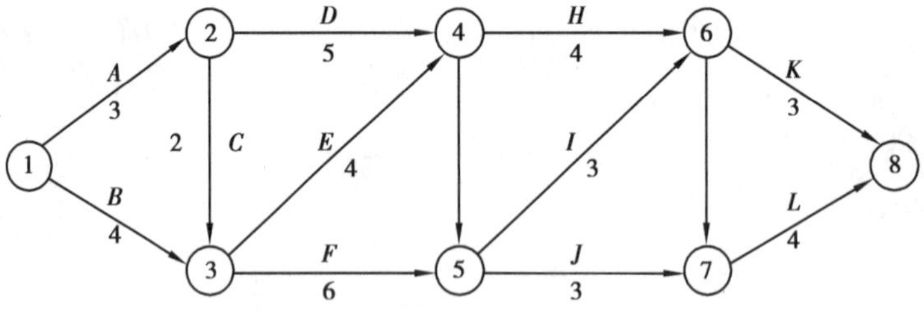

图 5.45　习题 17 图

A. 2　　B. 3　　C. 4　　D. 5

18. 时标网络计划与一般网络计划相比,其优点是(　　)。

A. 能进行时间参数的计算　　B. 能确定关键线路

C. 能计算时差　　D. 能增加网络的直观性

19. 某分部工程时标网络计划如图 5.46 所示,当计划执行到第 3 天结束时检查实际进度如前锋线所示,检查结果表明(　　)。

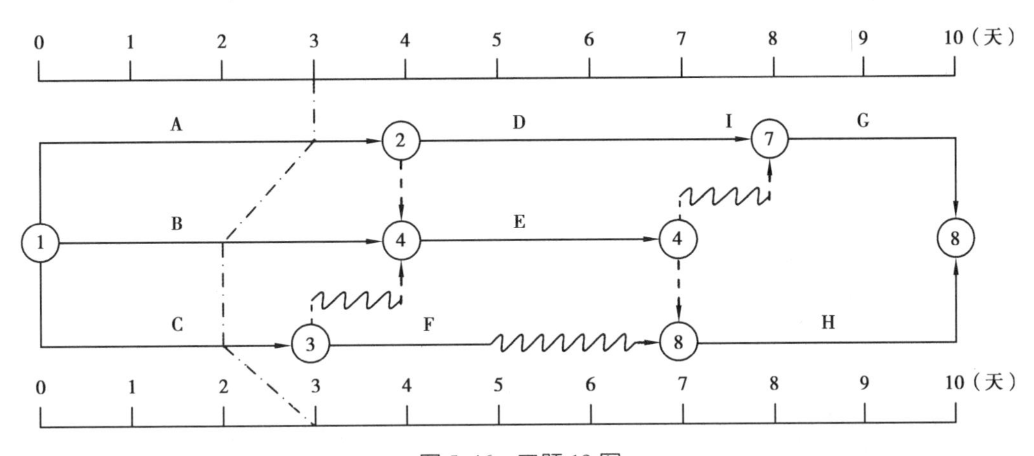

图5.46 习题19图

A. 工作A、B不影响工期，工作C影响工期1天

B. 工作A、B、C均不影响工期

C. 工作A、C不影响工期，工作B影响工期1天

D. 工作A进度正常，工作B、C各影响工期1天

20. 建设工程设计和施工进度安排必须以建筑设计周期定额和建筑安装工程工期定额为(　　)。

A. 最低时限　B. 最高时限　C. 适中时间　D. 两者无关系

二、多项选择题(每题2分。每题的备选项中，有2个或2个以上符合题意，至少有1个错项。错选，本题不得分；少选，所选的每个选项得0.5分)

1. 进度计划调整和工期的缩短可通过(　　)来实现。

A. 改变工作间的逻辑关系　B. 增加劳动量

C. 改变关系工作的延续时间　D. 改变工艺关系

E. 缩短总时差最大的工作的延续时间

2. 建设工程施工阶段进度控制的主要任务有(　　)。

A. 确定工期总目标

B. 编制项目总进度计划

C. 编制施工总进度计划并控制其执行

D. 编制详细的出图计划并控制其执行

E. 编制施工年、季、月实施计划并控制其执行

3. 关于网络计划，下列说法不正确的是(　　)。

A. 双代号网络图中，关键线路上不能存在虚工作

B. 单代号网络图中，不存在虚工作

C. 单代号网络图中，不存在虚箭线

D. 双代号时标网络图中，凡自始至终不出现波形线的线路就是关键线路

E. 双代号时标网络图中，波形线的水平投影长就是该工作的总时差

4. 绘制双代号网络图时，节点编号的原则是(　　)。

A. 不应重复编号　B. 编号可以随意

C. 箭头节点编号应大于箭尾节点编号　D. 节点编号之间可以有间隔
E. 虚工作的节点可以不编号

5. 在工程网络计划中,关键线路是(　　　　)。
A. 双代号网络计划中无虚箭线的线路
B. 时标网络计划中无波形线的线路
C. 单代号网络计划中相邻两项工作之间时间间隔为零的线路
D. 双代号网络计划中由关键节点组成的线路
E. 单代号网络计划中由关键工作组成的线路

6. 施工总进度计划包括(　　　　)。
A. 设计进度计划　B. 主体工程进度计划
C. 总体工程进度计划　D. 环境配套工程进度计划
E. 项目准备工作计划

7. 双代号时标网络计划适用于(　　　　)。
A. 大型网络计划　B. 小型网络计划　C. 作业性计划
D. 综合性计划　E. 使用实际进度前锋线检查进度的网络计划

8. 某城市立交桥工程在组织流水施工时,需要纳入施工进度计划中的施工过程包括(　　　　)。
A. 桩基础灌制　B. 梁的现场预制
C. 商品混凝土的运输　D. 钢筋混凝土构件的吊装
E. 混凝土构件的采购运输

9. 在工程网络计划中,关键线路是指(　　　　)的线路。
A. 单代号搭接网络计划中相邻工作时间间隔均为零
B. 双代号网络计划中由关键节点组成
C. 单代号搭接网络计划中相邻工作时距之和最大
D. 双代号时标网络计划中没有波形线
E. 双代号网络计划中总持续时间最长

10. 在某工程网络计划中,已知工作 M 的总时差为 4 天,如果在该网络计划的执行过程中发现工作 M 的持续时间延长了 2 天,而其他工作正常,则此时(　　　　)。
A. 不会使总工期延长
B. 既不影响其紧后工作,也不会影响其他后续工作
C. 工作 M 的总时差不变,自由时差减少 2 天
D. 工作 M 的总时差和自由时差各减少 2 天
E. 工作 M 的自由时差不变,总时差减少 2 天

情境 6　智能建造工程项目质量管理

智能建造工程质量关人民群众生命财产安全,直接影将到工程的适用性、可靠性、耐久性和工程项目的投资效益。切实加强智能建造工程施工质量管理,完善质量保障体系,保证工程质量达到预期目标,不断提升智能建造工程品质,是智能建造工程施工管理的主要任务之一。我国《建设工程质量管理条例》(中华人民共和国国务院令第 279 号)规定,参与工程建设各方依法对建设工程质量负责,施工单位对建设工程的施工质量负责。

任务 6.1　认识施工质量管理

6.1.1　认识施工质量管理

1)质量与施工质量

我国《质量管理体系基础和术语》(GB/T 1900—2016)关于质量的定义是:客体组固有特性满足要求的程度。该定义可理解为:质量不仅指产品的质量,也包括产品生产活动或过程的工作质量,还包括质量管理体系运行的质量;产品质量由一组固有的特性来表征(所谓"固有的"特性是指本来就有的、永久的特性),这些固有特性是指满足顾客和其他相关方要求的特性;而质量要求是指明示的、隐含的或必须履行的需要和期望,这些要求又是动态的、发展的和相对的。也就是说,产品质量的优劣,以其固有特性满足质量要求的程度来衡量。

认识施工质量管理

施工质量是指智能建造工程施工活动及其产品的质量,即通过施工使工程的固有特性满足建设单位(业主或顾客)需要并符合国家法律、行政法规和技术标准、规范的要求,包括安全、使用功能、耐久性、环境保护等方面满足所有明示和隐含的需要和期望的能力的特性总和。其质量特性主要体现在由施工形成的智能建造工程的适用性、安全性、耐久性、可靠性、经济性及与环境的协调性等 6 个方面。

2)质量管理与施工质量管理

质量管理就是关于质量的管理,是在质量方面指挥和控制组织的协调活动,包括建立和确定质量方针和质量目标,并在质量管理体系中通过质量策划、质量保证、质量控制和质量改进等手段来实施全部质量管理职能,从而实现质量目标的所有活动。

施工质量管理是指在智能建造工程项目施工安装和竣工验收阶段,指挥和控制施工组织关于质量的相互协调的活动,是工程项目施工围绕着使施工产品质量满足质量要求,而开展的策划、组织、计划、实施、检查、监督和审核等所有管理活动的总和。它是工程项目施工各级管理职能部门的共同职责,而直接领导工程项目施工的施工项目经理应负全责。施工项目经理必须调动与施工质量有关的所有人员的积极性,共同做好本职工作,才能完成施工质量管理的任务。

3)施工质量要达到的基本要求

施工质量要达到的最基本要求是:施工建成的工程实体按照《建筑工程施工质量统一标准》(GB 50300—2013)(以下简称《统一标准》)及相关专业验收规范检查验收合格。

智能建造工程施工质量验收合格应符合下列规定:

①符合工程勘察、设计文件的要求。工程勘察、设计单位针对本工程的水文地质条件,根据建设单位的要求,从技术和经济结合的角度,为满足工程的使用功能和安全性、经济性、与环境的协调性等要求,以图纸、文件的形式对施工提出要求,是针对每个工程项目的个性化要求。这个要求可以归结为“按图施工”。

②符合《统一标准》和相关专业验收规范的规定。这是要符合国家法律、法规的要求。国家建设主管部门为了加强建筑工程质量管理,规范建筑工程施工质量的验收,保证工程质量,制订相应的标准和规范。这些标准、规范主要从技术的角度,为保证房屋建筑及各专业工程的安全性、可靠性、耐久性而提出的一般性要求。这个要求可以归结为“依法施工”。

③符合施工承包合同约定的要求。施工质量在合格的前提下,还应符合施工承包合同约定的要求。施工承包合同的约定具体现了建设单位的要求和施工单位的承诺,全面反映了对施工形成的工程实体在适用性、安全性、耐久性、可靠性、经济性和与环境的协调性等6个方面的质量要求。这个要求可以归结为“践约施工”。

为了达到上述要求,施工单位必须建立完善的质量管理体系,并努力提高该体系的运行质量,对影响施工质量的各项因素实行有效的控制,以保证施工过程的工作质量来保证施工形成的工程实体的质量。

6.1.2 影响施工质量的主要因素

影响施工质量的主要因素有人(Man)、材料(Material)、机械(Machine)、方法(Method)及环境(Environment)等五大方面,即4M1E。

1)人的因素

这里讲的“人”,包括直接参与施工的决策者、管理者和作业者。人的因素影响主要是指上述人员个人的质量意识及质量活动能力对施工质量的形成造成的影响。我国实行的执业资格注册制度及作业人员持证上岗制度等,从本质上说,就是对从事施工活动的人的素质和能力进行必要的控制。在施工质量管理中,人的因素起决定性的作用。所以,施工质量控制应以控制人的因素为基本出发点。人,作为控制对象,人的工作应避免失误;作为控制动力,应充分调动人的积极性,发挥人的主导作用。必须有效控制参与施工的人员素质,不断提高人的质量活动能力,才能保证施工质量。

2)材料的因素

材料包括工程材料和施工用料,又包括原材料、半成品、成品、构配件和周转材料等。各类材料是工程施工的物质条件,材料质量是工程质量的基础,材料质量不符合要求,工程质量就不可能达到标准。所以加强对材料的质量控制,是保证工程质量的重要基础。

3)机械的因素

机械设备包括工程设备、施工机械设备和各类施工工器具。工程设备是指组成工程实体的工艺设备和各类机具,如各类生产设备、装置和辅助配套的电梯、泵机,以及通风空调、消防、环保设备等,它们是工程项目的重要组成部分,其质量的优劣,直接影响工程使用功能的发挥。施工机械设备是指施工过程中使用的各类机具设备,包括运输设备、吊装设备、建造机器人以及施工安全设施等。施工机械设备是所有施工方案和工法得以实施的重要物质基础,合理选择和正确使用施工机械设备是保证施工质量的重要措施。各类施工工器具是施工过程中个人使用的手工或电动工具、测量仪表、器具等,如电焊机、个人用的电动磨光机等。

4)方法的因素

施工方法包括施工技术方案、施工工艺、工法和施工技术措施等。某种技术工艺水平的高低决定了施工质量的优劣。采用先进合理的工艺、技术,依据规范的工法和作业指导书进行施工,必将在组成质量因素的产品精度、强度、平整度、清洁度、耐久性等物理、化学特性等方面起到良性的推进作用。比如建设主管部门在建筑业中推广应用的多项新技术,包括地基基础和地下空间工程技术,钢筋与混凝土技术,模板及脚手架技术,装配式混凝土结构技术,钢结构技术,机电安装工程技术,绿色施工技术,防水技术与维护结构节能,抗震、加固与监测技术,信息化技术等,对消除质量通病、提升建设工程品质,起到了良好效果。

5)环境的因素

环境的因素主要包括施工现场自然环境因素、施工质量管理环境因素和施工作业环境因素。环境因素对工程质量的影响,具有复杂多变和不确定性的特点。

(1)施工现场自然环境因素

施工现场自然环境因素主要指工程地质、水文、气象条件和周边建筑、地下障碍物以及其他不可抗力等对施工质量的影响因素。例如,在地下水位高的地区,若在雨季进行基坑开挖,遇到连续降雨或排水困难,就会引起基坑塌方或地基受水浸泡影响承载力等。在寒冷地区冬期施工措施不当,工程会因受到冻融而影响质量。在基层未干燥或大风天进行卷材屋面防水层的施工,就会导致粘贴不牢及空鼓等质量问题。

(2)施工质量管理环境因素

施工质量管理环境因素主要指施工单位质量管理体系、质量管理制度和各参建施工单位之间的协调等因素。根据承发包的合同结构,理顺管理关系,建立统一的现场施工组织系统和质量管理的综合运行机制,确保工程项目质量保证体系处于良好的状态。创造良好的质量管理环境和氛围是施工顺利进行、提高施工质量的保证。

(3)施工作业环境因素

施工作业环境因素主要指施工现场平面和空间环境条件,各种能源介质供应,施工照明、通风、安全防护设施,施工场地给水排水以及交通运输和道路条件等因素。这些条件是否良好,直接影响到施工能否顺利进行以及施工质量能否得到保证。

6.1.3 认识施工质量管理体系

1)质量保证体系的内涵和作用

认识施工质量管理体系

所谓“体系”,是指相互关联或相互影响的一组要素。质量保证体系是为了保证某项产品或某项服务能满足给定的质量要求的体系,包括质量方针和目标,以及为实现目标所建立的组织结构系统、管理制度办法、实施计划方案和必要的物质条件组成的整体。质量保证体系的运行包括该体系全部有目标、有计划的系统活动。

在工程项目施工中,完善的质量保证体系是满足用户质量要求的保证。施工质量保证体系通过对那些影响施工质量的要素进行连续评价,对建筑、安装、检验等工作进行检查并提供证据。质量保证体系是企业内部的一种系统的技术和管理手段。在合同环境中,施工质量保证体系可以向建设单位(业主)证明施工单位具有足够的管理和技术上的能力,保证全部施工是在严格的质量管理中完成的,从而取得建设单位(业主)的信任。

2)施工质量保证体系的内容

工程项目的施工质量保证体系以控制和保证施工产品质量为目标,从施工准备、施工生产到竣工投产的全过程,运用系统的概念和方法,在全体人员的参与下,建立一套严密、协调、高效的全方位的管理体系,从而实现工程项目施工质量管理的制度化、标准化。其内容主要包括以下几个方面:

①项目施工质量目标。项目施工质量保证体系须有明确的质量目标,并符合项目质量总目标的要求。要以工程承包合同为基本依据,逐级分解目标以形成在合同环境下的各级质量目标。项目施工质量目标的分解主要从两个角度展开,即从时间角度展开,实施全过程的控制;从空间角度展开,实现全方位和全员的质量目标管理。

②项目施工质量计划。项目施工质量计划以特定项目为对象,是将施工质量验收统一标准、企业质量手册和程序文件的通用要求与特定项目联系起来的文件,应根据企业的质量手册和本项目质量目标来编制。施工质量计划可以按内容分为施工质量工作计划和施工质量成本计划。施工质量工作计划主要内容包括:项目质量目标的具体描述;对整个项目施工质量形成的各工作环节的责任和权限的定量描述;采用的特定程序、方法和工作指导书;重要工序的试验、检验、验证和审核大纲;质量计划修订和完善的程序;为达到质量目标所采取的其他措施。施工质量成本计划是规定最佳质量成本水平的费用计划,是开展质量成本管理的基准。质量成本可分为运行质量成本和外部质量保证成本。运行质量成本是指为运行

质量体系达到和保持规定的质量水平所支付的费用;外部质量保证成本是指依据合同要求向顾客提供所需要的客观证据所支付的费用,包括采用特殊的和附加的质量保证措施、程序以及检测试验和评定的费用。

③思想保证体系。思想保证体系是项目施工质量保证体系的基础。该体系就是运用全面质量管理的思想、观点和方法,使全体人员树立“质量第一”的观点,增强质量意识,在施工的全过程中全面贯彻“一切为用户服务”的思想,以达到提高施工质量的目的。

④组织保证体系。工程施工质量是各项管理工作成果的综合反映,也是管理水平的具体体现。项目施工质量保证体系必须建立健全各级质量管理组织,分工负责,形成一个有明确任务、职责、权限、互相协调和互相促进的有机整体。组织保证体系主要由健全各种规章制度,明确规定各职能部门主管人员和参与施工人员在保证和提高工程质量中所承担的任务、职责和权限,落实建筑工人实名制管理,建立质量信息系统等内容构成。

⑤工作保证体系。工作保证体系主要是明确工作任务和建立工作制度,落实在以下3个阶段:

a.施工准备阶段。施工准备是为整个项目施工创造条件。准备工作的好坏,不仅直接关系到工程建设能否高速、优质地完成,而且也决定了能否对工程质量事故起到一定的预防、预控作用。在这个阶段要完成各项技术准备工作,进行技术交底和技术培训,制订相应的技术管理制度;按质量控制和检查验收的需要,对工程项目进行划分并分级编号;建立工程测量控制网和测量控制制度;进行施工平面设计,建立施工场地管理制度;建立健全材料、机械管理制度等。

b.施工阶段。施工过程是建筑产品形成的过程,这个阶段的质量控制是确保施工质量的关键。必须加强工序管理,严格按照规范进行施工,建立质量检查制度,实行自检、互检和专检,应用建筑信息模型(BIM)等智能建造技术,强化过程控制,以确保施工阶段的工作质量。

c.竣工验收阶段。工程竣工验收,是指单位工程或单项工程竣工,经检查验收,移交给下道工序或建设单位。这一阶段主要应做好成品保护,严格按规范标准进行检查验收和必要的处置,不让不合格工程进入下一道工序或进入市场,并做好相关资料的收集整理和移交,建立回访制度等。

3)运行施工质量保证体系

运行施工质量保证体系,应以质量计划为主线,以过程管理为重心,应用PDCA循环的原理,按照计划、实施、检查和处理的步骤展开。质量保证体系运行状态和结果的信息应及时反馈,随时进行质量保证体系的能力评价和调节。

①计划(Plan)。计划是质量管理的首要环节,通过计划,确定质量管理的方针、目标,以及实现方针、目标的措施和行动方案。计划包括质量管理目标和质量保证工作安排。质量管理目标的确定,就是根据项目自身特点,针对可能发生的质量问题、质量通病,以及与国家规定的质量标准的差距,或者用户提出的更新、更高的质量要求,确定项目施工应达到的质量标准。质量保证工作安排,就是为实现上述质量管理目标所采取的具体措施和实施步骤。质量保证工作安排应做到材料、技术、组织三落实。

②实施(Do)。实施包含两个环节,即计划行动方案的交底和按计划规定的方法及要求展开的施工作业技术活动。第一,要做好计划的交底和落实。落实包括组织落实、技术落实和物资材料的落实。第二,在按计划进行的施工作业技术活动中,依靠质量保证工作体系,保证质量计划的执行。具体地说,就是要依靠思想工作体系,做好思想教育工作;依靠组织体系,完善组织机构,落实责任制、规章制度等;依靠产品形成过程的质量控制体系,做好施工过程的质量控制工作等。

③检查(Check)。检查就是对照计划,检查执行的情况和效果,及时发现计划执行过程中的偏差和问题,检查一般包括两个方面:一是检查是否严格执行了计划的行动方案,检查实际条件是否发生了变化,总结成功执行的经验,查明没按计划执行的原因;二是检查计划执行的结果,即施工质量是否达到标准的要求,并对此进行评价和确认。

④处理(Action)。处理是在检查的基础上,将成功的经验加以肯定,形成标准,以利于在今后的工作中以此作为处理的依据,巩固成果。同时采取措施,纠正计划执行中的偏差,克服缺点,改正错误,对于暂时未能解决的问题,可记录在案,留到下一次循环加以解决。

质量保证体系的运行就是反复按照 PDCA 循环周而复始地运转,每运转一次,施工质量就提高一步。PDCA 循环具有大环套小环、互相衔接、互相促进、螺旋式上升,形成完整的循环和不断推进等特点。

6.1.4 认识施工企业质量管理体系

所谓“管理体系”,是制订管理方针和目标并实现这些目标的体系。施工企业质量管理体系是在质量方面指挥和控制企业的管理体系,即施工企业为实施质量管理而建立的管理体系。施工企业质量管理体系应按照我国现行质量管理体系标准建立和认证,提升规范经营能力,为提升企业管理水平和建筑工程品质奠定基础。

1)质量管理原则

《质量管理体系 基础和术语》(GB/T 1900—2016)提出了质量管理的 7 项原则,内容如下:

(1)以顾客为关注焦点

质量管理的首要关注点是满足顾客要求并且努力超越顾客期望。

(2)领导作用

各级领导建立统一的宗旨和方向,并创造全员积极参与实现组织的质量目标的条件。

(3)全员积极参与

整个组织内各级胜任、经授权并积极参与的人员,是提高组织创造和提供价值能力的必要条件。

(4)过程方法

将活动作为相互关联、功能连贯的过程组成的体系来理解和管理时,可以更加有效和高效地得到一致的、可预知的结果。

(5)改进

成功的组织持续关注改进。

(6)循证决策

基于数据和信息的分析和评价的决策,更有可能产生期望的结果。

(7)关系管理

为了持续成功,组织需要管理与有关相关方(如供方)的关系。

2)企业质量管理体系文件的构成

质量管理体系标准明确要求,企业应有完整和科学的质量体系文件,这是企业开展质量管理的基础,也是企业为达到所要求的产品质量,实施质量体系审核、认证,进行质量改进的重要依据。质量管理体系的文件主要由质量手册、程序文件、质量计划和质量记录等构成。

(1)质量手册

质量手册是质量管理体系的规范,是阐明一个企业的质量政策、质量体系和质量实践的文件,是实施和保持质量体系过程中长期遵循的纲领性文件。质量手册的主要内容包括企业的质量方针、质量目标;组织机构和质量职责;各项质量活动的基本控制程序或体系要素;质量评审、修改和控制管理办法。

(2)程序文件

程序文件是质量手册的支持性文件,是企业为落实质量管理工作而建立的各项管理标准、规章制度,是企业各职能部门为贯彻落实质量手册要求而规定的实施细则。程序文件一般至少应包括文件控制程序、质量记录管理程序、不合格品控制程序、内部审核程序、预防措施控制程序、纠正措施控制程序等。

(3)质量计划

质量计划是为了确保过程的有效运行和控制,在程序文件的指导下,针对特定的项目、产品、过程或合同,规定由谁及何时应使用哪些程序和相关资源,采取何种质量措施的文件,通常可引用质量手册的部分内容或程序文件中适用于特定情况的部分。施工企业质量管理体系中的质量计划,由各个施工项目的施工质量计划组成。

(4)质量记录

质量记录是产品质量水平和质量体系中各项质量活动进行及结果的客观反映,是证明各阶段产品质量达到要求和质量体系运行有效的证据。

3)建立施工企业质量管理体系

建立完善的质量管理体系并使之有效运行,是企业质量管理的核心,也是贯彻质量和质量保证标准的关键。施工企业质量管理体系的建立一般可分为3个阶段,即建立质量管理体系、编制质量管理体系文件和运行质量管理体系。

(1)建立质量管理体系

建立质量管理体系是企业根据质量管理七项原则,在确定市场及顾客需求的前提下,制订企业的质量方针、质量目标、质量手册、程序文件和质量记录等体系文件,并将质量目标分解落实到相关层次、相关岗位的职能和职责中,形成企业质量管理体系执行系统的一系列工作。

(2)编制质量管理体系文件

质量管理体系文件既是质量管理体系的重要组成部分,也是企业进行质量管理和质量保证的基础。编制质量体系文件是建立和保持体系有效运行的重要基础工作。质量管理体系文件包括质量手册、质量计划、质量体系程序、详细作业文件和质量记录等。

(3)运行质量管理体系

运行质量管理体系即是在生产及服务的全过程按质量管理文件体系规定的程序、标准、工作要求及岗位职责进行操作运行,在运行过程中监测其有效性,做好质量记录,并实现持续改进。

4)**企业质量管理体系认证与监督**

(1)质量管理体系认证

质量管理体系由公正的第三方认证机构,依据质量管理体系的要求标准,审核企业质量管理体系要求的符合性和实施的有效性,进行独立、客观、科学、公正的评价,得出结论。认证应按申请、审核、审批与注册发证等程序进行。

(2)获准认证后的监督管理

企业获准认证的有效期为三年。企业获准认证后,应进行经常性内部审核,保持质量管理体系的有效性,并每年一次接受认证机构对企业质量管理体系实施的监督管理。获准认证后监督管理工作的主要内容有企业通报、监督检查、认证注销、认证撤销、复评及重新换证等。

任务 6.2 认识施工质量控制

根据《质量管理体系 基础和术语》(GB/T 19000—2016)的定义,质量控制是质量管理的一部分,致力于满足质量要求。施工质量控制是在明确的质量方针指导下,通过对施工方案和资源配置的计划、实施、检查和处置,为实现施工质量目标而进行的事前控制、事中控制和事后控制的系统过程。

6.2.1 施工质量控制的特点与责任

认识施工质量控制

1)**施工质量控制的特点**

施工质量控制的特点是由建设项目的工程特点和施工生产的特点决定的,施工质量控制必须考虑和适应这些特点,进行有针对性的管理。

(1)需要控制的因素多

工程项目的施工质量受到多种因素的影响。这些因素包括地质、水文、气象和周边环境等自然条件因素,勘察、设计、材料、机械、施工工艺、操作方法、技术措施,以及管理制度、办法等人为的技术管理因素。要保证工程项目的施工质量,必须对所有这些影响因素进行有效控制。

(2)控制的难度大

由于建筑产品的单件性和施工生产的流动性,不具有一般工业产品生产常有的固定的生产流水线、规范化的生产工艺、完善的检测技术、成套的生产设备和稳定的生产环境等条件,不能进行标准化施工,施工质量容易产生波动。而且施工作业面大、人员多、工序多、关系复杂、作业环境差,都加大了质量控制的难度。

(3)过程控制要求高

工程项目的施工过程,工序衔接多、中间交接多、隐蔽工程多,施工质量具有一定的过程性和隐蔽性。上道工序的质量往往会影响下道工序的质量,下道工序的施工往往又掩盖了上道工序的质量。因此,在施工质量控制工作中,必须强调过程控制,加强对施工过程的质量检查,及时发现和整改存在的质量问题,并及时做好检查、签证记录,为证明施工质量提供必要的证据。

(4)终检局限大

因前述原因,工程项目建成以后不能像一般工业产品那样可以依靠终检来判断和控制产品的质量;也不可能像工业产品那样将其拆卸或解体检查内在质量、更换不合格的零部件。工程项目的终检(竣工验收)只能从表面进行检查,难以发现在施工过程中产生但被隐蔽了的质量隐患,存在较大的局限性。如果在终检时才发现严重质量问题,整改工作也很难开展,如果不得不推倒重建,必然导致重大损失。

2)**施工质量控制的责任**

我国的相关法规规定了施工单位及其他参建单位的施工质量控制责任。

(1)《建设工程质量管理条例》(中华人民共和国国务院令第279号)的相关规定

①施工单位对建设工程的施工质量负责。施工单位应当建立质量责任,确定工程项目的项目经理、技术负责人和施工管理负责人。建设工程实行总承包的,总承包单位应当对全部建设工程质量负责;建设工程勘察、设计、施工、设备采购的一项或者多项实行总承包的,总承包单位应当对其承包的建设工程或者采购设备的质量负责。

②总承包单位依法将建设工程分包给其他单位的,分包单位应当按照分包合同的约定对其分包工程的质量向总承包单位负责,总承包单位与分包单位对分包工程的质量承担连带责任。

③施工单位必须建立、健全施工质量的检验制度,严格工序管理,作好隐蔽工程的质量检查和记录。隐蔽工程在隐蔽前,施工单位应当通知建设单位和建设工程质量监督。

④施工单位对施工中出现质量问题的建设工程或者竣工验收不合格的建设工程,应当负责返修。

⑤施工单位应当建立、健全教育培训制度，加强对职工的教育培训。未经教育培训或者考核不合格的人员，不得上岗作业。

(2)住房和城乡建设部发布的《建筑施工项目经理质量安全责任十项规定(试行)》(建质〔2014〕1123号)的相关规定

①项目经理必须对工程项目施工质量安全负全责，负责建立质量安全管理体系，负责配备专职质量、安全等施工现场管理人员，负责落实质量安全责任制、质量安全管理规章制度和操作规程。

②项目经理必须按照工程设计图纸和技术标准组织施工，不得偷工减料。负责组织编制施工组织设计，负责组织制订质量安全技术措施，负责组织编制、论证和实施危险性较大分部分项工程专项施工方案。负责组织质量安全技术交底。

③项目经理必须组织对进入现场的建筑材料、构配件、设备、预拌混凝土等进行检验，未经检验或检验不合格，不得使用。必须组织对涉及结构安全的试块、试件以及有关材料进行取样检测，送检试样不得弄虚作假，不得篡改或者伪造检测报告，不得明示或暗示检测机构出具虚假检测报告。

④项目经理必须组织做好隐蔽工程的验收工作，参加地基基础、主体结构等分部工程的验收，参加单位工程和工程竣工验收。必须在验收文件上签字，不得签署虚假文件。

(3)住房和城乡建设部发布的《建筑工程五方责任主体项目负责人质量终身责任追究暂行办法》(建质〔2014〕1124号)的相关规定

①建筑工程五方责任主体项目负责人是指承担建筑工程项目建设的建设单位项目负责人、勘察单位项目负责人、设计单位项目负责人、施工单位项目经理、监理单位总监理工程师。

②建筑工程五方责任主体项目负责人质量终身责任，是指参与新建、扩建、改建的建筑工程项目负责人按照国家法律法规和有关规定，在工程设计使用年限内对工程质量承担相应责任。

③建设单位项目负责人对工程质量承担全面责任，不得违法发包、肢解发包，不得以任何理由要求勘察、设计，施工、监理单位违反法律法规和工程建设标准，降低工程质量，其违法违规或不当行为造成工质量事故或质量问题的应当承担责任。

勘察、设计单位项目负责人应当保证勘察设计文件符合法律法规和工程建设强制性标准的要求，对因勘察、设计导致的工程质量事故或质量问题承担责任。

施工单位项目经理应当按照经审查合格的施工图设计文件和施工技术标准进行施工，对因施工导致的工程质量事故或质量问题承担责任。

监理单位总监理工程师应当按照法律法规、有关技术标准、设计文件和工程承包合同进行监理，对施工质量承担监理责任。

④符合下列情形之一的，县级以上地方人民政府住房和城乡建设主管部门应当依法追究项目负责人的质量终身责任：

a.发生工程质量事故。

b.发生投诉、举报、群体性事件、媒体报道并造成恶劣社会影响的严重工程质量问题。

c. 由于勘察、设计或施工原因造成尚在设计使用年限内的建筑工程不能正常使用。

d. 存在其他需追究责任的违法违规行为。

(4)《国务院办公厅转发住房城乡建设部关于完善质量保障体系提升建筑工程品质指导意见的通知》(国办函〔2019〕92号)的相关规定

落实施工单位主体责任。施工单位应完善质量管理体系,建立岗位责任制度,设置质量管理机构,配备专职质量负责人,加强全面质量管理。推行工程质量安全手册制度,推进工程质量管理标准化,将质量管理要求落实到每个项目和员工。建立质量责任标识制度,对关键工序、关键部位隐蔽工程实施举牌验收,加强施工记录和验收资料管理,实现质量责任可追溯。施工单位对建筑工程的施工质量负责,不得转包、违法分包工程。

6.2.2　施工质量控制的基本环节

施工质量控制

施工质量控制应贯彻全面、全过程质量管理的思想,运用动态控制原理,进行质量的事前控制、事中控制和事后控制。

(1)事前质量控制

事前质量控制即在正式施工前进行的事前主动质量控制,通过编制施工质量计划,明确质量目标,制订施工方案,设置质量管理点,落实质量责任,分析可能导致质量目标偏离的各种影响因素,针对这些影响因素制订有效的预防措施,防患未然。

(2)事中质量控制

事中质量控制即在施工质量形成过程中,对影响施工质量的各种因素进行全面的动态控制。事中控制首先是对质量活动的行为约束,其次是对质量活动过程和结果的监督控制。事中控制的关键是坚持质量标准,控制的重点是对工序质量、工作质量和质量控制点的控制。

(3)事后质量控制

事后质量控制也称为事后质量把关,以使不合格的工序或最终产品(包括单位工程或整个工程项目)流入下道工序、不进入市场。事后控制包括对质量活动结果的评价、认定和对质量偏差的纠正。控制的重点是发现施工质量方面的缺陷,并通过分析提出施工质量改进的措施,保持质量处于受控状态。

以上三大环节不是互相孤立和截然分开的,而是共同构成有机的系统过程,实质上也就是质量管理PDCA循环的具体化,在每一次滚动循环中不断提高,达到质量管理和质量控制的持续改进。

6.2.3　施工质量控制的依据

(1)共同性依据

共同性依据是指适用于施工阶段,且与质量管理有关的通用的、具有普遍指导意义和必须遵守的基本条件。主要包括工程建设合同、设计文件、设计交底及图纸会审记录、设计修改和技术变更等。国家和政府有关部门颁布的与质量管理有关的法律和法规性文件,如《中华人民共和国建筑法》《中华人民共和国招标投标法》和《建设工程质量管理条例》等。

(2)专业技术性依据

专业技术性依据是指针对不同的行业、不同质量控制对象制定的专业技术法规文件。包括规范、规程、标准、规定等,如工程建设项目质量检验评定标准;有关建筑材料、半成品和构配件的质量方面的专门技术法规性文件;有关材料验收、包装和标志等方面的技术标准和规定;施工工艺质量等方面的技术法规性文件;有关新工艺、新技术、新材料、新设备的质量规定和鉴定意见等。

(3)项目专用性依据

项目专用性依据是指本项目的工程建设合同、勘察设计文件、设计交底及图纸会审记录、设计修改和技术变更通知,以及相关会议记录和工程联系单等。

任务 6.3 施工准备质量控制

6.3.1 施工技术准备质量控制

技术准备是指在正式开展施工作业活动前进行的技术准备工作。这类工作内容繁多,主要在室内进行,例如熟悉施工图纸,进行详细的设计交底和图纸审查。细化施工技术方案和施工人员、机具的配置方案,编制施工作业技术指导书,绘制各种施工详图(如测量放线图、大样图及配筋、配板、配线图表等),进行必要的技术交底和技术培训。技术准备的质量控制,包括对上述技术准备工作成果的复核审查,检查这些成果有无错漏,是否符合相关技术规范、规程的要求和对施工质量的保证程度。制订施工质量控制计划,设置质量控制点,明确关键部位的质量管理点等。

做好技术交底是保证施工质量的重要措施之一。项目开工前应由项目技术负责人向承担施工的负责人或分包人进行书面技术交底,技术交底资料应办理签字手续并归档保存。每一分部工程开工前均应进行作业技术交底。技术交底书应由施工项目技术人员编制,并经项目技术负责人批准实施。技术交底的内容主要包括任务范围、施工方法、质量标准、验收标准,施工中应注意的问题,可能出现意外的预防措施及应急方案,文明施工和安全防护措施以及成品保护要求等。技术交底应围绕施工材料、机具、工艺、工法、施工环境和具体的管理措施等方面进行,应明确具体的步骤、方法、要求和完成的时间等。技术交底的形式有书面、口头、会议、挂牌、样板、示范操作等。

6.3.2 现场施工准备质量控制

1)测量控制

工程测量放线是建设工程产品由设计转化为实物的第一步。施工测量质量的好坏,直接决定工程的定位和标高是否正确，并且制约施工过程有关工序的质量。因此，施工单位必须对建设单位提供的原始坐标点、基准线和水准点等测量控制点线进行复核，并将复测结果上报监理工程师审核，批准后施工单位才能据此建立施工测量控制网，进行工程定位。

项目开工前应编制测量控制方案，经项目技术负责人批准后实施。对相关部门提供的测量控制点应在施工准备阶段做好复核工作，经审批后进行施工测量放线，并保存测量记录。

2）**计量控制**

计量控制是工程项目质量保证的重要内容，是施工项目质量管理的一项基础工作。施工过程中的计量工作，包括施工生产时的投料计量、施工测量、监测计量以及对项目、产品或过程的测试、检验、分析计量等。其主要任务是统一计量单位制度，组织量值传递，保证量值统一。计量控制的工作重点是建立计量管理部门和配置计量人员。建立健全计量管理的规章制度。严格按规定有效控制计量器具的使用、保管、维修和检验。监督计量过程的实施，保证计量的准确。

3）**施工平面布置控制**

建设单位应按照合同约定并充分考虑施工的实际需要，事先划定并提供施工用地和现场临时设施用地的范围，协调平衡和审查批准各施工单位的施工平面设计。施工单位要严格按照批准的施工平面布置图，科学合理地使用施工场地，正确安装设置施工机械设备和其他临时设施，维护现场施工道路畅通无阻和通信设施完好，合理控制材料的进场与堆放，保持良好的防洪排水能力，保证充分的给水和供电。建设（监理）单位应会同施工单位制订严格的施工场地管理制度、施工纪律和相应的奖惩措施，严禁乱占场地和擅自断水、断电、断路，及时制止和处理各种违纪行为，并做好施工现场平面管理的检查记录。

4）**材料质量控制**

为了保证工程质量，施工单位应从以下几个方面把好原材料的质量控制关：

（1）采购订货关

施工单位应制订合理的材料采购供应计划，在广泛掌握市场信息的基础上，建立严格的合格供应方资格审查制度，优选材料的生产单位或者销售总代理单位（以下简称“建材供货商”），选用已经建材备案的、达到建设工程设计文件要求的建材产品。建材供应商应当对产品质量进行严格把关，不得向建设工程提供未经检验或者检验不合格的建材产品和假冒伪劣产品。在销售建材产品的同时，应当向买受人提供产品使用说明书、有效的建材备案证及产品质量保证书。

（2）进场检验关

施工单位应当按照现行的《建筑工程检测试验技术管理规范》（JGJ 190—2010）和工程项目的设计要求，建立建材进场验证制度，严格核验相关的建材备案证、产品质量保证书、有效期内的产品检测报告等供现场备查的证明文件和资料，做好建材采购、验收、检验和使用综合台账，并按规定对进场建材进行复验把关，对重要建材的使用，必须经过监理工程师签字和项目经理签准。必要时，监理工程师应对进场建材进行平行检验。

装配式建筑的混凝土预制构件的原材料质量、钢筋加工和连接的力学性能、混凝土强度、构件结构性能、装饰材料、保温材料及拉结件的质量等均应根据国家现行有关标准进行检查和检验,并应具有生产操作规程和质量检验记录。混凝土预制构件出厂时的混凝土强度不宜低于设计混凝土强度等级值的75%。

(3)存储和使用关

施工单位必须加强材料进场后的存储和使用管理,避免材料变质(如水泥的受潮结块、钢筋的锈蚀等)和使用规格、性能不符合要求的材料造成工程质量事故。例如,混凝土工程中使用的水泥,因保管不妥,放置时间过久,受潮结块就会失效。使用不合格或失效的劣质水泥,就会对工程质量造成危害。某住宅楼工程中使用了未经检验的安定性不合格的水泥,导致现浇混凝土楼板拆模后出现了严重的裂缝,随即对混凝土进行强度检验,结果其结构强度达不到设计要求,造成返工。混凝土工程由于水泥品种的选择不当或外加剂的质量低劣及用量不准同样会引起质量事故。如某学校的教学综合楼工程,在冬期进行基础混凝土施工时,采用火山灰质硅酸盐水泥配制混凝土,因工期要求较紧又使用了未经复试的不合格早强防冻剂,结果导致混凝土结构的强度不能满足设计要求,不得不返工重做。因此,施工单位既要做好对材料的合理调度,避免现场材料的大量积压,又要做好对材料的合理堆放,并正确使用材料,在使用材料时进行及时的检查和监督,对预拌混凝土要强化生产、运输、使用环节的质量管理。

5)**施工机械设备质量控制**

施工机械设备质量控制,就是要使施工机械设备的类型、性能、参数等与施工现场的实际条件、施工工艺、技术要求等因素相匹配,满足施工生产的实际要求。其质量控制主要从机械设备的选型、主要性能参数指标的确定和使用操作要求等方面进行。

(1)机械设备的选型

机械设备的选择,应按照技术上先进、生产上适用、经济上合理、使用上安全、操作上方便的原则进行。选配的施工机械应具有工程的适用性,具有保证工程质量的可靠性,具有使用操作的方便性和安全性。

(2)主要性能参数指标的确定

主要性能参数是选择机械设备的依据,其参数指标的确定必须满足施工的需要和保证质量的要求。只有正确确定主要的性能参数,才能保证正常的施工,不致引起安全质量事故。

(3)使用操作要求

合理使用机械设备,正确地进行操作,是保证项目施工质量的重要环节。应贯彻"持证上岗"和"人机固定"原则,实行定机、定人、定岗位职责的使用管理制度,在使用中严格遵守操作规程和机械设备的技术规定,做好机械设备的例行保养,使机械保持良好的技术状态,防止出现安全质量事故,确保工程施工质量。

6.3.3 智能建造工程质量检查验收项目划分

一个智能建造工程从施工准备开始到竣工交付使用,要经过若干工序、工种的配合施工。施工质量的优劣,取决于各个施工工序、工种的管理水平和操作质量。因此,为了便于控制、检查、评定和监督每个工序和工种的工作质量,就要把整个工程逐级划分为单位工程、分部工程、分项工程和检验批,并分级进行编号,据此来进行质量控制和检查验收,这是进行施工质量控制的一项重要基础工作。

智能建造工程施工质量验收的项目划分,应按《统一标准》的规定进行:

①智能建造工程施工质量验收应划分为单位工程、分部工程、分项工程和检验批。

②单位工程的划分应按下列原则确定:

a. 具备独立施工条件并能形成独立使用功能的建筑物或构筑物为一个单位工程。

b. 对于规模较大的单位工程,可将其能形成独立使用功能的部分划分为若干个子单位工程。

③分部工程的划分应按下列原则确定:

a. 可按专业性质、工程部位确定。

b. 当分部工程较大或较复杂时,可按材料种类、施工特点、施工程序、专业系统及类别等划分为若干子分部工程。

④分项工程可按主要工种、材料、施工工艺、设备类别等进行划分。

⑤检验批可根据施工质量控制和专业验收需要,按工程量、楼层、施工段、变形缝等进行划分。

⑥建筑工程的分部、分项工程划分宜按《统一标准》附录 B 采用。

⑦室外工程可根据专业类别和工程规模按《统一标准》附录 C 的规定划分单位工程、分部工程。

任务 6.4　施工过程质量控制

6.4.1　施工作业现场质量检查

1)现场质量检查的内容

(1)开工前的检查

主要检查是否具备开工条件,开工后是否能够保持连续正常施工,能否保证工程质量。

(2)工序交接检查

对于重要的工序或对工程质量有重大影响的工序,应严格执行“三检”制度,即自检、互检、专检。未经监理工程师(或建设单位项目技术负责人)检查认可,不得进行下道工序施工。

(3)隐蔽工程的检查

施工中凡是隐蔽工程必须检查认证后方可进行隐蔽掩盖。

(4)停工后复工的检查

因客观因素停工或处理质量事故等停工复工时,经检查认可后方能复工。

(5)分项、分部工程完工后的检查

分项、分部工程完工后应经检查认可,并签署验收记录后,才能进行下一工程项目的施工。

(6)成品保护的检查

检查成品有无保护措施以及保护措施是否有效可靠。

2)**现场质量检查的方法**

现场质量检查的方法主要有目测法、实测法和试验法等。

(1)目测法

目测法即凭借感官进行检查,也称观感质量检验。其手段可概括为“看、摸、敲、照”四个字。所谓看,就是根据质量标准要求进行外观检查。例如,清水墙面是否洁净,喷涂的密实度和颜色是否良好、均匀,工人的操作是否正常,内墙抹灰的大面及口角是否平直,混凝土外观是否符合要求等。摸,就是通过触摸手感进行检查、鉴别。例如油漆的光滑度,浆活是否牢固、不掉粉等。敲,就是运用敲击工具进行音感检查。例如,对地面工程、装饰工程中的水磨石、面砖、石材饰面等,均应进行敲击检查。照,就是通过人工光源或反射光照射,检查难以看到或光线较暗的部位。例如,管道井、电梯井等内部的管线、设备安装质量,装饰吊顶内连接及设备安装质量等。

(2)实测法

实测法就是通过实测,将实测数据与施工规范、质量标准的要求及允许偏差值进行对照,以此判断质量是否符合要求。其手段可概括为“靠、量、吊、套”四个字。所谓靠,就是用直尺、塞尺检查诸如墙面、地面、路面等的平整度。量,就是指用测量工具和计量仪表等检查断面尺寸、轴线、标高、湿度、温度等的偏差。例如,大理石板拼缝、尺寸与超差数量、摊铺沥青拌合料的温度、混凝土坍落度的检测等。吊,就是利用托线板以及线锤吊线检查垂直度。例如,砌体、门窗安装的垂直度检查等。套,是以方尺套方,辅以塞尺检查。例如,对阴阳角的方正、踢脚线的垂直度、预制构件的方正、门窗口及构件的对角线检查等。

(3)试验法

试验法是指通过必要的试验手段对质量进行判断的检查方法。主要包括:

①理化试验。工程中常用的理化试验包括物理力学性能方面的检验和化学成分及其含量的测定等两个方面。力学性能的检验如各种力学指标的测定,包括抗拉强度、抗压强度、抗弯强度、抗折强度、冲击韧性、硬度、承载力等。各种物理性能方面的测定如密度、含水量、凝结时间、安定性及抗渗、耐磨、耐热性能等。化学成分及其含量的测定如钢筋中的磷、硫含量,混凝土中粗集料中的活性氧化硅成分,以及耐酸、耐碱、抗腐蚀性等。此外,根据规定有时还需进行现场试验,例如,对桩或地基的静载试验、下水管道的通水试验、压力管道的耐压试验、防水层的蓄水或淋水试验等。

②无损检测。利用专门的仪器仪表从表面探测结构物、材料、设备的内部组织结构或损伤情况。常用的无损检测方法有超声波探伤、X射线探伤、γ射线探伤等。

6.4.2　工序施工质量控制

施工过程是由一系列相互联系与制约的工序构成,工序是人、材料、机械设备、施工方法和环境因素对工程质量综合起作用的过程,所以对施工过程的质量控制,必须以工序质量控制为基础和核心。因此,工序的质量控制是施工阶段质量控制的重点。只有严格控制工序质量,才能确保施工项目的实体质量。工序施工质量控制主要包括工序施工条件质量控制和工序施工效果质量控制。

(1)工序施工条件控制

工序施工条件是指从事工序活动的各生产要素质量及生产环境条件。工序施工条件控制就是控制工序活动的各种投入要素质量和环境条件质量。控制的手段主要有检查、测试、试验、跟踪监督等。控制的依据主要有设计质量标准、材料质量标准、机械设备技术性能标准、施工工艺标准以及操作规程等。

(2)工序施工效果控制

工序施工效果是工序产品的质量特征和特性指标的反映。对工序施工效果的控制就是控制工序产品的质量特征和特性指标达到设计质量标准以及施工质量验收标准的要求。工序施工质量控制属于事后质量控制,其控制的主要途径是实测获取数据、统计分析所获取的数据、判断认定质量等级和纠正质量偏差。

施工过程质量检测试验的内容应依据国家现行相关标准、设计文件、合同要求和施工质量控制的需要确定,主要内容见表6.1。

表6.1　施工过程质量检测试验主要内容

序号	类别	检测试验项目	主要检测试验参数	备注
1	土方回填	土工击实	最大干密度	
			最优含水量	
		压实程度	压实系数	
2	地基与基础	换填地基	压实系数/承载力	
		加固地基、复合地基	承载力	
		桩基	承载力	
			桩身完整性	钢桩除外
3	基坑支护	土钉墙	土钉抗拔力	
		水泥土墙	墙身完整性	
			墙体强度	设计有要求时
		锚杆、锚索	锁定力	

续表

序号	类别	检测试验项目	主要检测试验参数	备注
4	钢筋连接	机械连接现场检验	抗拉强度	
		钢筋焊接工艺检验、闪光对焊、气压焊	抗拉强度	
			弯曲	适用于闪光对焊、气压焊接头,适用于气压焊水平连接筋
		电弧焊、电渣压力焊、预埋件钢筋T形接头	抗拉强度	热轧带肋钢筋
		网片焊接	抗剪力	冷轧带肋钢筋
			抗拉强度	
			抗剪力	
5	混凝土	配合比设计	工作性、强度等级	指工作度、坍落度等
		混凝土性能	标准养护试件强度	
			同条件养护试件强度	冬期施工或根据施工需要留置
			同条件养护转标准养护28 d试件强度	
			抗渗性能	有抗渗要求时
6	砌筑砂浆	配合比设计	强度等级、稠度	
		砂浆力学性能	标准养护试件强度	
			同条件养护试件强度	冬期施工时增设
7	钢结构	网架结构焊接球节点、螺栓球节点	承载力	安全等级一级、$L \geq 40$ m且设计有要求时
		焊缝质量	焊缝探伤	
		后锚固(植筋、锚栓)	抗拔承载力	
8	装饰装修	饰面砖粘贴	黏结强度	

6.4.3 特殊过程的质量控制

特殊过程是指该施工过程或工序的施工质量不易或不能通过其后的检验和试验而得到充分的验证,或者万一发生质量事故则难以挽救的施工过程。特殊过程的质量控制是施工阶段质量控制的重中之重。对在项目质量计划中界定的特殊过程,应设置工序质量控制点,抓住影响工序施工质量的主要因素进行强化控制。

1)**质量控制点的设置**

质量控制点可包括下列内容:

①对施工质量有重要影响的关键质量特性、关键部位或重要影响因素。

②工艺上有严格要求,对下道工序的活动有重要影响的关键质量特性、部位。

③严重影响项目质量的材料质量和性能。

④影响下道工序质量的技术间歇时间。

⑤与施工质量密切相关的技术参数。

⑥容易出现质量通病的部位。

⑦紧缺工程材料、构配件和工程设备或可能对生产安排有严重影响的关键项目。

⑧隐蔽工程验收。

以一般建筑工程为例,质量控制点可参考表6.2设置。

表6.2　质量控制点的设置

分项工程	质量控制点
工程测量定位	标准轴线桩、水平桩、龙门板、定位轴线、标高
地基、基础	基坑(槽)尺寸、标高、土质、地基承载力,基础垫层标高,基础位置、尺寸、标高,预埋件、预留洞孔的位置、标高、规格、数量,基础杯口线
砌体	砌体轴线,皮数杆,砂浆配合比,预留洞孔、预埋件的位置、数量,砌体排列
模板	高、尺寸,预留洞孔位置、尺寸内部清理及润湿情况
钢筋混凝土	水泥品种、强度等级,砂石质量,混凝土配合比,外加剂比例,混凝土振动,钢筋品种、规格、尺寸、搭接长度,钢筋焊接、机械连接,预留洞孔及预埋件规格、位置、尺寸、数量,预制构件吊装或出厂(脱模)强度,吊装位置、标高、支撑长度、焊缝长度
吊装	吊装设备的起重能力、吊具、索具、地锚
钢结构	翻样图、放大样
焊接	焊接条件、焊接工艺
装修	视具体情况而定

2)质量控制点的重点控制对象

质量控制点的设置要正确、有效,要根据对重要质量特性进行重点控制的要求,选择施工过程的重点部位、重点工序和重点质量因素作为质量控制的对象,进行重点预控和过程控制,从而有效地控制和保证施工质量。质量控制点中重点控制的对象主要包括以下几个方面:

(1)人的行为

某些操作或工序,应以人为重点控制对象,比如高空、高温、水下、易燃易爆、重型构件吊装作业以及操作要求高的工序和技术难度大的工序等,都应从人的生理、心理、技术能力等方面进行控制。

(2)材料的质量与性能

材料的质量与性能是直接影响工程质量的重要因素,在某些工程中应作为控制的重点。例如钢结构工程中使用的高强度螺栓、某些特殊焊接使用的焊条,都应作为重点来控制其材质与性能。又如水泥的质量是直接影响混凝土工程质量的关键因素,施工中就应对进场的水泥质量进行重点控制,必须检查核对其出厂合格证,并按要求进行强度和安定性的复试等。

(3)施工方法与关键操作

某些直接影响工程质量的关键操作应作为控制的重点,如预应力钢筋的张拉工艺操作过程及张拉力的控制,是可靠地建立预应力值和保证预应力构件质量的关键过程。同时,那些易对工程质量产生重大影响的施工方法,也应列为控制的重点,如大模板施工中模板的稳定和组装问题、液压滑模施工时支撑杆稳定问题、升板法施工中提升差的控制等。

(4)施工技术参数

如混凝土的外加剂掺量、水胶比、回填土的含水量、砌体的砂浆饱满度、防水混凝土的抗渗等级、钢筋混凝土结构的实体检测结果及混凝土冬期施工冻临界强度、装配式混凝土预制构件出厂时的强度等技术参数都属于应重点控制的质量参数与指标。

(5)技术间歇

有些工序之间必须留有必要的技术间歇时间,例如砌筑与抹灰之间,应在墙体砌筑后留6~10天,让墙体充分沉陷、稳定、干燥,再抹灰;抹灰层干燥后,才能喷白、刷浆;混凝土浇筑与模板拆除之间,应保证混凝土有一定的硬化时间达到规定拆模强度后方可拆除等。

(6)施工顺序

对于某些工序之间必须严格控制施工的先后顺序,比如对冷拉的钢筋应当先焊接后冷拉,否则会失去冷强。屋架的安装固定,应采取对角同时施焊方法,否则会由于焊接应力导致校正好的屋架发生倾斜。

(7)易发生或常见的质量通病

易发生或常见的质量通病有混凝土工程的蜂窝、麻面、空洞,墙、地面、屋面防水工程渗水、漏水、空鼓、起砂、裂缝等,都与工序操作有关,均应事先研究对策,提出预防措施。

(8)新技术、新材料及新工艺的应用

由于缺乏经验,施工时应将其作为重点进行控制。

(9)重点把控

产品质量不稳定和不合格率较高的工序应列为重点,认真分析、严格控制。

(10)特殊地基或特种结构

对于湿陷性黄土、膨胀土、红黏土等特殊土地基的处理,以及大跨度结构、高耸结构等技术难度较大的施工环节和重要部位,均应予以特别的重视。

3)特殊过程质量控制的管理

特殊过程的质量控制除按一般过程质量控制的规定执行外,还应由专业技术人员编制作业指导书,经项目技术负责人审批后执行。作业前施工员、技术员做好交底和记录,使操作人员在明确工艺标准、质量要求的基础上进行作业。为保证质量控制点的目标实现应严格按照三级检查制度进行检查控制。在施工中发现质量控制点有异常时,应立即停止施工,召开分析会,查找原因采取对策予以解决。

6.4.4　成品保护控制

所谓成品保护一般是指在项目施工过程中,某些部位已经完成,而其他部位还在施工,在这种情况下,施工单位必须负责对已完成部分采取妥善的措施予以保护,以免因成品缺乏保护或保护不善而造成损伤或污染,影响工程的实体质量。加强成品保护,首先要加强教育,提高全体员工的成品保护意识,同时要合理安排施工顺序,采取有效的保护措施。

成品保护的措施一般有防护(就是提前保护,针对被保护对象的特点采取各种保护的措施,防止对成品的污染及损坏)、包裹(就是将被保护物包裹起来,以防损伤或污染)、覆盖(就是用表面覆盖的方法,防止堵塞或损伤)、封闭(就是采取局部封闭的办法进行保护)等几种方法。

任务6.5　施工质量验收

智能建造工程项目施工质量验收要按照现行的《统一标准》和各专业施工质量验收规范进行。施工质量验收包括施工过程的工程质量验收和施工项目竣工质量验收。

6.5.1　施工过程的工程质量验收

施工过程的工程质量验收,是在施工过程中、在施工单位自行质量检查评定的基础上,参与建设活动的有关单位共同对检验批、分项、分部、单位工程的质量进行抽样复验,根据相关标准以书面形式对工程质量达到合格与否做出确认。

施工质量验收

(1)检验批质量验收合格的标准

①主控项目的质量经抽样检验均应合格。

②一般项目的质量经抽样检验合格。

③具有完整的施工操作依据、质量检查记录。

检验批是施工过程中条件相同并有一定数量的材料、构配件或安装项目,由于其质量基本均匀一致,因此可作为检验的基础单位,并按批验收。检验批是工程验收的最小单位,是分项工程乃至整个建筑工程质量验收的基础。

施工操作依据和质量检查记录等质量控制资料包括检验批从原材料到最终验收的各施工工序的操作依据、质量检查情况记录以及保证质量所必需的管理制度等。对其完整性的检查,实际是对过程控制的确认,这是检验批合格的前提。

检验批的合格质量主要取决于对主控项目和一般项目的检验结果。主控项目是对检验批的基本质量起决定性影响的检验项目,因此,必须全部符合有关专业工程验收规范的规定。这意味着主控项目不允许有不符合要求的检验结果,这种项目的检查具有“否决权”,必须从严要求。

(2)分项工程质量验收合格的标准

①所含检验批的质量均应验收合格。

②所含检验批的质量验收记录应完整。

分项工程的质量验收在检验批验收的基础上进行。一般情况下,两者具有相同或相近的性质,只是批量的大小不同而已。将有关的检验批验收汇集起来就构成分项工程验收。分项工程质量验收合格的条件比较简单,只要构成分项工程的各检验批的验收资料文件完整,并且均已验收合格,则分项工程验收合格。

(3)分部工程质量验收合格的标准

①所含分项工程的质量均应验收合格。

②质量控制资料应完整。

③有关安全、节能、环境保护和主要使用功能的检验结果应符合相应规定。

④观感质量应符合要求。

分部工程的验收在其所含各分项工程验收的基础上进行。分部工程验收合格的条件是:分部工程所含的各分项工程已验收合格且相应的质量控制资料文件必须完整,这是验收的基本条件。此外,由于各分项工程的性质不尽相同,因此分部工程不能简单地将各分项工程组合进行验收,尚须增加以下两类检查项目:

①涉及安全和使用功能的地基基础、主体结构及有关安全及重要使用功能的安装分部工程应进行有关见证取样送样试验或抽样检测。

②观感质量验收。这类检查往往难以定量,只能以观察、触摸或简单量测的方式并由各个人的主观印象判断,检查结果并不给出“合格”或“不合格”的结论,而是综合给出质量评价。对于评价为“差”的检查点应通过返修处理等补救。

(4)单位工程质量验收合格的标准

①所含分部工程的质量均应验收合格。

②质量控制资料应完整。

③所含分部工程有关安全、节能、环境保护和主要使用功能的检验资料应完整。

④主要使用功能的抽查结果应符合相关专业质量验收规范的规定。

⑤观感质量应符合要求。

单位工程质量验收也称质量竣工验收。委托监理的工程项目单位工程完工后,施工单位应组织有关人员进行自检。总监理工程师应组织各专业监理工程师对工程质量进行评估。存在施工质量问题时,应由施工单位整改。整改完毕后,由施工单位向建设单位提交工程竣工报告,申请工程竣工验收。竣工验收的内容和方法见“6.5.2 施工项目竣工验收质量验收”。

(5)在施工过程的工程质量验收中发现质量不符合要求的处理办法

一般情况下,不合格现象在最基层的验收单位——检验批验收时就应发现并及时处理,否则将影响后续批和相关的分项工程、分部工程的验收。所有质量隐患必须尽快消灭在萌

芽状态,这是以强化验收促进过程控制原则的体现。对质量不符合要求的处理分为以下 4 种情况:

第一种情况,是指在检验批验收时,其主控项目不能满足验收规范或一般项目超过偏差限值的子项数不符合检验规定的要求时,应及时进行处理。其中,严重的缺陷应推倒重来。一般的缺陷通过返修或更换器具、设备予以处理,应允许在施工单位采取相应的措施,消除缺陷后重新验收。重新验收结果如能够符合相应的专业工程质量验收规范要求,则应为该检验批合格。

第二种情况,是指发现检验批的某些项目或指标(如试块强度等)不满足要求,难以确定可否验收时,应请具有法定资质的检测单位对工程实体检测鉴定。当鉴定结果能够达到设计要求时,该检验批应认为通过验收。

第三种情况,如对工程实体的检测鉴定达不到设计要求,但经原设计单位核算,仍满足规范标准要求的结构安全和使用功能的情况,该检验批可予以验收。一般情况下,规范标准给出了满足安全和功能的最低限度要求,而设计往往在此基础上留有一些余量。不满足设计要求和符合相应规范标准的要求,两者并不一定矛盾。

第四种情况,更为严重的缺陷或者超过检验批的更大范围内的缺陷,可能影响结构的安全性和使用功能。若经具有法定资质的检测单位检测鉴定以后认为达不到规范标准的相应要求,即不能满足最低限度的安全储备和使用功能,则必须按一定的技术方案进行加固处理,使之能保证满足安全使用的基本要求。这样可能会造成一些永久性的缺陷,如改变结构外形尺寸,影响一些次要的使用功能等。为了避免社会财富更大的损失,在不影响安全和主要使用功能的条件下可按处理技术方案和协商文件进行验收,责任方应承担经济责任。但应特别指出,这种让步接受的处理办法不能滥用而成为忽视质量而逃避责任的一种出路。

通过返修或加固处理仍不能满足安全使用要求的分部工程、单位(子单位)工程,严禁验收。

6.5.2　施工项目竣工质量验收

施工项目竣工质量验收是施工质量控制的最后一个环节,是对施工过程质量控制成果的全面检验,是从终端把关方面进行质量控制。未经验收或验收不合格的工程,不得交付使用。

(1)施工项目竣工质量验收的依据

施工项目竣工质量验收的依据主要包括:

①上级主管部门的有关工程竣工验收的文件和规定。

②国家和有关部门颁发的施工、验收规范和质量标准。

③批准的设计文件、施工图纸及说明书。

④双方签订的施工合同。

⑤设备技术说明书。

⑥设计变更通知书。

⑦有关的协作配合协议书等。

(2)施工项目竣工质量验收的条件

施工项目符合下列要求方可进行竣工验收:

①完成工程设计和合同约定的各项内容。

②施工单位在工程完工后对工程质量进行检查,确认工程质量符合有关法律、法规和工程建设强制性标准,符合设计文件及合同要求,并提出工程竣工报告。工程竣工报告应经项目经理和施工单位有关负责人审核签字。

③对于委托监理的工程项目,监理单位对工程进行质量评估,具有完整的监理资料,并提出工程质量评估报告。工程质量评估报告应经总监理工程师和监理单位有关负责人审核签字。

④勘察、设计单位对勘察、设计文件及施工过程中由设计单位签署的设计变更通知书进行检查,并提出质量检查报告。质量检查报告应经该项目勘察、设计负责人和勘察、设计单位有关负责人审核签字。

⑤有完整的技术档案和施工管理资料。

⑥有工程使用的主要建筑材料、建筑构配件和设备的进场试验报告,以及工程质量检测和功能性试验资料。

⑦建设单位已按合同约定支付工程款。

⑧有施工单位签署的工程质量保修书。

⑨对于住宅工程,进行分户验收并验收合格,建设单位按户出具"住宅工程质量分户验收表"。

⑩建设主管部门及工程质量监督机构责令整改的问题全部整改完毕。

⑪法律、法规规定的其他条件。

(3)施工项目竣工质量验收程序

竣工质量验收应当按以下程序进行:

①工程完工并对存在的质量问题整改完毕后,施工单位向建设单位提交工程竣工报告,申请工程竣工验收。实行监理的工程,工程竣工报告须经总监理工程师签署意见。

②建设单位收到工程竣工报告后,对符合竣工验收要求的工程,组织勘察、设计、施工、监理等单位组成验收组,制订验收方案。对于重大工程和技术复杂工程,根据需要可邀请有关专家参加验收组。

③建设单位应当在工程竣工验收7个工作日前将验收的时间、地点及验收组名单书面通知负责监督该工程的工程质量监督机构。

④建设单位组织工程竣工验收。

a.建设、勘察、设计、施工、监理单位分别汇报工程合同履约情况和在工程建设各个环节执行法律、法规和工程建设强制性标准的情况。

b.审阅建设、勘察、设计、施工、监理单位的工程档案资料。

c.实地查验工程质量。

d.对工程勘察、设计、施工、设备安装质量和各管理环节等方面作出全面评价,形成经验收组人员签署的工程竣工验收意见。参与工程竣工验收的建设、勘察、设计、施工、监理等各方不能形成一致意见时，应当协商提出解决的方法，待意见一致后，重新组织工程竣工验收。

(4)竣工验收报告的内容

工程竣工验收合格后，建设单位应当及时提出工程竣工验收报告。工程竣工验收报告主要包括工程概况，建设单位执行基本建设程序情况，对工程勘察、设计、施工、监理等方面的评价，工程竣工验收时间、程序、内容和组织形式，工程竣工验收意见等内容。

工程竣工验收报告还应附有下列文件：

①施工许可证。

②施工图设计文件审查意见。

③上述“(2)施工项目竣工质量验收的条件”中(2)、(3)、(4)、(8)项规定的文件。

④验收组人员签署的工程竣工验收意见。

⑤法规、规章规定的其他有关文件。

任务 6.6 施工质量事故预防与处理

6.6.1 认识工程质量事故

1)工程质量事故的概念

(1)质量不合格

根据我国《质量管理体系 基础和术语》(GB/T 19000—2016)的术语解释，凡工程产品未满足质量要求，就称为质量不合格。与预期或规定用途有关的不合格，称为质量缺陷。

(2)质量问题

凡是工程质量不合格，必须进行返修、加固或报废处理，由此造成直接经济损失低于限额的称为质量问题。

(3)质量事故

由于建设、勘察、设计、施工、监理等单位违反工程质量有关法律法规和工程建设标准，使工程产生结构安全、重要使用功能等方面的质量缺陷，造成人身伤亡或者重大经济损失的称为质量事故。

2)工程质量事故的分类

由于工程质量事故具有复杂性、严重性、可变性和多发性的特点，所以建设工程质量事故的分类有多种方法，但一般可按以下条件进行分类：

(1)按事故造成损失的程度分级

按照住房和城乡建设部《关于做好房屋建筑和市政基础设施工程质量事故报告和调查处理工作的通知》(建质〔2010〕111 号)，根据工程质量事故造成的人员伤亡或者直接经济损失，工程质量事故分为 4 个等级：

①特别重大事故，是指造成 30 人以上死亡，或者 100 以上重伤，或者 1 亿元以上直接经济损失的事故。

②重大事故，是指造成 10 人以上 30 人以下死亡，或者 50 人以上 100 人以下重伤，或者 5 000 元以上 1 亿元以下直接经济损失的事故。

③较大事故，是指造成 3 人以上 10 人以下死亡，或者 10 人以上 50 人以下重伤，或者 1 000 万元以上 5 000 万元以下直接经济损失的事故。

④一般事故，是指造成 3 人以下死亡，或者 10 人以下重伤，或者 100 万元以上 1 000 万元以下直接经济损失的事故。

该等级划分所称的“以上”包括本数，所称的“以下”不包括本数。

上述质量事故等级划分标准与《生产安全事故报告和调查处理条例》（中华人民共和国国务院令第 493 号）规定的生产安全事故等级划分标准相同。工程质量事故和安全事故往往会互为因果地连带发生。

(2) 按事故责任分类

①指导责任事故：指由于工程指导或领导失误而造成的质量事故。例如，由于工程负责人不按规范指导施工，强令他人违章作业，或片面追求施工进度，放松或不按质量标准进行控制和检验，降低施工质量标准等而造成的质量事故。

②操作责任事故：指在施工过程中，由于操作者不按规程和标准实施操作，而造成的质量事故。例如，浇筑混凝土时随意加水，或振捣疏漏造成混凝土质量事故等。

③自然灾害事故：指由于突发的严重自然灾害等不可抗力造成的质量事故。例如地震、台风、暴雨、雷电及洪水等造成工程破坏基至倒塌。这类事故虽然不是人为责任直接造成，但事故造成的损害程度也往往与事前是否采取了预防措施有关，相关责任人也可能负有一定的责任。

(3) 按质量事故产生的原因分类

①技术原因引发的质量事故：指在工程项目实施中由于设计、施工在技术上的失误而造成的质量事故。例如，结构设计计算错误，对地质情况估计错误，采用了不适宜的施工方法或施工工艺等引发质量事故。

②管理原因引发的质量事故：指管理上的不完善或失误引发的质量事故。例如，施工单位或监理单位的质量管理体系不完善，检验制度不严密，质量控制不严格，质量管理措施落实不力，检测仪器设备管理不善而失准，材料检验不严等原因引起的质量事故。

③社会、经济原因引发的质量事故：是指由于经济因素及社会上存在的弊端和不正之风导致建设中的错误行为，而发生质量事故。例如，某些施工企业盲目追求利润而不顾工程质量，在投标报价中恶意压低标价，中标后则采用随意修改方案或偷工减料等违法手段而导致发生的质量事故。

④其他原因引发的质量事故：指由于其他人为事故（如设备事故、安全事故等）或严重的自然灾害等不可抗力的原因，导致连带发生的质量事故。

6.6.2 预防施工质量事故

建立健全施工质量管理体系，加强施工质量控制，都是为了预防施工质量问题和质量事故，在保证工程质量合格的基础上，不断提高工程质量。所以，所有施工质量控制的措施和方法，都是预防施工质量问题和质量事故的手段。具体来说，施工质量事故的预防可以从分析常见的质量通病入手，深入挖掘和研究可能导致质量事故发生的原因，抓住影响施工质量的各种因素和施工质量形成过程的各个环节，采取针对性的有效预防措施。

1）常见的质量通病

以房屋建筑工程为例，常见的质量通病有：

①基础不均匀下沉，墙身开裂。

②现浇钢筋混凝土工程出现蜂窝、麻面、露筋。

③现浇钢筋混凝土阳台、雨篷根部开裂或倾覆、坍塌。

④砂浆、混凝土配合比控制不严，任意加水，强度得不到保证。

⑤屋面、厨房、卫生间渗水、漏水。

⑥墙面抹灰起壳、裂缝、起麻点、不平整。

⑦地面及楼面起砂、起壳、开裂。

⑧门窗变形，缝隙过大，密封不严。

⑨水暖电工安装粗糙，不符合使用要求。

⑩结构吊装就位偏差过大。

⑪预制构件裂缝，预埋件移位，预应力张拉不足。

⑫砖墙接槎或预留脚手眼不符合规范要求。

⑬金属栏杆、管道、配件锈蚀。

⑭墙纸粘贴不牢，空鼓、褶皱、压平起光。

⑮饰面砖拼缝不平、不直、空鼓、脱落。

⑯喷浆不均匀，脱色、掉粉等。

2）施工质量事故发生的原因

施工质量事故发生的原因如下所述。

（1）非法承包，偷工减料

由于社会腐败现象对施工领域的侵袭，非法承包，偷工减料，“豆腐渣”工程，成为近年重大施工质量事故的首要原因。

（2）违背基本建设程序

《建设工程质量管理条例》规定，从事建设工程活动，必须严格执行基本建设程序，坚持先勘察、后设计、再施工的原则。但是现实情况是，违反基本建设程序的现象屡禁不止，无立项、无报建、无开工许可、无招标投标、无资质、无监理、无验收的“七无”工程，边勘察、边设计、边施工的“三边”工程屡见不鲜，几乎所有的重大施工质量事故都能从这些方面找到原因。

(3)勘察设计的失误

地质勘察过于疏略,勘察报告不准不细,致使地基基础设计采用不正确的方案。或结构设计方案不正确,计算失误,结构设计不符合规范要求等。这些勘察设计的失误在施工中显现出来,导致地基不均匀沉降,结构失稳、开裂甚至倒塌。

(4)施工的失误

施工管理人员及实际操作人员的思想、技术素质差,是造成施工质量事故的普遍原因。缺乏基本业务知识,不具备上岗的技术资质,不懂装懂瞎指挥,胡乱施工盲目干;施工管理混乱,责任缺失,施工组织、施工工艺技术措施不当;不按图施工,不遵守相关规范,违章作业;使用不合格的工程材料、半成品、构配件。忽视安全施工,发生安全事故等,所有这一切都可能引发施工质量事故。

(5)自然条件的影响

建筑施工露天作业多,恶劣的天气或其他不可抗力都可能引发施工质量事故。

3)施工质量事故预防的具体措施

(1)严格依法进行施工组织管理

认真学习、严格遵守国家相关政策法规和建筑施工强制性条文,依法进行施工组织管理,是从源头上预防施工质量事故的根本措施。

(2)严格按照基本建设程序办事

建设项目立项首先要做好可行性论证,未经深入调查分析和严格论证的项目不能盲目拍板定案;要彻底搞清工程地质水文条件方可开工;杜绝无证设计、无图施工;禁止任意修改设计和不按图纸施工;工程竣工不进行试车运转、不经验收不得交付使用。

(3)认真做好工程地质勘察

地质勘察时要适当布置钻孔位置和设定钻孔深度。钻孔间距过大,不能全面反映地基实际情况;钻孔深度不够,难以查清地下软土层、滑坡、墓穴、孔洞等有害地质构造。地质勘察报告必须详细、准确,防止因根据不符合实际情况的地质资料而采用错误的基础方案,导致地基不均匀沉降、失稳,使上部结构及墙体开裂、破坏、倒塌。

(4)科学地加固处理好地基

对软弱土、冲填土、杂填土、湿陷性黄土、膨胀土、岩层出露、熔岩、土洞等不均匀地基要做科学的加固处理。要根据不同地基的工程特性,按照地基处理与上部结构相结合使其共同工作的原则,从地基处理与设计措施、结构措施、防水措施、施工措施等方面综合考虑处理。

(5)进行必要的设计审查复核

要请具有合格专业资质的审图机构对施工图进行审查复核,防止因设计考虑不周、结构构造不合理、设计计算错误、沉降缝及伸缩缝设置不当、悬挑结构未通过抗倾覆验算等原因,导致质量事故的发生。

(6)严格把好建筑材料及制品的质量关

要从采购订货、进场验收、质量复验、存储和使用等几个环节，严格控制建筑材料及制品的质量，防止不合格或变质、损坏的材料和制品用到工程上。

(7)强化从业人员管理

加强建筑从业人员职业教育，开展工人职业技能培训，使施工人员掌握基本的建筑结构和建筑材料知识，理解并认同遵守施工验收规范对保证工程质量的重要性，从而在施工中自觉遵守操作规程，不蛮干，不违章操作，不偷工减料。

(8)加强施工过程的管理

施工人员首先要熟悉图纸，对工程的难点和关键工序、关键部位应编制专项施工方案并严格执行；施工中必须按照图纸和施工验收规范、操作规程进行；技术组织措施要正确，施工顺序不可搞错，脚手架和楼面不可超载堆放构件和材料；要严格按照制度进行质量检查和验收，按规定严格进行质量责任追究。

(9)做好应对不利施工条件和各种灾害的预案

要根据当地气象资料的分析和预测，事先针对可能出现的风、雨、高温、严寒、雷电等不利施工条件，制订相应的施工技术措施。还要对不可预见的人为事故和严重自然灾害做好应急预案，并有相应的人力、物力储备。

(10)加强施工安全与环境管理

许多施工安全和环境事故都会连带发生质量事故，加强施工安全与环境管理，也是预防施工质量事故的重要措施。

6.6.3　处理施工质量事故

施工质量事故处理

1)处理施工质量事故的依据

(1)质量事故的实况资料

质量事故的实况资料包括质量事故发生的时间、地点；质量事故状况的描述；质量事故发展变化的情况；有关质量事故的观测记录、事故现场状态的照片或录像；事故调查组调查研究所获得的第一手资料。

(2)有关的合同文件

有关的合同文件包括工程承包合同、设计委托合同、设备与器材购销合同、监理合同及分包合同等。

(3)有关的技术文件和档案

有关的技术文件和档案主要是有关的设计文件(如施工图纸和技术说明)、与施工有关的技术文件、档案和资料(如施工方案、施工计划、施工记录、施工日志、有关建筑材料的质量证明资料、现场制备材料的质量证明资料、质量事故发生后对事故状况的观测记录、试验记录或试验报告等)。

(4)相关的建设法规

相关的建设法规主要包括《中华人民共和国建筑法》《建设工程质量管理条例》和《关于做好房屋建筑和市政基础设施工程质量事故报告和调查处理工作的通知》(建质〔2010〕111号)等与工程质量及质量事故处理有关的法规,勘察、设计、施工、监理等单位资质管理方面的法规,从业者资格管理方面的法规,建筑市场方面的法规,建筑施工方面的法规,以及标准化管理方面的法规等。

2)处理施工质量事故的程序

施工质量事故发生后,按照建质〔2010〕111号文的规定,事故现场有关人员应立即向工程建设单位负责人报告。工程建设单位负责人接到报告后,应于1小时内向事故发生地县级以上人民政府住房和城乡建设主管部门及有关部门报告。如果同时发生安全事故,施工单位应当立即启动生产安全事故应急救援预案,组织抢救遇险人员,采取必要措施,防止事故危害扩大和次生、衍生灾害发生。房屋市政工程生产安全和质量较大及以上事故的查处督办,按照住房和城乡建设部《房屋市政工程生产安全和质量事故查处督办暂行办法》规定的程序办理。

处理施工质量事故的一般程序,如图6.1所示。

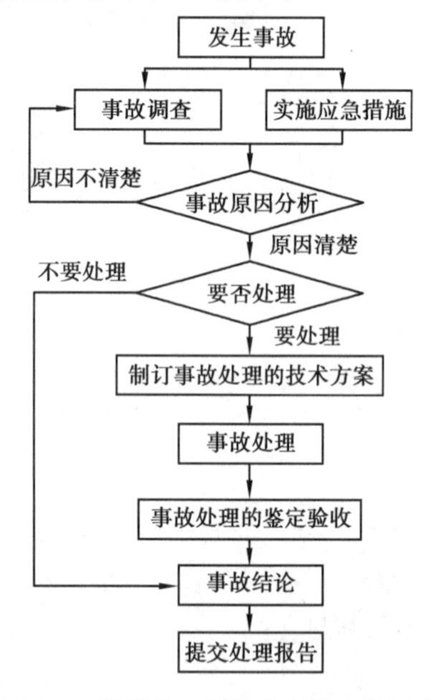

图6.1 处理施工质量事故的一般程序

(1)事故调查

事故调查应力求及时、客观、全面,以便为事故的分析与处理提供正确的依据。调查结果,要整理撰写成事故调查报告,其主要内容包括工程项目和参建单位概况;事故基本情况;事故发生后所采取的应急防护措施;事故调查中的有关数据、资料;对事故原因和事故性质的初步判断,对事故处理的建议;事故涉及人员与主要责任者的情况等。

(2)事故的原因分析

事故的原因分析要建立在事故调查的基础上,避免情况不明就主观推断事故的原因。特别是对涉及勘察、设计、施工、材料和管理等方面的质量事故,往往事故的原因错综复杂,因此,必须对调查所得到的数据、资料进行仔细的分析,去伪存真,找出造成事故的主要原因。

(3)制订事故处理的技术方案

事故的处理要建立在原因分析的基础上,并广泛地听取专家及有关方面的意见,经科学论证,决定事故是否进行处理和怎样处理。在制订事故处理方案时,应做到安全可靠,技术可行,不留隐患,经济合理,具有可操作性,满足结构安全和使用功能要求。

(4)事故处理

根据制订的质量事故处理的方案,对质量事故进行认真处理。处理的内容主要包括事故的技术处理,以解决施工质量不合格和质量缺陷问题;事故的责任处罚,根据事故的性质、损失大小、情节轻重对事故的责任单位和责任人作出相应的行政处分直至追究刑事责任。

(5)事故处理的鉴定验收

质量事故的处理是否达到预期的目的,是否依然存在隐患,应当通过检查鉴定和验收作出确认。事故处理的质量检查鉴定,应严格按施工验收规范和相关的质量标准的规定进行,必要时还应通过实际量测、试验和仪器检测等方法获取必要的数据,以便准确地对事故处理的结果作出鉴定,最终形成结论。

(6)提交处理报告

事故处理结束后,必须尽快向主管部门和相关单位提交完整的事故处理报告,其内容包括事故调查的原始资料、测试的数据;事故原因分析、论证;事故处理的依据;事故处理的方案及技术措施;实施质量处理中有关的数据、记录、资料;检查验收记录;事故处理的结论等。

3)处理施工质量事故的基本要求

①质量事故的处理应达到安全可靠、不留隐患、满足生产和使用要求、施工方便、经济合理的目的。

②重视消除造成事故的原因,注意综合治理。

③正确确定处理的范围和正确选择处理的时间和方法。

④加强事故处理的检查验收工作,认真复查事故处理的实际情况。

⑤确保事故处理期间的安全。

4)处理施工质量问题和质量事故的基本方法

(1)返修处理

当工程的某些部分的质量虽未达到规范、标准或设计规定的要求,存在一定的缺陷但经过返修后可以达到要求的质量标准,又不影响使用功能或外观的要求时,可采取返修处理的方法。例如,某些混凝土结构表面出现蜂窝、麻面,经调查分析,该部位经返修处理后,不会影响其使用及外观；对混凝土结构局部出现的损伤，如结构受撞击、局部未振实、冻害、火灾、酸类腐蚀、碱集料反应等，当这些损伤仅仅在结构的表面或局部，不影响其使用和外观，可进行返修处理。再比如对混凝土结构出现的裂缝，经分析研究后如果不影响结构的安全和使用时，也可采取返修处理。例如，当裂缝宽度不大于0.2 mm时，可采用表面密封法；当裂缝宽度大于0.3 mm时，可采用嵌缝密闭法；当裂缝较深时，则应采取灌浆修补的方法。

(2)加固处理

加固处理主要是针对危及承载力的质量缺陷的处理。通过对缺陷的加固处理，使建筑结构恢复或提高承载力，重新满足结构安全性及可靠性的要求，使结构能继续使用或改作其他用途。例如，对混凝土结构常用加固的方法主要有增大截面加固法、外包角钢加固法、粘钢加固法、增设支点加固法、增设剪力墙加固法和预应力加固法等。

(3)返工处理

当工程质量缺陷经过返修处理后仍不能满足规定的质量标准要求，或不具备补救可能性，则必须实行返工处理。例如，某防洪堤坝填筑压实后，其压实土的干密度未达到规定值，经核算将影响土体的稳定且不满足抗渗能力的要求，须挖除不合格土，重新填筑，进行返工处理。某公路桥梁工程预应力按规定张拉系数为1.3，而实际仅为0.8，属严重的质量缺陷，也无法返修，只能返工处理。再比如某工厂设备基础的混凝土浇筑时掺入木质素磺酸钙减水剂，因施工管理不善，掺量多于规定的7倍，导致混凝土坍落度大于180 mm，石子下沉，混凝土结构不均匀，浇筑后5天仍然不凝固硬化，28天的混凝土实际强度不到规定强度的32%，不得不返工重浇。

(4)限制使用

当工程质量缺陷按返修方法处理后无法保证达到规定的使用要求和安全要求，而又无法返工处理的情况下，不得已时可做出诸如结构卸荷或减荷以及限制使用的决定。

(5)不作处理

某些工程质量问题虽然达不到规定的要求或标准，但其情况不严重，对工程或结构的使用及安全影响很小，经过分析、论证、法定检测单位鉴定和设计单位等认可后可不专门作处理。一般可不作专门处理的情况有以下几种：

①不影响结构安全、生产工艺和使用要求的质量缺陷。例如，有的工业建筑物出现放线定位的偏差，且严重超过规范标准规定，若要纠正会造成重大经济损失，但经过分析、论证其偏差不影响生产工艺和正常使用，在外观上也无明显影响，可不作处理。又如，某些部位的混凝土表面的裂缝，经检查分析，属于表面养护不够的干缩微裂，不影响使用和外观，也可不作处理。

②后道工序可以弥补的质量缺陷。例如，混凝土结构表面的轻微麻面，可通过后续的抹灰、刮涂、喷涂等弥补，也可不作处理。再比如，混凝土现浇楼面的平整度偏差达到10 mm，但由于后续垫层和面层的施工可以弥补，所以也可不作处理。

③法定检测单位鉴定合格的工程。例如，某检验批混凝土试块强度值不满足规范要求，强度不足，但经法定检测单位对混凝土实体强度进行实际检测后，其实际强度达到规范允许

和设计要求值时，可不作处理。对经检测未达到要求值，但相差不多，经分析论证，只要使用前经再次检测达到设计强度，也可不作处理，但应严格控制施工荷载。

④出现质量缺陷的工程，经检测鉴定达不到设计要求，但经原设计单位核算，仍能满足结构安全和使用功能的。例如，某一结构构件截面尺寸不足，或材料强度不足，影响结构承载力，但按实际情况进行复核验算后仍能满足设计要求的承载力时，可不进行专门处理。这种做法实际上是挖掘设计潜力或降低设计的安全系数，应谨慎处理。

(6)报废处理

出现质量事故的工程，通过分析或实验，采取上述处理方法后仍不能满足规定的质量要求或标准，则必须予以报废处理。

任务 6.7　应用数理统计方法进行质量管理

工程中的质量问题，绝大多数都可用简单的统计分析方法来解决，只有广泛地采用统计技术才能使质量管理工作的效益和效率不断提高。质量控制中常用的 7 种工具和方法是：排列图法、因果分析图法、分层法、调查表法、直方图法、相关图法和控制图法。下面介绍几种常用方法。

6.7.1　排列图法

排列图法是用来寻找影响工程质量的主要因素的一种有效工具。排列图由两个纵坐标、一个横坐标、若干个直方形和一条曲线组成。其中左边的纵坐标表示频数，右边的纵坐标表示频率，横坐标表示影响质量的各种因素。若干个直方形分别表示质量影响因素的项目，直方形的高度则表示影响因素的大小程度，按大小由左向右排列，曲线表示各影响因素大小的累计百分数，这条曲线称为帕累托曲线。一般把影响因素分为 3 类，累计频率在 0%～80%范围的因素，称为 A 类因素，是主要因素；在 80%～90%范围内的为 B 类，是次要因素；在 90%～100%范围内的为 C 类，是一般因素。图 6.2 是某项目某一段时间内无效工排列图，从图中可知：开会学习占 610 工时、停电占 354 工时、停水占 236 工时、气候

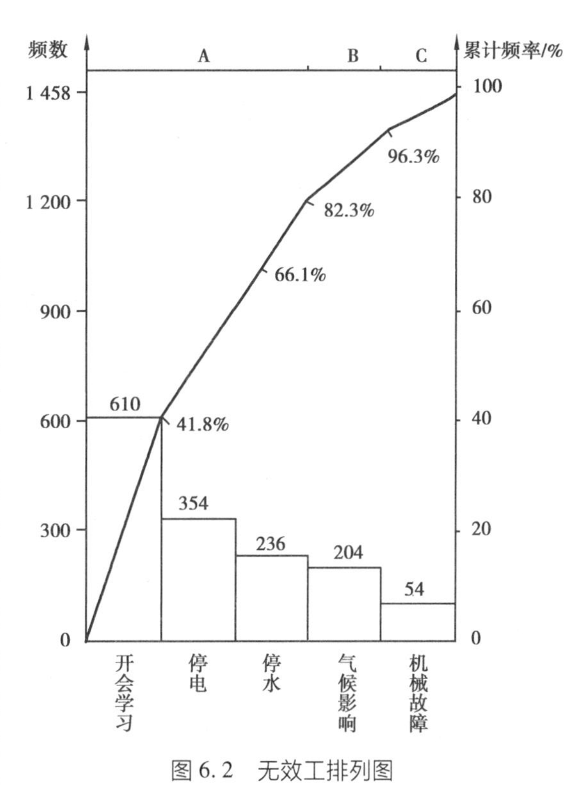

图 6.2　无效工排列图

影响占204工时、机械故障占54工时。前三项累计频率82.3%,是无效工的主要原因;气候影响是次要因素;机械故障是一般因素。

6.7.2 因果分析图法

因果分析图法又称特性要因图、树枝图或鱼刺图,是用来寻找某些质量问题产生原因的有效工具。其做法是:首先明确质量特性结果,画出质量特性的主干线。然后分析确定可以影响质量特性的大原因(大枝),一般有人、机械、材料、方法和环境5个方面。再进一步分析确定影响质量的中、小和更小原因,即画出中小细枝,对重要的影响原因还要用标记或文字说明,以引起重视,如图6.3所示。绘图后应对照各种因素逐一落实,制订对策,限期改正。

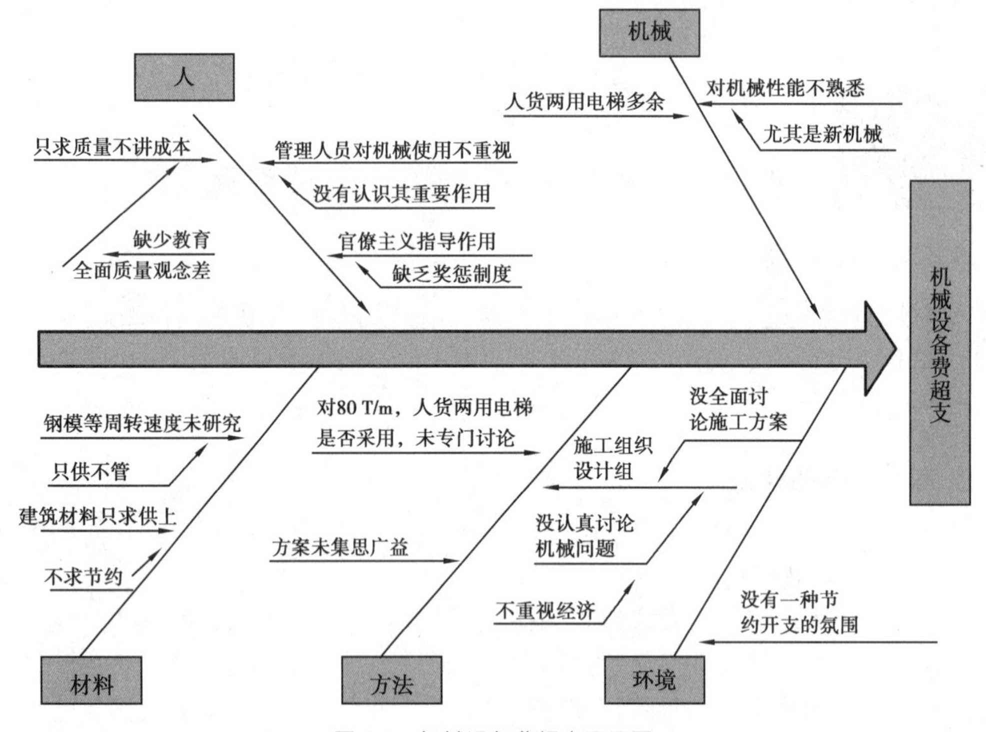

图6.3 机械设备费超支因果图

画图时应注意找准质量特性结果,以便查找原因;同时要广泛正确征求意见,特别是现场有实践经验人员的意见,并集中有关人员,共同分析,确定主要原因;分析原因要深入细致,从大到小,从粗到细,抓住真正的原因。

6.7.3 直方图法

直方图又称为质量分布图、矩形图,它是对数据加工整理、观察分析和掌握质量分布规律、判断生产过程是否正常的有效方法,除此之外,直方图还可用来估计工序不合格品率的高低、制订质量标准、确定公差范围、评价施工管理水平等。

在直方图中,以直方图的高度表示一定范围内数值所发生的频数(频率)。据此可掌握产品质量的波动情况,了解质量特征的分布规律,以便对质量状况进行分析判断。

1）**直方图的作图步骤**

①收集数据，一般数据数量用 N 表示。例：某工地 C30 混凝土试块 100 组，见表 6.3。

②找出数据中的最大值与最小值。最大值为 347，最小值为 274。

③计算极差，即全部数据的最大值与最小值之差。$R=X_{max}-X_{min}=347-274=73$。

④确定组数 K。组数根据数据数量确定，数量 50 以下、取 7 组以下；数量 50～100、取 6～10 组；数量 100～250、取 7～12 组；数量 250 以上、取 10～20 组。本例组数选 $K=10$。

⑤计算组距 h。$h=R/K=73/10=8$。

⑥确定分组组界。

首先计算第一组的上、下界限值：第一组下界值 $=X_{min}-0.5=273.5$，第一组上界值 $=X_{min}-0.5+h=281.5$。

然后计算其余各组的上下界限值。第一组的上界限值就是第二组的下界限值，第二组的下界限值加上组距 h 就是第二组的上界限值，其余类推。

⑦整理数据，做出频数表，用 f_1 表示每组的频数，见表 6.4。

表 6.3　混凝土试块强度统计表

序号	数　据										最大	最小
1	323	319	326	301	320	311	327	316	294	319	327	294
2	322	320	287	310	295	314	317	309	318	316	322	287
3	314	341	314	340	335	326	309	308	316	304	341	304
4	315	327	326	320	324	317	327	294	317	316	327	294
5	309	329	314	308	331	330	313	329	317	324	331	308
6	303	304	306	309	310	314	330	313	319	318	330	304
7	319	309	311	313	319	313	308	305	314	313	319	305
8	317	316	322	316	327	326	274	316	319	320	327	274
9	347	303	312	320	343	335	316	313	316	310	347	303
10	308	320	313	297	305	316	317	304	311	327	327	297

表 6.4　频数分布统表

序号	分组区间	频数	频率/%	序号	分组区间	频数	频率/%
1	273.5～281.5	1	1	6	313.5～321.5	37	37
2	281.5～289.5	1	1	7	321.5～329.5	16	16
3	289.5～297.5	4	4	8	329.5～337.5	5	5
4	297.5～305.5	7	7	9	337.5～345.5	3	3
5	305.5～313.5	25	25	10	345.5～353.5	1	1
						100	100

⑧画直方图。直方图是一张坐标图,横坐标取分组的组界值,纵坐标取各组的频数。找出纵横坐标上点的分布情况,用直线连起来即成直方图,如图 6.4 所示。

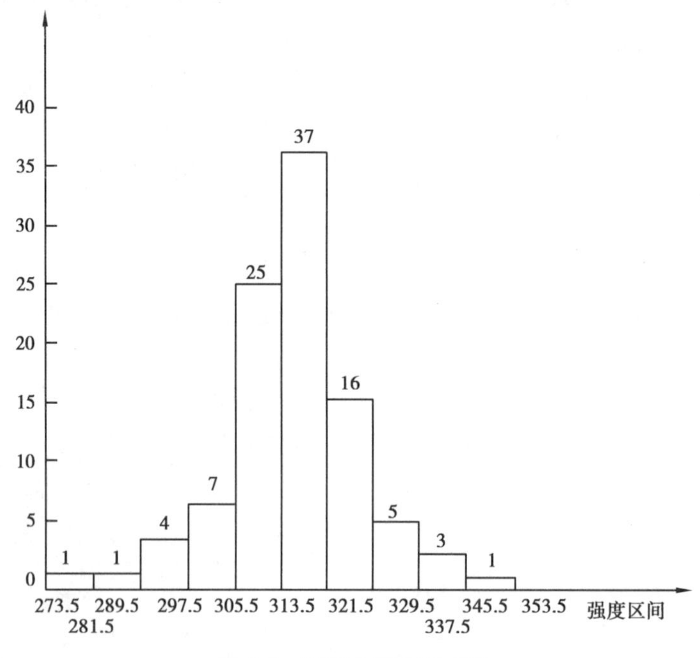

图 6.4　混凝土强度直方图

2) **直方图分析**

直方图的分析通常从以下两方面进行。

(1) 分布状态的分析

通过对直方图分布状态的分析,可以判断生产过程是否正常,下面就一些常见的直方图形加以分析:

①对称分布(正态分布),见图 6.5(a)。说明生产过程正常,质量稳定。

②偏态分布,见图 6.5(b)、(c)。由于技术上、习惯上的原因产生,属异常生产情况。

③锯齿分布,见图 6.5(d)。这多数是由于分组的组数不当,组距不是测量单位的整倍数,或测试时所用方法和读数有问题所致。

④孤岛分布,见图 6.5(e)。这往往是因少量材料不合格,短期内工人操作不熟练所造成。

⑤陡壁分布,见图 6.5(f)。往往是剔除不合格品、等外品或超差返修后造成。

⑥双峰分布,见图 6.5(g)。一般是由于在抽样检查以前、数据分类工作不够好,使两个分布混淆在一起所致。

⑦平峰分布,见图 6.5(h)。生产过程中有缓慢变化的因素起主导作用的结果。

(2) 同标准规格比较

将直方图与质量标准比较,判断实际施工能力。如图 6.6 所示,T 表示质量标准要求的界限,B 代表实际质量特性值分布范围。比较结果一般有以下几种情况:

①B 在 T 中间,两边各有一定余地,这是理想的情况,如图 6.6(a)所示。

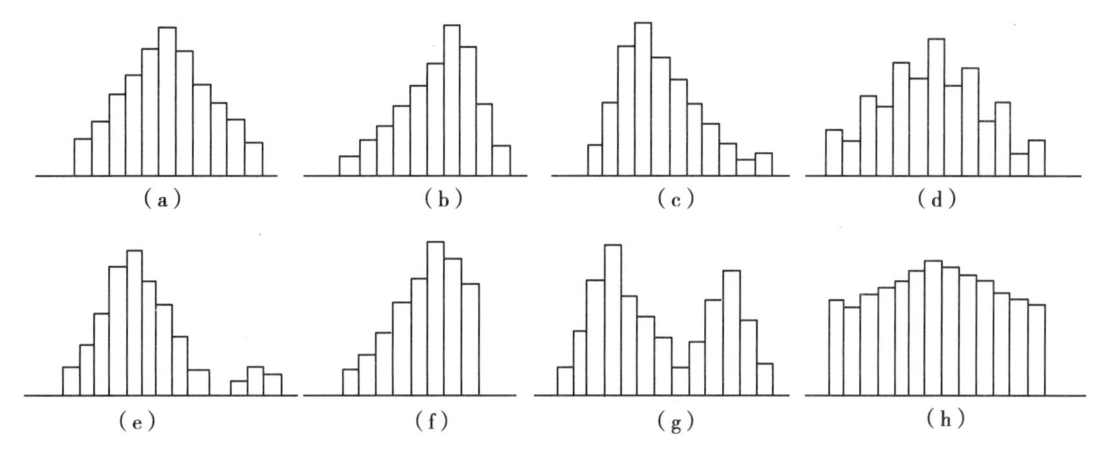

图6.5　常见的直方图

②B 虽在 T 之内,但偏向一边,有超差的可能,要采取纠偏措施,如图6.6(b)所示。

③B 与 T 相重合,实际分布太宽,易大量超差,要采取措施减少数据的分散,如图6.6(c)所示。

④B 过分小于 T,说明加工过于精确,不经济,如图6.6(d)所示。

⑤由于 B 过分偏离 T 的中心,造成很多废品,需要调整,如图6.6(e)所示。

⑥实际分布范围 B 过大,产生大量废品,说明工序能力不能满足技术要求,如图6.6(f)所示。

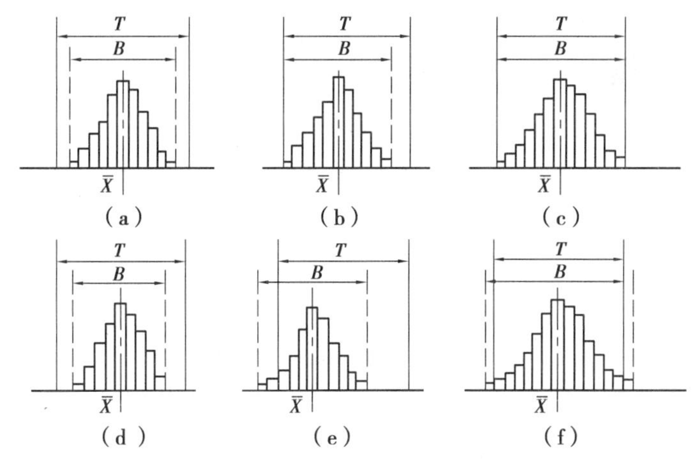

图6.6　直方图与质量标准比较

6.7.4　分层法

由于工程质量形成的影响因素多,因此,对工程质量状况的调查和质量问题的分析,必须分门别类地进行,以便准确有效地找出问题及其原因,这就是分层法的基本思想。

调查分析的层次划分,根据管理需要和统计目的,通常可按以下分层方法取得原始数据。

①按时间分:月、日、上午、下午、白天、晚间、季节。

②按地点分:地域、城市、乡村、楼层、外墙、内墙。

③按材料分:产地、厂商、规格、品种。

④按测定分:方法、仪器、测定人、取样方式。

⑤按作业分:工法、班组、工长、工人、分包商。

⑥按工程分:住宅、办公楼、道路、桥梁、隧道。

⑦按合同分:总承包、专业分包、劳务分包。

例如一个焊工班组有 A、B、C 3 位工人实施焊接作业,共抽检 60 个焊接点,发现有 18 点不合格,占 30%。究竟问题在哪里? 根据分层调查的统计数据表 6.5 可知,主要是作业工人 C 的焊接质量影响了总体的质量水平。

表 6.5　分层调查统计数据表

作业工人	抽检点数	不合格点数	个体不合格率/%	占不合格点总数百分率%
A	20	2	10	11
B	20	4	20	22
C	20	12	60	67
合计	60	18	—	30

任务 6.8　建设行政管理部门对施工质量监督管理

《中华人民共和国建筑法》及《建设工程质量管理条例》规定,国家实行建设工程质量管理制度,由政府行政主管部门设立专门机构对工程建设全过程进行质量监督管理。

建设行政管理部门对施工质量监督管理

6.8.1　施工质量监督管理的制度

1)监督管理部门职责的划分

国务院建设行政主管部门对全国的建设工程质量实施统一监督管理。国家交通、水利等有关部门按照国务院规定的职责分工,负责对全国有关专业建设工程质量的监督管理。

县级以上地方人民政府建设行政主管部门对本行政区域内的建设工程质量实施监督管理。县级以上地方人民政府交通、水利等有关部门在各自的职责范围内,负责对本行政区域内的专业建设工程质量进行监督管理。

2)工程质量监督的性质与权限

工程质量监督的性质属于行政执法行为,是为了保护人民生命和财产安全,由主管部门依据有关法律法规和工程建设强制性标准,对工程实体质量和工程建设、勘察、设计、施工、监理单位(此 5 类单位简称为工程质量责任主体)和质量检测等单位的工程质量行为实施监督。

工程实体质量监督,是指主管部门对涉及工程主体结构安全、主要使用功能的工程实体质量情况实施监督。

工程质量行为监督,是指主管部门对工程质量责任主体和质量检测等单位履行法定质量责任和义务的情况实施监督。

工程质量监督管理的具体工作可以由县级以上地方人民政府建设主管部门委托所属的工程质量监督机构实施,可采取政府购买服务的方式,委托具备条件的社会力量进行工程质量监督检查和抽测。

主管部门实施监督检查时,有权采取下列措施:

①要求被检查的单位提供有关工程质量的文件和资料。

②进入被检查单位的施工现场进行检查。

③发现有影响工程质量的问题时,责令改正。

有关单位和个人对政府建设行政主管部门和其他有关部门进行的监督检查应当支持与配合,不得拒绝或者阻碍建设工程质量监督检查人员依法执行职务。

3)政府质量监督的内容

工程质量监督管理包括下列内容:

①执行法律法规和工程建设强制性标准的情况。

②抽查涉及工程主体结构安全和主要使用功能的工程实体质量。

③抽查工程质量责任主体和质量检测等单位的工程质量行为。

④抽查主要建筑材料、建筑构配件的质量。

⑤对工程竣工验收进行监督。

⑥组织或者参与工程质量事故的调查处理。

⑦定期对本地区工程质量状况进行统计分析。

⑧依法对违法违规行为实施处罚。

其中,对涉及工程主体结构安全和主要使用功能的工程实体质量抽查的范围应包括地基基础、主体结构、防水与装饰装修、建筑节能、设备安装等相关建筑材料和现场实体的检测。

6.8.2　施工质量监督管理的实施

建设行政管理部门施工质量监督管理实施的一般程序如下所述。

(1)受理建设单位办理质量监督手续

在工程项目开工前,监督机构接受建设单位有关建设工程质量监督的申报手续,并对建设单位提供的有关文件进行审查,审查合格签发有关质量监督文件。工程质量监督手续可以与施工许可证或者开工报告合并办理。

(2)制订工作计划并组织实施

监督机构应针对所监督的项目制订具体的质量监督工作计划。在工程项目开工前,监督机构要在施工现场召开由工程建设参与各方代表参加的监督会议,公布监督计划方案,提出监督要求,并进行第一次的监督检查工作。检查的重点是参与工程建设各方主体的质量行为。检查的主要内容有:

①检查参与工程项目建设各方的质量保证体系建立情况,包括组织机构、质量控制方案、措施及质量责任制等制度。

②审查参与建设各方的工程经营资质证书和相关人员的执业资格证书。

③审查按建设程序规定的开工前必须办理的各项建设行政手续是否齐全完备。

④审查施工组织设计、监理规划等文件以及审批手续。

⑤检查结果的记录保存。

(3)对工程实体质量和工程质量责任主体等单位工程质量行为进行抽查、抽测

①日常检查和抽查抽测相结合,采取"双随机、一公开"(随机抽取检查对象,随机选派监督检查人员,及时公开检查情况和查处结果)检查方式和"互联网+监管"模式。检查的内容主要是参与工程建设各方的质量行为及质量责任制的履行情况,工程实体质量和质量控制资料的完成情况,其中对基础和主体结构阶段的施工应每月安排监督检查。

②对工程项目建设中的结构主要部位(如桩基、基础、主体结构等)除进行常规检查外,监督机构还应在分部工程验收时进行监督,监督检查验收合格后,方可进行后续工程的施工,建设单位应将施工、设计、监理和建设单位各方分别签字的质量验收证明在验收后三天内报送工程质量监督机构备案。

③对违反有关规定、造成工程质量事故和严重质量问题的单位和个人依法严肃查处曝光。对查实的问题可签发"质量问题整改通知单"或"局部暂停施工指令单",对问题严重的单位也可根据问题的性质采取临时收缴资质证书等处理措施。

(4)监督工程竣工验收

在竣工阶段,监督机构主要是按规定对工程竣工验收工作进行监督。

①竣工验收前,针对在质量监督检查中提出的质量问题的整改情况进行复查,了解其整改的情况。

②竣工验收时,参加竣工验收的会议,对验收的组织形式、程序等进行监督。

工程竣工验收合格后,建设单位应当在建筑物明显部位设置永久性标牌,载明建设、勘察、设计、施工、监理单位等工程质量责任主体的名称和主要责任人姓名。

(5)形成工程质量监督报告

编制工程质量监督报告,提交到竣工验收备案部门,对不符合验收要求的责令改正。对存在的问题进行处理,并向备案部门提出书面报告。

县级以上地方人民政府建设主管部门应当将工程质量监督中发现的涉及主体结构安全和主要使用功能的工程质量问题及整改情况,及时向社会公布。

(6)建立工程质量监督档案

建设工程质量监督档案按单位工程建立。要求归档及时,资料记录等各类文件齐全,经监督机构负责人签字后归档,按规定年限保存。

练习题 6

一、单项选择题(每题 1 分,每题的备选项中只有一个最符合题意)

1. 以下说法正确的是(　　)。

A. 质量控制是致力于满足质量要求的一系列活动

B. 质量控制是致力于提供质量要求得到满足的信任

C. 质量控制是致力于满足施工方要求的一系列活动

D. 质量控制是致力于满足管理要求的一系列活动

2. 质量控制过程中,(　　)是直接产生产品或服务质量的条件。

A. 作业环境　　B. 作业技术　　C. 管理技术　　D. 管理活动

3. 建立企业的质量方针及实施质量方针的全部职能活动,称为(　　)。

A. 质量保证　　B. 质量控制　　C. 质量策划　　D. 质量管理

4. 质量控制是在明确的质量目标条件下通过行动方案和资源配置的计划、实施、检查和(　　)来实现预期目标的过程。

A. 优化　　B. 监督　　C. 协调　　D. 执行

5. 以下说法正确的是(　　)。

A. 质量控制是质量管理的一部分　　B. 质量管理是质量控制的一部分

C. 质量控制和质量管理没有关系　　D. 质量控制就是质量管理

6. 建设项目的质量内涵指的是满足(　　)。

A. 明确和隐含需要的特性之和

B. 法律法规技术标准和合同等所规定的要求

C. 法律法规或技术标准尚未作出明确规定,但随着经济进步,科技进步及人们消费观念的变化,客观上已存在的某些需求

D. 内在需要和外在需要的特性之和

7. 法律法规技术标准和合同等规定的要求属于(　　)。

A. 明确的需要　　B. 隐含的需要　　C. 外在的需要　　D. 内在的需要

8. 智能建造工程项目质量控制应围绕着致力于满足(　　)的质量总目标而展开。

A. 智能建造工程施工合同　　B. 智能建造施工企业

C. 业主要求　　D. 上级建设主管部门

9. 为智能建造工程设计提供依据和基础资料的是(　　)。

A. 建设项目技术经济条件勘察　　B. 社会条件

C. 工程岩土地质条件勘察　　D. 管理环境

10. 土地的合理利用对建设工程项目质量形成的影响,属于(　　)因素的影响。

A. 工程项目的施工环境　　B. 建设项目的总体规划和设计

C. 建设项目的决策　　D. 工程项目的施工环境

11. 智能建造工程项目施工方案包括施工技术方案和(　　)。

A. 施工计划方案　　B. 施工组织方案

C. 施工部署方案　　D. 施工人员方案

12. 施工的技术、工程、方法和机械、设备、模具等施工手段的配置属于(　　)的内容。

A. 施工组织方案　　B. 施工技术方案

C. 监理大纲　　D. 设计文件

13. 施工的程序、工艺顺序、施工流向、劳动组织方面的决定和安排属于(　　)的内容。

A. 施工组织方案　　B. 施工技术方案

C. 监理大纲　　D. 设计文件

14. 目标控制的基本方法 PDCA 的中文意思是(　　)。

A. 计划、检查、对比、纠偏　　B. 计划、检查、反馈、纠偏

C. 计划、实施、检查、处置　　D. 计划、实施、检查、纠偏

15. 智能建造工程项目质量的事前控制是指(　　)。

A. 对质量活动结果的评价认定和对质量偏差的纠正

B. 对质量活动的行为约束

C. 对质量活动过程和结果来自他人的监督约束

D. 预先进行周密的质量计划

16. 智能建造工程项目质量的事中控制包含(　　)两大环节。

A. 自控和监控　　B. 计划和预控　　C. 纠偏和预防　　D. 监督和检查

17. 智能建造工程项目质量的事中控制的关键是(　　)。

A. 监控　　B. 计划　　C. 自控　　D. 预防

18. 下列有关三阶段质量控制原理的说法,正确的是(　　)。

A. 事后控制就是对质量偏差的纠正

B. 事后控制就是对质量活动结果的评价认定

C. 事中控制是指对工程质量的全面控制

D. 事前控制要求预先进行周密的质量计划

19. (　　)构成质量控制的系统过程。

A. PDCA 循环　　B. 全过程质量控制

C. 事前控制、事中控制和事后控制　　D. "三全"控制管理

20. 事前控制、事中控制和事后控制属于(　　)。

A. 三全控制原理　　B. PDCA 循环

C. 三阶段控制原理　　D. 质量的动态管理

21. 事前质量控制要求预先进行周密的(　　)。

A. 活动预测　　B. 施工策划　　C. 质量计划　　D. 质量监控

22. 事中控制首先是对质量活动的行为约束,充分发挥其技术能力,去完成(　　)。

A. 质量体系的实施　　B. 预定质量目标的任务

C. 质量责任制的落实务　　D. 工序作业活动

23. 事前控制、事中控制和事后控制不是孤立和截然分开的,它们之间构成有机的系统过程,实质上也是(　　)的具体化。

A. 全过程质量管　B. 质量控制系统　　C. 质量目标　　D. PDCA 循环

24. 工程质量控制要重点做好质量的(　　),以预防为主,加强过程和中间产品的质量检查和控制。

A. 事前控制和事中控制　　B. 事前控制和事后控制

C. 自控和监控　　D. 全过程控制

25. 在直方图中,若质量数据的分布均已超出上下限的数据,说明(　　)。

A. 易出现不合格,管理上必须提高总体能力

B. 生产过程存在质量不合格

C. 质量能力合理

D. 质量能力偏大不经济

二、多项选择题(每题 2 分。每题的备选项中,有 2 个或 2 个以上符合题意,至少有 1 个错项。错选,本题不得分;少选,所选的每个选项得 0.5 分)

1. 智能建造工程项目和一般产品具有同样的质量内涵,质量的内涵包括(　　)。

A. 明确需求　　B. 隐含需求　　C. 法定需求

D. 一般需求　　E. 特殊需求

2. 质量控制的内容包括(　　)。

A. 作业技术　　B. 质量策划　　C. 作业活动

D. 管理活动　　E. 管理技术

3. 智能建造工程项目质量包括(　　)阶段。

A. 立项决策　　B. 勘察设计　　C. 招标投标

D. 施工安装　　E. 竣工验收

4. 下列属于智能建造工程项目质量形成的影响因素的有(　　)。

A. 人的质量意识和质量能力　　B. 建设项目决策因素

C. 建设项目管理因素　　D. 工程项目的施工方案

E. 工程项目的施工环境

5. 人是质量活动的主体,对智能建造工程项目而言,人是泛指(　　)。

A. 与智能建造工程有关的设计单位　B. 与智能建造工程相关的施工单位

C. 施工项目经理　　D. 监理工程师

E. 质量监督机构

6. 智能建造工程项目的施工方案包括(　　)。

A. 施工技术措施　　B. 施工组织方案　　C. 施工技术方案

D. 施工部署　　E. 施工组织措施

7. 智能建造工程项目的施工技术方案包括(　　)。

A. 施工技术　　B. 施工工艺　　C. 施工机械

D. 施工流向　　E. 施工方法

8. 智能建造工程项目的施工组织方案包括(　　)。

A. 工艺顺序　　B. 施工工艺　　C. 施工程序

D. 施工流向　　E. 劳动组织

9. 智能建造工程项目的施工环境有包括(　　　　)。

A. 劳动作业环境　　B. 技术环境　　C. 平面布置环境

D. 自然环境　　E. 管理环境

10. PDCA 循环中的实施包括(　　　　)。

A. 计划行动方案的交底　　B. 开展作业技术活动

C. 计划行动方案的检查　　D. 开展质量管理活动

E. 计划行动方案的实施

11. PDCA 循环中的检查包括(　　　　)。

A. 作业者的自检　　B. 作业者互检　　C. 监理工程师检查

D. 下道工序交接检　　E. 专职管理者专检

12. PDCA 循环中的处置步骤包括(　　　　)。

A. 纠偏　　B. 查找质量问题原因　　C. 分析质量问题的原因

D. 预防　　E. 反馈

13. PDCA 循环中的检查内容包括(　　　　)。

A. 检查是否执行了计划的行动方案　　B. 实际条件是否发生了变化

C. 检查计划执行的结果　　D. 检查主要质量问题

E. 不执行计划的原因

14. 下列选项中与质量计划基本上并用的是(　　　　)。

A. 施工组织设计　　B. 施工技术设计　　C. 质量体系

D. 质量规划　　E. 施工项目管理实施规划

15. PDCA 循环原理包括(　　　　)。

A. 计划　　B. 实施　　C. 纠偏

D. 处置　　E. 检查

16. 事中质量控制活动中,来自他人的监督控制包括(　　　　)。

A. 政府质量监督部门的监控　　B. 企业外部的工程监理的监控

C. 企业内部管理者的检查检验　　D. 企业外部行业协会的监督

E. 企业内部员工之间的相互监督

17. 下列说法中正确的是(　　　　)。

A. 事中控制包括自控和监控两大环节

B. 事中控制的关键是监控

C. 通过监督机制和激励机制相结合的管理方法,以达到质量控制的效果

D. 只要做好事前控制和事中控制,事后控制就不重要了

E. 事中控制首先是对质量活动的行为约束

18. 下列有关质量控制的三全控制管理的说法正确的是(　　　　)。

A. 三全管理的思想来自于全面质量管理的思想

B. 三全管理指生产企业的质量管理应该是全面、全过程和全员参与的

C. 全面质量控制是指全体员工参与到实施质量方针的系统活动中去,发挥自己的角色作用

D. 全过程质量控制是指根据工程质量的形成规律,从源头抓起,全过程推进

E. 全面质量控制指工程(产品)质量和工作质量的全面控制

19. 下列关于因果分析图法的说法正确的是(　　　　)。

A. 因果分析图法是用来寻找影响质量的次要原因的

B. 因果分析图法又称为质量特性要因分析法

C. 必要时可以邀请小组以外的有关人员参与,广泛听取意见

D. 一个质量特性或一个质量问题使用一张图或多张图进行分析

E. 分析时要充分发表意见,层层深入,列出所有可能的原因

20. 根据 ABC 分类管理法,质量问题可以分为(　　　　)。

A. 主要问题　　B. 重要问题　　C. 次要问题

D. 其他问题　　E. 一般问题

情境 7 智能建造工程项目工地管理

智能建造工程项目施工阶段是把设计图纸和原材料、半成品、设备等变成工程实体的过程，是实现建造项目价值和使用价值的主要阶段。施工现场管理是工程项目管理的关键部分，只有加强施工现场管理，才能保证工程质量、降低成本、缩短工期，提高智能建造企业在市场中的竞争力，对企业生存和发展起着重要作用。国务院国资委于 2020 年 8 月 5 日发布《关于开展对标世界一流管理提升行动的通知》（国资发改革〔2019〕号），要求企业通过健全工作制度、完善运行机制、优化管理流程、明确岗位职责、严格监督检查等措施，加强管理体系和管理能力建设，形成完备、科学规范、运行高效的中国特色现代国有企业管理体系，全面提升竞争实力、管理能力和水平。同时为了保证劳动生者在劳动过程中的健康安全，保护生态环境，防止和减少生产安全事故发生，促进能源节约和避免资源浪费，使社会的经济发展与人类的生存环境相协调，必须加强工程施工现场管理。

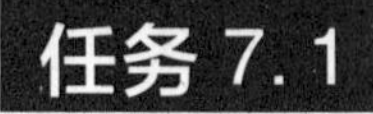

任务 7.1 智慧工地管理

智慧工地是智慧地球理念在工程领域的行业表现，是一种崭新的工程全生命周期管理理念，如图 7.1 所示。智慧工地是指运用信息化手段，通过三维设计平台对工程项目进行精确设计和施工模拟，围绕施工过程管理，建立互联协同、智能生产、科学管理的施工项目信息化生态圈，并将此数据在虚拟现实环境下与物联网采集到的工程信息进行数据挖掘分析，提供过程趋势预测及专家预案，实现工程施工可视化智能管理，以提高工程管理信息化水平，从而逐步实现绿色建造和生态建造。智慧工地将更多人工智能、传感技术、虚拟现实等信息技术植入到建筑、机械、人员穿戴设施、场地进出关口等各类物体中，并且被普遍互联，形成"物联网"，再与"互联网"整合在一起，实现工程管理干系人与工程施工现场的整合。智慧工地的核心是以一种"更智慧"的方法来改进工程各相关组织和岗位人员相互交互的方式，以便提高交互的明确性、效率、灵活性和响应速度。

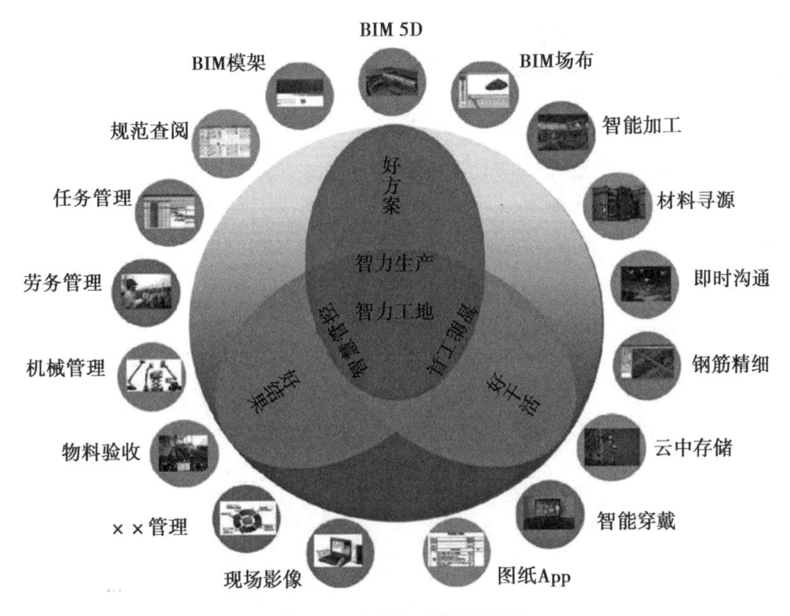

图7.1　智慧工地示意图

7.1.1　智慧工地建设的意义

智慧,能够决定和改变一座城市的品质;智慧城市则决定与提升着未来的城市地位与发展水平。作为城市化的高级阶段,智慧城市是以大系统整合、物理空间和网络空间交互、公众多方参与和互动来实现城市创新为特征,进而使城市管理更加精细、城市环境更加和谐、城市经济更加高端、城市生活更加宜居。

建筑行业是我国国民经济的重要物质生产部门和支柱产业之一,同时,建筑业也是一个安全事故多发的高危行业。如何加强施工现场安全管理、降低事故发生频率、杜绝各种违规操作和不文明施工、提高建筑工程质量,是摆在各级政府部门、业界人士和广大学者面前的一项重要研究课题。

在此背景下,伴随着技术的不断发展,信息化手段、移动技术、智能穿戴及工具在工程施工阶段的应用不断提升,智慧工地建设应运而生。智慧工地在实现绿色建造、引领信息技术应用、提升社会综合竞争力等方面具有重要意义。

7.1.2　智慧工地架构设计

端云大数据依托遍布项目所有岗位的应用端(PC\移动\穿戴\植入等)产生的海量数据,通过云储存,在系统进行数据计算,实现整个施工过程可模拟、施工风险预见、施工过程调整、施工进度控制、施工各方可协同的智慧施工过程。

智慧工地整体架构可以分为3个层面:

第一个层面是终端层,充分利用物联网技术和移动应用提高现场管控能力。通过RFID、传感器、摄像头、手机等终端设备,实现对项目建设过程的实时监控、智能感知、数据采集和高效协同,提高作业现场的管理能力。

第二层就是平台层。各系统中处理的复杂业务,产生的大模型和大数据如何提高处理效率？这对服务器提供高性能的计算能力和低成本的海量数据存储能力产生了巨大需求。通过云平台进行高效计算、存储及提供服务。让项目参建各方能更便捷地访问数据，协同工作，使建造过程更加集约、灵活和高效。

第三层就是应用层，应用层核心内容应始终围绕以提升工程项目管理这一关键业务为核心，因此 PM 项目管理系统是工地现场管理的关键系统之一。BIM 的可视化、参数化、数据化的特性让建筑项目的管理和交付更加高效和精益，是实现项目现场精益管理的有效手段。BIM 和 PM 系统为项目的生产与管理提供了大量的可供深加工和再利用的数据信息，是信息产生者，这些海量信息和大数据如何有效管理与利用，需要 DM 数据管理系统的支撑，以充分发挥数据的价值。因此应用层的是以 PM、BIM 和 DM 的紧密结合，相互支撑实现工地现场的智慧化管理。

7.1.3 智慧工地技术支撑

数据交换标准技术，要实现智慧工地，就必须要做到不同项目成员之间、不同软件产品之间的信息数据交换，由于这种信息交换涉及的项目成员种类繁多、项目阶段复杂且项目生命周期时间跨度大以及应用软件产品数量众多，只有建立一个公开的信息交换标准，才能使所有软件产品通过这个公开标准实现互相之间的信息交换，才能实现不同项目成员和不同应用软件之间的信息流动，这个基于对象的公开信息交换标准格式包括定义信息交换的格式、定义交换信息、确定交换的信息和需要的信息是同一件东西的 3 种标准。

1）BIM 技术

BIM 技术在建筑物使用寿命期间可以有效地进行运营维护管理，BIM 技术具有空间定位和记录数据的能力，将其应用于运营维护管理系统，可以快速准确定位建筑设备组件。对材料进行可接入性分析，选择可持续性材料，进行预防性维护，制订行之有效的维护计划。BIM 与 RFID 技术结合，将建筑信息导入资产管理系统，可以有效地进行建筑物的资产管理。BIM 还可进行空间管理，合理高效使用建筑物空间。

2）可视化技术

可视化技术能够把科学数据，包括测量获得的数值、现场采集的图像或是计算中涉及、产生的数字信息变为直观的、以图形图像信息表示的、随时间和空间变化的物理现象或物理量呈现在管理者面前，使他们能够观察、模拟和计算。该技术是智慧工地能够实现三维展现的前提。

3）3S 技术

3S 是遥感技术（Remote Sensing，RS）、地理信息系统（Geography Information Systems，GIS）和全球定位系统（Global Positioning Systems，GPS）的统称，是空间技术、传感器技术、卫星定位与导航技术和计算机技术、通信技术相结合，多学科高度集成的对空间信息进行采集、处理、管理、分析、表达、传播和应用的现代信息技术，是智慧工地成果的集中展示平台。

4）虚拟现实技术

虚拟现实（Virtual Reality，VR）是利用计算机生成一种模拟环境，通过多种传感设备使用户“沉浸”到该环境中，实现用户与该环境直接进行自然交互的技术。它能够让应用BIM的设计师以身临其境的感觉，并以自然的方式与计算机生成的环境进行交互操作，而体验比现实世界更加丰富的感受。

5）数字化施工系统

数字化施工系统是指依托建立数字化地理基础平台、地理信息系统、遥感技术、工地现场数据采集系统、工地现场机械引导与控制系统、全球定位系统等基础平台，整合工地信息资源，突破时间、空间的局限，而建立一个开放的信息环境，以使工程建设项目的各参与方更有效地进行实时信息交流，利用BIM模型成果进行数字化施工管理。

6）物联网技术

物联网（Internet of Things，IoT）是新一代信息技术的重要组成部分。顾名思义，物联网就是物物相连的互联网。这有两层意思：其一，物联网的核心和基础仍然是互联网，是在互联网基础上的延伸和扩展的网络；其二，其用户端延伸和扩展到了任何物品与物品之间，进行信息交换和通信。物联网就是“物物相连的互联网”。物联网通过智能感知、识别技术与普适计算、广泛应用于网络的融合中，也因此被称为继计算机、互联网之后世界信息产业发展的第三次浪潮。

7）云计算技术

云计算是网格计算、分布式计算、并行计算、效用计算、网络存储、虚拟化和负载均衡等计算机技术与网络技术发展融合的产物。它旨在通过网络把多个成本相对较低的计算实体，整合成一个具有强大计算能力的完美系统，并把这些强大的计算能力分布到终端用户手中，是解决BIM大数据传输及处理的最佳技术手段。

8）信息管理平台技术

信息管理平台技术的主要目的是整合现有管理信息系统，充分利用BIM模型中的数据来进行管理交互，以便让工程建设各参与方都可以在一个统一的平台上协同工作。

9）数据库技术

BIM技术的应用，将依托能支撑大数据处理的数据库技术为载体，包括对大规模并行处理（MPP）数据库、数据挖掘电网、分布式文件系统、分布式数据库、云计算平台、互联网和可扩展的存储系统等的综合应用。

10）网络通信技术

网络通信技术是BIM技术应用的沟通桥梁，是BIM数据流通的通道，构成了整个BIM应用系统的基础网络。可根据实际工程建设情况，利用手机网络、无线Wi-Fi网络、无线电通信等方案，实现工程建设的通信需要。

7.1.4 构建智慧工地监控系统

智慧工地的监控系统主要有塔吊安全监控系统、升降机监控系统、深基坑监测系统、高支模监控系统、视频监控系统等，具体如图7.2所示。

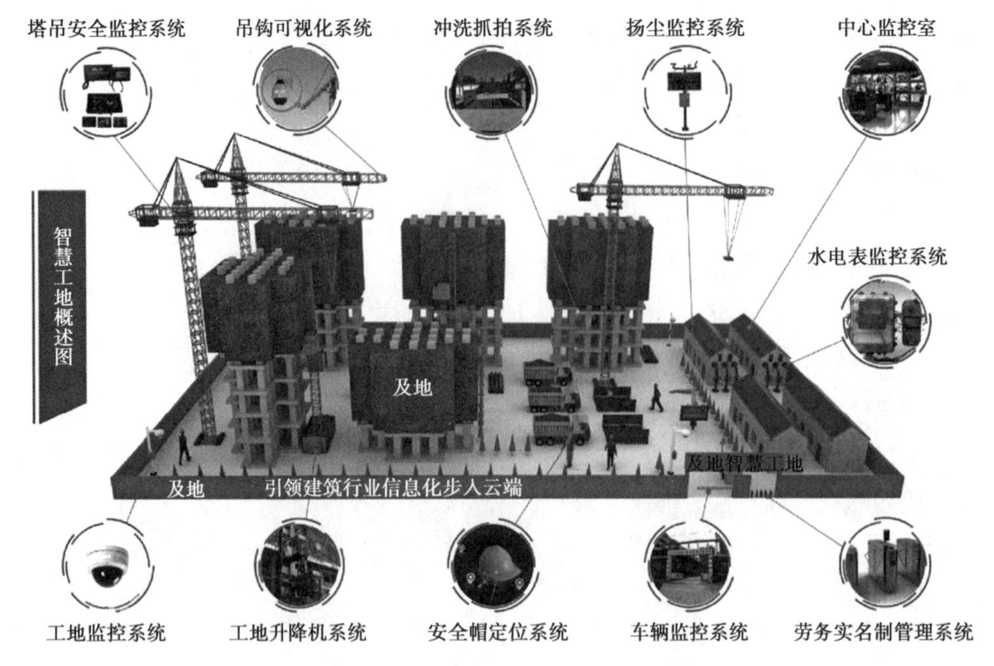

图 7.2　智慧工地监控系统示意图

1)塔吊安全监控系统

塔吊在建筑施工中存在着很大的安全隐患,因此,对塔吊进行有效和全面的监控和管制就极为重要。通过应用塔吊检测系统,对塔吊施工过程进行全方位的管控,对施工时塔吊自身的各个环节进行记录和分析,排除危险源,避免事故的发生。同时还可以对塔吊自身的各个参数进行记录,通过计算机分析,及时对陈旧损坏部件进行维修和更换,杜绝安全事故的发生。

2)升降机监控系统

从它的名字可以看出,整个设备全程都是利用远程系统进行操作和监控,在相应的部位安装了传感器和应变检测器。在工作时,应变器可以准确地检测出设备在工作时的受力情况,如出现超载等一系列的危险操作时,可通过传感器对设备进行控制,并且使它停止工作。同时还可以将工作时的一系列数据传输给相应部门和单位,管理人员可通过数据分析并且对该系统进行优化和升级,相关人员还可以对数据进行报备分析,以便于后期制作竣工资料,大大节省了时间和降低劳力成本。

3)深基坑监测系统

深基坑监测系统主要是采用多种方式相结合的方法,在基坑开挖前就规划好设备需要摆放的位置,在检测时,通过无线网络把收集到的数据传到前期建立的智慧工地平台上,管理人员就可以进行数据的分析判断,将需要进行二次处理的部位和存在危险源的部位告知现场工长或者其他管理类人员,并对相应部位进行修正和预警。

4)高支模监控系统

高支模监控系统主要是利用一些数控设备和一些高精度监测设备对数据进行收集。现场使用的所有设备都是经过厂家生产检测出厂的，各个方面的数据都达标，在进厂前，相关安全人员对应其相应的参数进行调整，安装完成以后，在使用过程中进行全程监控和监测，若相关安全系数超标，警报器就会响起，提醒现场人员迅速撤离，可将安全事故的发生率和损失降至最低，从而带来更大的经济效益。

5）**视频监控系统**

对于在进行施工的作业面主要用监控来进行管理和监测，对作业面，原材堆放点，住宿地等进行全方位的监控，基本上不存在任何的死角，这样建筑企业就能从中了解各个方面的信息，对存在问题的地方及时进行改正，并能对施工现场安全管理工作加以完善和优化，使之发挥出其应有的作用。

7.1.5　智慧工地管理内容

1）**人员管理**

对于那些在作业面施工的作业人员，实行实名制的管理办法，在进场培训后，对身份证信息进行录入，同时结合人脸识别系统，对工人的考勤制度等问题进行记录；同时，在工作时，对一些自身防护措施等进行监测，若出现未佩戴或未正确佩戴安全帽的人员进行记录，事后进行相关教育；同时还可以结合现代的一体化 IC 卡，对工人的生活工作等多个方面进行优化和管理，可以用于消费、签到等，大大提高了效率和时间成本。

2）**安全管理**

在项目中，通过结合互联网技术、BIM 技术等一些前端技术，不但优化了整个管理的过程。在安全方面，也很好地避免一些不必要的安全事故发生，同时还提升了整体施工进度，避免因工期带来的不必要损失。通过 BIM 技术进行模拟发现存在的问题，大大提升了整个工程的质量，为项目建设带来了巨大的效益。智慧工地系统在进行安装时就可以和其他系统相结合，例如，可以在车辆进出的门口同时安装一个智能拍摄系统，对进出的车辆进行监测，降低安全事故发生的概率；对于工人也可以安装此类的系统，在作业前对工人进行安全指导和提示，及时排除一些危险源和违规操作，可以大大挽救生命和财产损失。

3）**质量管理**

施工现场的质量问题直接影响到整个工程的方方面面。在引入智慧系统之后，在施工前期，可以通过相应的检测系统，监测场地还存在的一些问题；在施工过程中，对整个流程进行梳理，发现其中存在的问题，并且及时进行修正和加强，避免出现返工现象。同时，将记录到的信息反馈给相应的质量部门，及时整改之后再进行下一步工序，在减少投入的同时带来了更多的效益。

4）**进度管理**

通过 BIM 来制订相应的施工进度计划，并且通过系统发送到相关人员的手里，在施工的过程中，可以把实际施工和计划相比较，并且对计划作出调整，以满足施工进度和节点要求。若工程进度出现了滞后，且长时间没有得到解决，就可以把这一信息反馈给项目负责人，做出有力调整，满足施工进度要求，带来更大的效益。

5）智慧监管

视频监控手段不仅是提升施工安全系数的有效保障，同时还能够帮助管理者达成更加便捷、有效的施工现场管理工作。通过对施工现场中安装视频设备，保障监控多角度、全方位，而且覆盖仓库、施工地区、施工现场出入大门和员工的生活区，使智慧工地的监控全方位，不存在不必要的死角，能够最方便快捷地进行对整体施工状况的监控工作。如能源模块显示施工过程中电、水的消耗情况：月用电用水峰值统计，用水类型分类管理，统计项目各区域的每天及每月的用电用水量等；环境监测模块实时采集：PM10、PM2.5，温度，湿度及噪声等数据，超标值时能进行报警提醒；采集天气预报数据，便于更好地安排工作，监测项目施工现场环境。

6）智慧展厅

通过对相应数据的整合和改进，结合 VR 技术，可以将相应的设施信息等在展厅里进行展示，同时还可以通过它对工人进行相关施工方面的知识进行培训。展厅设施设备主要由大屏幕、VR、数据分析和培训厅等组成，可以方便地完成数据的整合和对工人的培训，体现了便捷性和实用性。

总之，智慧工地管理系统可以给工地带来多个方面的效益。在管理方面，它可以更加规范地对工人进行管理，同时还可以有效管理进出车辆，减少麻烦；在质量方面，通过对前期的把控，减少一系列的质量问题；在安全方面，通过更加规范的管理工人和操作流程要点，大大降低了安全隐患，通过和现场的有效配合，可给建筑工地带来了巨大的效益。

任务 7.2　施工现场文明施工管理

文明施工是指保持施工现场良好的作业环境、卫生环境和工作秩序。文明施工主要包括规范施工现场的场容，保持作业环境的整洁卫生；科学组织施工，使生产有序进行；减少施工对周围居民和环境的影响；遵守施工现场文明施工的规定和要求，保证职工的安全和身体健康等。

7.2.1　施工现场文明施工的要求

施工现场文明施工管理

施工现场应当做到围挡、大门、标牌标准化、材料码放整齐化（按照现场平面图确定的位置集中、整齐码放）、安全设施规范化、生活设施整洁化、职工行为文明化、工作生活秩序化。施工现场要做到工完场清、施工不扰民、现场不扬尘、运输无遗撒、垃圾不乱弃，努力营造良好的施工作业环境。

施工现场文明施工应符合以下要求：

①有整套的施工组织设计或施工方案，施工总平面布置紧凑、施工场地规划合理，符合环保、市容、卫生的要求。

②有健全的施工组织管理机构和指挥系统，岗位分工明确。工序交叉合理，交接责任明确。

③有严格的成品保护措施和制度，大小临时设施和各种材料、构件、半成品按平面布置堆放整齐。

④施工场地平整，道路畅通，排水设施得当，水电线路整齐，机具设备状况良好，使用合理。施工作业符合消防和安全要求。

⑤做好环境卫生管理，包括施工区、生活区环境卫生和食堂卫生管理。

⑥文明施工应贯穿施工结束后的清场。

7.2.2 现场文明施工主要内容

①规范场容、场貌，保持作业环境整洁卫生。

②创造文明有序和安全生产的条件和氛围。

③减少施工过程对居民和环境的不利影响。

④树立绿色施工理念，落实项目文化建设。

7.2.3 施工现场文明施工的措施

1）文明施工的组织措施

(1)建立文明施工的管理组织

应确立项目经理为现场文明施工的第一责任人，以各专业工程师、施工质量、安全、材料、保卫、后勤等现场项目经理部人员为成员的施工现场文明管理组织，共同负责本工程现场文明施工工作。

(2)健全文明施工的管理制度

文明施工的管理制度包括建立各级文明能工岗位责任制，将文明施工工作考核列入经济责任制，建立定期检制度，建立奖惩制度，开展文明施工立功竞赛，加强文明施工教育培训等。

2）文明施工的管理措施

(1)施工平面布置图设计

现场的场容管理应建立在施工平面图设计的合理安排和物料器具定位管理标准化的基础上，项目经理部应根据施工条件，按照施工总平面图、施工方案和施工进度计划的要求，进行所负责区域的施工平面图的规划、设计、布置、使用和管理。

(2)现场出入口设计

现场必须实施封闭管理，现场出入口应设大门和保安值班室，大门或门头设置企业名称和企业标识，车辆和人员出入口应分设，车辆出入口应设置车辆冲洗设施，人员进入施工现场的出入口应设置闸机；建立完善的保安值班管理制度，严禁非施工人员任意进出。

现场出入口明显处应设置“五牌一图”，即工程概况牌、管理人员名单及监督电话牌、消防保卫牌、安全生产牌、文明施工和环境保护牌及施工现场总平面图。按照文明工地标准，严格按照相关文件规定的尺寸和规格制作各类工程标志牌。

(3)现场围挡设计

围挡封闭是创建文明工地的重要组成部分。工地四周设置连续、密闭的围墙,与外界隔绝进行封闭施工,围墙高度按不同地段的要求进行砌筑,市区主要路段和其他涉及市容景观路段的工地设置围挡的高度不低于2.5 m,其他工地的围挡高度不低于1.8 m,围挡材料要求坚固、稳定、统一、整洁、美观。

结构外墙脚手架设置安全网,防止杂物、灰尘外撒,也防止人与物的坠落。安全网使用不得超出其合理使用期限,重复使用的应进行检验,检验不合格的不得使用。

(4)临时设施布置

现场的主要机械设备、脚手架、密目式安全网与围挡、模板料具、施工临时道路、各种管线、施工材料制品堆场及仓库、土方及建筑垃圾堆放区、变配电间、消防栓、警卫室、现场的办公、生产和临时设施等的布置与搭设,均应符合施工平面图及相关规定的要求。

现场的临时用房应选址合理,并应符合安全、消防要求和国家有关规定。现场的施工区域应与办公、生活区划分清晰,并应采取相应的隔离防护措施,在建工程内、伙房、库房不得兼作宿舍。宿舍必须设置可开启式外窗,床铺不得超过2层,通道宽度不得小于0.9 m。宿舍室内净高不得小于2.5 m,住宿人员人均面积不得小于2.5 m^2,且每间宿舍居住人员不得超过16人。现场设置的办公室、宿舍、食堂、厕所、淋浴间、开水房、文体活动室、密闭式垃圾站或容器(垃圾分类存放)及盥洗设施等临时设施,所用建筑材料应符合环保、消防要求。

(5)成品、半成品、原材料堆放

仓库做到账物相符。进出仓库有手续,凭单收发,堆放整齐。保持仓库整洁,专人负责管理。严格按施工组织设计中的平面布置图划定的位置堆放成品、半成品和原材料,所有材料应堆放整齐,并标明名称、规格等。

(6)布置现场场地和道路

场内道路要平整、坚实、畅通。现场应设置畅通的排水沟渠系统,不允许有积水存在,保持场地道路的干燥坚实,泥浆和污水未处理不得直接排放。施工场地应硬化处理,并设置相应的安全防护设施和安全标志,有条件时可对施工现场进行绿化布置。

(7)现场卫生管理

①明确施工现场各区域的卫生责任人。

②食堂必须有卫生许可证,并应符合卫生标准,生、熟食操作应分开,熟食操作时应有防蝇间或防蝇罩。禁止使用食用塑料制品作熟食容器,炊事员和茶水工持有效的健康证明和上岗证。

③施工现场应设置卫生间,并有水源供冲洗,同时设简易化粪池或集粪池,加盖并定期喷药,每日有专人负责清洁。

④设置足够的垃圾池和垃圾桶,定期搞好环境卫生、清理垃圾,施药除“四害”。

⑤建筑垃圾必须集中堆放并及时清运。

⑥施工现场按标准制作有顶盖茶棚,茶桶必须上锁,茶水和消毒水有专人定时更换,并保证供水。

⑦夏季施工备有防暑降温措施。

⑧配备保健药箱，购置必要的急救、保健药品。

(8)施工现场综合治理

施工现场应加强治安综合治理、社区服务和保健急救工作，建立和落实好现场安保、施工环保、卫生防疫等制度，避免失盗、扰民和传染病等事件发生。针对社区服务工作应做好：夜间施工前，必须经相关机构批准方可进行施工；施工现场严禁焚烧各类废弃物；施工现场应制订防粉尘、防噪声、防光污染等措施；制订防止施工扰民的措施。

(9)文明施工教育

①做好文明施工教育，管理者首先应为建设者营造一个良好的施工、生活环境，保障施工人员的身心健康。

②开展文明施工教育，教育施工人员应遵守和维护国家的法律法规，防止和杜绝盗窃、打架斗殴及黄、赌、毒等非法活动的发生。

③现场施工人员均佩戴胸卡，按工种统一编号管理。

④进行多种形式的文明施工教育，如例会、报栏、录像及辅导，参观学习。

⑤强调全员管理的概念，提高现场人员的文明施工的意识。

7.2.4　设置安全警示牌

设置安全警示牌

1)施工现场安全警示牌的类型

安全标志分为禁止标志、警告标志、指令标志和提示标志四大类型。

2)安全警示牌的作用和基本形式

①禁止标志是用来禁止人们不安全行为的图形标志。基本形式是红色带斜杠的圆边框，图形是黑色，背景为白色。

②警告标志是用来提醒人们对周围环境引起注意，以避免发生危险的图形标志。基本形式是黑色正三角形边框，图形是黑色，背景为黄色。

③指令标志是用来强制人们必须做出某种动作或必须采取一定防范措施的图形标志，基本形式是黑色圆形边框，图形是白色，背景为蓝色。

④提示标志是用来向人们提供目标所在位置与方向性信息的图形标志。基本形式是矩形边框，图形文字是白色，背景是所提供的标志，为绿色；消防设施提示标志用红色。

3)施工现场安全警示牌的设置原则

施工现场安全警示牌的设置应遵循“标准、安全、醒目、便利、协调、合理”的原则。

①“标准”是指图形、尺寸、色彩、材质应符合标准。

②“安全”是指设置后其本身不能存在潜在危险，应保证安全。

③“醒目”是指设置的位置应醒目。

④“便利”是指设置的位置和角度应便于人们观察和捕获信息。

⑤“协调”是指同一场所设置的各种标志牌之间应尽量保持其高度、尺寸及与周围环境

的协调统一。

⑥“合理”是指尽量用适量的安全标志反映出必要的安全信息,避免漏设和滥用。

4)设置施工现场使用安全警示牌

①现场存在安全风险的重要部位和关键岗位必须设置能提供相应安全信息的安全警示牌。根据有关规定,现场出入口、施工起重机械、临时用电设施、脚手架、通道口、楼梯口、电梯井口、孔洞、基坑边沿、爆炸物及有毒有害物质存放处等属于存在安全风险的重要部位,应当设置明显的安全警示标牌。例如,在爆炸物及有毒有害物质存放处设“禁止烟火”等禁止标志;在木工圆锯旁设置“当心伤手”等警告标志;在通道口处设置“安全通道”等提示标志等。

②安全警示牌应设置在所涉及的相应危险地点或设备附近最容易被观察到的地方。

③安全警示牌应设置在明亮的、光线充分的环境中,如在应设置标志牌的位置近光线较暗,则应考虑增加辅助光源。

④安全警示牌应牢固地固定在依托物上,不能产生倾斜、卷翘、摆动等现象,高度应尽量与人眼的视线高度相一致。

⑤安全警示牌不得设置在门、窗、架体等可移动的物体上,警示牌的正面或邻近不得有妨碍人们视读的固定障碍物,并尽量避免经常被其他临时性物体所遮挡。

⑥多个安全警示牌在一起布置时,应按警告、禁止、指令、提示类型的顺序,先左后右、先上后下进行排列。各标志牌之间的距离至少应为标志牌尺寸的0.2倍。

⑦有触电危险的场所,应选用由绝缘材料制成的安全警示牌。

⑧室外露天场所设置的消防安全标志宜选用由反光材料或自发光材料制成的警示牌。

⑨对有防火要求的场所,应选用由不燃材料制成的安全警示牌。

⑩现场布置的安全警示牌应进行登记造册,并绘制安全警示布置总平面图,按图进行布置,如布置的点位发生变化,应及时保持更新。

⑪现场布置的安全警示牌未经允许,任何人不得私自进行挪动、移位、拆除或拆换。

⑫施工现场应加强对安全警示牌布置情况的检查,发现有破损、变形、褪色等情况时,应及时进行修整或更换。

任务7.3　施工现场生产安全管理

施工现场生产安全管理

7.3.1　识别危险源和风险控制

1)危险源的分类

危险源是安全管理的主要对象,实际生活和生产过程中的危险是以多种多样的形式存在的。虽然危险源的表现形式不同,但从本质上说,能够造成危害后果的(如伤亡事故、人身健康受损害、物体受破坏和环境污染等),均可为能量意外释放或约束、限制能量和危险物质措施失控的结果。

根据危险源在事故发生发展中的作用，把危险源分为两大类，即第一类危险源和第二类危险源。

(1) 第一类危险源

能量和危险物质的存在是危害产生的根本原因，通常把可能发生意外释放的能量（能源或能量载体）或危险物质称作第一类危险源。

第一类危险源是事故发生的物理本质，危险性主要表现为导致事故而造成后果的严重程度方面。第一类危险源危险性的大小主要取决于以下几个方面：

①能量或危险物质的量。

②能量或危险物质意外释放的强度。

③意外释放的能量或危险物质的影响范围。

(2) 第二类危险源

造成约束、限制能量和危险物质措施失控的各种不安全因素称作第二类危险源。第二类危险源主要体现在设备故障或缺陷（物的不安全状态）、人为失误（人的不安全行为）和管理缺陷等几个方面。

(3) 危险源与事故

事故的发生是两类危险源共同作用的结果，第一类危险源是事故发生的前提，第二类危险源是第一类危险源导致事故的必要条件。在事故的发生和发展过程中，两类危险源相互依存，相辅相成。第一类危险源是事故的主体，决定事故的严重程度，第二类危险源出现的难易，决定事故发生可能性的大小。

2) 识别危险源

识别危险源是安全管理的基础工作，主要目的是找出与每项工作活动有关的所有危险源，并考虑这些危险源可能会对什么人造成什么样的伤害，或导致什么设备设施损坏等。

(1) 危险源分类

我国在 2009 年发布了国家标准《生产过程危险和有害因素分类与代码》(GB/T 13861—2009)，该标准适用于各个行业在规划、设计和组织生产时对危险源的预测和预防、伤亡事故的统计分析和应用计算机进行管理。在进行危险源识别时，可参照该标准的分类和编码。

按照该标准，危险源分为以下 4 类：

①人的因素。

②物的因素。

③环境因素。

④管理因素。

(2) 识别危险源的方法

识别危险源的方法有询问交谈、现场观察、查阅有关记录、获取外部信息、工作任务分析、安全检查表、危险与操作性研究、事故树分析、故障树分析等。这些方法各有特点和局限性，往往采用两种或两种以上的方法识别危险源。以下简单介绍两种常用的方法：

①专家调查法。专家调查法是通过向有经验的专家咨询、调查，识别、分析和评价危险源的一类方法，其优点是简便、易行。缺点是受专家的知识、经验和占有资料的限制，可能出现遗漏。常用的有头脑风暴法(Brainstorming)和德尔菲(Delphi)法。

②安全检查表法。安全检查表(Safety Check List,SCL)实际上是实施安全检查和诊断项目的明细表。运用已编制好的安全检查表，进行系统的安全检查，识别工程项目存在的危险源。检查表的内容一般包括分类项目、检查内容及要求、检查以后处理意见等。可以用“是”“否”作回答或“√”“×”符号作标记，同时注明检查日期，并由检查人员和被检单位同时签字。安全检查表法的优点是简单易懂、容易掌握，可以事先组织专家编制检查内容，使安全、检查做到系统化、完整化。缺点是只能做出定性评价。

3)**评估危险源**

根据对危险源的识别，评估危险源造成风险的可能性和损失大小，对风险进行分级。《职业健康安全管理体系 实施指南》(GB/T 28002—2011)推荐的简单的风险等级评估见表7.1，结果分为Ⅰ、Ⅱ、Ⅲ、Ⅳ、Ⅴ 5个风险等级。通过评估，可对不同等级的风险采取相应的风险控制措施。

风险评价是一个持续不断的过程，应持续评审控制措施的充分性。当条件变化时，对风险重新评估。

表7.1 风险等级评估表

风险等级（可能性＼造成后果）	轻度损失（轻微伤害）	中度损失（伤害）	重大损失（严重伤害）
很大	Ⅲ	Ⅳ	Ⅴ
中等	Ⅱ	Ⅲ	Ⅳ
极小	Ⅰ	Ⅱ	Ⅲ

注：Ⅰ—可忽略风险；Ⅱ—可容许风险；Ⅲ—中度风险；Ⅳ—重大风险；Ⅴ—不容许风险。

4)**风险控制**

(1)风险控制策划

风险评价后应分别列出所有识别的危险源和重大危险源清单，对已经评价出的不容许的和重大风险(重大危险源)进行优先排序，由工程技术主管部门的相关人员进行风险控制策划，制订风险控制措施计划或管理方案。对于一般危险源可以通过日常管理程序来实施控制。

(2)风险控制措施计划

不同的组织、不同的工程项目需要根据不同的条件和风险量来选择适合的控制策略和方案。表7.2所表示的是针对不同风险水平的风险控制措施计划表。在实际应用中，应根据风险评价所得出的不同风险源和风险量大小(风险水平)选择不同的控制策略。

表7.2　基于不同风险水平的风险控制措施计划表

风险	措施
可忽略的	不采取措施且不必保留文件记录
可容许的	不需要另外的控制措施,应考虑投资效果更佳的解决方案或不增加额外成本的改进措施,需要监视来确保控制措施得以维持
中度的	应努力降低风险,但应仔细测定并限定预防成本,并在规定的时间期限内实施降低风险的措施。在中度风险与严重伤害后果相关的场合,必须进行进一步的评价,以更准确地确定伤害的可能性,以确定是否需要改进控制措施
重大的	直至风险降低后才能开始工作。为降低风险有时必须配给大量的资源。当风险涉及正在进行中的工作时,就应采取应急措施
不容许的	只有当风险已经降低时,才能开始或继续工作。如果无限的资源投入也不能降低风险,就必须禁止工作

风险控制措施计划在实施前宜进行评审。评审主要包括以下内容:

①更改的措施是否使风险降低至可允许水平。

②是否产生新的危险源。

③是否已选定了成本效益最佳的解决方案。

④更改的预防措施是否能得以全面落实。

(3)风险控制方法

①第一类危险源控制方法。可以采取消除危险源、限制能量和隔离危险物质、个体防护、应急救援等方法。建设工程可能遇到不可预测的各种自然灾害引发的风险,只能采取预测、预防、应急计划和急救援等措施,以尽量消除或减少人员伤亡和财产损失。

②第二类危险源控制方法。提高各类设施的可靠性以消除或减少故障、增加安全系数、设置安全监控系统、改善作业环境等。最重要的是加强员工的安全意识培训和教育,克服不良的操作习惯,严格按章办事,并在生产过程中保持良好的生理和心理状态。

7.3.2　处理与防范安全隐患

1)处理施工安全隐患

施工安全隐患是指在建筑施工过程中,给生产施工人员的生命安全带来威胁的不利因素,一般包括人的不安全行为、物的不安全状态以及管理不当等。

在智能建造工程施工过程中。安全隐患是难以避免的,但要尽可能预防和消除安全隐患的发生。首先需要项目参与各方加强安全意识,做好事前控制,建立健全各项安全生产管理制度,落实安全生产责任制,注重安全生产教育培训,保证安全生产条件所需资金的投入,将安全隐患消除在萌芽之中。其次是根据工程的特点确保各项安全施工措施的落实,加强对工程安全生产的检查监督,及时发现安全隐患。再者是对发现的安全隐患及时进行处理,查找原因,防止事故隐患的进一步扩大。

(1)施工安全隐患处理原则

①冗余安全度处理原则。为确保安全,在处理安全隐患时应考虑设置多道防线,即使有一两道防线无效,还有冗余的防线可以控制事故隐患。例如:道路上有一个坑,既要设防护栏及警示牌,又要设照明及夜间警示红灯。

②单项隐患综合处理原则。人、机、料、法、环境五者任一环节产生安全隐患,都要从五者安全匹配的角度考虑,调整匹配的方法,提高匹配的可靠性。一件单项的隐患问题的整改需综合(多角度)处理。人的隐患,既要治人也要治机具及生产环境等各环节,例如某工地发生触电事故,一方面要进行人的安全用电操作教育,同时现场也要设置漏电开关,对配电箱、用电电路进行防护改造,也要严禁非专业电工乱接乱拉电线。

③直接隐患与间接隐患并治处理原则。对人机环境系统进行安全治理,同时还需治理安全管理措施。

④预防与减灾并重处理原则。治理安全事故隐患时,需尽可能减少发生事故的可能性,如果不能控制事故的发生,也要设法将事故等级降低。但是不论预防措施如何完善,都不能保证事故绝对不发生,还必须对事故减灾做充分准备,研究应急技术操作规范。

⑤重点处理原则。按对隐患的分析评价结果实行危险点分级治理,也可以用安全检查表打分对隐患危险程度进行分级。

⑥动态处理原则。动态治理就是对生产过程进行动态随机安全化治理,在生产过程中发现问题及时治理,既可以及时消除隐患,又可以避免小的隐患发展成大的隐患。

(2)处理施工安全隐患

在智能建造工程施工中,安全隐患的发现可以来自各参与方,包括建设单位、设计单位、监理单位、施工单位自身、供货商、工程监管部门等。各方对事故安全隐患处理的义务和责任,以及相关的处理程序在《建设工程安全生产管理条例》已有明确的界定。这里仅从施工单位角度谈其对事故安全隐患的处理方法。

①当场指正,限期纠正,预防隐患发生。对于违章指挥和违章作业行为,检查人员应当场指出,并限期纠正,预防事故的发生。

②做好记录,及时整改,消除安全隐患。对检查中发现的各类安全事故隐患,应做好记录,分析安全隐患产生的原因,制订消除隐患的纠正措施,并报相关方审查批准后进行整改,及时消除隐患。对重大安全事故隐患排除前或者排除过程中无法保证安全的,责令从危险区域内撤出作业人员或者暂时停止施工,待隐患消除后再行施工。

③分析统计,查找原因,制订预防措施。对于反复发生的安全隐患,应进行分析统计。属于多个部位存在的同类型隐患,即"通病";属于重复出现的隐患,即"顽症"。查找产生"通病"和"顽症"的原因,修订管理措施,制订预防措施,从源头上消除安全事故隐患的发生。

④跟踪验证。检查单位应对受检单位的纠正和预防措施的实施过程和实施效果,进行跟踪验证,并保存验证记录。

2)防范施工安全隐患

(1)防范施工安全隐患的主要内容

防范施工安全隐患主要包括基坑支护和降水工程,土方开挖工程,人工挖扩孔桩工程,地下暗挖,顶管及水下作业工程,模板工程和支撑体系,起重吊装和安装拆卸工程,脚手架工程,拆除及爆破工程,现浇混凝土工程,钢结构、网架和索膜结构安装工程,预应力工程,建筑幕墙安装工程以及采用新技术、新工艺、新材料、新设备及尚无相关技术标准的危险性较大的分部分项工程等方面的防范。防范的主要内容包括掌握各工程的安全技术规范,归纳总结安全隐患的主要表现形式,及时发现可能造成安全事故的迹象,抓住安全控制的要点,制订相应的安全控制措施等。

(2)防范施工安全隐患的一般方法

安全生产管理制度

安全隐患主要包括人、物、管理 3 个方面。人的不安全因素,主要是指个人在心理、生理和能力等方面的不安全因素,以及人在施工现场的不安全行为。物的不安全状态,主要是指设备设施、现场场地环境等方面的缺陷。管理上的不安全因素,主要是指对人、工作的管理不当。根据安全隐患的内容而采用的防范安全隐患的一般方法包括:

①对施工人员进行安全意识的培训。

②对施工机具进行有序监管,投入必要的资源进行保养维护。

③建立施工现场的安全监督检查机制。

任务 7.4　施工安全事故应急预案和事故处理

7.4.1　编制施工安全事故应急预案

1)施工安全事故应急预案的概念

编制施工安全事故应急预案

施工安全事故应急预案是指事先制订的关于施工安全事故发生时进行紧急救援的组织、程序、措施、责任及协调等方面的方案和计划,是对特定的潜在事件和紧急情况发生时所采取措施的计划安排,是应急响应的行动指南。

编制应急预案的目的,是避免紧急情况发生时出现混乱,确保按照合理的响应流程采取适当的救援措施,预防和减少可能随之引发的职业健康安全和环境影响。

2)施工安全事故应急预案体系的构成

施工安全事故应急预案应形成体系,针对各级各类可能发生的事故和所有危险源制订专项应急预案和现场应急处置方案,并明确事前、事中、事后的各个过程中相关部门和有关人员的职责。生产规模小、危险因素少的施工单位,综合应急预案和专项应急预案可以合并编写。

(1)综合应急预案

综合应急预案是从总体上阐述事故的应急方针、政策,应急组织结构及相关应急职责,应急行动、措施和保障等基本要求和程序,是应对各类事故的综合性文件。

(2)专项应急预案

专项应急预案是针对具体的事故类别(如基坑开挖、脚手架拆除等事故)、危险源和应急保障而制订的计划或方案,是综合应急预案的组成部分,应按照综合应急预案的程序和要求组织制订,并作为综合应急预案的附件。专项应急预案应制定明确的救援程序和具体的应急救援措施。

(3)现场处置方案

现场处置方案是针对具体的装置、场所或设施、岗位所制订的应急处置措施。现场方案应具体、简单、针对性强。现场处置方案应根据风险评估及危险性控制措施逐一编制,做到事故相关人员应知应会,熟练掌握,并通过应急演练,做到迅速反应、正确处理。

3)**编制施工事故应急预案编制原则**

(1)施工安全事故应急预案编制原则

编制施工安全事故应急预案时,应当遵循以下原则:

①重点突出、针对性强。应急预案编制应结合本单位安全方面的实际情况,分析导致事故的原因,有针对性地制订预案。

②统一指挥、责任明确。预案实施的负责人以及施工单位各有关部门和人员如何配合、协调,应在应急救援预案中加以明确。

③程序简明、步骤明确。应急预案程序要简明,步骤要明确,具有高度可操作性,保证发生事故时能及时启动、有序实施。

(2)编制施工安全事故应急预案

①制订应急预案的目的、依据和适用范围。

②组织机构及其职责。明确应急预案救援组织机构、参加部门、负责人和人员及其职责、作用和联系方式。

③危害辨识与风险评价。确定可能发生的事故类型、地点、影响范围及可能影响的人数。

④通告程序和报警系统。包括确定报警系统及程序、报警方式、通信联络方式,向公众报警的标准、方式、信号等。

⑤应急设备与设施。明确可用于应急救援的设施和维护保养制度,明确有关部门可利用的应急设备和危险监测设备。

⑥求援程序。明确应急反应人员向外求援的方式,包括与消防机构、医院、急救中心的联系方式。

⑦保护措施程序。保护事故现场的方式方法,明确可授权发布疏散作业人员及施工现场周边居民指令的机构及负责人,明确疏散人员的接收中心或避难场所。

⑧事故后的恢复程序。明确决定终止应急、恢复正常秩序的负责人,宣布应急取消和恢复正常状态的程序。

⑨保障措施。包括通信与信息保障、应急队伍保障、物资装备保障等。

⑩培训与演练。包括定期培训、演练计划及定期检查制度,对应急人员进行培训,并确保合格者上岗。

⑪应急预案的维护更新和修订应急预案的方法，根据演练、检测结果完善应急预案。

7.4.2　管理施工安全事故应急预案

管理智能建造工程安全事故应急预案包括评审公布、备案、实施及监督管理应急预案。

国家安全生产监督管理总局负责应急预案的综合协调管理工作。国务院其他负有安全生产监督管理职责的部门按照各自的职责负责本行业、本领域内应急预案的管理工作。

县级以上地方各级人民政府安全生产监督管理部门负责本行政区域内应急预案的综合协调管理工作。县级以上地方各级人民政府其他负有安全生产监督管理职责的部门按照各自的职责负责辖区内本行业、本领域应急预案的管理工作。

1）评审施工生产安全事故应急预案

地方各级人民政府应急管理部门应当组织有关专家对本部门编制的应急预案进行审定。必要时，可以召开听证会，听取社会有关方面的意见。涉及相关部门职能或者需要有关部门配合的，应当征得有关部门同意。

参加应急预案评审的人员应当包括应急预案涉及的政府部门工作人员和有关安全生产及应急管理方面的专家。

评审人员与所评审预案的施工单位有利害关系的，应当回避。

应急预案的评审或者论证应当注重基本要素的完整性、组织体系的合理性、应急处理程序和措施的针对性、应急保障措施的可行性、应急预案的衔接性等内容。

2）公布施工生产事故应急预案

施工单位的应急预案经评审或者论证后，由本单位主要负责人签署公布，并及时发放到本单位有关部门、岗位和相关应急救援队伍。

事故风险可能影响周边其他单位、人员的，生产经营单位应当将有关事故风险的性质、影响范围和应急防范措施告知周边的其他单位和人员。

3）备案施工安全事故应急预案

地方各级人民政府应急管理部门的应急预案，应当报同级人民政府备案，同时抄送上一级人民政府应急管理部门，并依法向社会公布。

地方各级人民政府其他负有安全生产监督管理职责的部门的应急预案，应当抄送同级人民政府应急管理部门。

属于中央企业的，其总部（上市公司）的应急预案，报国务院主管的负有安全生产监督管理职责的部门备案，并抄送应急管理部；其所属单位的应急预案报所在地的省、自治区、直辖市或者设区的市级人民政府主管的负有安全生产监督管理职责的部门备案，并抄送同级人民政府应急管理部门。

不属于中央企业的，其中非煤矿山、金属冶炼和危险化学品生产、经营、储存、运输企业，以及使用危险化学品达到国家规定数量的化工企业、烟花爆竹生产、批发经营企业的应急预案，按照隶属关系关系报所在地县级以上地方人民政府应急管理部门备案；前述单位以外的其他生产经营单位应急预案的备案，由省、自治区、直辖市人民政府负有安全生产监督管理职责的部门确定。

4)实施施工安全事故应急预案

各级安全生产监督管理部门、施工单位应当采取多种形式开展应急预案的宣传教育,普及生产安全事故预防、避险、自救和互救知识,提高从业人员和社会公众的安全意识和应急处置技能。

施工单位应当组织开展本单位的应急预案、应急知识、自救互救和避险逃生技能的培训活动,使有关人员了解应急预案内容,熟悉应急职责,应急处置程序和措施。

施工单位应当制订本单位的应急预案演练计划,根据本单位的事故预防重点,每年至少组织一次综合应急预案演练或者专项应急预案演练,每半年至少组织一次现场处置方案演练。

有下列情形之一的,应急预案应当及时修订并归档:

①依据的法律、法规、规章、标准及上位预案中的有关规定发生重大变化的。

②应急指挥机构及其职责发生调整的。

③面临的事故风险发生重大变化的。

④重要应急资源发生重大变化的。

⑤预案中的其他重要信息发生变化的。

⑥在应急演练和事故应急救援中发现问题需要修订的。

⑦编制单位认为应当修订的其他情况。

施工单位应急预案修订涉及组织指挥体系与职责、应急处置程序、主要处置措施、应急响应分级等内容变更的,修订工作应当参照《生产安全事故应急预案管理办法》规定的应急预案编制程序进行,并按照有关应急预案报备程序重新备案。

5)监督管理施工安全事故应急预案

各级人民政府应急管理部门和煤矿安全监察机构应当将生产经营单位应急预案工作纳入年度监督检查计划,明确检查的重点内容和标准,并严格按照计划开展执法检查。

地方各级人民政府应急管理部门应当每年对应急预案的监督管理工作情况进行总结,并报上一级人民政府应急管理部门。

对于在应急预案管理工作中做出显著成绩的单位和人员,各级人民政府应急管理部门、生产经营单位可以给予表彰和奖励。

7.4.3 分类处理职业健康安全事故

1)职业健康安全事故分类

(1)按照安全事故伤害程度

根据《企业职工伤亡事故分类》(GB 6441—1986)规定,安全事故按伤害程度分为:

①轻伤,指损失1个工作日至105个工作日的失能伤害。

②重伤,指损失工作日等于和超过105个工作日的失能伤害,重伤的损失工作日最多不超过6 000工日。

③死亡,指损失工作日超过6 000日,这是根据我国职工的平均退休年龄和平均寿命计算出来的。

(2)按照安全事故类别分类

《企业职工伤亡事故分类》(GB 6441—1986)中,将事故类别划分为 20 类,即物体打击、车辆伤害、机械伤害、起重伤害、触电、淹溺、灼烫、火灾、高处坠落、坍塌、冒顶片帮、透水、放炮、瓦斯爆炸、火药爆炸、锅炉爆炸、容器爆炸、其他爆炸、中毒和窒息、其他伤害。

(3)按照安全事故受伤性质分类

受伤性质是指人体受伤的类型,实质上是从医学的角度给予创伤的具体名称,常见的有电伤、挫伤、割伤、锯伤、刺伤、撕脱伤、扭伤、倒塌压埋伤、冲击伤等。

(4)按照生产安全事故造成的人员伤亡或直接经济损失分类

根据 2007 年 4 月 9 日国务院发布的《生产安全事故报告和调查处理条例》第三条规定:按生产安全事故(以下简称"事故")造成的人员伤亡或者直接经济损失,事故一般分为以下等级:

①特别重大事故,是指造成 30 人以上死亡,或者 100 人以上重伤(包括急性工业中毒,下同),或者 1 亿元以上直接经济损失的事故。

②重大事故,是指造成 10 人以上 30 人以下死亡,或者 50 人以上 100 人以下重伤,或者 5 000 万元以上 1 亿元以下直接经济损失的事故。

③较大事故,是指造成 3 人以上 10 人以下死亡,或者 10 人以上 50 人以下重伤,或者 1 000 万元以上 5 000 万元以下直接经济损失的事故。

④一般事故,是指造成 3 人以下死亡,或者 10 人以下重伤,或者 1 000 万元以下 100 万元以上直接经济损失的事故。

本等级划分所称的"以上"包括本数,所称的"以下"不包括本数。

2)**处理施工安全事故**

(1)施工安全事故报告和调查处理原则

根据国家法律法规的要求,在进行施工安全事故报告和调查处理时,要坚持实事求是、尊重科学的原则。既要及时、准确地查明事故原因,明确事故责任,使责任人受到追究,又要总结经验教训,落实整改和防范措施,防止类似事故再次发生。因此,施工项目一旦发生安全事故,必须实施"四不放过"的原则。

调查处理施工生产安全事故

①事故原因没有查清不放过。

②责任人员没有受到处理不放过。

③整改措施没有落实不放过。

④有关人员没有受到教育不放过。

(2)事故报告的要求

根据《生产安全事故报告和调查处理条例》等相关规定的要求,事故报告应当及时、准确、完整,任何单位和个人对事故不得迟报、漏报、谎报或者瞒报。

①施工单位事故报告要求。施工安全事故发生后,受伤者或最先发现事故的人员应立即用最快的传递手段,将发生事故的时间、地点、伤亡人数、事故原因等情况,向施工单位负

责人报告。施工单位负责人接到报告后,应当在 2 小时内向事故发生地县级以上人民政府建设主管部门和有关部门报告。实行施工总承包的建设工程,由总承包单位负责上报事故。

情况紧急时,事故现场有关人员可以直接向事故发生地县级以上人民政府建设主管部门和有关部门报告。

②建设主管部门事故报告要求。

A. 建设主管部门接到事故报告后,应当依照下列规定上报事故情况,并通知安全生产监督管理部门、公安机关、劳动保障行政主管部门、工会和人民检察院。

a. 较大事故、重大事故及特别重大事故逐级上报至国务院建设主管部门。

b. 一般事故逐级上报至省、自治区、直辖市人民政府建设主管部门。

c. 建设主管部门依照规定上报事故情况时,应当同时报告本级人民政府。国务院建设主管部门接到重大事故和特别重大事故的报告后,应当立即报告国务院。

d. 必要时,建设主管部门可以越级上报事故情况。

B. 建设主管部门按照上述规定逐级上报事故情况时,每级上报的时间不得超过 2 小时。

③事故报告的内容。

a. 事故发生的时间、地点和工程项目、有关单位名称。

b. 事故的简要经过。

c. 事故已经造成或者可能造成的伤亡人数(包括下落不明的人数)和初步估计的直接经济损失。

d. 事故的初步原因。

e. 事故发生后采取的措施及事故控制情况。

f. 事故报告单位或报告人员。

g. 其他应当报告的情况。

事故报告后出现新情况,以及事故发生之日起 30 日内伤亡人数发生变化的,应当及时补报。

(3) 事故调查

根据《生产安全事故报告和调查处理条例》等相关规定的要求,事故调查处理应当坚持实事求是、尊重科学的原则,及时、准确地查清事故经过、事故原因和事故损失,查明事故性质,认定事故责任,总结事故教训,提出整改措施,并对事故责任者依法追究责任。

事故调查报告的内容应包括:

①事故发生单位概况。

②事故发生经过和事故救援情况。

③事故造成的人员伤亡和直接经济损失。

④事故发生的原因和事故性质。

⑤事故责任的认定和对事故责任者的处理建议。

⑥事故防范和整改措施。

事故调查报告应当附具有关证据材料,事故调查组成人员应当在事故调查报告上签名。

(4)事故处理

①施工单位的事故处理。

A.事故现场处理。事故处理是落实“四不放过”原则的核心环节。当事故发生后,事故发生单位应当严格保护事故现场,做好标识,排除险情,采取有效措施抢救伤员和财产,防止事故蔓延扩大。

事故现场是追溯判断发生事故原因和事故责任人责任的客观物质基础。因抢救人员、疏导交通等原则,需要移动现场物件时,应当做出标志,绘制现场简图并做出书面记录,妥善保存现场重要痕迹、物证,有条件的可以拍照或录像。

B.事故等级。施工现场要建立安全事故登记表,作为安全事故档案,对发生事故人员的姓名、性别、年龄、工种等级,负伤时间、伤害程度、负伤部门及情况、简要经过及原因记录归档。

C.事故分析记录。施工现场要有安全事故分析记录,对发生轻伤、重伤、死亡、重大设备事故及未遂事故必须按“四不放过”的原则组织分析,查出主要原因,分清责任,提出防范措施,应吸取的教训要记录清楚。

D.要坚持安全事故月报制度,若当月无事故也要报空表。

②建设主管部门的事故处理。

A.建设主管部门应当依据有关人民政府对事故的批复和有关法律法规的规定,对事故相关责任者实施行政处罚。处罚权限不属本级建设主管部门的,应当在收到事故调查报告批复后15个工作日内,将事故调查报告(附具有关证据材料)、结案批复、本级建设主管部门对有关责任者的处理建议等转送有权限的建设主管部门。

B.建设主管部门应当依照有关法律法规的规定,对因降低安全生产条件导致事故发生的施工单位给予暂扣或吊销安全生产许可证的处罚。对事故负有责任的相关单位给予罚款、停业整顿、降低资质等级或吊销资质证书的处罚。

C.建设主管部门应当依照有关法律法规的规定,对事故发生负有责任的注册执业资格人员给予罚款、停止执业或吊销其注册执业资格证书的处罚。

(5)法律责任

①事故报告和调查处理的违法行为。根据《生产安全事故报告和调查处理条例》规定,对事故报告和调查处理中的违法行为,任何单位和个人有权向安全生产监督管理部门、监察机关或者其他有关部门举报,接到举报的部门应当依法及时处理。

事故报告和调查处理中的违法行为,包括事故发生单位及其有关人员的违法行为,同时包括政府、有关部门及有关人员的违法行为,其种类主要有以下几种:

a.不立即组织事故抢救。

b.在事故调查处理期间擅离职守。

c.迟报或者漏报事故。

d.谎报或者瞒报事故。

e.伪造或者故意破坏事故现场。

f.转移、隐匿资金、财产,或者销毁有关证据、资料。

g. 拒绝接受调查或者拒绝提供有关情况和资料。

h. 在事故调查中作伪证或者指使他人作伪证。

i. 事故发生后逃匿。

j. 阻碍、干涉事故调查工作。

k. 对事故调查工作不负责任,致使事故调查工作有重大疏漏。

l. 包庇、袒护负有事故责任的人员或者借机打击报复。

m. 故意拖延或者拒绝落实经批复的对事故责任人的处理意见。

②法律责任。

a. 事故发生单位主要负责人有上述 a. ~c. 条违法行为之一的,处上一年年收入 40%~80%的罚款。属于国家工作人员的,依法给予处分。构成犯罪的,依法追究刑事责任。

b. 事故发生单位及其有关人员有上述 d. ~h. 条违法行为之一的,对事故发生单位处 100 万元以上 500 万元以下的罚款。对主要负责人、直接负责的主管人员和其他直接责任人员处上一年年收入 60%~100%的罚款。属于国家工作人员的,依法给予处分。构成违反治安管理行为的,由公安机关依法给予治安管理处罚。构成犯罪的,依法追究刑事责任。

c. 有关地方人民政府、安全生产监督管理部门和负有安全生产监督管理职责的有关部门有上述 a、c、d、h、j 条违法行为之一的,对直接负责的主管人员和其他直接责任人员依法给予处分。构成犯罪的,依法追究刑事责任。

d. 参与事故调查的人员在事故调查中有上述 k、l 条违法行为之一的,依法给予处分。构成犯罪的,依法追究刑事责任。

e. 有关地方人民政府或者有关部门故意拖延或者拒绝落实经批复的对事故责任人的处理意见的,由监察机关对有关责任人员依法给予处分。

任务 7.5　施工现场职业健康安全和环境保护管理

7.5.1　施工现场职业健康安全管理

1) 施工现场主要职业危害

施工现场主要职业危害来自粉尘的危害、生产性毒物的危害、噪声的危害、振动的危害、紫外线的危害和环境条件危害等。

2) 施工现场易引发的职业病类型

施工现场易引发的职业病有矽肺、水泥尘肺、电焊尘肺、锰及其化合物中毒、氮氧化物中毒、一氧化碳中毒、苯中毒、甲苯中毒、二甲苯中毒、五氯酚中毒、中暑、手臂振动病、电光性皮炎、电光性眼炎、噪声聋、白血病等。

3）职业病的防治

（1）工作场所职业卫生防护与管理要求

①危害因素的强度或者浓度应符合国家职业卫生标准。

②有与职业病危害防护相适应的设施。

③现场施工布局合理，符合有害与无害作业分开的原则。

④有配套的卫生保健设施。

⑤设备、工具、用具等设施符合保护劳动者生理、心理健康的要求。

⑥法律、法规和国务院卫生行政主管部门关于保护劳动者健康的其他要求。

（2）生产过程中的职业卫生防护与管理要求

①建立健全职业病防治管理制度。

②采取有效的职业病防护设施，为劳动者提供个人使用的职业病防护用具、用品。防护用具，用品必须符合防治职业病的要求，不符合要求的，不得使用。

③应优先采用有利于防治职业病和保护劳动者健康的新技术、新工艺、新材料、新设备，不得使用国家明令禁止使用的可能产生职业病危害的设备或材料。

④应书面告知劳动者工作场所或工作岗位所产生或者可能产生的职业病危害因素、危害后果和应采取的职业病防护措施。

⑤应对劳动者进行上岗前的职业卫生培训和在岗期间的定期职业卫生培训。

⑥对从事接触职业病危害作业的劳动者，应当组织上岗前、在岗期间和离岗时的职业健康检查。

⑦不得安排未经上岗前职业健康检查的劳动者从事接触职业病危害的作业，不得安排有职业禁忌的劳动者从事其所禁忌的作业。

⑧不得安排未成年工从事接触职业病危害的作业，不得安排孕期、哺乳期的女职工从事对本人和胎儿、婴儿有危害的作业。

⑨用于预防和治理职业病危害、工作场所卫生检测、健康监护和职业卫生费用，按照国家有关规定，应在生产成本中据实列支，专款专用。

4）施工现场卫生与防疫

①施工单位应根据法律、法规的规定，制订施工现场的公共卫生突发事件应急预案。

②施工现场应配备常用药品及绷带、止血带、颈托、担架等急救器材。

③施工现场应结合季节特点，做好作业人员的饮食卫生和防暑降温、防寒取暖、防煤气中毒、防疫等各项工作。如发生法定传染病、食物中毒或急性职业中毒时，必须在 2 小时内向所在地建设行政主管部门和有关部门报告，并应积极配合调查处理；同时法定传染病应及时进行隔离，由卫生防疫部门进行处置。

④施工现场应设专职或兼职保洁员，负责现场日常的卫生清扫和保洁工作。现场办公区和生活区应采取灭鼠、灭蚊、灭蝇、灭蟑螂等措施，并应定期投放和喷洒药物。

⑤食堂必须有卫生许可证，炊事人员必须持身体健康证上岗。

⑥施工现场生活区内应设置开水炉、电热水器或饮用水保温桶，施工区应配备流动保温水桶，水质应符合饮用水安全卫生要求。

⑦炊事人员上岗应穿戴洁净的工作服,工作帽和口罩,并应保持个人卫生。不得穿工作服出食堂,非炊事人员不得随意进入制作间。

7.5.2 施工现场环境保护管理

1) 施工现场环境保护的要求

(1) 环境保护的目的

①保护和改善环境质量,从而保护人民的身心健康,防止人体在环境污染影响下产生遗传突变和退化。

②合理开发和利用自然资源,减少或消除有害物质进入环境,加强生物多样性的保护,维护生物资源的生产能力,使之得以恢复。

(2) 环境保护的原则

①经济建设与环境保护协调发展的原则。

②预防为主、防治结合、综合治理的原则。

③依靠群众保护环境的原则。

④环境经济责任原则,即污染者付费的原则。

(3) 环境保护的要求

①工程的施工组织设计中应有防治扬尘、噪声、固体废物和废水等污染环境的有效措施,并在施工作业中认真组织实施。

②施工现场应建立环境保护管理体系,层层落实,责任到人,并保证有效运行。

③对施工现场防治扬尘、噪声、水污染及环境保护管理工作进行检查。

④定期对职工进行环保法规知识的培训考核。

(4) 施工环境影响的类型

通常施工环境影响的类型见表 7.3。

表 7.3 施工环境影响的类型

序号	环境因素	产生的地点、工序和部位	环境影响
1	噪声	施工机械、运输设备、电动工具	影响人体健康、居民休息
2	粉尘的排放	施工场地平整、土堆、砂堆、石灰、现场路面、进出车辆车轮带泥沙、水泥搬运、混凝土搅拌、木工房锯末、喷砂、除锈、衬里	污染大气、影响居民身体
3	运输遗撒	现场渣土、商品混凝土、生活垃圾、原材料运输过程中	污染路面和人员健康
4	化学危险品、油品泄漏会挥发	实验室、油漆库、油库、化学材料库及其作业面	污染土地和影响人体健康
5	有毒有害废弃物排放	施工现场、办公区、生活区废弃物	污染土地、水体和大气
6	生产、生活污水的排放	现场搅拌站、厕所、现场洗车处、生活服务设施、食堂等	污染水体

续表

序号	环境因素	产生的地点、工序和部位	环境影响
7	生产用水、用电的消耗	现场、办公室、生活区	资源浪费
8	办公用纸的消耗	办公室、现场	资源浪费
9	光污染	现场焊接、切割作业、夜间照明	影响居民生活、休息和邻近人员健康
10	离子辐射	放射源储存、运输、使用过程中	严重危害居民、工作人员健康
11	混凝土防冻剂的排放	混凝土使用	影响健康

2）**施工现场环境保护的措施**

(1)环境保护的组织措施

施工现场环境保护的组织措施是施工组织设计或环境管理专项方案中的重要组成部分，是具体组织与指导环保施工的文件，旨在从组织和管理上采取措施，消除或减轻施工过程中的环境污染与危害。主要的组织措施包括：

①建立施工现场环境管理体系，落实项目经理责任制。项目经理全面负责施工过程中的现场环境保护的管理工作，并根据工程规模、技术复杂程度和施工现场的具体情况，建立施工现场管理责任制并组织实施，将环境管理系统化、科学化、规范化，做到责权分明、管理有序，防止互相扯皮，提高管理水平和效率。主要包括环境岗位责任制度、环境检查制度、环境保护教育制度以及环境保护奖惩制度。

②加强施工现场环境的综合治理。加强全体职工的自觉保护环境意识，做好思想教育、纪律教育与社会公德、职业道德和法治观念相结合的宣传教育。

(2)环境保护的技术措施

根据《建设工程施工现场环境与卫生标准》(JGJ 146—2013)的规定，施工单位应当采取下列防止环境污染的技术措施：

①施工现场的主要道路要进行硬化处理。裸露的场地和堆放的土方应采取覆盖、固化或绿化等措施。

②施工现场土方作业应采取防止扬尘措施，主要道路应定期清扫、洒水。

③拆除建筑物或者构筑物时，应采用隔离、洒水等降噪、降尘措施，并及时清理废弃物。

④土方和建筑垃圾的运输必须采用封闭式运输车辆或采取覆盖措施。施工现场出口处应设置车辆冲洗设施，并应对驶出的车辆进行清洗。

⑤建筑物内垃圾应采用容器或搭设专用封闭式垃圾道的方式清运，严禁凌空抛掷。

⑥施工现场严禁焚烧各类废弃物。

⑦在规定区域内的施工现场应使用预拌制混凝土及预拌砂浆。采用现场搅拌混凝土或砂浆的场所应采取封闭、降尘、降噪措施。水泥和其他易飞扬的细颗粒建筑材料应密闭存放或采取覆盖等措施。

⑧当环境空气质量指数达到中度及以上的污染时，施工现场应增加洒水频次，加强覆盖

措施,减少易造成大气污染的施工作业。

⑨施工现场应设置排水管及沉淀池,施工污水应经沉淀处理达到排放标准后,方可排入市政污水管网。

⑩废弃的降水井应及时回填,并应封闭井口,防止污染地下水。

⑪施工现场宜选用低噪声、低振动的设备,强噪声设备宜设置在远离居民区的一侧,并应采用隔声、吸声材料搭设的防护棚或屏障。

(3)运用装配式建筑进行环境保护

根据国务院2016年9月27日颁布的《国务院办公厅关于大力发展装配式建筑的指导意见》,装配式建筑是用预制部品部件在工地装配而成的建筑。发展装配式建筑是建造方式的大变革,是推进供给侧结构性改革和新型城镇化发展的重要举措。装配式建筑将大量施工工序移到场外,有效简化现场工作,将极大减少施工工序对施工现场环境的污染,对施工现场安全环境控制具有重大的意义。

3)**施工现场环境污染的处理**

(1)大气污染的处理

①施工现场外围围挡不得低于1.8 m,以避免或减少污染物向外扩散。

②施工现场垃圾杂物要及时清理。清理多、高层建筑物的施工垃圾时,采用定制带盖铁桶吊运或利用永久性垃圾道,严禁凌空随意抛撒。

③施工现场堆土应合理选定位置进行存放,并洒水覆膜封闭或表面临时固化或植草,防止扬尘污染。

④施工现场道路应硬化。采用焦渣、级配砂石、混凝土等作为道路面层,有条件的可利用永久性道路,并指定专人定时洒水和清扫养护,防止道路扬尘。

⑤易飞扬材料入库密闭存放或覆盖存放。如水泥、白灰、珍珠岩等易飞扬的细颗粒散体材料,应入库存放。若在室外临时露天存放时,必须下垫上盖,严密遮盖防止扬尘。运输水泥、白灰、珍珠岩粉等易飞扬的细颗粒粉状材料时,要采取遮盖措施,防止沿途遗撒、扬尘。卸货时,应采取措施,以减少扬尘。

⑥施工现场易扬尘处使用密目式安全网封闭,使一网两用,并定人定时清洗粉尘,防止施工过程扬尘或二次污染。

⑦在大门口铺设一定距离的石子路(定期过筛洗选)自动清理车轮或做一段混凝土路面和水沟用水冲洗车轮车身,或人工清扫车轮车身。装车时不应装得过满,行车时不应猛拐弯,不急刹车。卸货后清扫干净车厢,注意关好车厢门。场区内外定人定时清扫,做到车辆不外带泥沙、不撒污染物、不扬尘,消除或减轻对周围环境的污染。

⑧禁止施工现场焚烧有毒、有害烟尘和恶臭气体的物资,如焚烧沥青、包装箱袋和建筑垃圾等。

⑨尾气排放超标的车辆,应安装净化消声器,防止噪声和冒黑烟。

⑩施工现场炉灶(如茶炉、锅炉等)采用消烟除尘型,烟尘排放控制在允许范围内。

⑪拆除旧有建筑物时,应适当洒水,并且在旧有建筑物周围采用密目式安全网和草帘搭

设屏障，防止扬尘。

⑫在施工现场建立集中搅拌站，由先进设备控制混凝土原材料的取料、称料、进料，混合料搅拌、混凝土出料等全过程，在进料仓上方安装除尘器，可使粉尘降低98%以上。

⑬在城区、郊区城镇和居民稠密区、风景旅游区、疗养区及国家规定的文物保护区内施工的工程，严禁使用敞口锅熬制沥青。凡进行沥青防水作业时，要使用密闭和带有烟尘处理装置的加热设备。

(2)水污染的处理

①施工现场搅拌站的污水、水磨石的污水等须经排水沟排放和沉淀池沉淀后再排入城市污水管道或河流，污水未经处理不得直接排入城市污水管道或河流。

②禁止将有毒有害废弃物作土方回填，避免污染水源。

③施工现场存放油料、化学溶剂等应设有专门的库房，必须对库房地面和高250 mm墙面进行防渗处理，如采用防渗混凝土或刷防渗漏涂料等。使用油料时，要采取措施，防止油料跑、冒、滴、漏而污染水体。

④对于现场用的乙炔发生产生的污水严禁随地倾倒，要求专用容器集中存放，并倒入沉淀池处理，防止污染水体。

⑤施工现场100人以上的临时食堂，污水排放时可设置简易有效的隔油池，定期掏油、清理杂物，防止污染水体。

⑥施工现场临时厕所的化粪池应采取防渗漏措施，防止污染水体。

⑦施工现场化学药品、外加剂等要妥善入库保存，防止污染水体。

(3)噪声污染的处理

①合理布局施工场地，优化作业方案和运输方案，尽量降低施工现场附近敏感点的噪声强度，避免噪声扰民。

②在人口密集区进行较强噪声施工时，须严格控制作业时间，一般避开晚10时到次日早6时的作业。对环境的污染不能控制在规定范围内的，必须昼夜连续施工时，要尽量采取措施降低噪声。

③夜间运输材料的车辆进入施工现场，严禁鸣笛和乱轰油门，装卸材料要做到轻拿轻放。

④进入施工现场不得高声喊叫和乱吹哨，不得无故甩打模板、钢筋铁件和工具设备等，严禁使用高音喇叭、机械设备空转和不应当的碰撞其他物件(如混凝土振捣器碰撞钢筋或模板等)，减少噪声扰民。

⑤加强各种机械设备的维修保养，缩短维修保养周期，尽可能降低机械设备噪声。

⑥施工现场超噪声值的声源，采取如下措施降低噪声或转移声源：

a.尽量选用低噪声设备和工艺来代替高噪声设备和工艺(如用电动空压机代替柴油机。用静压桩施工方法代替锤击桩施工方法等)，降低噪声。

b.在声源处安装消声器消声，即在鼓风机、内燃机、压缩机各类排气装置等进出风管的适当位置设置消声器(如阻性消声器、抗性消声器、阻抗复合消声器、微穿孔板消声器等)，降低噪声。

c.加工成品、半成品的作业(如预制混凝土构件、制作门窗等),尽量放在工厂车间生产,以转移声源来消除噪声。

⑦在施工现场噪声的传播途径上,采取吸声、隔声等声学处理的方法来降低噪声。

⑧建筑施工过程中场界环境噪声不得超过《建筑施工场界环境噪声排放标准》(GB 12523—2011)规定的排放限值(表7.4)。夜间噪声最大声级超过限值的幅度不得高于15 dB(A)。

表7.4 建筑施工场界环境噪声限值表

单位:dB(A)

昼间	夜间
70	55

(4)固体废物污染的处理

①施工现场设立专门的固体废弃物临时贮存场所,用砖砌成池,废弃物应分类存放,对有可能造成二次污染的废弃物必须单独贮存、设置安全防范措施且有醒目标识。对储存物应及时收集并处理,可回收的废弃物做到回收再利用。

②固体废弃物的运输应采取分类、密封、覆盖,避免泄漏、遗漏,并送到政府批准的单位或场所进行处理。

③施工现场应使用环保型的建筑材料、工器具、临时设施、灭火器和各种物质的包装箱袋等,减少固体废弃物污染。

④提高工程施工质量,减少或杜绝工程返工,避免产生固体废弃物污染。

⑤施工中及时回收使用落地灰和其他施工材料,做到工完料尽,减少固体废弃物污染。

(5)光污染的处理

①对施工现场照明器具的种类、灯光亮度加以控制,不对着居民区照射,并利用隔离屏障(如灯罩、搭设排架密挂草帘或篷布等)。

②电气焊应尽量远离居民区或在工作面设蔽光屏障。

任务7.6 施工现场消防与成品保护管理

7.6.1 施工现场消防管理

1)施工现场消防的一般规定

①施工现场的消防安全工作应以"预防为主、防消结合"为方针,健全防火组织,认真落实防火安全责任制。

②施工单位在编制施工组织设计时,必须包含防火安全措施内容,所采用的施工工艺、技术和材料必须符合防火安全要求。

③施工现场要有明显的防火宣传标志，必须设置临时消防车道，保持消防车道畅通无阻。

④施工现场应明确划分固定动火区和禁火区，现场动火必须严格履行动火审批程序，并采取可靠的防火安全措施，指派专人进行安全监护。

⑤施工现场材料的存放、使用应符合防火要求，易燃易爆物品应专库储存，并有严格的防火措施。

⑥施工现场使用的电气设备必须符合防火要求，临时用电系统必须安装过载保护。

⑦施工现场使用的安全网、防尘网、保温材料等必须符合防火要求，不得使用易燃、可燃材料。

⑧施工现场严禁工程明火保温施工。

⑨生活区的设置必须符合防火要求，宿舍内严禁明火取暖。

⑩施工现场食堂用火必须符合防火要求，火点和燃料源不能在同一房间内。

⑪施工现场应配备足够的消防器材，设置临时消防给水系统和应急照明等临时消防设施，并应指派专人进行日常维护和管理，确保消防设施和器材完好。

⑫施工现场应认真识别和评价潜在的火灾危险源，编制防火安全应急预案，并定期组织演练。

⑬房屋建设过程中，临时消防设施应与在建工程同步设置，与主体结构施工进度差距不应超过3层。

⑭在建工程可利用已具备使用条件的永久性消防设施作为临时消防设施。

⑮施工现场的消防水泵应采用专用消防配电线路，且应从现场总配电箱的总断路接入，保持不间断供电。

⑯临时消防系统的给水池、消防水泵、室内消防竖管及水泵接合器应设置醒目标识。

2）施工现场动火等级的划分

①凡属下列情况之一的动火，均为一级动火。

a. 禁火区域内。

b. 油罐、油箱、油槽车和储存过可燃气体、易燃液体的器具及与其连接在一起的辅助设备。

c. 各种受压设备。

d. 危险性较大的登高焊、割作业。

e. 比较密封的室内、容器内、地下室等。

f. 现场堆有大量可燃和易燃物质的场所。

②凡属下列情况之一的动火，均为二级动火。

a. 在具有一定危险因素的非禁火区域内进行临时焊、割等用火作业。

b. 小型油箱等容器。

c. 登高焊、割等用火作业。

③在非固定的、无明显危险因素的场所进行用火作业，均属三级动火作业。

3)施工现场动火审批程序

①一级动火作业由项目负责人组织编制防火安全技术方案,填写动火申请表,报企业安全管理部门审查批准后,方可动火。

②二级动火作业由项目责任工程师组织拟定防火安全技术措施,填写动火申请表,报项目安全管理部门和项目负责人审查批准后,方可动火。

③三级动火作业由所在班组填写动火申请表,经项目责任工程师和项目安全管理部门审查批准后,方可动火。

④动火证当日有效,如动火地点发生变化,则需重新办理动火审批手续。

4)施工现场消防器材的配备

①在建工程及临时用房的下列场所应配置灭火器:

a. 易燃易爆危险品存放及使用场所。

b. 动火作业场所。

c. 可燃材料存放、加工及使用场所。

d. 厨房操作间、锅炉房、发电机房、变配电房、设备用房、办公用房、宿舍等临时用房。

e. 其他具有火灾危险的场所。

②一般临时设施区,每 100 m^2 配备两个 10 L 的灭火器,大型临时设施总面积超计 1 200 m^2 的,应备有消防专用的消防桶、消防锹、消防钩、盛水桶(池)、消防砂箱等器材设施。

③临时木工加工车间、油漆作业间等,每 25 m^2 应配置一个种类合适的灭火器。

④仓库、油库、危化品库或堆料厂内,应配备足够组数、种类的灭火器,每组灭火器不应少于 4 个,每组灭火器之间的距离不应大于 30 m。

⑤高度超过 24 m 的建筑工程,应保证消防水源充足,设置具有足够扬程的高压水泵,安装临时消防竖管,管径不得小于 75 mm,每层必须设消火栓口,并配备足够的水龙带。

5)施工现场灭火器的摆放

①灭火器应摆放在明显和便于取用的地点,且不得影响安全疏散。

②灭火器应摆放稳固,其铭牌必须朝外。

③手提式灭火器应使用挂钩悬挂,或摆放在托架上、灭火箱内,也可直接放在室内干燥的地面上,其顶部离地面高度应小于 1.5 m,底部离地面高度宜大于 0.15 m。

④灭火器不应摆放在潮湿或强腐蚀性的地点,必须摆放时,应采取相应的保护措施。

⑤摆放在室外的灭火器应采取相应的保护措施。

⑥灭火器不得摆放在超出其使用温度范围以外的地点,灭火器的使用温度范围应符合规范规定。

6)施工现场消防车道

施工现场内应设置临时消防车道,临时消防车道与在建工程、临时用房、可燃材料堆场及其加工场的距离,不宜小于 5 m,且不宜大于 40 m;施工现场周边道路满足消防车通行及灭火救援要求时,施工现场内可不设置临时消防车道。

①临时消防车道宜为环形,如设置环形车道确有困难,应在消防车道尽端设置尺寸不小

于 12 m×12 m 的回车场。

②临时消防车道的净宽度和净空高度均不应小于 4 m。

③下列建筑应设置环形临时消防车道,设置环形临时消防车道确有困难时,除设置回车场外,还应设置临时消防救援场地:

a. 建筑高度大于 24 m 的在建工程。

b. 建筑工程单体占地面积大于 3 000 m^2 的在建工程。

c. 超过 10 栋,且为成组布置的临时用房。

7)现场消防安全教育、技术交底和检查

①施工人员进场前,施工现场的消防安全管理人员应向施工人员进行消防安全教育和培训。消防安全教育和培训应包括下列内容:

a. 施工现场消防安全管理制度、防火技术方案、灭火及应急疏散预案的主要内容。

b. 施工现场临时消防设施的性能及使用、维护方法。

c. 扑灭初起火灾及自救逃生的知识和技能。

d. 报火警、接警的程序和方法。

②施工作业前,施工现场的施工管理人员应向作业人员进行消防安全技术交底。消防安全技术交底应包括下列主要内容:

a. 施工过程中可能发生火灾的部位或环节。

b. 施工过程应采取的防火措施及应配备的临时消防设施。

c. 初起火灾的扑救方法及注意事项。

d. 逃生方法及路线。

③施工过程中,施工现场的消防安全负责人应定期组织消防安全管理人员对施工现场的消防安全进行检查。消防安全检查应包括下列主要内容:

a. 可燃物及易燃易爆危险品的管理是否落实。

b. 动火作业的防火措施是否落实。

c. 用火、用电、用气是否存在违章操作,电、气焊及保温防水施工是否执行操作规程。

d. 临时消防设施是否完好有效。

e. 临时消防车道及临时疏散设施是否畅通。

7.6.2　临时用电、用水管理

1)施工现场临时用电管理

①现场临时用电的范围包括临时动力用电和临时照明用电。

②现场临时用电必须按照《施工现场临时用电安全技术规范》(JGJ 46—2005)及其他相关规范标准的要求,根据现场实际情况,编制临时用电施工组织设计或方案,建立相关的管理文件和档案资料。

③施工现场临时用电设备在 5 台及以上或设备总容量在 50 kW 及以上者,应编制用电组织设计;否则应制订安全用电和电气防火措施。临时用电组织设计应由电气工程技术人员组织编制,经相关部门审核及具有法人资格企业的技术负责人批准后实施。使用前必须

经编制、审核、批准部门和使用单位共同验收，合格后方可投入使用。

④工程总包单位与分包单位应签订临时用电管理协议，明确各方管理及使用责任。总包单位应按照协议约定对分包单位的用电设施和日常用电管理进行监督、检查和指导。

⑤现场临时用电设施和器材必须使用正规厂家，并经过国家级专业检测机构认证的合格产品；严禁使用假冒伪劣、无安全认证等不合格产品。

⑥电工作业应持有效证件，电工等级应与工程的难易程度和技术复杂性相适应。电工作业由两人以上配合进行，并按规定穿绝缘鞋、戴绝缘手套、使用绝缘工具；严禁带电作业和带负荷插拔插头等。

⑦项目部应按规定对临时用电工程进行定期检查，并应按分部、分项工程进行管理；对安全隐患必须及时处理，并应履行复查验收手续。

⑧隧道、人防工程、高温、有导电灰尘、比较潮湿或灯具离地面高度低于 2.5 m 等场所的照明，电流电压不应大于 36 V；潮湿和易触及带电体场所的照明，电源电压不得大于 24 V；特别潮湿场所导电良好的地面、锅炉或金属容器内的照明，电源电压不得大于 12 V。

⑨项目部应建立临时用电安全技术档案。临时用电安全技术档案包括：

a. 用电组织设计的全部资料。

b. 修改用电组织设计的资料。

c. 用电技术交底资料。

d. 用电工程检查验收表。

e. 电气设备的试、检验凭单和调试记录。

f. 接地电阻、绝缘电阻和漏电保护器漏电动作参数测定记录表。

g. 定期检(复)查表。

h. 电工安装、巡检、维修、拆除工作记录。

2）施工现场临时用水管理

①现场临时用水包括生产用水、机械用水、生活用水和消防用水。

②现场临时用水必须根据现场工况编制临时用水方案，建立相关的管理文件和档案资料。

③消防用水一般利用城市或建设单位的永久消防设施。如自行设计，消防干管直径应不小于 100 mm，消火栓处昼夜要有明显标志，配备足够的水龙带，周围 3 m 内不准存放物品。

④高度超过 24 m 的建筑工程，应安装临时消防竖管，管径不得小于 75 mm，严禁消防竖管作为施工用水管线。

⑤消防供水要保证足够的水源和水压。消防泵应使用专用配电线路，不间断供电，保证消防供水。

7.6.3 施工现场成品保护管理

1）施工现场成品保护的重要性

施工现场成品保护是保证工程实体质量的重要环节，是施工管理的重要组成部分。成品保护工作不到位，优质的产品也将受到破坏或污染，成为次品或不合格品，增加不必要的修复或返工工作,导致工、料浪费,工期延迟及不必要的经济损失。

2)施工现场成品保护的范围

在施工过程中,对已完成或部分完成的检验批、分项、分部工程及安装的设备、五金件等成品、半成品都必须做好保护工作。成品保护的范围主要包括:

①结构施工时的测量控制桩,制作和绑扎的钢筋、模板、浇筑的混凝土构件(尤其是楼梯踏步、结构墙、梁、板、柱及门窗洞口的边、角等部位),砌体等,以及地下室、卫生间、盥洗室、厨房、屋面等部位的防水层。

②装饰施工时的墙面、顶棚、楼地面、地毯、石材、木作业、油漆及涂料、门窗及玻璃、幕墙、五金、楼梯饰面及扶手等工程。

③安装的消防箱、配电箱、配电柜、插座、开关、烟感、喷淋、散热器、空调风口、洁具、厨房器具、灯具、阀门、管线、水箱、设备配件等。

④安装的高低压配电柜、空调机组、电梯、发电机组、冷水机组、冷却塔、通风机、水泵、强弱电配套设施、风机盘管、智能照明设备、中水设备、厨房设备等。

3)施工现场成品保护的要点

①合理安排施工顺序,主要是根据工程实际,合理安排不同工序间施工先后顺序,防止后道工序损坏或污染前道工序。例如,采取房间内先刷浆或喷涂后安装灯具的施工顺序可防止浆料污染灯具;先做顶棚装修后做地面,也可避免顶棚装修施工对地面造成污染和损坏。

②根据产品的特点,可以分别对成品、半成品采取"护、包、盖、封"等具体保护措施:

a."护"就是提前防护,针对被保护对象采取相应的防护措施,例如,对楼梯踏步,可以采取固定木板进行防护;对于进出口台阶可以采取垫砖或搭设通道板的方法进行防护;对于门口、柱角等易被磕碰部位,可以固定专用防护条或包角等措施进行防护。

b."包"就是进行包裹,将被保护物包裹起来,以防损伤或污染,例如,对镶面大理石柱可用立板包裹捆扎保护;铝合金门窗可用塑料布包扎保护等。

c."盖"就是表面覆盖,用表面覆盖的办法防止堵塞或损伤,例如,对地漏、排水落水口等安装就位后加以覆盖,以防异物落入而被堵塞;门厅、走道部位等大理石块材地面,可以采用软物辅以木(竹)胶合板覆盖加以保护等。

d."封"就是局部封闭,采取局部封闭的办法进行保护,例如,房间水泥地面或地面砖铺贴完成后,可将该房间局部封闭,以防人员进入损坏地面。

③建立成品保护责任制,加强对成品保护工作的巡视检查,发现问题及时处理。

【知识链接】

施工现场综合考评分析

1)施工现场综合考评的概念

建设工程施工现场综合考评是指对工程建设参与各方(建设、监理、设计、施工、材料及设备供应单位等)在现场中主体行为责任履行情况的评价。

2）施工现场综合考评的内容

建设工程施工现场综合考评的内容，分为建筑业企业的施工组织管理、工程质量管理、施工安全管理、文明施工管理和建设、监理单位的现场管理等5个方面。

（1）施工组织管理

施工组织管理考评的主要内容是企业及项目经理资质情况、合同签订及履约管理、总分包管理、关键岗位培训及持证上岗、施工组织设计及实施情况等。

（2）工程质量管理

工程质量管理考评的主要内容是质量管理与质量保证体系、工程实体质量、工程质量保证资料等情况。工程质量检查按照现行国家标准、行业标准、地方标准和有关规定执行。

（3）施工安全管理

施工安全管理考评的主要内容是安全生产保证体系和施工安全技术、规范、标准的实施情况等。施工安全管理检查按照国家现行有关法规、标准、规范和有关规定执行。

（4）文明施工管理

文明施工管理考评的主要内容是场容场貌、料具管理、环境保护、社会治安情况等。

（5）建设单位、监理单位的现场管理

建设单位、监理单位现场管理考评的主要内容是有无专人或委托监理单位对现场实施管理、有无隐蔽验收签认、有无现场检查认可记录及执行合同情况等。

3）施工现场综合考评办法及奖罚

①对于施工现场综合考评发现的问题，由主管考评工作的建设行政主管部门根据责任情况，向建筑业企业、建设单位或监理单位提出警告。

②对于一个年度内，同一个施工现场被两次警告的，根据责任情况，给予建筑企业、建设单位或监理单位通报批评的处罚；给予项目经理或监理工程师通报批评的处罚。

③对于一个年度内，同一个施工现场被3次警告的，根据责任情况，给予建筑企业或监理单位降低资质一级的处罚；给予项目经理、监理工程师取消资格的处罚；责令该施工现场停工整顿。

练习题7

一、单项选择题（每题1分，每题的备选项中只有一个最符合题意）

1. 智能建造工程项目的职业健康安全管理的目的是（　　）。

A. 保护产品生产者与使用者的健康与安全

B. 保护生态环境

C. 保证工程项目质量

D. 提高项目经济效益

2. 智能建造工程项目环境管理的目的是（　　）。
   A. 保护生产者和使用者的健康与安全
   B. 保护生态环境，使社会的经济发展与人类的生存环境相适应
   C. 节约能源，降低成本
   D. 控制作业现场的各种粉尘、废水、废气等，保护生产者的健康
3. 职业健康安全与环境管理的多样性是由（　　）决定的。
   A. 产品的多样性和生产的单件性　　B. 产品的固定性和生产的流动性
   C. 产品生产过程的连续性和分工性　　D. 产品的时代性和社会性
4. 建筑生产的单件性是由（　　）决定的。
   A. 建筑产品的固定性　　B. 建筑产品的多样性
   C. 建筑产品的委托性　　D. 建筑产品的复杂性
5. 职业健康安全与环境管理的协调性是由（　　）决定的。
   A. 产品的固定性和生产的流动性
   B. 产品生产过程的连续性和分工性
   C. 产品的多样性和生产的单件性
   D. 建筑产品的多样性和生产方式的单一性
6. 建设工程市场在供大于求的情况下，建设单位经常会压低标价，造成产品的生产单位对健康安全与环境管理的费用投入的减少，不符合健康安全与环境管理有关规定是指的职业健康安全与环境管理的（　　）。
   A. 复杂性　　B. 不符合性　　C. 不协调性　　D. 市场性
7. 一个智能建造工程项目从立项到投产使用要经历（　　）个阶段。
   A. 4　　B. 5　　C. 6　　D. 7
8. 在①设计前的准备阶段、②设计阶段、③施工阶段、④使用前的准备阶段、⑤保修阶段这 5 个阶段中，（　　）需要对可能出现的安全和环境问题实施管理。
   A. ①②③④⑤　　B. ②③　　C. ②③④⑤　　D. ②③⑤
9. 智能建造工程产品要适应可持续发展的要求，这是建筑产品（　　）的要求。
   A. 经济性　　B. 时代性　　C. 社会性　　D. 环保性
10. 安全生产是指使生产过程处于避免（　　）、设备受损及其他不可接受的损害风险（危险）的状态。
   A. 产品出现质量问题　　B. 人身伤害
   C. 安全事故　　D. 经济损失
11. 安全控制的方针是（　　）。
   A. 安全第一，预防为主　　B. 安全第一，以人为本
   C. 以人为本，重在预防　　D. 安全生产，预防为主
12. “安全第一”是把（　　）放在首位。
   A. 设备的完整　　B. 经济安全
   C. 人身的安全　　D. 消除事故隐患

13. 由于智能建造工程规模较大,生产工艺复杂、工序多,在建造过程中流动作业多,高处作业多,遇到的不确定因素多,指的是施工安全控制(　　)的特点。
A. 动态性　　B. 控制面广　　C. 分散性　　D. 严谨性
14. 施工安全控制系统的交叉性是指将工程系统与(　　)结合。
A. 环境系统和社会系统　　B. 社会系统与经济系统
C. 环境系统与经济系统　　D. 以上都不对
15. 确定项目的安全目标是按“目标管理”方法在以(　　)为首的项目管理系统内进行分解,从而确定每个岗位的安全目标,实现全员安全控制。
A. 安全负责人　　B. 项目经理　　C. 专业技术人员　　D. 总经理
16. 落实“预防为主”方针的具体表现是(　　)。
A. 编制项目安全技术措施计划　　B. 确定安全控制目标
C. 减少安全事故隐患　　D. 以人为本
17. 三级安全教育即(　　)。
A. 进厂、进车间和进班组的安全教育　　B. 初级、中级、高级安全教育
C. 一、二、三级安全教育　　D. 施工人员、工长、技术负责人安全教育
18. 关于头脑风暴法说法正确的是(　　)。
A. 常采用专家会议的方式　　B. 常用于涉及面较广的议题
C. 常采用背靠背的方式　　D. 特点是避免从众倾向
19. 安全检查表由(　　)签字。
A. 检查人员　　B. 检查人员和被检查单位同时
C. 检查人员或检查单位负责人　　D. 检查人员或被检查单位
20. 对高处作业、井下作业等专业性强的作业,应制订(　　),并应对管理人员和操作人员的安全作业资格和身体状况进行合格检查。
A. 单项安全技术规程　　B. 单位工程安全措施
C. 单位工程安全施工操作要求　　D. 上岗标准

二、多项选择题(每题 2 分。每题的备选项中,有 2 个或 2 个以上符合题意,至少有 1 个错项。错选,本题不得分;少选,所选的每个选项得 0.5 分)

1. 职业健康安全与环境管理的内容包括制定、实施、实现、评审和保持职业健康安全与环境方针所需的(　　　)等。
A. 计划活动　　B. 惯例　　C. 程序
D. 资源　　E. 组织人员
2. 安全控制的目标具体包括(　　　)。
A. 减少或消除人的不安全行为的目标
B. 安全管理的目标
C. 改善生产环境和保护自然环境的目标
D. 减少或消除设备、材料的不安全状态的目标
E. 减少和消除生产过程中的事故

3. 下面属于安全技术措施计划的落实和实施内容的是(　　　)。

A. 建立健全安全生产责任制　　B. 进行安全生产教育和培训

C. 沟通和交流信息　　D. 设置安全警示标志

E. 设置安全生产设施

4. 下列说法正确的是(　　　)。

A. 工程施工过程中必须取得安全行政主管部门颁发的“安全施工许可证”才能通过竣工验收

B. 有总承包的情况下,分包商可没有“施工企业安全资格审查认证”

C. 各类人员必须具备相应的执业资格

D. 特殊工种作业人员必须持有特种作业操作证

E. 施工现场安全设施齐全,并符合国家及地区有关规定

5. 对查出的安全隐患要做到(　　　)。

A. 定事故责任人　　B. 定整改措施　　C. 定整改完成时间

D. 定事故产生原因　　E. 定整改验收人

6. 以下哪些属于安全生产应把好的“六关”(　　　)。

A. 措施关　　B. 教育关　　C. 改进关

D. 预防关　　E. 交底关

7. 下列说法正确的是(　　　)。

A. 危险源是可能导致人身伤害或疾病、财产损失、工作环境破坏或这些情况组合的危险因素和有害因素

B. 危险因素是安全控制的主要对象

C. 危险因素强调的是危害的长期性

D. 安全控制又称危险控制

E. 安全控制也称安全风险控制

8. 危险源辨别的方法有(　　　)。

A. 头脑风暴法　　B. 德尔菲法　　C. 安全检查表法

D. 问卷法　　E. 调查法

9. 属于安全教育主要内容的有(　　　)。

A. 安全知识　　B. 安全意识　　C. 安全技能

D. 操作规程　　E. 安全法规

10. 智能建造工程施工质量事故调查报告的主要内容包括(　　　)。

A. 事故基本情况　　B. 事故发生后采取的应急防护措施

C. 事故调查中的有关数据、资料　　D. 事故的原因分析

E. 事故涉及人员与主要责任者的情况

情境 8 智能建造工程项目信息管理

习近平总书记指出，世界正在进入以信息产业为主导的经济发展时期。我们要把握数字化、网络化、智能化融合发展的契机，以信息化、智能化为杠杆培育新动能。要推进互联网、大数据、人工智能同实体经济深度融合，做大做强数字经济。2020 年 7 月 3 日，住房和城乡建设部联合国家发展和改革委员会、科学技术部、工业和信息化部、人力资源和社会保障部、交通运输部、水利部等十三个部门联合印发《关于推动智能建造与建筑工业化协同发展的指导意见》，指导意见提出的发展目标：到 2025 年，我国智能建造与建筑工业化协同发展的政策体系和产业体系基本建立，建筑产业互联网平台初步建立，推动形成一批智能建造龙头企业，打造“中国建造”升级版。到 2035 年，我国智能建造与建筑工业化协同发展取得显著进展，建筑工业化全面实现，迈入智能建造世界强国行列。

任务 8.1 施工信息管理

施工信息管理

8.1.1 施工信息管理的任务

1）智能建造工程项目信息管理的内涵

①信息指的是用口头的方式、书面的方式或电子的方式传输（传达、传递）的知识、新闻，或可靠的或不可靠的情报。声音、文字、数字和图像等都是信息表达的形式。智能建造工程项目的实施需要人力资源和物质资源，应认识到信息也是项目实施的重要资源之一。

②信息管理指的是信息传输的合理的组织和控制。施工方在投标过程中、承包合同洽谈过程中、施工准备工作中、施工过程中、验收过程中，以及在保修期工作中形成大量的各种信息。这些信息不但在施工方内部各部门间流转，其中许多信息还必须提供给政府建设主管部门、业主方、设计方、相关的施工合作方和供货方等，还有许多有价值的信息应有序地保存，以供其他项目施工借鉴。上述过程包含了信息传输的过程，由谁（哪个工作岗位或工作部门等）、在何时、向谁（哪个项目主管和参与单位的工作岗位或工作部门等）、以什么方式、提供什么信息等，这就是信息管理的内涵。信息管理不能简单理解为仅对产生的信息进行

归档和一般的信息领域的行政事务管理。为充分发挥信息资源的作用和提高信息管理的水平,施工单位和其项目管理部门都应设置专门的工作部门(或专门的人员)负责信息管理。

③智能建造工程项目的信息管理是通过对各个系统、各项工作和各种数据的管理,使项目的信息能方便和有效地获取、存储(存档是存储的一项工作)、处理和交流。

“各个系统”在这里可视为与项目的决策、实施和运行有关的各系统,它可分为智能建造工程项目决策阶段管理子系统、实施阶段管理子系统和运行阶段管理子系统。其中实施阶段管理子系统又可分为业主方管理子系统、设计方管理子系统、施工方管理子系统和供货方管理子系统等上述“各项工作”可视为与项目的决策、实施和运行有关的各项工作。如施工方管理子系统中的工作包括安全管理、成本管理、进度管理、质量管理、合同管理、信息管理、施工现场管理等。

“数据”在这里并不仅指数字,在信息管理中,数据作为一个专门术语,它包括数字、文字、图像和声音。在施工方项目信息管理中,各种报表、成本分析的有关数字、进度分析的有关数字、质量分析的有关数字、各种来往的文件、设计图纸、施工摄影和摄像资料以及录音资料等都属于信息管理中的数据的范畴。

④智能建造工程项目的信息管理的目的旨在通过有效的项目信息传输的组织和控制为项目建造提供增值服务。

⑤智能建造工程项目的信息包括在项目决策过程、实施过程(设计准备、设计、施工和物资采购过程等)和运行过程中产生的信息,以及其他与项目建设有关的信息,它有多种分类方法。

⑥信息交流不畅导致智能建造工程项目实施过程中成本增加等诸多问题,都会不同程度地影响项目目标的实现。“信息交流(信息沟通)”的问题指的是一方没有及时,或没有将另一方所需要的信息(如所需的信息的内容、针对性的信息和完整的信息),或没有将正确的信息传递给另一方。如设计变更没有及时通知施工方,而导致返工。如业主方没有将施工进度严重拖延的信息及时告知大型设备供货方,而设备供货方仍按原计划将设备运到施工现场,致使大型设备在现场无法存放和妥善保管。如施工已产生了重大质量问题的隐患,而没有及时向有关技术负责人及时汇报等。

2)**施工项目相关的信息管理工作**

施工项目相关的信息管理的主要工作如下所述。

(1)收集并整理相关公共信息

公共信息包括法律、法规和部门规章信息,市场信息以及自然条件信息。

①法律、法规和部门规章信息,可采用编目管理或建立计算机文档存入计算机。无论采用哪种管理方式,都应在施工项目信息管理系统中建立法律、法规和部门规章表。

②市场信息包括材料价格表,材料供应商表,机械设备供应商表,机械设备价格表,新材料、新技术、新工艺、新管理方法信息表等。应通过每一种表格及时反映出市场动态。

③自然条件信息,应建立自然条件表,表中应包括地区、场地土类别、年平均气温、年最高气温、年最低气温、冬雨风季时间、年最大风力、地下水位高度、交通运输条件、环保要求等内容。

(2)收集并整理工程总体信息

以房屋建设工程为例,工程总体信息包括工程名称、工程编号、建筑面积、总造价;建设单位、设计单位、施工单位、监理单位和参与建设其他各单位等基本项目信息,以及基础工程、主体工程、设备安装工程、装饰装修工程、建筑造型等特点;工程实体信息、场地与环境、施工合同信息等。

(3)收集并整理相关施工信息

①施工信息内容包括施工记录信息,施工技术资料信息等。

②施工记录信息包括施工日志、质量检查记录、材料设备进场记录、用工记录表等。

③施工技术资料信息包括主要原材料、成品、半成品、构配件、设备出厂质量证明和试(检)验报告,施工试验记录,预检记录,隐蔽工程验收记录,基础、主体结构验收记录,设备安装工程记录,施工组织设计,技术交底资料,工程质量检验评定资料,竣工验收资料,设计变更洽商记录,竣工图等。

(4)收集并整理相关项目管理信息

项目管理信息包括项目管理规划(大纲)信息,项目管理实施规划信息,项目进度控制信息,项目质量控制信息,项目安全控制信息,项目成本控制信息,项目现场管理信息,项目合同管理信息,项目材料管理信息,构配件管理信息,工器具管理信息,项目人力资源管理信息,项目机械设备管理信息,项目资金管理信息,项目技术管理信息,项目组织协调信息,项目竣工验收信息,项目考核评价信息等。

①项目进度控制信息包括施工进度计划表、资源计划表、资源表、完成工作分析表等。

②项目成本信息要通过责任目标成本表、实际成本表、降低成本计划和成本分析等来管理和控制成本的相关信息。而降低成本计划由成本降低率表、成本降低额表、施工和管理费降低计划表组成。成本分析由计划偏差表、实际偏差表、目标偏差表和成本现状分析表等组成。

③安全控制信息主要包括安全交底、安全设施验收、安全教育、安全措施、安全处罚、安全事故、安全检查、复查整改记录等。

④项目竣工验收信息主要包括施工项目质量合格证书、单位工程交工质量核定表、交工验收证明书、施工技术资料移交表、施工项目结算、回访与保修书等。

3)信息管理手册的主要内容

施工方、业主方和项目参与其他各方都有各自的信息管理任务,为充分利用和发挥信息资源的价值、提高信息管理的效率以及实现有序的和科学的信息管理,各方都应编制各自的信息管理手册,以规范信息管理工作。信息管理手册描述和定义信息管理的任务、执行者(部门)、每项信息管理任务执行的时间和其工作成果等,主要内容包括:

①确定信息管理的任务(信息管理任务目录)。

②确定信息管理的任务分工表和管理职能分工表。

③确定信息的分类。

④确定信息的编码体系和编码。

⑤绘制信息输入输出模型(反映每一项信息处理过程的信息的提供者、信息的整理加工者、信息整理加工的要求和内容以及经整理加工后的信息传递给信息的接受者,并用框图的形式表示)。

⑥绘制各项信息管理工作的工作流程图(如信息管理手册编制和修订的工作流程,为形成各类报表和报告,收集信息、审核信息、录入信息、加工信息、信息传输和发布的工作流程,以及工程档案管理的工作流程等)。

⑦绘制信息处理的流程图(如施工安全管理信息、施工成本控制信息、施工进度信息、施工质量信息、合同管理信息等的信息处理的流程)。

⑧确定信息处理的工作平台(如以局域网作为信息处理的工作平台,或用门户网站作为信息处理的工作平台等)及明确其使用规定。

⑨确定各种报表和报告的格式,以及报告周期。

⑩确定项目进展的月度报告、季度报告、年度报告和工程总报告的内容及其编制原则和方法。

⑪确定工程档案管理制度。

⑫确定信息管理的保密制度,以及与信息管理有关的制度。

在当今的信息时代,在国际工程管理领域产生了信息管理手册,它是信息管理的核心指导文件。期望我国施工企业对此引起重视,并在工程实践中得以应用。

4)信息管理部门的主要任务

项目管理班子中各个工作部门的管理工作都与信息处理有关,它们也都承担一定的信息管理任务,而信息管理部门是专门从事信息管理的工作部门,其主要工作任务是:

①负责主持编制信息管理手册,在项目实施过程中进行信息管理手册的必要的修订和补充,并检查和督促其执行。

②负责协调和组织项目管理班子中各个工作部门的信息处理工作。

③负责信息处理工作平台的建立和运行维护。

④与其他工作部门协同组织收集信息、处理信息和形成各种反映项目进展和项目目标控制的报表和报告。

⑤负责工程档案管理等。

8.1.2　施工信息管理的方法

施工方信息管理手段的核心是实现工程管理信息化。

1)工程管理信息化

(1)信息化的内涵

信息化指的是信息资源的开发和利用,以及信息技术的开发和应用。信息化是继人类农业革命、城镇化和工业化后的又一个新的发展时期的重要标志。

“信息资源”涉及范围非常广,从地域上划分,有国内信息资源和国际信息资源,它们都可再按地域细分。从信息的领域划分,有政治、军事、经济、文化、艺术类等,它们也可再细分。从信息内容的属性划分,则有组织、管理、经济、技术类等,其他的信息资源的划分方法此处略。信息资源对人类社会的发展来说是非常宝贵的财富,它应得以广泛开发和充分利用。

"信息技术"包括有关数据处理的软件技术、硬件技术和网络技术等。国际社会认为,一个社会组织的信息技术水平是衡量其文明程度的重要标志之一。

我国实施国家信息化的总体思路是:以信息技术应用为导向,以信息资源开发利用为中心,以制度创新和技术创新为动力,创造环境,鼓励竞争,扩大开放,加快发展通信业、电子信息产品制造业、软件业和信息服务业,以应用促发展,以信息化带动工业化,加快经济结构的战略性调整,全面推动领域信息化、区域信息化、企业信息化和社会信息化进程。具体包括下述几个方面。

①建设世界一流的网络基础设施。加快建设宽带多媒体基础传输网络和宽带接入网络,加快广播电视节目制作和传输的数字化、网络化进程。

②突出信息资源开发利用的中心地位。建设一批国家级战略性、基础性和公益性资源数据库,建设政府信息、国家公共信息资源交换服务中心,在数字图书馆、网络新闻、中国历史文化信息、地理空间信息系统、中外文语言机器翻译等领域实施一系列重大工程。

③加快信息化向国民经济和社会各领域的渗透。在经济商贸、生产制造、财政金融、农业、交通能源、科技教育、资源环境、社会公共服务和综合治理等领域,选择重点,实施领域信息化重大应用工程。

④提高信息技术研发和产业化水平。在超大规模集成电路技术、密集波分复用技术、信息网络组网和管理技术、高速交换和路由技术、系统和应用软件技术、信息与网络安全技术等方面取得重大进展,使我国通信业、电子信息产品制造业、软件业和信息服务业取得较大的发展。

⑤大力培养信息化人才。在基础教育、学历教育和职业教育等各环节统一开设信息化研修课程。加强信息化基础研究和开发。动员社会各方面力量,建设多元化的信息化人才培养教育体系。建立良好的人才选拔、培养和使用机制,制订吸引海外高级人才的政策。

⑥加快信息化法律法规和标准规范的建设。制定和完善有关信息化的法律法规,保证网络安全,统一信息化建设中的各项标准和规范,促进国家信息化快速健康发展。

(2)工程管理信息化和施工管理信息化的内涵

工程管理信息化属于领域信息化的范畴,和企业信息化也有联系。

我国建筑业和基本建设领域应用信息技术与工业发达国家相比,尚存在较大的数字鸿沟,既反映在信息技术在工程管理中应用的观念上,也反映在有关的知识管理上,还反映在有关技术的应用方面。长期以来,我国建筑业主要依赖资源要素投入、大规模投资拉动发展,建筑业工业化、信息化水平较低,生产方式粗放、劳动效率不高、能源资源消耗较大、科技创新能力不足等问题比较突出,建筑业与先进制造技术、信息技术、节能技术融合不够,建筑产业互联网和建筑机器人的发展应用不足。特别是在新冠肺炎疫情突发的特殊背景下,建筑业的传统建造方式受到较大冲击,粗放型发展模式已难以为继,迫切需要通过加快推动智能建造与建筑工业化协同发展,集成5G、人工智能、物联网等新技术,形成涵盖科研、设计、生产加工、施工装配、运营维护等全产业链融合一体的智能建造产业体系,走出一条内涵集约式高质量发展新路。

工程管理信息化指的是工程管理信息资源的开发和利用,以及信息技术在工程管理中的开发和应用。施工管理信息化是工程管理信息化的一个分支,其内涵是施工管理信息资源的开发和利用,以及信息技术在施工管理中的开发和应用。

①组织类工程信息,如建筑业的组织信息、项目参与方的组织信息、与建筑业有关的组织信息和专家信息等。

②管理类工程信息,如与投资控制、进度控制、质量控制、合同管理和信息管理有关的信息等。

③经济类工程信息,如建设物资的市场信息、项目融资的信息等。

④技术类工程信息,如与设计、施工和物资有关的技术信息等。

⑤法规类信息等。

应重视以上这些信息资源的开发和利用,它的开发和利用将有利于智能建造工程项目的增值,即有利于节约投资成本、加快建设进度和提高建设质量。

信息技术在工程项目管理中的开发和应用,应包括在项目决策阶段的开发管理、实施阶段的项目管理和使用阶段的设施管理中开发和应用信息技术。

(3)信息技术在工程管理中应用的发展过程

自 20 世纪 70 年代开始,信息技术经历了一个迅速发展的过程,信息技术在工程管理中的应用也有一个相应的发展过程。

①20 世纪 70 年代,单项程序的应用,如工程网络计划的时间参数的计算程序,施工图预算程序等。

②20 世纪 80 年代,程序系统的应用,如项目管理信息系统、设施管理信息系统等。

③20 世纪 90 年代,程序系统的集成,它是随着工程管理的集成而发展的。

④20 世纪 90 年代末期至今,基于网络平台的工程管理。出于工程项目大量数据处理的需要,在当今的时代应重视利用信息技术的手段(主要指的是数据处理设备和网络)进行信息管理。其核心的技术是基于网络的信息处理平台,即在网络平台上(如局域网或互联网)进行信息处理,如图 8.1 所示。

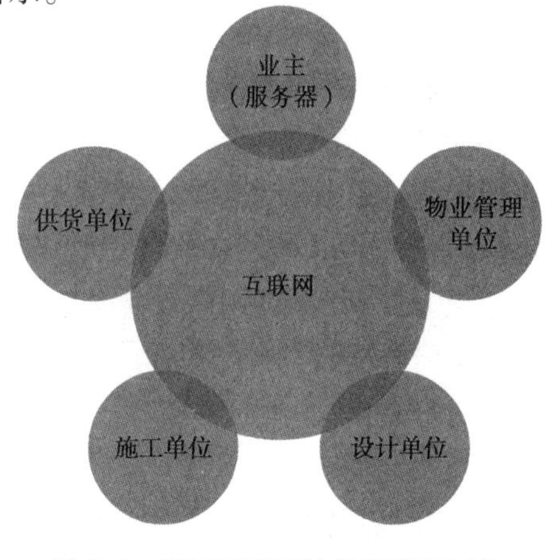

图 8.1 基于互联网的信息处理平台

⑤中国未来建筑信息化发展将形成以建筑信息模型（BIM）为核心的产业革命。我国曾将BIM技术作为科技部“十一五”的重点研究项目，并被住房和城乡建设部确认为建筑信息化的最佳解决方案。中国将着力建设资源节约型、环境友好型社会，深入贯彻节约资源和保护环境的基本国策。节约能源，降低温室气体排放强度，发展循环经济，推广低碳技术，积极应对气候变化，促进经济及社发展与人口资源环境相协调，走可持续发展之路。“十二五”时期，BIM技术发挥了积极的作用，推动工程建设的可持续发展。

2010年是BIM在中国快速发展的一年，BIM的理念正在深入人心。中国已有非常多的设计和施工单位开始使用BIM技术，BIM应用引爆了工程建设信息化热潮。BIM正在改变项目参与各方的工作协同理念和协同工作方式，使各方都能提高工作效率并获得收益。

为贯彻落实《中共中央国务院关于进一步加强城市规划建设管理工作的若干意见》和《国务院办公厅关于促进建筑业持续健康发展的意见》精神，进一步提升工程质量安全水平，确保人民群众生命财产安全，促进建筑业持续健康发展，2017年3月住房和城乡建设部印发了《工程质量安全提升行动方案》。其中重点任务之三为提升技术创新能力，包括“推进信息化技术应用。加快推进建筑信息模型（BIM）技术在规划、勘察、设计、施工和运营维护全过程的集成应用。推进勘察设计文件数字化交付、审查和存档工作。加强工程质量安全监管信息化建设，推行工程质量安全数字化监管。”

⑥《国家信息化发展战略纲要》（以下简称《纲要》）是为了以信息化驱动现代化，建设网络强国而制定的。2016年7月，由中共中央办公厅、国务院办公厅印发，自2016年7月起实施。《纲要》是根据新形势对《2006—2020年国家信息化发展战略》的调整和发展，是规范和指导未来10年国家信息化发展的纲领性文件，是国家战略体系的重要组成部分，是信息化领域规划、政策制定的重要依据。

《纲要》提出，当今世界，信息技术创新日新月异，以数字化、网络化、智能化为特征的信息化浪潮蓬勃兴起。全球信息化进入全面渗透、跨界融合、加速创新、引领发展的新阶段。谁在信息化上占据制高点，谁就能够掌握先机、赢得优势、赢得安全、赢得未来。

在国际上，许多工程项目都专门设立信息管理部门（或称为信息中心），以确保信息管理工作的顺利进行；也有一些大型建设工程项目专门委托咨询公司从事项目信息动态跟踪和分析，以信息流指导物质流，从宏观上和总体上对项目的实施进行控制。

⑦住房和城乡建设部发布的《2016—2020年建筑业信息化发展纲要》明确指出：建筑业信息化是建筑业发展战略的重要组成部分，也是建筑业转变发展方式、提质增效、节能减排的必然要求，对建筑业绿色发展、提高人民生活品质具有重要意义。建筑业信息化包括企业信息化、行业监管和服务信息化、专项信息技术的应用和完善建筑业信息化标准。

《2016—2020年建筑业信息化发展纲要》对施工类企业提出如下要求：

a. 加强信息化基础设施建设。

b. 推进管理信息系统升级换代。

c. 拓展管理信息系统新功能。

《2016—2020年建筑业信息化发展纲要》对工程总承包类企业提出如下要求：

a. 优化工程总承包项目信息化管理，提升集成应用水平。

b. 推进"互联网+"协同工作模式，实现全过程信息化。

⑧国资委《关于开展对标世界一流管理提升行动的通知》（国资发改革〔2020〕39 号）要求加强信息化管理，提升系统集成能力：

a. 针对信息化管理缺乏统筹规划、信息化与业务"两张皮"、信息系统互联互通不够、存在安全隐患等问题，结合"十四五"网络安全和信息化规划制定和落实以企业数字化、智能化升级转型为主线，进一步强化顶层设计和统筹规划，充分发挥信息化驱动引领作用。

b. 促进业务与信息化的深度融合，推进信息系统的平台化、专业化和规模化，实现业务流程再造，为企业生产经营管理和产业转型升级注入新动力。

c. 打通信息"孤岛"，统一基础数据标准，实现企业内部业务数据互联互通，促进以数字化为支撑的管理变革。

d. 加强网络安全管理体系建设，落实安全责任，完善技术手段，加强应急响应保障，确保不发生重大网络安全事件。

⑨2020 年 7 月 28 日，住房和城乡建设部、国家发展改革委、科技部等 13 部门联合印发了《关于推动智能建造与建筑工业化协同发展的指导意见》重点任务之一是提升信息化水平。推进数字化设计体系建设，统筹建筑结构、机电设备、部品部件、装配施工、装饰装修，推行一体化集成设计。积极应用自主可控的 BIM 技术，加快构建数字设计基础平台和集成系统，实现设计、工艺、制造协同。加快部品部件生产数字化、智能化升级，推广应用数字化技术、系统集成技术、智能化装备和建筑机器人，实现少人甚至无人工厂。加快人机智能交互、智能物流管理、增材制造等技术和智能装备的应用。以钢筋制作安装、模具安拆、混凝土浇筑、钢构件下料焊接、隔墙板和集成厨卫加工等工厂生产关键工艺环节为重点，推进工艺流程数字化和建筑机器人应用。以企业资源计划（ERP）平台为基础，进一步推动向生产管理子系统的延伸，实现工厂生产的信息化管理。推动在材料配送、钢筋加工、喷涂、铺贴地砖、安装隔墙板、高空焊接等现场施工环节，加强建筑机器人和智能控制造楼机等一体化施工设备的应用。

⑩2022 年 1 月住房和城乡建设部关于印发《"十四五"建筑业发展规划的通知》明确指出：推广绿色化、工业化、信息化、集约化、产业化建造方式，推动新一代信息技术与建筑业深度融合，积极培育新产品、新业态、新模式，减少材料和能源消耗，降低建造过程碳排放量，实现更高质量、更有效率、更加公平、更可持续的发展。智能建造与新型建筑工业化协同发展的政策体系和产业体系基本建立，装配式建筑占新建建筑的比例达到 30%以上，打造一批建筑产业互联网平台，形成一批建筑机器人标志性产品，培育一批智能建造和装配式建筑产业基地。

2）信息技术在工程管理中的开发和应用

信息技术在工程管理中的开发和应用，包括在工程项目决策阶段的开发管理、实施阶段的项目管理和使用阶段的设施管理中开发和应用信息技术。如今总的发展趋势是基于网络的工程项目管理平台的开发和应用。

（1）成本控制

在招投标阶段，信息技术的应用可以为工程项目的建设提供一个更加规范的市场环境，进而能够使工程项目的建设信息更加完善和具体。这也为工程项目管理的信息获取、查询以及统计提供了便利，以便对整个工程项目的了解更加深刻。

在施工阶段，信息技术首要的应用对象就是通过成本控制做好项目施工各项数据的采集、计算及统计，从而不断提高工程项目施工中的成本利用精准度。常见的是在施工成本控制中，通过市场信息对比系统，做到对每一种施工材料的详细分析，在对比质量、价格、生产厂家、数量等多种因素之后，选择最佳的施工材料。此后，结合入库材料和材料使用情况，分析其中成本偏差，进而避免材料浪费、减少不必要的成本损耗。最后，还可以利用计算机系统生成报表和信息图册，便于直观地掌握施工中的各项成本支出。

与此同时，信息技术的应用还可以制订更加全面的施工计划，从而在施工进度开展的同时，不断推进施工过程中的资源利用优化，进而做好施工资源的合理优化，减少施工成本支出。

(2)进度控制

工程项目的建设容易受到外界环境的影响，我国气候环境复杂多变，给进度管理增加了难度，借助信息技术来控制施工进度，关系到整个工程项目管理的开展。在施工进度的把控上，主要是利用信息技术的网络图功能，针对施工时间、施工开展以及项目建设情况等做好数据的绘制工作，从而对比计划施工任务以及实际施工任务之间的差值，达到预估工程建设进度或时间的效果。同时，还可以利用假设分析法，针对施工过程中可能出现的问题、对施工工作开展的影响、对施工进度的影响等做好预估，从而推进对各施工环节的优化。

(3)质量控制

信息技术能够管理工程的质量记录，通过记录数据、图表等办法，保障质量资料不会被人随意更改，防止各种弄虚作假的现象，实现资料最大限度的真实性、可靠性。此外，信息技术还能够通过自身严密的监管程序，制订严格的报表保存和查找制度，信息可以快速地提取出来，为工程的质量管理提供专业化的服务。

通过利用更加真实的设计材料，可以进一步发挥施工工艺控制软件的价值，做好对工程项目施工管理的规划和监管，避免出现弄虚作假的施工行为。同时，进一步推动工程项目施工模块的设计、施工工程量的测量工作，结合更加严格、完善的监管系统，实现对施工程序、施工质量的监管以及施工效果的管理，最终提升工程项目的整体质量。此外，利用信息技术的报表生成、保存和查找方式，还可以做到施工质量的追责和有效保障，将质量原则落实到位。

(4)安全管理

安全控制是工程项目管理的第一要务，将工程项目的主要危险源输入项目管理软件中，通过计算得出安全事故的发生概率，以此来明确各个危险源带来的危害，采取合理的防范措施，将安全事故扼杀在萌芽之中，确保工程项目的安全开展。

(5)合同管理

工程项目需要签订许多不同种类的合同，并在施工过程中需要持续进行修改，并就同一个问题产生多个协议，使各协议互相制约，很不利于管理。利用项目管理软件可有效防止合同中各项协议的漏算和重算，既方便又准确，大幅度降低了合同管理风险。

(6)信息管理

在工程项目建设中很多事故的发生原因是信息在传递过程中失真，为了避免类似情况的再次发生，需要使用信息技术来为信息的采集、处理、分析、共享创建良好的环境，保证项目参建单位能够消除隔阂，同心协力，共享信息，以减少和避免各类问题的出现。

3)**工程管理信息化的意义**

工程管理信息资源的开发和信息资源的充分利用，可吸取类似项目的正反两方面的经验和教训，许多有价值的组织信息、管理信息、经济信息、技术信息和法规信息将有助于项目决策期多种可能方案的选择，既有利于项目实施期的项目目标控制，也有利于项目建成后的运行。

(1)可以加快工程管理信息交流的速度

利用信息网络作为项目信息交流的载体，可大大加快项目信息交流的速度，减轻项目参建各方管理人员日常管理工作的负担，使人们能够及时查询工程进展情况，及时发现问题，及时作出决策，从而提高工作效率。同时，工程项目管理信息化能够为项目参建各方提供完整、准确的历史信息，方便浏览并支持这些信息在计算机上的粘贴和复制，可以减少传统管理模式下大量的重复抄录工作，极大地提高项目管理工作的效率。

(2)可以实现项目信息共享和协同工作

利用公共的信息管理平台，既有利于项目参建各方的信息共享和协同工作，又有利于项目参建方组织内部各部门、各层级之间的信息沟通和协调。在信息共享环境下通过自动地完成某些常规的信息发布，可以减少项目参与人之间的信息交流次数，并能保证信息传递的快捷、及时和通畅。这样，不仅有助于提高项目管理工作效率，而且可以提高项目管理水平。

(3)可以实现项目信息的及时采集

工程项目管理信息化能够适应项目管理对信息量急剧增长的需要，允许实时采集每人的各种项目管理活动信息，并可以实现对各管理环节进行及时便利的督促与检查，从而促进项目管理工作质量的提高。

(4)可以实现存储数字化和相对集中

实现工程项目管理信息化，可以将项目的全部信息以系统化、结构化的方式存储起来，甚至可以对已积累的既往项目信息进行高效分析，从而为项目管理的科学决策提供定量的分析数据，如图 8.2 所示。

(5)可以促进项目风险管理水平的提高

由于工程项目的规模、技术含量越来越大，以及现代市场经济竞争激烈等特点，使得工程项目的建设风险越来越大。项目风险管理需要大量的信息，而且需要迅速获得并处理这些信息。现代信息技术给项目风险管理提供了很好的方法、手段和工具，建设项目管理信息化能够大大提高项目风险管理的能力和水平。

工程管理信息化有利于提高智能建造工程项目的经济效益和社会效益，以达到为项目建造增值的目的。

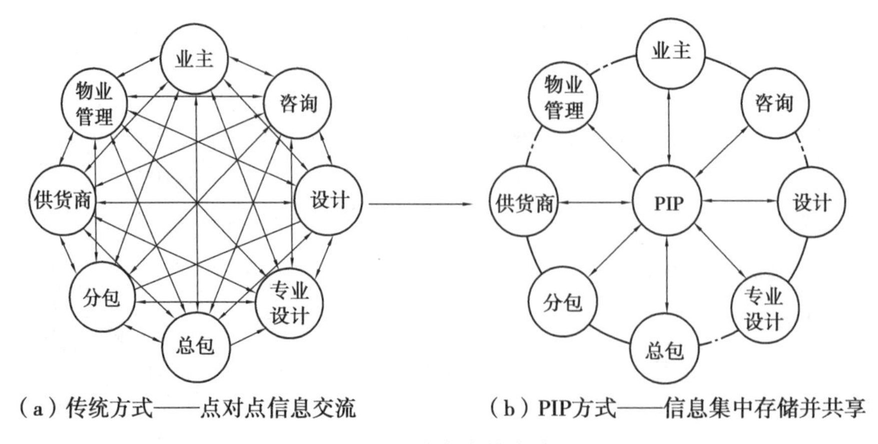

(a)传统方式——点对点信息交流　　(b)PIP方式——信息集中存储并共享

图 8.2　信息存储方式

任务 8.2　施工文件归档管理

8.2.1　施工文件归档管理

建设工程文件是反映工程质量和工作质量状况的重要依据,是评定工程质量等级的重要依据,也是单位工程在日后维修、扩建、改造、更新的重要档案材料。

在《建设工程文件归档规范(2019 年版)》(GB/T 50328—2014)中明确建设工程文件指的是:"在工程建设过程中形成的各种形式的信息记录,包括工程准备阶段文件、监理文件、施工文件、竣工图和竣工验收文件,也可简称为工程文件。"其中:

①工程准备阶段文件即工程开工以前,在立项、审批、征地、勘察、设计、招标投标等工程准备阶段形成的文件。

②监理文件即监理单位在工程设计、施工等监理过程中形成的文件。

③施工文件即施工单位在工程施工过程中形成的文件。

④竣工图即工程竣工验收后,真实反映建设工程项目施工结果的图样。

⑤竣工验收文件即建设工程项目竣工验收活动中形成的文件。

在《建设工程文件归档规范(2019 年版)》(GB/T 50328—2014)中明确建设工程档案是"在工程建设动中直接形成的具有归档保存价值的文字、图表、声像等各种形式的历史记录,也可简称工程档案。"

施工文档资料是城建档案的重要组成部分,是建设工程进行竣工验收的必要条件,是全面反映建设工程质量状况的重要文档资料。

1)**各参建单位在建设工程档案管理中的职责**

(1)智能建造工程项目的参与各方对于建设工程档案管理的通用职责

①工程各参建单位填写的工程档案应以工程合同、设计文件、工程质量验收标准、施工

及验收规范等为依据。

②工程档案应随工程进度及时收集、整理,并应按专业归类,认真书写,字迹清楚,项目齐全、准确、真实,无未了事项。表格应采用统一表格,特殊要求需增加的表格应统一归类。

③工程档案进行分级管理,各单位技术负责人负责本单位工程档案的全过程组织工作,工程档案的收集、整理和审核工作由各单位档案管理员负责。

④对工程档案进行涂改、伪造、随意抽撤或损毁、丢失等,应按有关规定予以处罚。

(2)建设单位对于建设工程档案管理的职责

①应加强对建设工程文件的管理工作,并设专人负责建设工程文件的收集、整理和归档工作。

②在与勘察、设计单位、监理单位、施工单位签订勘察、设计、监理、施工合同时,应对监理文件、施工文件和工程档案的编制责任、编制套数和移交期限做出明确规定。

③必须向参与建设的勘察设计、施工、监理等单位提供与建设项目有关的原始资料,原始资料必须真实、准确、齐全。

④负责在工程建设过程中对工程档案进行检查并签署意见。

⑤负责组织工程档案的编制工作,可委托总承包单位或监理单位组织该项工作。负责组织竣工图的绘制工作,可委托总承包单位或监理单位或设计单位具体执行。

⑥编制建设工程文件的套数不得少于地方城建档案部门要求,并应有完整建设工程文件归入地方城建档案部门及移交产权单位,保存期应与工程合理使用年限相同。

⑦应严格按照国家和地方有关城建档案管理的规定,及时收集、整理建设项目各环节的资料,建立、健全工程档案,并在建设项目竣工验收后,按规定及时向地方城建档案部门移交工程档案。

(3)施工单位对于建设工程档案管理的职责

①实行技术负责人负责制,逐级建立健全施工文件管理岗位责任制。配备专职档案管理员,负责施工资料的管理工作。工程项目的施工文件应设专门的部门(专人)负责收集和整理。

②建设工程实行施工总承包的,由施工总承包单位负责收集、汇总各分包单位形成的工程档案,各分包单位应将本单位形成的工程文件整理、立卷后及时移交总承包单位。建设工程项目由几个单位承包的,各承包单位负责收集、整理、立卷其承包项目的工程文件,并应及时向建设单位移交,各承包单位应保证归档文件的完整、准确、系统,能够全面反映工程建设活动的全过程。

③可以按照施工合同的约定,接受建设单位的委托进行工程档案的组织和编制工作。

④按要求在竣工前将施工文件整理汇总完毕,再移交建设单位进行工程竣工验收。

⑤负责编制的施工文件的套数不得少于地方城建档案管理部门要求,但应有完整的施工文件移交建设单位及自行保存,保存期可根据工程性质以及地方城建档案管理部门有关要求确定。如建设单位对施工文件的编制套数有特殊要求的,可另行约定。

2)施工文件档案管理的主要内容

施工文件档案管理的内容主要包括工程施工技术管理资料、工程质量控制资料、工程施工质量验收资料、竣工图四大部分。

(1)工程施工技术管理资料

工程施工技术管理资料是建设工程施工全过程中的真实记录,是施工各阶段客观产生的施工技术文件。主要内容如下所述。

施工文件资料收集(一)

①图纸会审记录文件。图纸会审记录是对已正式签署的设计文件进行交底、审查和会审,对提出的问题予以记录的文件。项目经理部收到工程图纸后,应组织有关人员进行审查,将设计疑问及图纸存在的问题,按专业整理、汇总后报建设单位,由建设单位提交设计单位,进行图纸会审和设计交底准备。图纸会审由建设单位组织设计、监理、施工单位负责人及有关人员参加。设计单位对设计疑问及图纸存在的问题进行交底,施工单位负责将设计交底内容按专业汇总、整理,形成图纸会审记录。由建设、设计、监理、施工单位的项目相关负责人签认并加盖各参加单位的公章,形成正式图纸会审记录。图纸会审记录属于正式设计文件,不得擅自在会审记录上涂改或变更其内容。

②工程开工报告相关资料(开工报审表、开工报告)。开工报告是建设单位与施工单位共同履行基本建设程序的证明文件,是施工单位承建单位工程施工工期的证明文件。

③技术、安全交底记录文件。此文件是施工单位负责人把设计要求的施工措施、安全生产贯彻到基层乃至每个工人的一项技术管理方法。交底主要项目为图纸交底、施工组织设计交底、设计变更和洽商交底、分项工程技术交底、安全交底。技术、安全交底只有当签字齐全后方可生效,并发至施工班组。

④施工组织设计(项目管理规划)文件。承包单位在开工前为工程所做的施工组织、施工工艺、施工计划等方面的设计,用来指导拟建工程全过程中各项活动的技术、经济和组织的综合性文件。参与编制的人员应在“会签表”上签字,交项目监理签署意见并在会签表上签字,经报审同意后执行并进行下发交底。

⑤施工日志记录文件。施工日志是项目经理部的有关人员对工程项目施工过程中的有关技术管理和质量管理活动以及效果进行逐日连续完整的记录。要求对工程从开工到竣工的整个施工阶段进行全面记录,要求内容完整,并能完整、全面地反映工程相关情况。

⑥设计变更文件。设计变更是在施工过程中,由于设计图纸本身差错,设计图纸与实际情况不符,施工条件变化,建设各方提出合理化建议,原材料的规格、品种、质量不符合设计要求等原因,需要对设计图纸部分内容进行修改而办理的变更设计文件。设计变更是施工图的补充和修改的记载,要及时办理,内容要求明确具体,必要时附图,不得任意涂改和事后补办。按签发的日期先后顺序编号,要求责任明确,签章齐全。

⑦工程洽商记录文件。工程洽商是施工过程中一种协调业主与施工单位、施工单位和设计单位洽商行为的记录。工程洽商分为技术洽商和经济洽商两种,通常情况下由施工单位提出。

a.在组织施工过程中,如发现设计图纸存在问题,或因施工条件发生变化,不能满足设计要求,或某种材料需要代换时,应向设计单位提出书面工程洽商。

b.工程洽商记录应分专业及时办理,内容翔实,必要时应附图,并逐条注明所修改图纸的图号。工程洽商记录应由设计专业负责人以及建设、监理和施工单位的相关负责人签认后生效,不允许先施工后办理洽商。

c. 设计单位如委托建设(监理)单位办理签认,应办理书面委托签认手续。

d. 分包工程的工程洽商记录,应通过总包审查后办理。

⑧工程测量记录文件。工程测量记录是在施工过程中形成的确保建设工程定位、尺寸、标高、位置和沉降量等满足设计要求和规范规定的资料统称。

a. 工程定位测量记录文件。在工程开工前,施工单位根据建设单位提供的测绘部门的放线成果、红线桩、标准水准点、场地控制网(或建筑物控制网)、设计总平面图,对工程进行准确的测量定位。检查意见及复验意见应分别由施工单位、监理单位相关负责人填写,并签认盖章。且工程定位测量完成后,应由建设单位报请规划管理部门下属具有相应资质的测绘部门进行验线。

b. 施工测量放线报验表。施工单位应在完成施工测量方案、红线桩校核成果、水准点引测成果及施工过程的各种测量记录后,填写“施工测量放线报验表”报请监理单位审核。

c. 基槽及各层测量放线记录文件。建设工程根据施工图纸给定的位置、轴线、标高进行测量与复测,以保证工程的位置、轴线、标高正确。检查意见及复验意见应分别由施工单位、监理单位相关负责人填写,并签认盖章。

d. 沉降观测记录文件。沉降观测是检查建筑物地基变形是否满足国家规范要求,对建筑物沉降观测点进行沉降的测量工作,以保证工程的正常使用。一般建设工程项目,由施工单位进行施工过程及竣工后保修期内的沉降观测工作。观测单位按设计要求和规范规定,或监理单位批准的观测方案,设置沉降观测点,绘制沉降观测点布置图,定期进行沉降观测记录,并应附沉降观测点的沉降量与时间—荷载关系曲线图和沉降观测技术报告。观测单位的测量员、质量检查员、技术负责人均应签字,监理工程师应审核签字,测量单位应加盖公章。

⑨施工记录文件。施工记录是在施工过程中形成的,确保工程质量和安全的各种检查、记录的统称。主要包括工程定位测量检查记录、预检记录、施工检查记录、冬期混凝土搅拌称量及养护测温记录、交接检查记录、工程竣工测量记录等。

⑩工程质量事故记录文件。包括工程质量事故报告和工程质量事故处理记录。

a. 工程质量事故报告。发生质量事故应有报告,对质量事故进行分析,按规定程序报告。

b. 工程质量事故处理记录。做好事故处理鉴定记录,建立质量事故档案,主要包括质量事故报告、处理方案、实施记录和验收记录。

⑪工程竣工文件。包括竣工报告、竣工验收证明书和工程质量保修书。

a. 竣工报告是指工程项目具备竣工条件后,施工单位向建设单位报告,提请建设单位组织竣工验收的文件。提交竣工报告的条件是施工单位在合同规定的承包项目内容全部完工,自行组织有关人员进行检查验收,全部符合设计要求和质量标准。由施工单位生产部门填写竣工报告,经施工单位工程管理部门组织有关人员复查,确认具备竣工条件后,法人代表签字,法人单位盖章,报请监理、建设单位审批。

b. 竣工验收证明书是指工程项目按设计和施工合同规定的内容全部完工,达到验收规范及合同要求,满足生产、使用并通过竣工验收的证明文件。建设单位接到竣工报告后,由建设单位项目负责人组织设计单位,监理单位,勘察单位,施工总包、分包单位及有关部门,以国家颁发的施工质量验收规范为依据,按设计和施工合同的内容对工程进行全面检查和验收,通过后办理“竣工验收证明书”。由施工单位填写,报建设、监理、设计等单位负责人签认。

c. 建设工程实行质量保修制度,工程承包单位在向建设单位提交工程竣工验收报告时应当向建设单位出具质量保修书。质量保修书应当明确建设工程的保修范围、保修期限和保修责任。

(2)工程质量控制资料

工程质量控制资料是建设工程施工全过程全面反映工程质量控制和保证的依据性证明资料。应包括原材料、构配件、器具及设备等的质量证明、合格证明、进场材料试验报告,施工试验记录,隐蔽工程检查记录等。

施工文件资料收集(二)

①工程项目原材料、构配件、成品、半成品和设备的出厂合格证及进场检(试)验报告。合格证、试验报告的整理按工程进度为序进行,品种规格应满足设计要求,否则为合格证、试验报告不全。材料检查报告是为保证工程质量,对用于工程的材料进行有关指标测试,由试验单位出具试验证明文件,报告责任人签章必须齐全,有见证取样试验要求的必须进行见证取样试验。

②施工试验记录和见证检测报告。施工试验记录是根据设计要求和规范规定进行试验,记录原始数据和计算结果,并得出试验结论的资料统称。按照设计要求和规范规定应做施工试验,无专项施工试验表的,可填写“施工试验记录(通用)”。采用新技术、新工艺及特殊工艺时,对施工试验方法和试验数据进行记录,应填写“施工试验记录(通用)”。见证检测报告是指在建设单位或工程监理单位人员的见证下,由施工单位的现场试验人员对工程中涉及结构安全的试块、试件和材料在现场取样,并送至经过省级以上建设行政主管部门对其资质认可和质量技术监督部门对其计量认证的质量检测单位进行检测,并由检测单位出具的检测报告。

③隐蔽工程验收记录文件。隐蔽工程验收记录是指为下道工序所隐蔽的工程项目,关系到结构性能和使用功能重要部位或项目的隐蔽检查记录。隐蔽工程检查是保证工程质量与安全的重要过程控制检查记录,应分专业、分系统(机电工程)、分区段、分部位、分工序、分层进行。隐蔽工程未经检查或验收未通过,不允许进行下一道工序的施工。隐蔽工程验收记录为通用施工记录,适用于各专业。

隐蔽工程验收记录资料要求如下所述。

a. 验收时,施工单位必须附有关分项工程质量验收及测试资料,包括原材料试(化)验单、质量验收记录、出厂合格证等。

b. 需要进行处理的,处理后必须进行复验,并且办理复验手续,填写复验记录。并做出复验结论。

c. 工程具备隐检条件后,由施工员填写隐蔽工程验收记录,由质检员提前一天报请监理单位,验收时由专业技术负责人组织施工员、质量检查员共同参加,验收后由监理单位专业监理工程师签署验收意见及验收结论，并签字签章。

④交接检查记录。不同工程或施工单位之间工程交接，当前一专业工程施工质量对后续专业工程施工质量产生直接影响时，应进行交接检查，填写"交接检查记录"。移交单位、接收单位和见证单位共同对移交工程进行验收，并对质量情况、遗留问题、工序要求、注意事项、成品保护等进行记录。"交接检查记录"中"见证单位"的规定：当在总包管理范围内的分包单位之间移交时，见证单位为"总包单位"；当在总包单位和其他专业分包单位之间移交，见证单位应为"建设（监理）单位"。

（3）工程施工质量验收资料

工程施工质量验收资料是建设工程施工全过程中按照国家现行工程质量检验标准，对施工项目进行单位工程、分部工程、分项工程及检验批的划分，再由检验批、分项工程、分部工程、单位工程逐级对工程质量做出综合评定的工程质量验收资料。但是，由于各行业、各部门的专业特点不同，各类工程的检验评定均有相应的技术标准，工程质量验收资料的建立均应按相关的技术标准办理。具体内容如下所述。

①施工现场质量管理检查记录。为督促工程项目做好施工前准备工作，建设工程应按一个标段或一个单位（子单位）工程检查填报施工现场质量管理记录。专业分包工程也应在正式施工前由专业施工单位填报施工现场质量管理检查记录。施工单位项目经理部应建立质量责任制度、现场管理制度及检验制度，健全质量管理体系，配备施工技术标准，审查资质证书、施工图、地质勘察资料和施工技术文件等。按规定，在开工前由施工单位现场负责人填写"施工现场质量管理检查记录"，报项目总监理工程师（或建设单位项目负责人）检查，并做出检查结论。

②单位（子单位）工程质量竣工验收记录。在单位工程完成后，施工单位经自行组织人员进行检查验收，质量等级达到合格标准，并经项目监理机构复查认定质量等级合格后，向建设单位提交竣工验收报告及相关资料，由建设单位组织单位工程验收的记录。且单位（子单位）工程质量控制资料核查记录、单位（子单位）工程安全和功能检验资料核查及主要功能抽查记录、单位（子单位）工程观感质量检查记录相关内容应齐全并均符合规范规定的要求。

③分部（子分部）工程质量验收记录文件。分部（子分部）工程完成，施工单位自检合格后，应填报"分部（子分部）工程质量验收记录表"，由总监理工程师（建设单位项目负责人）组织有关设计单位及施工单位项目负责人（项目经理）和技术、质量负责人等到场共同验收并签认。分部工程按部位和专业性质确定。

④分项工程质量验收记录文件。分项工程完成（即分项工程所包含的检验批均已完工），施工单位自检合格后，应填报"分项工程质量验收记录表"，由监理工程师（建设单位项目专业技术负责人）组织项目专业技术负责人进行验收并签认。分项工程按主要工种、材料、施工工艺、设备类别等划分。

⑤检验批质量验收记录文件。检验批施工完成，施工单位自检合格后，应由项目专业质量检查员填报"____检验批质量验收记录表"，按照住房和城乡建设部施工质量验收系列标准表格执行。检验批质量验收应由监理工程师（建设单位项目专业技术负责人）组织项目专

业质量检查员等进行验收并签认。检验批的划分原则为分项工程的检验批划分应便于质量控制和验收,划分的大小不能过分悬殊。能取得较完整的技术数据及检查记录,符合统一标准和配套施工质量验收规范规定。通常可根据施工及质量控制和专业验收需要按楼层、施工段、变形缝、系统或设备等进行划分。同时项目应在施工技术资料(如施工组织设计、施工方案、方案技术交底)中预先明确工程各分项工程检验批的划分原则,使检验批质量验收更加合理化、规范化、科学化。

(4)竣工图

竣工图是指工程竣工验收后,真实反映建设工程项目施工结果的图样。它是真实、准确、完整反映和记录各种地下和地上建筑物、构筑物等详细情况的技术文件,是工程竣工验收、投产或交付使用后进行维修、扩建、改建的依据,是生产(使用)单位必须长期妥善保存和进行备案的重要工程档案资料。竣工图的编制整理、审核盖章、交接验收按国家对竣工图的要求办理。承包人应根据施工合同约定,提交合格的竣工图。竣工图编制要求如下所述。

①各项新建、扩建、改建、技术改造、技术引进项目,在项目竣工时要编制竣工图。项目竣工图应由施工单位负责编制。如行业主管部门规定设计单位编制或施工单位委托设计单位编制竣工图的,应明确规定施工单位和监理单位的审核和签认责任。

②竣工图应完整、准确、清晰、规范,修改到位,真实反映项目竣工验收时的实际情况。

③如果按施工图施工没有变动的,由竣工图编制单位在施工图上加盖并签署竣工图章。

④一般性图纸变更及符合杠改或划改要求的变更,可在原图上更改,加盖并签署竣工图章。

⑤涉及结构形式、工艺、平面布置、项目等重大改变及图面变更面积超过35%的,应重新绘制竣工图。重绘图按原图编号,末尾加注“竣”字,或在新图图标内注明“竣工阶段”并签署竣工图章。

⑥同一建筑物、构筑物重复的标准图、通用图可不编入竣工图中,但应在图纸目录中列出图号,指明该图所在位置并在编制说明中注明。不同建筑物、构筑物应分别编制。

⑦竣工图图幅应按《技术制图 复制图的折叠方法》(GB/T 10609.3—2009)要求统一折叠。

⑧编制竣工图总说明及各专业的编制说明,叙述竣工图编制原则、各专业目录及编制情况。

8.2.2 施工文件的立卷

立卷是指按照一定的原则和方法,将有保存价值的文件分门别类整理成案卷,也称组卷。案卷是指由互相有联系的若干文件组成的档案保管单位。

施工文件立卷与归档

1)立卷的基本原则

施工文件档案的立卷应遵循工程文件的自然形成规律,保持卷内工程前期文件、施工技术文件和竣工图之间的有机联系,便于档案的保管和利用。

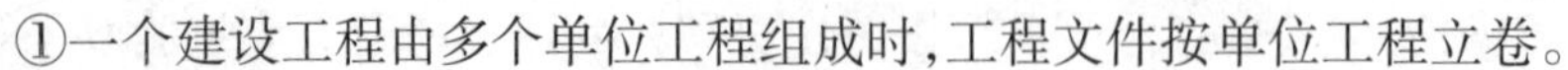
①一个建设工程由多个单位工程组成时,工程文件按单位工程立卷。

②施工文件资料应根据工程资料的分类和“专业工程分类编码参考表”进行立卷。

③卷内资料排列顺序要依据卷内的资料构成而定，一般顺序为封面、目录、文件部分、备考表、封底。组成的案卷力求美观、整齐。

④卷内资料若有多种资料时，同类资料按日期顺序排列，不同资料之间的排列顺序应按资料的编号顺序排列。

2）立卷的具体要求

①施工文件可按单位工程、分部工程、专业、阶段等组卷，竣工验收文件按单位工程、专业组卷。

②竣工图可按单位工程、专业等进行组卷，每一专业根据图纸多少组成一卷或多卷。

③立卷过程中宜遵循下列要求：

a. 案卷不宜过厚，一般不超过 40 mm。

b. 案卷内不应有重份文件，不同载体的文件一般应分别组卷。

3）卷内文件的排列

文字材料按事项、专业顺序排列。同一事项的请示与批复、同一文件的印本与定稿文件与附件不能分开，并按批复在前、请示在后，印本在前、定稿在后，主件在前、附件在后的顺序排列。图纸按专业排列，同专业图纸按图号顺序排列。既有文字材料又有图纸的案卷，文字材料排前，图纸排后。

4）案卷的编目

（1）编制卷内文件页号应符合的规定

①卷内文件均按有书写内容的页面编号。每卷单独编号，页号从“1”开始。

②页号编写位置：单面书写的文件在右下角。双面书写的文件，正面在右下角，背面在左下角。折叠后的图纸一律写在右下角。

③成套图纸或印刷成册的科技文件材料，自成一卷的，原目录可代替卷内目录，不必重新编写页号。

④案卷封面、卷内目录、卷内备考表不编写页号。

（2）卷内目录的编制应符合的规定

①卷内目录式样宜符合《建设工程文件归档规范（2019 年版）》（GB/T 50328—2014）附录 B 的要求。

②序号：以一份文件为单位，用阿拉伯数字从 1 依次标注。

③责任者：填写文件的直接形成单位和个人。有多个责任者时，选择两个主要责任者，其余用“等”代替。

④文件编号：填写工程文件原有的文号或图号。

⑤文件题名：填写文件标题的名称。

⑥日期：填写文件形成的日期。

⑦页次：填写文件在卷内所排的起始页号。最后一份文件填写起止页号。

⑧卷内目录排列在卷内文件首页之前。

(3)卷内备考表的编制应符合下列规定

①卷内备考表的式样宜符合《建设工程文件归档规范(2019 年版)》(GB/T 50328—2014)附录 C 的要求。

②卷内备考表主要标明卷内文件总页数、各类文件页数(照片张数),以及立卷单位对案卷情况的说明。

③卷内备考表排列在卷内文件的尾页之后。

(4)案卷封面的编制应符合下列规定

①案卷封面印刷在卷盒、卷夹的正表面,也可采用内封面形式。案卷封面的形式宜符合《建设工程文件归档规范(2019 年版)》(GB/T 50328—2014)附录 D 的要求。

②案卷封面的内容应包括:档号、档案馆代号、案卷题名、编制单位、起止日期、密级、保管期限、共几卷、第几卷。

③档号应由分类号、项目号和案卷号组成。档号由档案保管单位填写。

④档案馆代号应填写国家给定的本档案馆的编号。档案馆代号由档案馆填写。

⑤案卷题名应简明、准确地揭示卷内文件内容。案卷题名应包括工程名称、专业名称、卷内文件的内容。

⑥编制单位应填写案卷内文件的形成单位或主要责任者。

⑦起止日期应填写案卷内全部文件形成的起止日期

⑧保管期限分为永久、长期、短期三种期限。各类文件的保管期限详见《建设工文件归档规范(2019 年版)》(GB/T 50328—2014)附录 A 的要求。

a. 永久是指工程档案需永久保存。

b. 长期是指工程档案的保存期限等于该工程的使用寿命。

c. 短期是指工程档案保存 20 年以下。

d. 同一案卷内有不同保管期限的文件,该案卷保管期限应从长。

⑨密级分为绝密、机密、秘密 3 种。同一案卷内有不同密级的文件,应以高密级为本卷密级。

(5)其他

卷内目录、卷内备考表、案卷内封面应采用 70 g 以上白色书写纸制作,幅面统一采用 A4 幅面。

5)案卷装订与图纸折叠

案卷可采用装订与不装订两种形式。文字材料必须装订。既有文字材料,又有图纸的案卷应装订。装订应采用线绳三孔左侧装订法,要整齐、牢固,便于保管和利用。装订时必须剔除金属物。

不同幅面的工程图纸应按《技术制图 复制图的折叠方法》(GB/T 10609. 3—2009)统一折叠成 A 幅面(297 mm×210 mm),图标栏外露在外面。

6)卷盒、卷夹、案卷脊背

案卷装具一般采用卷盒、卷夹两种形式。

①卷盒的外表尺寸为 310 mm×220 mm,厚度分别为 20 mm、30 mm、40 mm、50 mm。

②卷夹的外表尺寸为 310 mm×220 mm,厚度一般为 20 mm、30 mm。

③卷盒、卷夹应采用无酸纸制作。

案卷脊背的内容包括档号、案卷题名。式样宜符合《建设工程文件归档规范(2019 年版)》(GB/T 50328—2014)附录 E 的要求。

8.2.3　施工文件的归档

归档指文件形成单位完成其工作任务后,将形成的文件整理立卷后,按规定移交相关管理机构。

1) 施工文件的归档范围

对与工程建设有关的重要活动、记载工程建设主要过程和现状、具有保存价值的各种载体文件,均应收集齐全,整理立卷后归档。具体归档范围详见《建设工程文件归档规范(2019 年版)》(GB/T 50328—2014)的要求。

2) 归档文件的质量要求

①归档的文件应为原件。

②工程文件的内容及其深度必须符合国家有关工程助察、设计、施工、监理等方面的技术规范、标准和规程。

③工程文件的内容必须真实、准确,与工程实际相符合。

④工程文件应采用耐久性强的书写材料,如碳素墨水、蓝黑墨水,不得使用易褪色的书写材料,如红色墨水、纯蓝墨水、圆珠笔、复写纸、铅笔等。

⑤工程文件应字迹清楚,图样清晰,图表整洁,签字盖章手续完备。

⑥工程文件文字材料面尺寸规格宜为 A4 幅面(297 mm×210 mm)。图纸宜采用国家标准图幅。

⑦工程文件的纸张应采用能够长期保存的韧力大、耐久性强的纸张。图纸一般采用蓝晒图,竣工图应是新蓝图。计算机出图必须清晰,不得使用计算机出图的复印件。

⑧所有竣工图均应加盖竣工图章。

a. 竣工图章的基本内容应包括:“竣工图”字样、施工单位、编制人、审核人、技术负责人、编制日期、监理单位、现场监理、总监理工程师。

b. 竣工图章尺寸为:50 mm×80 mm。具体详见《建设工程文件归档规范(2019 年版)》(GB/T 50328—2014)的竣工图章示例。

c. 竣工图章应使用不易褪色的红印泥,应盖在图标栏上方空白处。

⑨利用施工图改绘竣工图,必须标明变更修改依据。凡施工图结构、工艺、平面布置等有重大改变,或变更部分超过图面 1/3 的,应当重新绘制竣工图。

3) 施工文件归档的时间和相关要求

①根据建设程序和工程特点,归档可以分阶段分期进行,也可以在单位或分部工程通过竣工验收后进行。

②施工单位应当在工程竣工验收前,将形成的有关工程档案向建设单位归档。

③施工单位在收齐工程文件整理立卷后,建设单位、监理单位应根据城建档案管机构的要求对档案文件完整、准确、系统情况和案卷质量进行审查。审查合格后向建设单位移交。

④工程档案一般不少于两套,一套由建设单位保管,一套(原件)移交当地城建档案馆(室)。

⑤施工单位向建设单位移交档案时,应编制移交清单,双方签字、盖章后方可交接。

练习题 8

一、单项选择题(每题 1 分,每题的备选项中只有一个最符合题意)

1. 某施工资料编号为 02-04-C6-001,其中第三组编号 C6 表示(　　)。

A. 分部工程代号　B. 子分部代号　C. 资料的类别代号　D. 顺序代号

2. "安全教育培训制度"应属于(　　)类别中的安全资料。

A. 安全生产责任制B. 安全目标管理　C. 安全检查　D. 安全教育

3. 立卷应遵循工程文件的(　　)和工程专业特点,保持卷内文件之间的有机联系,便于档案资料的保管和利用。

A. 编辑方法　B. 收集顺序　C. 专业验收　D. 自然形成规律

4. 在分部分项工程的验收工作中,资料员严格遵守资料整编要求,符合(　　)、编码规则,资料份数应满足资料存档的需要。

A. 分类方案　B. 组卷方案　C. 归档方案　D. 编写方案

5. 施工文件的立卷要求,(　　)分部、子分部(分项)工程应分别单独立卷。

A. 地基与基础工程　B. 屋面工程

C. 总承包施工的　D. 专业承包施工的

二、多项选择题(每题 2 分。每题的备选项中,有 2 个或 2 个以上符合题意,至少有 1 个错项。错选,本题不得分;少选,所选的每个选项得 0.5 分)

1. 下列资料中,属于监理管理资料的有(　　)。

A. 监理规划　B. 监理实施细则　C. 监理月报

D. 监理会议纪要　E. 施工记录

2. 雨天和雪天进行高处作业时,必须采取可靠的(　　)措施,凡水冰霜雪均应及时清除。

A. 防滑　B. 防寒　C. 防冻

D. 防暑　E. 降温

3. 施工文件依据资料的属性分为(　　)。

A. 施工管理文件　B. 施工技术文件　C. 造价控制文件

D. 进度及造价文件　E. 施工质量验收文件